N. BOURBAKI

ÉLÉMENTS DE MATHÉMATIQUE

N. BOURBAKI

ÉLÉMENTS DE
MATHÉMATIQUE

INTÉGRATION

Chapitres 1 à 4

Springer

Réimpression inchangée de l'édition originale de 1965

ISBN-10 3-540-35328-3 Springer Berlin Heidelberg New York
ISBN-13 978-3-540-35328-7 Springer Berlin Heidelberg New York

Springer est membre du Springer Science+Business Media
springer.com

Maquette de couverture: WMXDesign GmbH, Heidelberg
Imprimé sur papier non acide 41/3100/YL - 5 4 3 2 1 0 -

INTRODUCTION

La notion de *mesure* des grandeurs est fondamentale, aussi bien dans la vie de tous les jours (longueur, surface, volume, poids) que dans la science expérimentale (charge électrique, masse magnétique, etc.). Le caractère commun aux « mesures » de ces diverses grandeurs réside dans l'association d'un *nombre* à chaque portion d'espace remplissant certaines conditions, de sorte qu'à la *réunion* de deux telles portions (supposées sans point commun) corresponde la *somme* des nombres affectés à chacune d'elles (*additivité* de la mesure) (*). Le plus souvent, en outre, la mesure est un nombre *positif*, et cela entraîne qu'elle est fonction *croissante* de la portion d'espace mesurée (**). On notera d'autre part que, dans la pratique, on ne se soucie guère de préciser quelles sont les portions d'espace que l'on considère comme « mesurables »; bien entendu, il est indispensable de fixer ce point sans ambiguïté dans toute théorie mathématique de la mesure; c'est ce qu'on fait par exemple quand, en géométrie élémentaire, on définit l'aire des polygones ou le volume des polyèdres; dans tous les cas, la famille des ensembles « mesurables » doit naturellement être telle que la réunion de deux quelconques d'entre eux sans point commun soit encore « mesurable ».

Dans la plupart des exemples qui précèdent, la mesure d'une portion d'espace tend vers 0 avec son diamètre: classiquement, un point « n'a pas de longueur », ce qui signifie qu'il est contenu

(*) Il n'est pas évident *a priori* que les grandeurs d'espèces différentes puissent être mesurées par les mêmes nombres, et c'est sans doute en approfondissant la notion de mesure des grandeurs que les Grecs ont abouti à leur théorie des *rapports* de grandeurs, equivalente à celle des nombres réels > 0 (cf. *Top. gén.*, chap. V, § 2 et Note historique du chap. IV).

(**) Cela ne s'applique pas, par exemple, à la charge électrique d'un corps; mais la mesure de la charge électrique totale peut être considérée comme *différence* de la mesure des charges électriques positives et de la mesure des charges électriques négatives, qui sont toutes deux des mesures positives.

dans un intervalle de longueur arbitrairement petite, et par suite qu'on ne peut lui attribuer que la longueur 0; on dit que les mesures de telles grandeurs sont « diffuses ». Mais les développements de la mécanique et de la physique ont introduit la conception de grandeurs pour lesquelles un objet de dimensions négligeables a encore une mesure non négligeable : « masses ponctuelles » gravifiques ou électriques, qui sont à vrai dire en grande partie des fictions mathématiques plus que des notions strictement expérimentales. On est ainsi amené, en Mathématique, à considérer des mesures définies comme suit : à chaque point a_i $(1 \leqslant i \leqslant n)$ d'un ensemble *fini* F est attaché un nombre m_i, sa « masse » ou son « poids », et la mesure d'un ensemble quelconque A est la somme des masses m_i des points a_i qui appartiennent à A.

A la notion de mesure est étroitement liée celle de *somme pondérée*. Considérons par exemple, dans l'espace, un nombre fini de masses (gravifiques ou électriques) m_i, placées en des points a_i (de coordonnées x_i, y_i, z_i); la composante sur Oz (par exemple) de l'attraction exercée sur un point b (de masse 1 et de coordonnées α, β, γ) par l'ensemble de ces masses, est (pour un système d'unités convenable) la somme $\sum_i m_i \dfrac{(z_i - \gamma)}{r_i^3}$,

$$r_i^2 = (x_i - \alpha)^2 + (y_i - \beta)^2 + (z_i - \gamma)^2$$

étant le carré de la distance des points a_i et b. Autrement dit, on considère la valeur de la fonction

$$f(x, y, z) = \frac{z - \gamma}{((x - \alpha)^2 + (y - \beta)^2 + (z - \gamma)^2)^{3/2}}$$

en chaque point a_i, on la multiplie par le « poids » de ce point, et on fait la somme des « valeurs pondérées » de f ainsi obtenues. On sait que de telles sommes interviennent sans cesse en mécanique : centres de gravité et moments d'inertie en donnent les exemples les plus connus.

Si l'on veut étendre la notion de « somme pondérée » du cas des masses ponctuelles à celui d'une mesure « diffuse », où tout point a une mesure nulle, on se trouve en présence du problème, d'aspect si paradoxal, qui a donné naissance au Calcul intégral : donner un sens à une « somme » d'une infinité de termes, dont chacun, pris isolément, est nul. Reprenons l'exemple du calcul de l'attraction exercée sur un point, lorsque les masses attirantes sont « réparties continûment » dans un volume V. Si V est décomposé en un nombre fini de parties V_i (sans point commun deux à deux), on admet que la composante sur Oz de l'attraction exercée par V sur un point b est la somme des composantes des attractions exercées sur b par chacun des V_i. Mais si le diamètre de chaque V_i est petit, la fonction continue $f(x, y, z)$ varie peu dans V_i, et on est amené à assimiler l'attraction exercée par V_i à celle qu'exercerait une masse ponctuelle égale à la masse m_i de V_i et placée en un point quelconque a_i du volume V_i. On est ainsi conduit à prendre pour valeur approchée du nombre cherché la « somme de Riemann » $\sum_i m_i f(x_i, y_i, z_i)$; pour que cela soit justifié du point de vue mathématique, il faut naturellement prouver que ces valeurs approchées tendent vers une limite lorsque le diamètre maximum des V_i tend vers 0, ce qui est une conséquence facile de la continuité uniforme de la fonction f dans V (en supposant V compact et le point b non dans V).

On sait que la « méthode d'exhaustion » des Grecs et le « principe de Cavalieri » pour le calcul systématique des aires planes et des volumes sont basés sur un procédé analogue, après décomposition en « tranches » des aires et volumes considérés; les « sommes pondérées » auxquelles on parvient ainsi ne sont autres que les intégrales $\int_a^b f(x)\,dx$ (cf. Note historique des chap. I-II-III du Livre IV). Ici encore, c'est la continuité uniforme de f qui entraîne l'existence de la limite des « sommes de Riemann »; plus généralement, elle entraîne l'existence d'une limite pour les sommes analogues $\sum_i f(\xi_i)(g(x_{i+1}) - g(x_i))$ $(x_i \leqslant \xi_i \leqslant x_{i+1})$, où l'on suppose seulement que g est une fonction bornée *croissante* dans $[a, b]$. Cette limite, notée $\int_a^b f(x)dg(x)$, et appelée *intégrale de Stieltjes* de f par rapport à g, peut être considérée comme la « somme pondérée » de la fonction f pour la mesure μ définie dans l'ensemble des intervalles semi-ouverts $]\alpha, \beta]$ par la relation $\mu(]\alpha, \beta]) = g(\beta+) - g(\alpha+)$; elle n'est plus liée au Calcul différentiel aussi étroitement que la notion usuelle d'intégrale (*). Il en est de même des intégrales « doubles » et « triples » classiques, associées respectivement à la mesure des aires planes et à celle des

(*) Si on prend en particulier pour g une fonction *en escalier* croissante et continue à droite, l'intégrale de Stieltjes correspondante n'est autre que la somme pondérée de f pour les masses ponctuelles $m_i = g(a_i+) - g(a_i-)$ placées aux points de discontinuité a_i de g.

volumes. Mais toutes ces notions d'intégrale s'apparentent entre elles, non seulement par leur définition, mais par les caractères suivants : l' « intégrale » $\mu(f)$ d'une fonction numérique f continue dans une certaine partie compacte K de la droite, du plan ou de l'espace à 3 dimensions, est un nombre associé à l'élément f de l'espace $\mathscr{C}(\mathrm{K})$ des fonctions continues dans K ; $f \mapsto \mu(f)$ est donc une application de $\mathscr{C}(\mathrm{K})$ dans $\mathbf{R}$ (une « fonctionnelle », comme on dit parfois), qui est : 1° *linéaire* (c'est-à-dire que $\mu(\alpha f + \beta g) = \alpha\mu(f) + \beta\mu(g)$ quels que soient les scalaires α, β et les fonctions continues f et g) ; 2° *positive* (c'est-à-dire que $\mu(f) \geqslant 0$ pour toute fonction continue $f \geqslant 0$).

Il est remarquable qu'inversement ces deux propriétés suffisent à caractériser les intégrales de Stieltjes dans un intervalle $[a, b]$ (théorème de F. Riesz). S'il en est ainsi, c'est qu'à partir des valeurs de l'intégrale des fonctions continues, on peut *reconstituer* la mesure qui lui a donné naissance. Cela revient (si on songe à l'interprétation de $\int_a^b f(x)\,dx$ comme une aire plane) à calculer l'intégrale d'une *fonction caractéristique d'intervalle*, en la supposant connue pour les fonctions continues. En d'autres termes, il s'agit de *prolonger* de façon convenable la fonctionnelle $\mu(f)$ à un ensemble de fonctions contenant $\mathscr{C}(\mathrm{K})$ et assez vaste pour contenir aussi toutes les fonctions caractéristiques d'intervalle.

Il y a plusieurs méthodes pour réaliser ce prolongement ; une des plus intéressantes fait appel à la notion d'espace fonctionnel. On sait que, sur l'espace $\mathbf{R}^n$, les normes $\|\mathbf{x}\|_\infty = \sup_{1 \leqslant i \leqslant n} |x_i|$ et $\|\mathbf{x}\|_1 = \sum_{i=1}^{n} |x_i|$ définissent la même topologie. Par « passage du fini à l'infini », on est amené à considérer, sur l'espace $\mathscr{C}(\mathrm{K})$ des fonctions continues dans un intervalle compact $\mathrm{K} = [a, b]$ de $\mathbf{R}$, les normes $\|f\|_\infty = \sup_{x \in \mathrm{K}} |f(x)|$ et $\|f\|_1 = \int_a^b |f(x)|\,dx$ (ou $\int_a^b |f|\,dg$ s'il s'agit d'une intégrale de Stieltjes). Mais ici, les topologies définies par ces deux normes sont distinctes, et l'espace $\mathscr{C}(\mathrm{K})$, qui est complet pour la première norme (*Top. gén.*, chap. X, 2e éd., § 1, n°6, th. 2), ne l'est plus pour la seconde. De façon précise, on peut identifier les éléments du *complété* de $\mathscr{C}(\mathrm{K})$ pour la norme $\|f\|_1$, à des classes de fonctions non nécessairement continues, et le prolongement de l'intégrale se fait alors simplement en prolongeant *par continuité* la fonctionnelle $\mu(f)$ définie dans $\mathscr{C}(\mathrm{K})$, au complété de cet espace (les détails techniques de ce procédé sont exposés au chap. IV). Bien entendu, nous avons supposé que l'intégrale des fonctions continues était définie à partir d'une mesure (par le procédé des « sommes de Riemann » rappelé plus haut) ; pour obtenir le théorème de F. Riesz, il faut opérer de la même manière, mais en définissant la norme par $\mu(|f|)$, si $\mu(f)$ est la fonctionnelle linéaire et positive définie dans $\mathscr{C}(\mathrm{K})$.

Non seulement la méthode de prolongement que nous venons d'esquisser conduit au théorème de Riesz, mais elle permet par surcroît de définir l'intégrale de classes de fonctions « beaucoup plus discontinues » que les fonctions caractéristiques d'intervalles ; en considérant les fonctions caractéristiques d'ensemble qui sont des fonctions « intégrables », elle permet du même coup d'étendre aux ensembles correspondants la mesure donnée initialement pour les seuls intervalles, en posant $\mu(\mathrm{A}) = \mu(\varphi_{\mathrm{A}})$; extension qui conserve bien entendu les propriétés fondamentales d'additivité et de positivité de la mesure.

Ce qui précède concerne l'intégrale de Stieltjes sur la droite, mais la méthode de prolongement s'étend aussitôt aux mesures définies dans le plan ou dans l'espace, ou sur des courbes ou surfaces. Plus généralement, en analysant les démonstrations, on s'aperçoit qu'elles sont valables en réalité pour toute fonctionnelle linéaire et positive, définie dans l'espace $\mathscr{K}(\mathrm{X})$ des fonctions continues dans un *espace localement compact* quelconque X, et dont chacune est nulle hors d'un ensemble compact (dépendant de la fonction considérée).

Cette catégorie d'espaces auxquels s'applique donc la théorie de l'intégration comprend naturellement les espaces numériques $\mathbf{R}^n$ et les variétés ; elle comprend aussi les espaces discrets (où la théorie de l'intégration se confond avec celle des familles sommables de nombres réels (*Top. gén.*, chap. IV, § 7)), ainsi que les produits (finis ou infinis) d'espaces compacts identiques à un intervalle de $\mathbf{R}$ ou à un ensemble fini ; nous verrons plus tard que la théorie de la mesure dans de tels produits joue un rôle important dans le Calcul des probabilités.

L'extension de la notion de mesure aux espaces localement compacts généraux s'est montrée particulièrement féconde dans la théorie des *groupes localement compacts* ; d'une façon générale, la notion d'intégrale semble bien être l'outil approprié chaque fois qu'on veut, en Algèbre topologique, « passer du fini à l'infini », c'est-à-dire généraliser des procédés d'algèbre pure faisant intervenir des sommes *finies*, à des cas où la « sommation » doit porter sur une infinité de termes. Par exemple, on sait (*Alg.*, chap. III, 3e éd., § 2) que les éléments de l'*algèbre d'un groupe fini* G (sur le corps **R**) sont les applications $s \mapsto \alpha(s)$ de G dans **R**, avec la loi de multiplication $\alpha * \beta = \gamma$, γ étant la fonction définie par $\gamma(s) = \sum_{t \in G} \alpha(t)\beta(t^{-1}s)$. Ce qui apparaît comme une généralisation naturelle de cette algèbre pour un groupe localement compact G quelconque, c'est l'ensemble des applications de G dans **R**, intégrables pour une certaine mesure particulière μ sur G (la « mesure de Haar »), la multiplication dans l'algèbre étant donnée par

$$(f * g)(s) = \int f(t)g(t^{-1}s)\, d\mu(t).$$

D'ailleurs, lorsqu'on est engagé dans cette voie, on se trouve rapidement gêné par l'obligation de ne « sommer » que des fonctions à valeurs réelles ; dans de nombreux cas, il est utile de savoir définir l'intégrale de fonctions définies dans X et à valeurs dans un *espace vectoriel topologique* sur **R**, par exemple un espace de Banach ou un espace d'opérateurs dans un espace de Banach. On constate que cette extension peut se faire aisément sans apporter de modifications profondes à la théorie de l'intégration.

Dans l'esquisse qui précède, nous avons fait jouer un rôle prépondérant aux fonctions *continues* ; il est naturel de se demander si la notion de mesure est effectivement liée d'une façon essentielle à l'existence d'une topologie sur l'ensemble X où elle est définie. Un examen attentif de la théorie montre qu'il n'en est rien, et que les méthodes de prolongement s'appliquent aussi bien à une fonctionnelle linéaire et positive $\mu(f)$ définie sur un espace vectoriel $\mathscr{V}$ formé de fonctions numériques définies dans un ensemble *quelconque* X, moyennant un certain nombre de conditions supplémentaires imposées à $\mathscr{V}$ et à $\mu(f)$; ces conditions sont *automatiquement* vérifiées lorsque $\mathscr{V}$ est un espace $\mathscr{K}(X)$ de fonctions continues à support compact, mais elles le sont aussi dans des cas plus généraux. Toutefois, cette plus grande généralité est à certains égards illusoire : on a pu en effet montrer que toute « mesure abstraite » est, en un certain sens, « isomorphe » à une mesure définie (à partir des fonctions continues) sur un espace localement compact convenable ; d'autre part, dans la plupart des applications, il s'agit d'ensembles X munis d'une topologie intervenant naturellement dans la question ; nous nous occupons donc exclusivement, jusqu'au chapitre V, de mesures définies sur des *espaces localement compacts.*

Les deux premiers chapitres sont des préliminaires à la théorie : ils sont consacrés à la démonstration d'inégalités fondamentales pour le prolongement, et à l'étude de certains espaces vectoriels ordonnés, les *espaces de Riesz,* qui jouent un rôle important dans plusieurs questions ultérieures.

La notion de mesure sur un espace localement compact est définie au chapitre III ; nous y avons pris comme point de départ le théorème de Riesz, qui devient ainsi définition : l'intégrale des fonctions continues est donc définie *avant* la mesure des ensembles, comme fonctionnelle linéaire et positive sur $\mathcal{K}(X)$. Cette présentation offre certains avantages techniques (dus notamment au fait que les fonctions continues forment un espace vectoriel, alors qu'il n'en est pas de même des fonctions caractéristiques d'ensemble) ; d'ailleurs, c'est sous forme de fonctionnelle définie sur $\mathcal{K}(X)$ que s'introduit naturellement l'intégrale dans de nombreuses questions. Enfin, les différences de deux fonctionnelles linéaires et positives sur $\mathcal{K}(X)$ (que nous appelons encore des *mesures* sur X) peuvent être caractérisées comme des formes linéaires sur $\mathcal{K}(X)$ satisfaisant à certaines conditions de *continuité* ; la théorie de l'intégration est ainsi reliée, d'une part à la théorie générale de la dualité dans les espaces vectoriels topologiques (cf. Livre V), de l'autre à la théorie des *distributions,* qui généralise certains aspects de la notion de mesure, et que nous exposerons dans un Livre ultérieur.

Le chapitre IV est consacré au *prolongement* de l'intégrale ; on y définit à la fois les fonctions intégrables et la mesure des ensembles, ainsi que les espaces fonctionnels L^p, dont l'importance est considérable dans les applications ; on y montre aussi comment l'introduction de la notion de *fonction mesurable* permet d'obtenir des critères commodes d'intégrabilité.

Dans les deux chapitres suivants, on verra comment les fonctions mesurables apparaissent aussi comme des « densités » permettant de définir sur un espace X de nouvelles mesures à partir d'une mesure donnée. Cette étude, qui conduit entre autres à des résultats importants dans la théorie de la dualité des espaces L^p, est liée d'autre part à la notion de *mesure vectorielle,* que l'on peut, dans les cas les plus favorables, faire rentrer dans la théorie de l'intégration des fonctions à valeurs vectorielles (par rapport à une mesure positive).

Nous développerons aussi ce qui peut être considéré comme l'aboutissement moderne de l'idée de « décomposition en tranches » des aires planes et des volumes, introduite par les fondateurs du Calcul intégral : sous certaines conditions, une mesure sur un espace X peut être décomposée en une « somme » de mesures dont chacune est portée par une « tranche » de l'espace X (c'est-à-dire une classe d'équivalence suivant une certaine relation R) ; en outre, une telle décomposition permet de calculer l'intégrale d'une fonction, par rapport à la mesure initiale, en l'intégrant d'abord « sur chaque tranche », puis en intégrant (par rapport à une mesure appropriée) la fonction obtenue dans l'espace quotient X/R (généralisation de la « double sommation » dans la somme d'une famille où les indices parcourent un ensemble produit).

Le chapitre VII est consacré à l'étude de la *mesure de Haar* sur un groupe localement compact, qui est caractérisée à un facteur près par la propriété d'être *invariante* par toute translation à gauche du groupe.

Au chapitre VIII est exposée la notion de *convolution* des mesures, qui joue un rôle de premier plan dans l'Analyse fonctionnelle moderne.

CHAPITRE I

INÉGALITÉS DE CONVEXITÉ

1. L'inégalité fondamentale de convexité

Soit X un ensemble; dans l'espace vectoriel $\mathbf{R}^X$ de toutes les fonctions numériques *finies*, définies dans X, soit P l'ensemble de toutes les fonctions numériques positives dans X. Soit d'autre part M une fonction numérique *finie ou non*, à valeurs $\geqslant 0$, définie dans P, et telle que:

1° $M(0) = 0$, et M est *positivement homogène*, c'est-à-dire que, pour tout nombre réel λ fini et > 0, $M(\lambda f) = \lambda M(f)$.

2° M est *croissante* dans P, autrement dit, la relation $f \leqslant g$ entraîne $M(f) \leqslant M(g)$.

3° M est *convexe* dans P, autrement dit (*Esp. vect. top.*, chap. II, 2e éd., § 2, n° 8) satisfait à la relation $M(f + g) \leqslant M(f) + M(g)$.

Exemple. — Supposons que X soit un ensemble fini, par exemple l'intervalle $[1, n]$ de $\mathbf{N}$; en désignant par x_i $(1 \leqslant i \leqslant n)$ les coordonnées d'un vecteur $\mathbf{x} \in \mathbf{R}^n$, les fonctions $M_1(\mathbf{x}) = \sum_{i=1}^{n} x_i$ et $M_\infty(\mathbf{x}) = \sup_{1 \leqslant i \leqslant n} x_i$ satisfont aux conditions précédentes dans l'ensemble P des $\mathbf{x}$ de coordonnées $\geqslant 0$.

Remarque. — Soit S un *cône convexe pointé* contenu dans P (c'est-à-dire un ensemble tel que $S + S \subset S$ et $\lambda S \subset S$ pour $\lambda > 0$; cf. *Esp. vect. top.*, chap. II, 2e éd., § 2, n° 4); soit M une fonction numérique finie ou non, à valeurs $\geqslant 0$, définie dans S et satisfaisant dans S aux conditions 1°, 2° et 3° ci-dessus. On peut alors prolonger M à l'ensemble P tout entier, de façon que la fonction prolongée (que nous noterons encore M) satisfasse aux mêmes conditions: il suffit, pour toute fonction $f \in P$, de poser $M(f) = +\infty$ s'il n'existe aucune fonction $g \in S$ telle que $f \leqslant g$, et $M(f) = \inf_{g \in S, f \leqslant g} M(g)$ dans le cas contraire. Ce procédé sera appliqué au chap. IV, § 1, pour définir l'*intégrale supérieure* d'une fonction positive.

PROPOSITION 1. — *Soit* $\varphi(t_1, t_2, \ldots, t_n)$ *une fonction numérique finie, définie et continue pour* $t_i \geqslant 0$ $(1 \leqslant i \leqslant n)$, *et telle que :*

1° *les relations* $t_i > 0$ $(1 \leqslant i \leqslant n)$ *entraînent* $\varphi(t_1, t_2, \ldots, t_n) > 0$;

2° *la fonction* φ *est positivement homogène;*

3° *l'ensemble* $\mathbf{K} \subset \mathbf{R}^n$ *défini par les relations* $t_i \geqslant 0$ $(1 \leqslant i \leqslant n)$, $\varphi(t_1, t_2, \ldots, t_n) \geqslant 1$, *est convexe.*

Dans ces conditions, si $f_1, f_2, \ldots, f_n$ *sont* n *fonctions finies et* $\geqslant 0$, *définies dans* X, *et telles que* $M(f_i) < +\infty$ *pour* $1 \leqslant i \leqslant n$, *on a*

$$M(\varphi(f_1, f_2, \ldots, f_n)) \leqslant \varphi(M(f_1), M(f_2), \ldots, M(f_n)). \tag{1}$$

On sait en effet, en vertu du th. de Hahn-Banach (*Esp. vect. top.*, chap. II, 2e éd., § 5) que K est l'intersection des n demi-espaces $t_i \geqslant 0$ $(1 \leqslant i \leqslant n)$ et d'une famille de demi-espaces fermés $(\mathrm{U}_\iota)_{\iota \in \mathrm{I}}$, U_ι étant défini par une relation de la forme

$$\alpha_{\iota 1}t_1 + \alpha_{\iota 2}t_2 + \cdots + \alpha_{\iota n}t_n - \beta_\iota \geqslant 0 \tag{2}$$

où les $\alpha_{\iota k}$ ne sont pas tous nuls. Par hypothèse, si $\mathbf{t} = (t_i)$ est tel que $t_i > 0$ pour $1 \leqslant i \leqslant n$, on a $\varphi(t_1, \ldots, t_n) > 0$, donc il existe $\lambda_0 > 0$ tel que la relation $\lambda \geqslant \lambda_0$ entraîne $\lambda\mathbf{t} \in \mathrm{K}$; cela montre que, pour chaque $\iota \in \mathrm{I}$, les relations $t_i \geqslant 0$ $(1 \leqslant i \leqslant n)$ entraînent $\alpha_{\iota 1}t_1 + \cdots + \alpha_{\iota n}t_n \geqslant 0$, et par suite qu'on a $\alpha_{\iota k} \geqslant 0$ pour $1 \leqslant k \leqslant n$; il est clair alors que K est aussi l'intersection des demi-espaces $t_i \geqslant 0$ $(1 \leqslant i \leqslant n)$ et des U_ι tels que $\beta_\iota \geqslant 0$; en outre, comme l'origine n'appartient pas à K, il existe au moins un indice ι tel que $\beta_\iota > 0$.

Soit alors C le cône convexe dans $\mathbf{R}^{n+1}$ défini par les relations $t_i \geqslant 0$ $(1 \leqslant i \leqslant n+1)$, $t_{n+1} \leqslant \varphi(t_1, t_2, \ldots, t_n)$ (adhérence du cône convexe engendré dans $\mathbf{R}^{n+1}$ par l'ensemble convexe $\mathrm{K} \times \{1\}$); il est immédiat que C est aussi défini par les relations $t_i \geqslant 0$ $(1 \leqslant i \leqslant n+1)$ et

$$\beta_\iota t_{n+1} \leqslant \alpha_{\iota 1}t_1 + \cdots + \alpha_{\iota n}t_n \qquad (\iota \in \mathrm{I}, \beta_\iota \geqslant 0). \tag{3}$$

Pour tout $x \in \mathrm{E}$, on a donc

$$\beta_\iota \varphi(f_1(x), \ldots, f_n(x)) \leqslant \alpha_{\iota 1} f_1(x) + \cdots + \alpha_{\iota n} f_n(x) \tag{4}$$

pour tout $\iota \in \mathrm{I}$. Pour tout indice ι tel que $\beta_\iota > 0$, il résulte de (4) et des hypothèses sur M que $M(\varphi(f_1, f_2, \ldots, f_n))$ est fini et qu'on a

$$\beta_\iota M(\varphi(f_1, f_2, \ldots, f_n)) \leqslant \alpha_{\iota 1}M(f_1) + \alpha_{\iota 2}M(f_2) + \cdots + \alpha_{\iota n}M(f_n)$$

et cette relation est aussi vérifiée de façon évidente si $\beta_\iota = 0$. On voit donc que le point de coordonnées $M(f_1), M(f_2), \ldots, M(f_n)$, $M(\varphi(f_1, f_2, \ldots, f_n))$ appartient à C, ce qui démontre la proposition.

2. Les inégalités de Hölder et de Minkowski

Dans ce numéro et le suivant, X et P ont la même signification que dans le n° 1, et M désigne une fonction définie dans P et satisfaisant aux conditions énumérées au n° 1.

PROPOSITION 2. — *Soient α et β deux nombres tels que $0 < \alpha < 1$, $0 < \beta < 1$, $\alpha + \beta = 1$. Si f et g sont deux fonctions finies et $\geqslant 0$, définies dans* X, *et si $M(f)$ et $M(g)$ sont finis, on a*

$$M(f^{\alpha} g^{\beta}) \leqslant (M(f))^{\alpha}(M(g))^{\beta} \tag{5}$$

(*inégalité de Hölder*).

D'après la prop. 1, tout revient à prouver que, dans $\mathbf{R}^2$, l'ensemble défini par les relations $t_1 \geqslant 0$, $t_2 \geqslant 0$, $t_1^{\alpha} t_2^{\beta} \geqslant 1$ est convexe, ou encore (*Fonct. var. réelle*, chap. I, § 4, n° 1, déf. 1) que la fonction $u(t) = t^{-\alpha/\beta}$ est convexe pour $0 < t < +\infty$. Or, en posant $r = \alpha/\beta$, on a $D^2 u(t) = r(r+1)t^{-r-2}$, et comme $r > 0$, $D^2 u(t) > 0$ dans $]0, +\infty[$, ce que démontre la proposition (*Fonct. var. réelle*, chap. I, § 4, n° 4, cor. de la prop. 8).

COROLLAIRE. — *Soient α_i $(1 \leqslant i \leqslant n)$ n nombres $\geqslant 0$ tels que $\sum_{i=1}^{n} \alpha_i = 1$, f_i $(1 \leqslant i \leqslant n)$ n fonctions finies et $\geqslant 0$, définies dans* X *et telles que $M(f_i)$ soit fini pour $1 \leqslant i \leqslant n$. Dans ces conditions, on a*

$$M(f_1^{\alpha_1} f_2^{\alpha_2} \ldots f_n^{\alpha_n}) \leqslant (M(f_1))^{\alpha_1}(M(f_2))^{\alpha_2} \ldots (M(f_n))^{\alpha_n}. \tag{6}$$

On peut se borner au cas où $\alpha_i > 0$ pour tout i. Il suffit de raisonner par récurrence sur n, en appliquant l'inégalité (5) aux nombres $\alpha = \alpha_1$ et $\beta = \sum_{i=2}^{n} \alpha_i$, et aux fonctions

$$f = f_1, \quad g = (f_2^{\alpha_2} f_3^{\alpha_3} \ldots f_n^{\alpha_n})^{1/\beta}.$$

PROPOSITION 3. — *Soit p un nombre fini et $\geqslant 1$. Si f et g sont deux fonctions finies et $\geqslant 0$, définies dans* X, *on a*

$$(M((f+g)^p))^{1/p} \leqslant (M(f^p))^{1/p} + (M(g^p))^{1/p} \tag{7}$$

(*inégalité de Minkowski*).

On peut se borner au cas où $M(f^p)$ et $M(g^p)$ sont finis. D'après la prop. 1, tout revient à prouver que, dans $\mathbf{R}^2$, l'ensemble défini par les relations $t_1 \geqslant 0$, $t_2 \geqslant 0$, $t_1^{1/p} + t_2^{1/p} \geqslant 1$ est convexe, ou encore que la fonction $u(t) = (1 - t^{1/p})^p$ est convexe pour $0 \leqslant t \leqslant 1$. Or, on a

$$D^2u(t) = \left(1 - \frac{1}{p}\right)t^{1/p-2}\left(1 - t^{1/p}\right)^{p-2} \geqslant 0$$

pour $0 < t \leqslant 1$, d'où la proposition.

3. Les semi-normes N_p

Soit p un nombre réel fini et $\geqslant 1$, et soit $\mathscr{F}^p(\mathrm{X}, M)$ l'ensemble des fonctions numériques finies f, définies dans X et telles que $M(|f|^p)$ soit *fini.* Il est évident que, si g est une fonction appartenant à $\mathscr{F}^p(\mathrm{X}, M)$, et si $|f| \leqslant |g|$, f appartient aussi à $\mathscr{F}^p(\mathrm{X}, M)$; cette remarque et l'inégalité de Minkowski montrent que la somme de deux fonctions de $\mathscr{F}^p(\mathrm{X}, M)$ appartient encore à cet ensemble; compte tenu du fait que M est positivement homogène on voit donc que $\mathscr{F}^p(\mathrm{X}, M)$ est un *sous-espace vectoriel* de l'espace $\mathbf{R}^{\mathrm{X}}$ de toutes les fonctions numérique finies définies dans X.

Pour tout nombre $p > 0$ et toute fonction numérique finie f définie dans X, on pose

$$\mathrm{N}_p(f) = (M(|f|^p))^{1/p};$$

on a $\mathrm{N}_p(\lambda f) = |\lambda|\mathrm{N}_p(f)$ pour tout scalaire λ; en outre, si $p \geqslant 1$, on a, d'après (7)

$$\mathrm{N}_p(f + g) \leqslant \mathrm{N}_p(f) + \mathrm{N}_p(g) \tag{8}$$

ce qui prouve que N_p est une *semi-norme* sur l'espace vectoriel $\mathscr{F}^p(\mathrm{X}, M)$ (*Esp. vect. top.*, chap. II, 2e éd., § 1).

PROPOSITION 4. — *Soient p et q deux nombres finis et* > 0, *et posons* $1/r = 1/p + 1/q$. *Quelles que soient les fonctions numériques finies f, g définies dans* X, *on a*

$$\mathrm{N}_r(fg) \leqslant \mathrm{N}_p(f)\mathrm{N}_q(g), \tag{9}$$

si $\mathrm{N}_p(f)$ *et* $\mathrm{N}_q(g)$ *sont finis.*

En effet, la relation (9) s'écrit

$$M(|f|^r|g|^r) \leqslant (M(|f|^p))^{r/p}(M(|g|^q))^{r/q}$$

et n'est autre que l'inégalité de Hölder (5) appliquée aux nombres $\alpha = r/p$ et $\beta = r/q$ et aux fonctions $|f|^p$ et $|g|^q$.

COROLLAIRE. — *On suppose que $M(1) = 1$; alors, pour toute fonction numérique finie f, définie dans X, l'application $p \mapsto N_p(f)$ est croissante dans $]0, +\infty[$.*

En effet, en appliquant l'inégalité (9) au cas où $g = 1$, on voit que $N_r(f) \leqslant N_p(f)$ quel que soit $q > 0$; comme le nombre r défini par $1/r = 1/p + 1/q$ parcourt l'ensemble des nombres tels que $0 < r < p$ lorsque q parcourt l'ensemble des nombres > 0, le corollaire est démontré.

PROPOSITION 5. — *Pour toute fonction numérique finie f définie dans X, l'ensemble I des valeurs de $1/p$ $(p > 0)$ telles que $N_p(f)$ soit fini est vide ou est un intervalle ; si I n'est pas réduit à un point, l'application $\alpha \mapsto \log N_{1/\alpha}(f)$ est convexe dans I, ou égale à $-\infty$ dans l'intérieur de I.*

Soient r et s deux nombres > 0 distincts et tels que $1/r$ et $1/s$ appartiennent à I ; tout revient à prouver que, si

$$\frac{1}{p} = \frac{t}{r} + \frac{1-t}{s},$$

avec $0 < t < 1$, on a

$$\log N_p(f) \leqslant t \,.\, \log N_r(f) + (1-t) \log N_s(f) \tag{10}$$

ou, ce qui revient au même,

$$N_p(f) \leqslant (N_r(f))^t (N_s(f))^{1-t} \tag{11}$$

relation qui s'écrit, d'après la définition de N_p,

$$M(|f|^p) \leqslant (M(|f|^r))^{tp/r} (M(|f|^s))^{(1-t)p/s}. \tag{12}$$

Si on pose $\alpha = tp/r$, on a $1 - \alpha = (1-t)p/s$, d'après la relation qui définit p en fonction de t, r, s ; d'où $p = \alpha r + (1-\alpha)s$. Or, l'inégalité de Hölder donne

$$M(|f|^{r\alpha}|f|^{s(1-\alpha)}) \leqslant (M(|f|^r))^\alpha (M(|f|^s))^{1-\alpha}$$

ce qui n'est autre que l'inégalité (12).

EXERCICES

1) Avec les hypothèses du n° 1, montrer que l'ensemble des fonctions bornées dans X et telles que $M(|f|)$ soit fini, est une sous-algèbre A de $\mathbf{R}^X$, et que l'ensemble des fonctions bornées dans X et telles que $M(|f|) = 0$ est un idéal dans A. Si en outre $M(1)$ est fini, montrer que l'application $f \mapsto M(f)$ est continue quand on munit A de la topologie de la convergence uniforme dans X.

2) Soient X l'intervalle $[0, +\infty[$ de $\mathbf{R}$, S le cône convexe formé des fonctions définies dans X et telles que $0 \leqslant f(x) \leqslant kx$ dans X (pour un nombre fini $k > 0$ dépendant de f). On pose $M(f) = 0$ pour $f \in \mathrm{S}$, et $M(f) = +\infty$ pour toute fonction positive f définie dans X et n'appartenant pas à S. Montrer que M satisfait aux conditions du n° 1, et qu'on a $M(x) = 0$, et $M(x^r) = +\infty$ pour tout nombre $r > 0$ distinct de 1.

3) Donner un exemple où X est un ensemble de deux éléments, où $\mathrm{N}_p(\mathbf{x})$ est fini pour tout $p > 0$ et tout $\mathbf{x} \in \mathbf{R}^2$, mais où il existe des valeurs de p telles que l'application $p \mapsto \mathrm{N}_p(\mathbf{x})$ ne soit pas dérivable en ces points.

4) Déduire l'inégalité (6) de l'inégalité de la moyenne géométrique

$$z_1^{\alpha_1} z_2^{\alpha_2} \dots z_n^{\alpha_n} \leqslant \alpha_1 z_1 + \cdots + \alpha_n z_n \quad (\text{où } \sum_{i=1}^{n} \alpha_i = 1)$$

(*Fonct. var. réelle*, chap. III, §1, n° 1, prop. 2) (se ramener au cas où $M(f_i) = 1$ pour $1 \leqslant i \leqslant n$).

5) Soit α un nombre réel > 1, et soit $\beta = 1 - \alpha < 0$. Soit g une fonction finie, définie dans X, telle que $g(x) > 0$ pour tout $x \in \mathrm{X}$ et que $M(g) > 0$; montrer que pour toute fonction f finie et $\geqslant 0$ définie dans X, et telle que $M(f)$ soit fini, on a

$$M(f^\alpha g^\beta) \geqslant (M(f))^\alpha (M(g))^\beta$$

(appliquer convenablement l'inégalité de Hölder).

6) Déduire l'inégalité de Minkowski de l'inégalité de Hölder (majorer $M(f(f+g)^{p-1})$ à l'aide de l'inégalité de Hölder). Si l'on suppose que $M(f+g) = M(f) + M(g)$ pour tout couple de fonctions f, g, définies et $\geqslant 0$ dans X, déduire de même de l'exerc. 5 l'inégalité

$$(M((f+g)^p))^{1/p} \geqslant (M(f^p))^{1/p} + (M(g^p))^{1/p}$$

dans les cas suivants: *a*) $0 < p < 1$, f et g fonctions finies et $\geqslant 0$ définies dans X, telles que $f(x) + g(x) > 0$ pour tout $x \in \mathrm{X}$ et que $M(f^p)$ et $M(g^p)$ soient finis; *b*) $p < 0$, f et g fonctions finies, définies dans X, telles que $f(x) > 0$ et $g(x) > 0$ pour tout $x \in \mathrm{X}$, que $M(f^p)$ et $M(g^p)$ soient finis et $M((f+g)^p) > 0$.

NOTE HISTORIQUE

(N.B. — Les chiffres romains renvoient à la bibliographie placée à la fin de cette note).

Les notions de moyenne arithmétique et géométrique de deux quantités positives remontent à l'Antiquité, et les Pythagoriciens en particulier en avaient fait un de leurs sujets de prédilection. Aussi est-il vraisemblable que l'inégalité $\sqrt{ab} \leqslant \frac{1}{2}(a+b)$ entre ces moyennes leur était bien connue ; elle est en tout cas démontrée par Euclide, à l'occasion du problème consistant à rendre maximum un produit de deux nombres dont la somme est donnée. Il faut apparemment attendre la date tardive de 1729 pour trouver mentionnées explicitement par Maclaurin la généralisation de ce problème à n nombres, et l'inégalité correspondante (et cela, bien que des problèmes d'extremum bien plus difficiles aient été abordés longtemps auparavant).

D'autres inégalités analogues apparaissent en Analyse et en Géométrie à partir de la fin du XVIIIe siècle. C'est ainsi que Lhuilier, en 1789, résout un problème géométrique de maximum qui se rattache à l'inégalité $\sqrt{\left(\sum_{k=1}^{n} a_k\right)^2 + \left(\sum_{k=1}^{n} b_k\right)^2} \leqslant \sum_{k=1}^{n} \sqrt{a_k^2 + b_k^2}$; Cauchy, en 1821, démontre le cas particulier $\left(\sum_{k=1}^{n} a_k b_k\right)^2 \leqslant \left(\sum_{k=1}^{n} a_k^2\right)\left(\sum_{k=1}^{n} b_k^2\right)$ de l'inégalité de Hölder ; Buniakowsky en 1859 et H. A. Schwarz en 1885 généralisent l'inégalité de Cauchy aux intégrales.

Toutefois, ce n'est guère avant la fin du XIXe siècle que les inégalités de convexité firent l'objet d'une étude systématique. O. Hölder, en 1888 (I), a l'idée de faire intervenir dans la question les fonctions convexes d'une variable : il obtient ainsi l'inégalité de la moyenne géométrique en partant de la concavité de $\log x$; en appliquant la même idée à la fonction x^r, il démontre l'inégalité qui porte son nom, et qui avait déjà été trouvée un an plus tôt par L. J. Rogers en partant de l'inégalité de la moyenne géométrique (cf. exerc. 4). Quant à l'inégalité de Minkowski, elle fut démontrée par ce dernier en 1896 (pour des sommes finies), à l'occasion de ses mémorables travaux sur la « Géométrie des nombres » ((II), p. 115–117) ; mais, alors que l'idée de convexité (pour des fonctions d'un nombre quelconque de variables) est une des idées fondamentales de cet ouvrage, il est assez surprenant que Minkowski n'ait pas aperçu que son inégalité s'obtenait par la méthode de Hölder appliquée à $(1 + x^r)^{1/r}$ (il se borne à appliquer les méthodes classiques de recherche d'un extremum par le Calcul infinitésimal).

Pour une étude plus approfondie des inégalités de convexité et de leurs applications, le lecteur pourra consulter le livre de Hardy, Littlewood et Pólya consacré à la question, et qui contient aussi une bibliographie très complète (III).

BIBLIOGRAPHIE

(I) O. Hölder : Ueber einen Mittelwertsatz, *Göttinger Nachrichten* (1889), p. 38–47.

(II) H. Minkowski : *Geometrie der Zahlen*, 2e éd., Leipzig-Berlin (Teubner), 1910.

(III) G. H. Hardy, J. E. Littlewood, G. Pólya : *Inequalities*, Cambridge (University Press), 1934.

CHAPITRE II

ESPACES DE RIESZ

§ 1. Espaces de Riesz et espaces complètement réticulés

1. Définition des espaces de Riesz

Rappelons que, sur un ensemble E, une structure d'espace vectoriel sur le corps **R** et une structure d'ordre sont dites *compatibles* si elles satisfont aux deux axiomes suivants:

(EO_I) *La relation* $x \leqslant y$ *entraîne* $x + z \leqslant y + z$ *quel que soit* $z \in E$.

(EO_{II}) *La relation* $x \geqslant 0$ *entraîne* $\lambda x \geqslant 0$ *pour tout scalaire* $\lambda > 0$.

L'espace E, muni de ces deux structures, est appelé *espace vectoriel ordonné* (*Esp. vect. top.*, chap. II, 2e éd., § 2, n° 5).

L'axiome (EO_I) signifie que la structure d'ordre et la structure de groupe additif sur E sont compatibles, autrement dit que E, muni de ces deux structures, est un *groupe ordonné* (*Alg.*, chap. VI, § 1, n° 1).

L'axiome (EO_I) entraîne que les relations $x \leqslant y$ et $x + z \leqslant y + z$ sont équivalentes. De même, il résulte de (EO_{II}) que, pour tout scalaire $\lambda > 0$, les relations $x \leqslant y$ et $\lambda x \leqslant \lambda y$ sont équivalentes, car on a $\lambda^{-1} > 0$ et par suite la relation $\lambda x \leqslant \lambda y$ entraîne $\lambda^{-1}(\lambda x) \leqslant \lambda^{-1}(\lambda y)$. On peut donc dire que, dans un espace vectoriel ordonné, les translations et les homothéties de rapport > 0 sont des automorphismes de la structure d'ordre; on exprime encore ce fait en disant que l'ordre est *invariant* par toute translation et toute homothétie de rapport > 0. En outre, la symétrie $x \mapsto -x$ est un isomorphisme de la structure d'ordre de E sur la structure d'ordre *opposée.*

DÉFINITION 1. — *On dit qu'un espace vectoriel ordonné est un espace de Riesz si la structure d'ordre est une structure d'ensemble réticulé* (c'est-à-dire si deux éléments quelconques x, y de E admettent une borne supérieure $\sup(x, y)$ et une borne inférieure $\inf(x, y)$).

Exemple. — L'espace $\mathbf{R}^A$ de toutes les fonctions numériques (finies) définies dans un ensemble quelconque A est un espace de Riesz (pour la relation d'ordre « quel que soit $t \in A$, $x(t) \leqslant y(t)$ »); en effet, deux fonctions numériques quelconques x, y définies dans A admettent une borne supérieure (resp. inférieure) égale à l'application $t \mapsto \sup(x(t), y(t))$ (resp. à l'application $t \mapsto \inf(x(t), y(t))$).

On peut encore dire qu'un espace de Riesz est un espace vectoriel E muni d'une structure d'ordre telle que, d'une part, cette structure et la structure de groupe additif de E définissent sur E une structure de *groupe réticulé* (*Alg.*, chap. VI, § 1, n° 9), et que d'autre part l'axiome (EO_{II}) soit vérifié.

Toutes les propriétés des groupes réticulés sont donc applicables aux espaces de Riesz; nous allons rappeler les principales (cf. *Alg.*, chap. VI, § 1, n°s 9 à 12) en indiquant aussi les conséquences qui découlent de l'axiome (EO_{II}).

Rappelons d'abord qu'on pose $x^+ = \sup(x, 0)$ (*partie positive* de x), $x^- = (-x)^+ = \sup(-x, 0)$ (*partie négative* de x), $|x| = \sup(x, -x)$ (*valeur absolue* de x); on a $x = x^+ - x^-$ et $|x| = x^+ + x^-$; ces deux relations équivalent ici à

$$x^+ = \tfrac{1}{2}(|x| + x), \quad x^- = \tfrac{1}{2}(|x| - x).$$

La relation $x \leqslant y$ équivaut à « $x^+ \leqslant y^+$ et $x^- \geqslant y^-$ ». Quels que soient x et y, on a l'*inégalité du triangle*

$$|x + y| \leqslant |x| + |y|. \tag{1}$$

En raison de l'invariance de l'ordre par toute homothétie de rapport > 0, on a

$$\sup(\lambda x, \lambda y) = \lambda \sup(x, y) \qquad \text{pour tout } \lambda \geqslant 0. \tag{2}$$

En particulier

$$(\lambda x)^+ = \lambda x^+, \quad (\lambda x)^- = \lambda x^- \qquad \text{pour tout } \lambda \geqslant 0. \tag{3}$$

Au contraire, pour $\lambda < 0$, on a $(\lambda x)^+ = (-\lambda x)^- = |\lambda| x^-$ et $(\lambda x)^- = (-\lambda x)^+ = |\lambda| x^+$; on en conclut que, pour tout $\lambda \in \mathbf{R}$ et tout $x \in E$, on a

$$|\lambda x| = |\lambda| \cdot |x|. \tag{4}$$

L'invariance de l'ordre par translation montre que pour tout $z \in E$

(5) $$\sup(x+z, y+z) = z + \sup(x, y)$$

d'où en particulier

(6) $$\sup(x, y) = x + (y-x)^+ = \tfrac{1}{2}(x + y + |x-y|).$$

On a les relations

(7) $$\inf(x, y) = -\sup(-x, -y)$$

(8) $$\sup(x, y) + \inf(x, y) = x + y.$$

Si x, y, z sont $\geqslant 0$, on a (*Alg.*, chap. VI, 2e éd., § 1, n° 12, prop. 11)

(9) $$\inf(x+y, z) \leqslant \inf(x, z) + \inf(y, z).$$

Si A et B sont deux parties de E ayant chacune une borne supérieure, A + B admet également une borne supérieure, et on a

(10) $$\sup(\mathrm{A}+\mathrm{B}) = \sup \mathrm{A} + \sup \mathrm{B}.$$

Deux éléments x, y de E sont dits *étrangers* si $\inf(|x|, |y|) = 0$; d'après (8), cette relation équivaut à $\sup(|x|, |y|) = |x| + |y|$, et aussi, d'après (6), à $||x| - |y|| = |x| + |y|$; 0 est le seul élément étranger à lui-même; pour tout $x \in \mathrm{E}$, x^+ et x^- sont étrangers et peuvent être caractérisés comme les seuls éléments étrangers $y \geqslant 0$, $z \geqslant 0$ tels que $x = y - z$. Si y est étranger à x, tout $z \in \mathrm{E}$ tel que $|z| \leqslant |y|$ est étranger à x. Si y et z sont étrangers à x, il en est de même de $|y| + |z|$, en vertu de l'inégalité (9); en particulier, $n|y|$ est étranger à x pour tout entier $n > 0$, d'où on déduit que λy est étranger à x pour tout scalaire λ, puisqu'il existe un entier n tel que $|\lambda| \leqslant n$, d'où $|\lambda y| \leqslant n|y|$. Si une partie A de E est formée d'éléments étrangers à x, et si A admet une borne supérieure, cette borne supérieure est encore étrangère à x (*Alg.*, chap. VI, § 1, n° 12, cor. de la prop. 13).

Enfin, on a le *lemme de décomposition* (*Alg.*, chap. VI, § 1, n° 10, th. 1):

Si $(x_i)_{i \in \mathrm{I}}$, $(y_j)_{j \in \mathrm{J}}$ sont deux suites finies d'éléments $\geqslant 0$ de E, *telles que $\sum_{i \in \mathrm{I}} x_i = \sum_{j \in \mathrm{J}} y_j$, il existe une suite finie $(z_{ij})_{(i,j) \in \mathrm{I} \times \mathrm{J}}$ d'éléments $\geqslant 0$ de* E *telle que $x_i = \sum_{j \in \mathrm{J}} z_{ij}$ pour tout $i \in \mathrm{I}$ et $y_j = \sum_{i \in \mathrm{I}} z_{ij}$ pour tout $j \in \mathrm{J}$.*

2. *Génération d'un espace de Riesz par ses éléments positifs*

Soit E un espace vectoriel ordonné; l'ensemble P des éléments $\geqslant 0$ de E est un *cône convexe* de sommet 0, c'est-à-dire (*Esp. vect. top.*, chap. II, 2e éd., § 2, n° 4) un ensemble tel que $P + P \subset P$ et $\lambda P \subset P$ pour tout $\lambda > 0$. Inversement, si, dans un espace vectoriel E sur **R**, P est un cône convexe de sommet 0, tel que $P \cap (-P) = \{0\}$ (autrement dit, un cône convexe *pointé* et *saillant*), on sait (*loc. cit.*) que la relation $y - x \in P$ est une relation d'ordre (qu'on note $x \leqslant y$) compatible avec la structure d'espace vectoriel de E. Pour que la structure d'ordre ainsi définie sur E définisse une structure d'*espace de Riesz*, il faut et il suffit que:

1° P engendre E, c'est-à-dire que tout $z \in E$ soit de la forme $y - x$, où x et y appartiennent à P;

2° P vérifie l'une des deux conditions suivantes:

a) deux éléments quelconques de P admettent dans P une borne supérieure;

b) deux éléments quelconques de P admettent dans P une borne inférieure (*Alg.*, chap. VI, § 1, n° 8, prop. 8).

3. *Espaces complètement réticulés*

Définition 2.— *On dit qu'un espace de Riesz* E *est complètement réticulé si toute partie majorée non vide de* E *admet une borne supérieure dans* E.

Il est immédiat que toute partie minorée non vide d'un espace complètement réticulé E admet une borne inférieure dans E.

Exemples. — 1) Si A est un ensemble quelconque, l'espace $\mathbf{R}^A$ des fonctions numériques définies dans A est complètement réticulé, la borne supérieure dans $\mathbf{R}^A$ d'une famille majorée étant son *enveloppe supérieure* (*Top. gén.*, chap. IV, § 5, n° 5).

2) Soit F un ensemble quelconque; l'espace $\mathscr{B}(F)$ des fonctions numériques *bornées* dans F, muni de la structure d'ordre induite par celle de $\mathbf{R}^F$, est complètement réticulé. Par contre, si F est un espace topologique, l'espace $\mathscr{C}(F)$ des fonctions numériques *continues* dans F (muni de la structure d'ordre induite par celle de $\mathbf{R}^F$) est un espace de Riesz qui en général n'est pas complètement réticulé (cf. exerc. 13). Considérons par exemple le cas où $F = \mathbf{R}$; soient I l'intervalle $]0, 1[$, φ_I la fonction caractéristique de I, et soit H l'ensemble des fonctions continues $x(t)$ telles que $x \leqslant \varphi_I$; il est clair que H est majoré dans $\mathscr{C}(F)$. La fonction φ_I est l'*enveloppe*

supérieure des $x \in \mathrm{H}$, mais non leur borne supérieure dans $\mathscr{C}(\mathrm{F})$, puisque φ_{I} est semi-continue inférieurement et non continue. Montrons qu'en fait H n'a pas de borne supérieure dans $\mathscr{C}(\mathrm{F})$; il suffit de prouver que, si u est une fonction continue telle que $u \geqslant \varphi_{\mathrm{I}}$, il existe une fonction continue $v \neq u$ telle que $u \geqslant v \geqslant \varphi_{\mathrm{I}}$. Or, on a $u(0) \geqslant 1$, donc il existe un nombre $\alpha > 0$ tel que $u(t) > 0$ pour $-\alpha \leqslant t \leqslant 0$; si w est une fonction continue nulle hors de l'intervalle $]-\alpha, 0[$, et telle que $0 < w(t) < u(t)$ dans cet intervalle, la fonction $v = u - w$ répond à la question.

PROPOSITION 1. — *Pour qu'un espace vectoriel ordonné* E *soit complètement réticulé, il faut et il suffit que* E *soit un espace de Riesz, et vérifie l'une des deux conditions suivantes*:

a) *tout ensemble non vide* A, *formé d'éléments* $\geqslant 0$ *de* E, *majoré et filtrant pour la relation* $\leqslant$, *admet une borne supérieure dans* E;

b) *tout ensemble non vide* A, *formé d'éléments* $\geqslant 0$ *de* E *et filtrant pour la relation* $\geqslant$, *admet une borne inférieure dans* E.

Les conditions sont évidemment nécessaires. Inversement, supposons que E soit un espace de Riesz satisfaisant à la condition *a*). Soit B une partie majorée non vide de E; l'ensemble C des bornes supérieures des parties finies de E est filtrant pour la relation $\leqslant$; soit a un de ses éléments, et C_a l'ensemble des $x \in \mathrm{C}$ qui sont $\geqslant a$; si nous prouvons que C_a admet une borne supérieure, cette borne sera aussi la borne supérieure de B. Or, $\mathrm{C}_a - a$ est un ensemble d'éléments $\geqslant 0$, majoré et filtrant pour la relation $\leqslant$; il a donc une borne supérieure b, et par suite $a + b$ est la borne supérieure de C_a.

D'autre part, la condition *b*) entraîne *a*): en effet, si F est un ensemble non vide d'éléments $\geqslant 0$ de E, majoré et filtrant pour $\leqslant$, et si c est un majorant de F, $c - \mathrm{F}$ est un ensemble d'éléments $\geqslant 0$, filtrant pour $\geqslant$; s'il admet une borne inférieure m, $c - m$ est la borne supérieure de F.

PROPOSITION 2. — *Soit* E *un espace de Riesz, muni d'une topologie séparée compatible avec sa structure d'espace vectoriel ordonné* (*Esp. vect. top.*, chap. II, 2ᵉ éd., § 2, n° 7). *Si, pour tout ensemble* $\mathrm{H} \subset \mathrm{E}$ *majoré et filtrant pour la relation* $\leqslant$, *le filtre des sections de* H *est convergent*, E *est complètement réticulé.*

En effet, on sait que la limite du filtre des sections de H est la borne supérieure de H dans E (*Esp. vect. top.*, chap. II, 2ᵉ éd., § 2, n° 7, prop. 18).

4. *Sous-espaces et espaces produits d'espaces complètement réticulés*

Soient E un espace complètement réticulé, H un sous-espace vectoriel de E. La structure d'ordre induite sur H par celle de E est compatible avec la structure d'espace vectoriel de H, mais l'espace vectoriel ordonné H ainsi défini *n'est pas nécessairement un espace complètement réticulé.*

De façon précise, il peut se faire que H ne soit pas un espace de Riesz (exerc. 2), ou que H soit un espace de Riesz non complètement réticulé: ce dernier cas est celui du sous-espace $\mathscr{C}(\mathbf{R})$ de l'espace $\mathscr{B}(\mathbf{R})$ (n° 3, exemple 2).

En outre, lorsque H est un espace de Riesz (complètement réticulé ou non) il se peut que la borne supérieure *dans* H de deux éléments de H soit distincte de leur borne supérieure *dans* E (exerc. 3 *b*)). Enfin, il est possible que H soit complètement réticulé, que les bornes supérieures de toute partie *finie* de H soient les mêmes dans E et dans H, mais qu'il existe des parties *infinies* de H, majorées dans H, et dont les bornes supérieures dans E et dans H soient distinctes (exerc. 13 *f*)).

Soit $(E_\iota)_{\iota\in I}$ une famille quelconque d'espaces vectoriels ordonnés. Rappelons que, dans l'espace produit $E = \prod_{\iota\in I} E_\iota$, la relation d'ordre *produit* des relations d'ordre des espaces facteurs est la relation « quel que soit $\iota \in I$, $x_\iota \leqslant y_\iota$ » (*Ens.*, chap. III, § 1, n° 4). On vérifie aussitôt que cette relation est compatible avec la structure d'espace vectoriel de E; E, muni de cette structure, est appelé l'espace *produit* des espaces ordonnés E_ι.

PROPOSITION 3. — *Soit* $(E_\iota)_{\iota\in I}$ *une famille d'espaces vectoriels ordonnés. Pour que l'espace produit* $E = \prod_{\iota\in I} E_\iota$ *soit un espace de Riesz* (*resp. un espace complètement réticulé*), *il faut et il suffit que chacun des espaces* E_ι *soit un espace de Riesz* (resp. *un espace complètement réticulé*).

Bornons-nous à examiner le cas des espaces complètement réticulés. Supposons que tous les E_ι soient complètement réticulés; soient A une partie majorée non vide de E, $a = (a_\iota)$ un majorant de A. Pour tout $\iota \in I$, $\mathrm{pr}_\iota A$ est majoré par a_ι, et admet donc une borne supérieure b_ι dans E_ι; il est clair que $b = (b_\iota)$ est la borne supérieure de A dans E.

Réciproquement, supposons E complètement réticulé. Soit A_κ une partie majorée de E_κ, A'_κ la partie de E formée des $x = (x_\iota)$ tels que $x_\kappa \in A_\kappa$ et $x_\iota = 0$ pour $\iota \neq \kappa$. Il est immédiat que A'_κ

est majorée dans E, donc admet une borne supérieure $b = (b_\iota)$; d'après la définition de la relation d'ordre produit, on a nécessairement $b_\iota = 0$ pour $\iota \neq \kappa$, et b_κ est borne supérieure de A_κ, ce qui achève la démonstration.

DÉFINITION 3. — *Soient* E *un espace vectoriel ordonné,* V *et* W *deux sous-espaces vectoriels supplémentaires de* E. *On dit que* E *est somme directe ordonnée de* V *et* W *si l'application canonique* $(x, y) \mapsto x + y$ *de l'espace vectoriel ordonné* $V \times W$ *sur l'espace vectoriel ordonné* E *est un isomorphisme.*

PROPOSITION 4. — *Pour qu'un espace vectoriel ordonné* E *soit somme directe ordonnée de deux sous-espaces vectoriels supplémentaires* V, W, *il faut et il suffit que les relations* $x \in V$, $y \in W$, $x + y \geqslant 0$ *entraînent* $x \geqslant 0$ *et* $y \geqslant 0$.

En effet, comme $x \geqslant 0$ et $y \geqslant 0$ entraînent $x + y \geqslant 0$ dans E, la condition de l'énoncé exprime que $(x, y) \to x + y$ transforme l'ensemble des éléments $\geqslant 0$ de $V \times W$ en l'ensemble des éléments $\geqslant 0$ de E.

5. Bandes dans un espace complètement réticulé

DÉFINITION 4. — *Dans un espace complètement réticulé* E, *on dit qu'un sous-espace vectoriel* B *de* E *est une bande s'il satisfait aux conditions suivantes* : 1) *les relations* $x \in B$, $y \in E$ *et* $|y| \leqslant |x|$ *entraînent* $y \in B$; 2) *pour toute partie non vide* X *de* B, *majorée dans* E, *la borne supérieure* sup X *de* X *dans* E *appartient à* B.

Exemple. — Dans l'espace $\mathbf{R}^A$ des fonctions numériques finies définies dans un ensemble A, l'ensemble des fonctions nulles en tous les points d'une partie M de A est une bande.

Remarque. — Dans l'espace $\mathbf{R}^A$, le sous-espace $\mathscr{B}(A)$ des fonctions numériques bornées dans A satisfait à la condition 1) de la déf. 4; en outre, pour toute partie X de $\mathscr{B}(A)$ majorée *dans* $\mathscr{B}(A)$, l'enveloppe supérieure de X appartient à $\mathscr{B}(A)$. Mais, si A est infini, une partie de $\mathscr{B}(A)$ peut être *majorée dans* $\mathbf{R}^A$ *sans être majorée dans* $\mathscr{B}(A)$, et par suite $\mathscr{B}(A)$ n'est pas une bande dans $\mathbf{R}^A$.

Il résulte aussitôt de la déf. 4 que, si B est une bande dans E, pour toute partie non vide X de B, minorée dans E, inf X appartient à B. Toute bande B dans E, munie de la structure d'espace vectoriel ordonné induite par celle de E, est un espace complètement réticulé, et pour toute partie $X \subset B$, majorée dans B, la borne supérieure de X dans B est identique à sa borne supérieure dans E.

Toute intersection d'une famille de bandes dans un espace complètement réticulé E est encore une bande. Pour toute partie $M \subset E$, il existe une *plus petite bande* contenant M (puisque E est lui-même une bande); on dira que cette bande est la bande *engendrée* par M.

Les propriétés des bandes dans un espace complètement réticulé reposent sur la proposition suivante:

PROPOSITION 5. — *Soient* E *un espace complètement réticulé,* A *une partie non vide de* E *formée d'éléments* $\geqslant 0$, *telle que* : 1) $A + A \subset A$; 2) *les relations* $x \in A$, $0 \leqslant y \leqslant x$ *entraînent* $y \in A$. *Soit* M *l'ensemble des bornes supérieures dans* E *des parties de* A *majorées dans* E. *Dans ces conditions, tout élément* $x \geqslant 0$ *de* E *peut s'écrire sous la forme* $y + z$, *où* $y \in M$ *est la borne supèrieure des éléments* $v \in A$ *tels que* $v \leqslant x$, *et où* z *est un élément* $\geqslant 0$ *étranger à tous les éléments de* M.

En effet, on a $y \leqslant x$. Tout revient à montrer que $z = x - y$ est étranger à tout élément $t \in A$ (n° 1), ou encore que $u = \inf(z, t)$ est nul. Par hypothèse, on a $u \in A$ et $u \leqslant x - y$, donc $u + y \leqslant x$; pour tout $v \in A$ tel que $v \leqslant x$, on a par définition $v \leqslant y$, donc $u + v \leqslant u + y \leqslant x$; comme $u + v \in A$ par hypothèse, on a aussi $u + v \leqslant y$ par définition de y; enfin, comme $u + y$ est la borne supérieure dans E des éléments $u + v$ tels que $v \in A$ et $v \leqslant x$, on a $u + y \leqslant y$, d'où $u \leqslant 0$, ce qui achève la démonstration.

THÉORÈME 1 (F. Riesz). — *Soit* A *une partie d'un espace complètement réticulé* E. *L'ensemble* A' *des éléments étrangers à tous les éléments de* A *est une bande; la bande* A'' *des éléments étrangers à tous les éléments de* A' *est identique à la bande engendrée par* A, *et* E *est somme directe ordonnée des bandes* A' *et* A''.

Les propriétés des éléments étrangers, rappelées au n° 1, et la définition d'une bande, montrent aussitôt que A' est une bande, donc aussi A''. D'après la prop. 5 et la définition d'une bande, tout élément $x \geqslant 0$ de E peut s'écrire $x = y + z$, où $y \in A'$ et $z \in A''$, y et z étant $\geqslant 0$; comme tout élément de E est différence de deux éléments $\geqslant 0$, on a $E = A' + A''$; d'autre part, 0 étant le seul élément étranger à lui-même, on a $A' \cap A'' = \{0\}$, ce qui prouve que E est somme directe de A' et A''; enfin, comme les composants dans A' et A'' d'un élément $\geqslant 0$ de E sont $\geqslant 0$, E est somme directe ordonnée de A' et A'' (n° 4, prop. 4).

Reste à montrer que A″ est identique à la bande B engendrée par A. Or, E est somme directe de B et de la bande B′ formée des éléments étrangers à tous les éléments de B; comme $A \subset B$, on a $B' \subset A'$; mais d'autre part $B \subset A''$, et E est aussi somme directe de A′ et A″; on a donc nécessairement $B = A''$, $B' = A'$.

Le th. 1 et la prop. 5 permettent de donner une autre définition de la bande engendrée par un ensemble d'éléments de E:

PROPOSITION 6. — *Soient* E *un espace complètement réticulé,* M *une partie de* E, B *la bande engendrée par* M. *Soit* M_1 *l'ensemble des éléments* $\geqslant 0$ *de* E *dont chacun est majoré par un élément de la forme* $\sum_i |x_i|$, *où* $x_i \in M$; *soit* M_2 *l'ensemble des bornes supérieures des parties majorées de* M_1; *l'ensemble* M_2 *est identique à l'ensemble des éléments* $\geqslant 0$ *de* B.

On a évidemment $M_2 \subset B$ par définition d'une bande; d'autre part, si B′ est la bande des éléments étrangers à tous les éléments de M_1, le th. 1 montre que E est somme directe ordonnée de B et B′. Mais la prop. 5 prouve que tout élément $\geqslant 0$ de E est somme d'un élément de M_2 et d'un élément de B′, d'où la proposition.

COROLLAIRE. — *Soit* a *un élément d'un espace complètement réticulé* E. *Soient* B_a *la bande engendrée par* a, B'_a *la bande des éléments étrangers à* a. *Pour tout élément* $x \geqslant 0$ *de* E, *le composant de* x *dans* B_a (pour la décomposition de E en somme directe ordonnée de B_a et B'_a) *est égal à* $\sup_{n \in \mathbf{N}} (\inf(n|a|, x))$.

Cela résulte de la prop. 6 appliquée à $M = \{a\}$, et de la prop. 4.

On notera que les bandes engendrées par a et $|a|$ sont identiques. Si a et b sont deux éléments étrangers de E, A et B les bandes engendrées par a et b respectivement, tout élément de A est étranger à tout élément de B; en effet, b appartient à la bande A′ des éléments étrangers à a, d'où $B \subset A'$; et d'après le th. 1, tout élément de A est étranger à tout élément de A′.

§ 2. Formes linéaires sur un espace de Riesz

1. *Formes linéaires positives sur un espace de Riesz*

Rappelons la définition suivante (*Esp. vect. top.*, chap. II, 2ᵉ éd., § 2, n° 5):

DÉFINITION 1. — *Etant donné un espace vectoriel ordonné* E, *on dit qu'une forme linéaire* L *sur* E *est positive si, pour tout* $x \geqslant 0$ *dans* E, *on a* $L(x) \geqslant 0$.

Comme $L(y) - L(x) = L(y - x)$, il revient au même de dire que la relation $x \leqslant y$ entraîne $L(x) \leqslant L(y)$, ou encore que L est une fonction *croissante* dans E.

Exemples. — 1) Soient A un ensemble quelconque, E un sous-espace de l'espace $\mathbf{R}^{\mathrm{A}}$ de toutes les fonctions numériques définies dans A. Pour tout élément $a \in \mathrm{A}$, l'application $x \mapsto x(a)$ est une forme linéaire positive sur E.

2) Soit $\mathrm{I} = [a, b]$ un intervalle compact de $\mathbf{R}$, E l'espace de Riesz formé des fonctions numériques *réglées* dans I (*Fonct. var. réelle*, chap. II, §1, n° 3); l'application $x \mapsto \int_a^b x(t)\,dt$ est une forme linéaire positive sur E.

3) Soient F un ensemble quelconque, $\mathfrak{U}$ un *ultrafiltre* sur F (*Top. gén.*, chap. I, 3ᵉ éd., § 6, n° 4), E l'espace de Riesz $\mathscr{B}(\mathrm{F})$ des fonctions numériques bornées dans F. Pour tout $x \in \mathrm{E}$, $\lim_{\mathfrak{U}} x(t)$ existe, car $x(\mathfrak{U})$ est une base d'ultrafiltre sur l'ensemble relativement compact $x(\mathrm{F})$, et par suite est convergente. En outre, si $x \geqslant 0$, on a $\lim_{\mathfrak{U}} x(t) \geqslant 0$ en vertu du principe de prolongement des inégalités; l'application $x \mapsto \lim_{\mathfrak{U}} x$ est donc une forme linéaire positive sur E. Si on prend pour $\mathfrak{U}$ l'ultrafiltre formé des ensembles contenant un élément $a \in \mathrm{F}$, on retrouve la forme linéaire positive $x \mapsto x(a)$ (exemple 1).

PROPOSITION 1. — *Soient* E *un espace vectoriel ordonné,* L *une application de* E *dans* $\mathbf{R}$ *telle que* $L(x + y) = L(x) + L(y)$ *et que la relation* $x \geqslant 0$ *entraîne* $L(x) \geqslant 0$; *alors, pour tout scalaire* λ *et tout* $x \geqslant 0$, *on a* $L(\lambda x) = \lambda L(x)$.

Comme $L(-x) = -L(x)$ (L étant une représentation du groupe additif E dans $\mathbf{R}$), on peut se borner au cas où $\lambda \geqslant 0$. Pour tout entier $n \geqslant 0$, on a $L(nx) = nL(x)$, d'où $L((1/n)x) = (1/n)L(x)$ et par suite $L(rx) = rL(x)$ pour tout nombre rationnel $r \geqslant 0$. D'autre part L est croissante dans E; si r et r' sont deux nombres rationnels tels que $r \leqslant \lambda \leqslant r'$, on a donc $rL(x) \leqslant L(\lambda x) \leqslant r'L(x)$; comme $rL(x)$ et $r'L(x)$ diffèrent d'aussi peu qu'on veut de $\lambda L(x)$, on a $L(\lambda x) = \lambda L(x)$.

PROPOSITION 2. — *Soient* E *un espace vectoriel réel,* C *un cône convexe de sommet* 0 *dans* E *tel que* $\mathrm{E} = \mathrm{C} - \mathrm{C}$, $x \mapsto M(x)$ *une application de* C *dans* $\mathbf{R}$ *telle que, pour* $x \in \mathrm{C}$, $y \in \mathrm{C}$, $\lambda \geqslant 0$, $\mu \geqslant 0$, *on ait* $M(\lambda x + \mu y) = \lambda M(x) + \mu M(y)$. *Alors il existe une forme linéaire et une seule* L *qui prolonge* M *à* E.

En effet, par hypothèse, tout $z \in$ E peut s'écrire $z = y - x$, où x, y appartiennent à C; en outre, si $z = y' - x'$ avec $x' \in$ C, $y' \in$ C, on a $M(y) - M(x) = M(y') - M(x')$; en effet, de la relation $y - x = y' - x'$, on tire $y + x' = x + y'$, et par suite $M(y) + M(x') = M(x) + M(y')$. Désignons par $L(z)$ la valeur commune de $M(y) - M(x)$ pour toute expression de z comme différence $y - x$ de deux éléments de C; on vérifie immédiatement que L est une forme linéaire sur E prolongeant M; l'unicité de L résulte de ce que C engendre l'espace E.

PROPOSITION 3.— *Soient* E *un espace vectoriel ordonné filtrant,* P *l'ensemble des éléments* $\geqslant 0$ *de* E, $x \mapsto M(x)$ *une application de* P *dans* **R**, *à valeurs* $\geqslant 0$ *et telle que* $M(x + y) = M(x) + M(y)$ *quels que soient* x, y *dans* P. *Il existe alors une forme linéaire positive et une seule* L *qui prolonge* M *à* E.

Comme E = P − P, le même raisonnement que dans la prop. 2 prouve d'abord l'existence et l'unicité d'une application *additive* L de E dans **R** prolongeant M. La prop. 1 montre alors que, pour $\lambda \geqslant 0$ et pour tout $x \in$ P, on a $L(\lambda x) = \lambda L(x)$, d'où résulte aussitôt que L est une forme linéaire.

2. *Formes linéaires relativement bornées*

Soit E un espace vectoriel ordonné filtrant. Soit Q l'ensemble des formes linéaires *positives* sur E; c'est une partie du dual algébrique E* de E (espace de toutes les formes linéaires sur E). Il est immédiat que $Q + Q \subset Q$ et $\lambda Q \subset Q$ pour tout scalaire $\lambda > 0$ (en d'autres termes, Q est un *cône convexe* dans E*). En outre, on a $Q \cap (-Q) = \{0\}$, car si L et $-L$ sont toutes deux des formes linéaires positives, on a $L(x) \geqslant 0$ et $L(x) \leqslant 0$ pour tout $x \geqslant 0$, d'où $L(x) = 0$ pour tout $x \geqslant 0$, et par suite $L = 0$ (n° 1, prop. 3). L'ensemble Q définit donc sur E* une *relation d'ordre* $L \leqslant M$, équivalente à « $M - L$ est une forme linéaire positive sur E », ou encore à « pour tout $x \geqslant 0$, $L(x) \leqslant M(x)$ »; les éléments $\geqslant 0$ dans E* pour cette structure d'ordre sont les formes linéaires positives (ce qui justifie la terminologie introduite). Soit Ω le sous-espace vectoriel de E* engendré par Q, c'est-à-dire l'ensemble des formes linéaires sur E qui sont *différences de deux formes* *linéaires positives*; nous allons donner une autre caractérisation des éléments de Ω lorsque E est un espace de Riesz.

DÉFINITION 2. — *Etant donné un espace de Riesz* E, *on dit qu'une forme linéaire L sur* E *est relativement bornée si, pour tout* $x \geqslant 0$ *dans* E, *L est bornée dans l'ensemble des* $y \in$ E *tels que* $|y| \leqslant x$.

THÉORÈME 1. — 1° *Pour qu'une forme linéaire L sur un espace de Riesz* E *soit relativement bornée, il faut et il suffit qu'elle soit la différence de deux formes linéaires positives.*

2° *L'espace vectoriel ordonné* Ω *des formes linéaires relativement bornées sur* E *est un espace de Riesz complètement réticulé.*

Si $L = U - V$, où U et V sont deux formes linéaires positives sur E, la relation $-x \leqslant y \leqslant x$ entraîne $-U(x) \leqslant U(y) \leqslant U(x)$ et $-V(x) \leqslant V(y) \leqslant V(x)$ d'où aussitôt $|L(y)| \leqslant U(x) + V(x)$; L est donc relativement bornée. Supposons inversement que L soit relativement bornée; tout revient à prouver qu'il existe une forme linéaire positive N telle que, pour tout $x \geqslant 0$, on ait $N(x) \geqslant L(x)$, car alors $N - L$ sera une forme linéaire positive.

Or, si une forme linéaire positive N a cette propriété, on a, pour tout $x \geqslant 0$ et pour $0 \leqslant y \leqslant x$, $N(x) \geqslant N(y) \geqslant L(y)$, et par suite $N(x) \geqslant \sup_{0 \leqslant y \leqslant x} L(y)$; si nous prouvons que la fonction numérique $x \mapsto M(x) = \sup_{0 \leqslant y \leqslant x} L(y)$, définie dans l'ensemble P des éléments $\geqslant 0$ de E, se prolonge en une forme linéaire positive sur E (qu'on notera encore M), nous aurons démontré la première partie du théorème, et prouvé en outre que M est la *borne supérieure* de 0 et L dans Ω. Comme $M(x) \geqslant 0$ dans P, tout revient à prouver que, pour deux éléments quelconques $x \geqslant 0$, $x' \geqslant 0$ de E, on a $M(x + x') = M(x) + M(x')$ (n° 1, prop. 3). D'après la définition, on a

$$\begin{aligned} M(x) + M(x') &= \sup_{0 \leqslant y \leqslant x} L(y) + \sup_{0 \leqslant y' \leqslant x'} L(y') \\ &= \sup_{0 \leqslant y \leqslant x,\ 0 \leqslant y' \leqslant x'} L(y + y') \leqslant M(x + x'). \end{aligned}$$

D'autre part, pour tout z tel que $0 \leqslant z \leqslant x + x'$, on a $x + x' = z + u$ avec $u \geqslant 0$; en vertu du lemme de décomposition (§ 1, n° 1), il existe donc deux éléments y, y' tels que $0 \leqslant y \leqslant x$, $0 \leqslant y' \leqslant x'$ et que $z = y + y'$, $u = (x - y) + (x' - y')$; d'où

$$L(z) = L(y) + L(y') \leqslant M(x) + M(x'),$$

et par suite $M(x + x') = \sup_{0 \leqslant z \leqslant x+x'} L(z) \leqslant M(x) + M(x')$, ce qui achève de démontrer la première partie du théorème. De plus, nous avons montré ainsi que Ω est un *espace de Riesz*, et que, pour toute forme linéaire relativement bornée L sur E, et pour tout $x \geqslant 0$, on a

$$(1) \qquad L^+(x) = \sup_{0 \leqslant y \leqslant x} L(y).$$

Reste à voir que Ω est complètement réticulé ; pour cela il suffit de montrer qu'un ensemble H de formes linéaires *positives*, majoré et filtrant pour la relation $\leqslant$, a une borne supérieure dans Ω.

Or, on a plus généralement le lemme suivant :

Lemme 1. — *Soient* E *un espace vectoriel ordonné filtrant,* E* *son dual, ordonné en prenant pour éléments positifs les formes linéaires positives. Soit* (u_α) *une famille filtrante croissante d'éléments de* E*. *Si, pour tout* $x \geqslant 0$ *dans* E, *on a* $\sup u_\alpha(x) < +\infty$, *alors la famille* (u_α) *admet une borne supérieure* u *dans* E*, *et pour tout* $x \geqslant 0$ *dans* E, *on a*

$$(2) \qquad u(x) = \sup_\alpha u_\alpha(x).$$

Dans l'ensemble P des $x \geqslant 0$ dans E, définissons en effet l'application u par la formule (2) ; il est immédiat que pour $\lambda \geqslant 0$ et $x \in$ P, on a $u(\lambda x) = \lambda u(x)$; pour prouver le lemme, il suffit donc, en vertu de la prop. 2 du n° 1, de montrer que l'on a

$$u(x + y) = u(x) + u(y)$$

pour x, y dans P. Or cela est immédiat si l'on remarque que l'on a $u(x) = \lim u_\alpha(x)$ suivant l'ensemble filtrant des indices (théorème de la limite monotone).

De la formule (1) on déduit aussitôt que si L et M sont deux formes linéaires relativement bornées sur E, on a, pour tout $x \geqslant 0$

$$(3) \qquad \begin{cases} \sup(L, M)(x) = \sup\limits_{y \geqslant 0, z \geqslant 0, y+z=x} (L(y) + M(z)) \\[2ex] \inf(L, M)(x) = \inf\limits_{y \geqslant 0, z \geqslant 0, y+z=x} (L(y) + M(z)). \end{cases}$$

En particulier, si dans la première de ces formules, on remplace M par $-L$, il vient

$$|L|(x) = \sup_{y \geqslant 0, z \geqslant 0, y+z=x} L(y-z).$$

Or, si $x = y + z, y \geqslant 0$ et $z \geqslant 0$, on a $-x \leqslant y - z \leqslant x$; inversement, la relation $|u| \leqslant x$ entraîne $L(u) \leqslant |L|(|u|) \leqslant |L|(x)$. On en déduit la formule

$$(4) \qquad |L|(x) = \sup_{|y| \leqslant x} L(y) \qquad \text{pour } x \geqslant 0,$$

d'où en particulier

$$(5) \qquad |L(x)| \leqslant |L|(|x|)$$

pour tout $x \in \mathrm{E}$.

Proposition 4. — *Pour que deux formes linéaires positives* L, M *sur un espace de Riesz* E *soient étrangères dans l'espace* Ω, *il faut et il suffit que, pour tout nombre* $\varepsilon > 0$ *et pour tout* $x \geqslant 0$ *dans* E, *il existe deux éléments* $y \geqslant 0, z \geqslant 0$ *de* E *tels que* $x = y + z$ *et* $L(y) + M(z) \leqslant \varepsilon$.

En effet, d'après la seconde formule (3), cette condition exprime que $\inf(L, M) = 0$.

Proposition 5. — *Soit* L *une forme linéaire positive sur un espace de Riesz* E. *Pour qu'une forme linéaire positive* M *sur* E *appartienne à la bande engendrée par* L *dans* Ω, *il faut et il suffit que, pour tout* $x \geqslant 0$ *dans* E *et tout nombre* $\varepsilon > 0$, *il existe un nombre* $\delta > 0$ *tel que les relations* $0 \leqslant y \leqslant x$ *et* $L(y) \leqslant \delta$ *entraînent* $M(y) \leqslant \varepsilon$.

Montrons d'abord que la condition est *nécessaire*. Si $M \geqslant 0$ appartient à la bande engendrée par L dans Ω, on a (§ 1, n° 5, cor. de la prop. 6) $M = \sup_n (\inf(nL, M))$. Si on pose

$$U_n = M - \inf(nL, M),$$

U_n est donc une forme linéaire positive sur E et on a $\inf_n U_n = 0$ dans Ω; par suite (lemme 1) $U_n(x)$ tend vers 0 lorsque n croît indéfiniment, et il existe n tel que $U_n(x) \leqslant \varepsilon/2$. Le nombre n étant ainsi fixé, on a $U_n(y) \leqslant \varepsilon/2$ pour tout y tel que $0 \leqslant y \leqslant x$, donc la relation $0 \leqslant y \leqslant x$ entraîne

$$M(y) \leqslant \frac{\varepsilon}{2} + \inf(nL, M)(y) \leqslant \frac{\varepsilon}{2} + nL(y);$$

si y est tel que $L(y) \leqslant \varepsilon/2n$, on a donc $M(y) \leqslant \varepsilon$, ce qui établit notre assertion.

Montrons maintenant que la condition est *suffisante*. Pour toute forme linéaire positive M sur E, on peut écrire $M = U + V$, où U appartient à la bande engendrée par L dans Ω et où V est étrangère à L, U et V étant positives (§ 1, nº 5, th. 1). Si M satisfait à la condition de l'énoncé, il en est de même de $V = M - U$, puisque $0 \leqslant V \leqslant M$. Nous allons en déduire que $V = 0$. En effet, pour tout $x \geqslant 0$ dans E et tout nombre $\eta > 0$, il existe deux éléments $y \geqslant 0$, $z \geqslant 0$ de E tels que $x = y + z$ et $L(y) + V(z) \leqslant \eta$ (prop. 4); donnons-nous arbitrairement un nombre $\varepsilon > 0$, et choisissons $\eta \leqslant \varepsilon$ tel que les relations $0 \leqslant u \leqslant x$ et $L(u) \leqslant \eta$ entraînent $V(u) \leqslant \varepsilon$; y et z étant alors déterminés comme ci-dessus, on a $L(y) \leqslant \eta$, donc $V(y) \leqslant \varepsilon$ et par suite

$$V(x) = V(y) + V(z) \leqslant \varepsilon + \eta \leqslant 2\varepsilon;$$

ε étant arbitraire, on a $V(x) = 0$ pour tout $x \geqslant 0$, c'est-à-dire $V = 0$.

Exemple. — Soit E un espace de Riesz, muni d'une topologie localement convexe, compatible avec sa structure d'espace vectoriel ordonné (*Esp. vect. top.*, chap. II, 2ᵉ éd., § 2, nº 7). Soit E′ le dual topologique de E, et supposons en outre que le cône P des éléments $\geqslant 0$ de E soit *complet pour la topologie affaiblie* $\sigma(E, E')$. Alors toute forme linéaire continue $x' \in E'$ est *relativement bornée*, car on sait (*Esp. vect. top.*, chap. II, 2ᵉ éd., § 6, nº 8, cor. 2 de la prop. 1) que dans ces conditions, pour tout $x \geqslant 0$ dans E, l'ensemble des $y \in E$ tels que $|y| \leqslant x$ est *compact* pour $\sigma(E, E')$. On en déduit que E est alors *complètement réticulé*; en effet (§ 1, nº 3, prop. 2) il suffit de montrer que pour tout ensemble $H \subset E$ majoré et filtrant pour $\leqslant$, le filtre des sections $\mathfrak{F}$ de H est *convergent dans* E *pour la topologie* $\sigma(E, E')$ (cette dernière étant compatible avec la structure d'espace vectoriel ordonné de E). Par translation, on peut supposer que $H \subset P$, et il suffit donc de montrer que $\mathfrak{F}$ est un *filtre de Cauchy* pour $\sigma(E, E')$, ou encore que toute forme linéaire continue $x' \in E'$ a une limite suivant $\mathfrak{F}$. Mais cela résulte aussitôt du th. de la limite monotone si x' est une forme linéaire *positive*; et comme toute forme linéaire $x' \in E'$ est différence de deux formes linéaires positives (th. 1), notre assertion est démontrée.

EXERCICES

§ 1

1) Soit E l'espace vectoriel des fonctions

$$x \mapsto g(x) = \int_0^x f(t)\,dt$$

définies dans l'intervalle $[0, 1]$ de $\mathbf{R}$, f parcourant l'ensemble des fonctions réglées dans $[0, 1]$. Soit P l'ensemble des fonctions croissantes appartenant à E. Montrer que P est un cône convexe tel que $E = P - P$, $P \cap (-P) = \{0\}$, et que E, muni de la structure d'ordre définie par la relation $g - h \in P$, est un espace de Riesz.

2) Soit $I \subset \mathbf{R}$ un intervalle compact. Montrer que le sous-espace de $\mathbf{R}^I$ formé des restrictions à I des fonctions polynômes (à coefficients réels) est un espace ordonné filtrant mais n'est pas un espace de Riesz.

3) *a*) Soient E un espace de Riesz, H un sous-espace vectoriel de E. On dit que H est un sous-espace *coréticulé* de E si, quels que soient les éléments x, y de H, $\sup(x, y)$ appartient à H. Pour qu'il en soit ainsi, il faut et il suffit que la relation $x \in H$ entraîne $|x| \in H$.

b) Soient I un intervalle compact de $\mathbf{R}$, H le sous-espace de $\mathbf{R}^I$ formé des restrictions à I des polynômes du premier degré $t \mapsto \alpha t + \beta$. Montrer que H n'est pas un sous-espace coréticulé de $\mathbf{R}^I$, mais que H est un espace de Riesz (pour la structure induite par celle de $\mathbf{R}^I$).

4) Soient E un espace de Riesz, H un sous-espace vectoriel de E. On dit que H est un sous-espace *isolé* de E si les relations $x \in H$, $|y| \leqslant |x|$ entraînent $y \in H$. Soit alors P l'ensemble des éléments $\dot{x}$ de l'espace quotient E/H tels qu'il existe au moins un élément $x \geqslant 0$ dans la classe $\dot{x}$. Montrer que P est l'ensemble des éléments $\geqslant 0$ pour une structure d'ordre sur E/H, compatible avec la structure d'espace vectoriel de E/H, et pour laquelle E/H est un espace de Riesz (cf. *Alg.*, chap. VI, § 1, exerc. 4).

5) *a*) On dit qu'un espace vectoriel ordonné E est *archimédien* si tout $x \in E$ tel que l'ensemble des nx (n entier $\geqslant 0$) soit majoré, est nécessairement $\leqslant 0$ (*Alg.*, chap. VI, § 1, exerc. 31). Montrer que cette condition équivaut à la suivante : l'intersection d'un plan quelconque passant par 0 et du cône convexe P des éléments $\geqslant 0$ de E est un secteur angulaire *fermé*. Montrer que pour qu'un espace vectoriel ordonné soit archimédien, il faut et il suffit qu'il soit isomorphe à un sous-espace d'un espace complètement réticulé (cf. *Alg.*, chap. VI, § 1, exerc. 31).

b) Soit F l'espace de Riesz $\mathbf{R}^{\mathbf{R}}$ des fonctions numériques définies dans $\mathbf{R}$, et soit H le sous-espace $\mathscr{B}(\mathbf{R})$ des fonctions bornées dans $\mathbf{R}$; H est un sous-espace isolé de F (exerc. 4). Montrer que l'espace de Riesz $E = F/H$ (exerc. 4) n'est pas archimédien : de façon précise, pour tout élément $x \geqslant 0$ de E, montrer qu'il existe $y \in E$ tel que $y \geqslant nx$ pour *tout* entier $n \geqslant 0$.

6) Soient E un espace complètement réticulé, V un sous-espace vectoriel de E. Montrer que, pour qu'il existe dans E un supplémentaire W de V tel que E soit somme directe ordonnée de V et W, il faut et il

suffit que V soit une bande; W est alors nécessairement identique à la bande des éléments de E étrangers à tous les éléments de V.

7) Soient E un espace complètement réticulé, H un sous-espace isolé (exerc. 4) de E. Si B_1 et B_2 sont deux bandes supplémentaires dans E, montrer que H est somme directe ordonnée de $H_1 = H \cap B_1$ et de $H_2 = H \cap B_2$, et que l'espace de Riesz E/H est somme directe ordonnée des espaces de Riesz B_1/H_1 et B_2/H_2.

8) Soient (E_ι) une famille d'espaces complètement réticulés, E l'espace produit des E_ι (qui est complètement réticulé). Montrer que si B est une bande dans E, chacune de ses projections $B_\iota = \mathrm{pr}_\iota(B)$ est une bande dans E_ι, et que B est identique au produit des B_ι. En déduire la détermination des bandes dans l'espace $\mathbf{R}^A$ des applications d'un ensemble A dans $\mathbf{R}$. Montrer que, dans l'espace $\mathscr{B}(A)$ des fonctions numériques bornées dans A, toute bande est la trace sur $\mathscr{B}(A)$ d'une bande dans $\mathbf{R}^A$.

¶ 9) Soit E un espace complètement réticulé. On dit qu'un filtre $\mathfrak{F}$ sur E est majoré (resp. minoré, borné) s'il existe dans $\mathfrak{F}$ un ensemble majoré (resp. minoré, borné). Pour un filtre majoré (resp. minoré) $\mathfrak{F}$, on appelle *limite supérieure* (resp. *limite inférieure*) de $\mathfrak{F}$, et l'on note $\lim.\sup \mathfrak{F}$ (resp. $\lim.\inf \mathfrak{F}$) l'élément $\inf_X(\sup X)$ (resp. $\sup_X(\inf X)$) de E, où X parcourt l'ensemble des ensembles majorés (resp. minorés) de $\mathfrak{F}$. Si $\mathfrak{F}$ est borné, on a $\lim.\inf \mathfrak{F} \leqslant \lim.\sup \mathfrak{F}$; on dit que $\mathfrak{F}$ a une *limite* ou *est convergent* pour la structure d'ordre de E, si $\lim.\sup \mathfrak{F} = \lim.\inf \mathfrak{F}$; la valeur commune de ces deux éléments se note alors $\lim \mathfrak{F}$, et on dit que $\mathfrak{F}$ converge vers cet élément de E. Si un filtre borné a une limite, tout filtre plus fin a la même limite (pour la structure d'ordre).

a) Pour qu'un filtre borné $\mathfrak{F}$ ait une limite pour la structure d'ordre, il faut et il suffit que $\inf_X(\sup X - \inf X) = 0$ lorsque X parcourt l'ensemble des ensembles bornés appartenant à $\mathfrak{F}$ (on pourra utiliser le fait que si, dans E, (x_α) et (y_α) sont deux familles décroissantes minorées ayant même ensemble d'indices filtrant à droite, on a

$$\inf(x_\alpha + y_\alpha) = \inf x_\alpha + \inf y_\alpha;$$

pour démontrer cette formule, on remarquera que pour deux indices quelconques β, γ on a $\inf(x_\alpha + y_\alpha) \leqslant x_\beta + y_\gamma$).

b) Soient A un ensemble filtré par un filtre $\mathfrak{G}$, f une application de A dans E; on dit que f a une limite suivant $\mathfrak{G}$, pour la structure d'ordre de E, si $f(\mathfrak{G})$ est la base d'un filtre borné ayant une limite dans E (pour la structure d'ordre). Montrer que si A est un ensemble ordonné filtrant, f une application croissante de A dans E, majorée dans A, f a une limite suivant le filtre des sections de A, égale à $\sup_{x \in A} f(x)$.

c) Soient (E_ι) une famille d'espaces complètement réticulés, E l'espace complètement réticulé produit des E_ι. Pour que sur E un filtre borné $\mathfrak{F}$ soit convergent pour la structure d'ordre, il faut et il suffit que pour tout ι, le filtre de base $\mathrm{pr}_\iota(\mathfrak{F})$ soit convergent dans E_ι; si a_ι est sa limite, $a = (a_\iota)$ est alors la limite de $\mathfrak{F}$.

¶ 10) *a*) Soit E un espace complètement réticulé ; il existe sur E une topologie $\mathscr{T}_0(E)$ qui est la plus fine des topologies $\mathscr{T}$ sur E pour lesquelles tout filtre borné $\mathfrak{F}$ sur E qui converge au sens de la structure d'ordre (exerc. 9) converge vers la même limite pour $\mathscr{T}$.

Soient E et F deux espaces complètement réticulés, f une application de E dans F telle que, pour tout filtre borné $\mathfrak{F}$ sur E convergent pour la structure d'ordre, $f(\mathfrak{F})$ soit une base d'un filtre borné sur F qui converge pour la structure d'ordre vers $f(\lim \mathfrak{F})$. Montrer que, dans ces conditions, f est continue pour les topologies $\mathscr{T}_0(E)$ et $\mathscr{T}_0(F)$.

b) Déduire de *a*) que la topologie $\mathscr{T}_0(E)$ est compatible avec la structure d'espace vectoriel de E et que l'application $x \mapsto |x|$ est continue pour cette topologie. Prouver que $\mathscr{T}_0(E)$ est compatible avec la structure d'espace vectoriel ordonné de E et en déduire que cette topologie est séparée.

c) Etant donné un ensemble infini quelconque A, soit $E = \mathscr{B}(A)$ l'espace complètement réticulé des fonctions numériques bornées dans A. Soit Φ l'ensemble des fonctions numériques φ (finies ou non) définies dans A, telles que $\varphi(t) > 0$ pour tout $t \in A$ et que, pour tout entier $n > 0$, l'ensemble des $t \in A$ tels que $\varphi(t) \leqslant n$ soit *fini*. Pour toute fonction $\varphi \in \Phi$, soit V_φ l'ensemble des $x \in E$ tels que $|x| \leqslant \varphi$; montrer que les ensembles V_φ forment un système fondamental de voisinages de 0 pour une topologie $\mathscr{T}_1(E)$ compatible avec la structure d'espace vectoriel ordonné de E, et pour laquelle E est séparé et complet. Montrer que la topologie $\mathscr{T}_0(E)$ est plus fine que $\mathscr{T}_1(E)$, mais strictement moins fine que la topologie de la convergence uniforme dans A (définie par la norme $\|x\| = \sup_{t \in A} |x(t)|$) (considérer les éléments $1 - \varphi_X$ de $\mathscr{B}(A)$, où X parcourt l'ensemble des parties finies de A, φ_X étant la fonction caractéristique de X). En déduire que, pour qu'une partie de E soit bornée (pour la structure d'ordre), il faut et il suffit qu'elle soit bornée pour la topologie $\mathscr{T}_0(E)$ (*Esp. vect. top.*, chap. III, § 2). Montrer que tout filtre sur E, borné et convergent pour la topologie $\mathscr{T}_0(E)$, est convergent vers la même limite pour la structure d'ordre. Montrer enfin qu'il existe des filtres sur E qui sont convergents pour $\mathscr{T}_0(E)$ et non bornés.

¶ 11) Soient E un espace complètement réticulé, $(x_\iota)_{\iota \in I}$ une famille d'éléments de E. Pour toute partie finie H de I, on pose $s_H = \sum_{\iota \in H} x_\iota$; on dit que la famille $(x_\iota)_{\iota \in I}$ est *sommable* pour la structure d'ordre de E si l'application $H \mapsto s_H$ a une limite (pour cette structure d'ordre) suivant l'ensemble ordonné filtrant $\mathfrak{F}(I)$ des parties finies de I ; cette limite s est alors appelée la *somme* de la famille $(x_\iota)_{\iota \in I}$ et s'écrit $\sum_{\iota \in I} x_\iota$.

a) Pour qu'une famille $(x_\iota)_{\iota \in I}$ soit sommable, il faut et il suffit que : 1° pour toute partie finie H de I, l'ensemble des $|s_K|$, où K parcourt l'ensemble des parties finies de I ne rencontrant pas H, ait une borne supérieure r_H dans E ; 2° l'on ait $\inf_H r_H = 0$ lorsque H parcourt $\mathfrak{F}(I)$ (utiliser l'exerc. 9 *a*)).

b) Généraliser aux familles sommables pour la structure d'ordre de E les propriétés des familles sommables dans les groupes commutatifs topologiques (*Top. gén.*, chap. III, 3e éd., § 5, prop. 2 et 3 et th. 2).

c) Soit $(x_\iota)_{\iota\in I}$ une famille d'éléments $\geqslant 0$ de E; pour que cette famille soit sommable, il faut et il suffit que les sommes partielles finies s_H forment un ensemble majoré (utiliser l'exerc. 9 *b*)). Si $(x_\iota)_{\iota\in I}$ est sommable, et si $(y_\iota)_{\iota\in I}$ est une famille d'éléments tels que $0 \leqslant y_\iota \leqslant x_\iota$ pour tout ι, montrer que la famille (y_ι) est sommable et que l'on a $\sum_{\iota\in I} y_\iota \leqslant \sum_{\iota\in I} x_\iota$, l'égalité n'ayant lieu que si $x_\iota = y_\iota$ pour tout $\iota \in I$.

d) Soit (x_ι) une famille d'éléments de E; montrer que si la famille $(|x_\iota|)$ est sommable pour la structure d'ordre, il en est de même de la famille (x_ι).

12) Soit E un espace complètement réticulé. Montrer qu'il existe une famille (u_ι) d'éléments > 0 de E telle que, pour deux indices distincts ι, κ, u_ι et u_κ soient étrangers, et que pour tout $x > 0$ dans E, il existe au moins un indice ι tel que $\inf(x, u_\iota) > 0$ (utiliser le th. de Zorn). En déduire que, pour tout $x \geqslant 0$, il existe une famille (x_ι) et une seule d'éléments $\geqslant 0$ de E telle que, pour tout ι, x_ι appartienne à la bande B_ι engendrée par u_ι, et que $x = \sum_\iota x_\iota$ pour la structure d'ordre de E (prendre pour x_ι le composant de x dans la bande B_ι). Inversement, toute famille majorée (x_ι) d'éléments $\geqslant 0$ de E telle que $x_\iota \in B_\iota$ pour tout ι, est sommable dans E (exerc. 11).

¶ 13) *a*) Soit E un espace complètement réticulé. Si $u \neq 0$ est un élément quelconque de E, montrer que l'ensemble des $x \in E$ tels qu'il existe un entier n pour lequel $|x| \leqslant n|u|$, est un sous-espace C_u complètement réticulé et coréticulé (exerc. 3) de E. Pour tout $x \in C_u$, on désigne par $\|x\|$ la borne inférieure des scalaires $\lambda > 0$ tels que $|x| \leqslant \lambda|u|$; montrer que $\|x\|$ est une *norme* sur C_u (utiliser le fait que E est archimédien (exerc. 5)), que, muni de cette norme, C_u est *complet*, et que l'on a $\|x\| = \sup(\|x^+\|, \|x^-\|)$.

b) Soit $\mathscr{I}$ l'ensemble des composantes de u sur les bandes de l'espace C_u; montrer que $\mathscr{I}$ est l'ensemble des éléments c de C_u tels que $0 \leqslant c \leqslant u$ et $\inf(c, u - c) = 0$ (utiliser le th. de Riesz). Montrer que $\mathscr{I}$ est fermé dans l'espace normé C_u et que, pour la relation d'ordre induite par celle de C_u, $\mathscr{I}$ est un réseau booléien achevé (*Ens.*, chap. III, 2e éd., § 1, exerc. 11 et 17; il suffit de montrer que, si (c_ι) est une famille d'éléments de $\mathscr{I}$, sup c_ι appartient à $\mathscr{I}$).

c) Soit x un élément quelconque de C_u; pour tout $\lambda \in \mathbf{R}$, soit $c(\lambda)$ la composante de u sur la bande de C_u engendrée par $(\lambda u - x)^+$. Montrer que si $\lambda \leqslant \mu$, on a $c(\lambda) \leqslant c(\mu)$; pour $\lambda < -\|x\|$, on a $c(\lambda) = 0$, et pour $\lambda > \|x\|$, on a $c(\lambda) = u$. Montrer que si $c \in \mathscr{I}$ est tel que $c \leqslant c(\lambda)$, la composante de x sur la bande engendrée par c est $\leqslant \lambda c$ (remarquer que les bandes engendrées par $c(\lambda)$ et par $(\lambda u - x)^+$ sont identiques, et que la composante de $\lambda u - x$ sur cette bande est égale à celle de $(\lambda u - x)^+$; en déduire que la composante de x sur cette même bande est $\leqslant \lambda c(\lambda)$). Montrer de même que si $c \in \mathscr{I}$ est tel que $c \leqslant u - c(\lambda)$. la composante de x sur la bande engendrée par c est $\geqslant \lambda c$.

d) On sait (*Top. gén.*, chap. II, 3ᵉ éd., § 4, exerc. 12) qu'il existe un isomorphisme de structure d'ordre $c \mapsto \theta_c$ du réseau booléien $\mathscr{I}$ sur le réseau booléien formé des fonctions caractéristiques des ensembles à la fois ouverts et fermés d'un espace compact totalement discontinu S. Montrer que la relation $\sum_i \lambda_i c_i = 0$ entraîne que la fonction $\sum_i \lambda_i \theta_{c_i}$ est nulle dans S (utiliser le lemme de décomposition); déduire de cette remarque et de *c*) que l'application $c \mapsto \theta_c$ se prolonge en un *isomorphisme* $x \mapsto \theta_x$ de l'espace normé C_u sur l'espace normé $\mathscr{C}(S; \mathbf{R})$ des fonctions numériques (finies) continues dans S, de sorte que $(\theta_x)^+ = \theta_{x^+}$. (A l'aide de *c*), montrer que pour tout $x \in C_u$ et tout $\varepsilon > 0$, il existe une suite croissante $(\lambda_i)_{0 \leqslant i \leqslant n}$ de nombres réels tels que $\lambda_i - \lambda_{i-1} \leqslant \varepsilon$ et que

$$0 \leqslant x - \sum_{i=1}^{n} \lambda_{i-1}(c(\lambda_{i-1}) - c(\lambda_i)) \leqslant \varepsilon u).$$

e) Pour que S soit fini, il faut et il suffit que C_u soit de dimension finie; en déduire (à l'aide de l'exerc. 12) que tout espace complètement réticulé de dimension finie est isomorphe à un espace produit $\mathbf{R}^n$ (cf. § 2, exerc. 7).

f) Montrer que S est un espace *extrêmement discontinu* (*Top. gén.*, chap. I, 3ᵉ éd., § 11, exerc. 21) (utiliser le fait que $\mathscr{I}$ est un réseau achevé). On appelle espace *stonien* un espace compact extrêmement discontinu. Montrer que si X est un espace stonien, pour toute fonction numérique f semi-continue inférieurement dans X, la régularisée semi-continue supérieurement g de f (*Top. gén.*, chap. IV, 3ᵉ éd., § 6, nº 2) est continue (pour tout $a < g(x)$, montrer que x ne peut être adhérent à l'ensemble (ouvert) des y tels que $g(y) < a$, en remarquant qu'en un point z adhérent à cet ensemble, on a $f(z) \leqslant a$). En déduire que $\mathscr{C}(X; \mathbf{R})$ est alors un espace complètement réticulé. Montrer que lorsque l'espace stonien X est infini, la borne supérieure dans $\mathscr{C}(X; \mathbf{R})$ d'un ensemble majoré n'est pas nécessairement égale à son enveloppe supérieure (considérer un ensemble ouvert non fermé dans X); toutefois ces deux fonctions sont égales dans le complémentaire d'un ensemble maigre (considérer l'ensemble des points où leur différence est $\geqslant 1/n$).

g) Soit X un espace stonien; montrer que si f est une fonction numérique bornée, définie dans le complémentaire d'une partie *rare* M de X, et continue dans X − M, alors f se prolonge par continuité dans X tout entier (utiliser le fait que $\mathscr{C}(X; \mathbf{R})$ est complètement réticulé). En déduire que l'ensemble $\mathscr{Q}(X; \overline{\mathbf{R}})$ des fonctions numériques f finies ou non, continues dans X, et telles que $\overset{-1}{f}(+\infty)$ et $\overset{-1}{f}(-\infty)$ soient rares dans X est un espace vectoriel complètement réticulé.

h) Montrer que la bande B_u engendrée par u dans E est isomorphe (en tant qu'espace ordonné) à un sous-espace isolé (exerc. 4) de $\mathscr{Q}(X; \overline{\mathbf{R}})$ (considérer un élément $f \geqslant 0$ de $\mathscr{Q}(X; \overline{\mathbf{R}})$ comme borne supérieure des éléments $\inf(f, n)$).

14) Soit E un espace de Riesz, muni d'une topologie séparée compatible avec la structure d'espace vectoriel ordonné de E.

a) Soient K une partie compacte de E, H une partie de K filtrante pour la relation $\leqslant$; montrer que le filtre $\mathfrak{F}$ des sections de H est convergent. (Prouver d'abord que l'ensemble L des majorants de H appartenant à K est non vide et compact, puis que l'ensemble des valeurs d'adhérence de $\mathfrak{F}$ est contenu dans L, et enfin qu'il ne peut exister deux valeurs d'adhérence distinctes).

b) Déduire de *a*) que si, dans E, tout intervalle $[a, b]$ est compact, E est complètement réticulé.

§ 2

1) Soient E un espace de Riesz, x un élément >0 de E. S'il existe une forme linéaire relativement bornée L sur E telle que $L(x) \neq 0$, montrer que l'ensemble des nx (n entier >0) ne peut être majoré dans E. En particulier, montrer qu'il n'existe aucune forme linéaire relativement bornée sur l'espace de Riesz E défini dans l'exerc. 5 *b*) du § 1.

¶ 2) *a*) Soit L une forme linéaire positive sur un espace de Riesz E. On considère un élément $a > 0$ de E, et l'ensemble des formes linéaires positives $M \leqslant L$ telles que: 1° $M(x) = L(x)$ pour tout x tel que $0 \leqslant x \leqslant a$; 2° $M(x) = 0$ pour tout $x \geqslant 0$ étranger à a. Montrer que cet ensemble de formes linéaires positives admet un plus grand élément L_a, et que pour tout $x \geqslant 0$ on a $L_a(x) = \inf L(y)$, où y parcourt l'ensemble de tous les éléments tels que $0 \leqslant y \leqslant x$ et que $x - y$ soit étranger à a. Montrer que pour tout scalaire $\lambda > 0$, on a $L_{\lambda a} = L_a$, et que si a et b sont étrangers, $L_{a+b} \leqslant L_a + L_b$. Si E est complètement réticulé, montrer que si a et b sont étrangers dans E, on a $L_{a+b} = L_a + L_b$.

b) On prend pour E l'espace de Riesz des fonctions numériques finies continues dans l'intervalle $I = [0, 1]$ de $\mathbf{R}$, et $L(x) = x(\frac{1}{2})$; montrer par un exemple que l'on peut avoir $L_{a+b} < L_a + L_b$ pour deux éléments étrangers a, b de E.

3) Soit E un espace complètement réticulé.

a) Montrer que toute forme linéaire L sur E, continue pour la topologie $\mathscr{T}_0(\mathrm{E})$ (§ 1, exerc. 10) est relativement bornée et que $|L|$ est continue pour $\mathscr{T}_0(\mathrm{E})$ (raisonner par l'absurde, en remarquant que pour tout $x \in \mathrm{E}$ la suite des éléments x/n tend vers 0 lorsque n croît indéfiniment, pour la topologie $\mathscr{T}_0(\mathrm{E})$).

b) Soit A un ensemble infini quelconque, $\mathfrak{U}$ un ultrafiltre sur A dont les ensembles ont une intersection vide. Sur l'espace complètement réticulé $\mathrm{E} = \mathscr{B}(\mathrm{A})$, on considère la forme linéaire positive $x \mapsto \lim_{\mathfrak{U}} x(t)$; montrer que cette forme linéaire n'est pas continue pour la topologie $\mathscr{T}_0(\mathrm{E})$.

¶ 4) Soit E un espace complètement réticulé.

a) Soit L une forme linéaire positive sur E, continue pour la topologie $\mathscr{T}_0(\mathrm{E})$ (§ 1, exerc. 10). Montrer que l'ensemble des $x \in \mathrm{E}$ tels que $L(|x|) = 0$ est une bande $\mathrm{Z}(L)$. Soit $\mathrm{S}(L)$ la bande supplémentaire de $\mathrm{Z}(L)$ dans E (§ 1, exerc. 6).

b) Soient L et M deux formes linéaires positives sur E, continues pour $\mathcal{T}_0(E)$. Pour que, dans l'espace Ω des formes linéaires relativement bornées sur E, M appartienne à la bande engendrée par L, il faut et il suffit que l'on ait $S(M) \subset S(L)$. (Pour voir que la condition est suffisante, raisonner par l'absurde, en supposant que M ne vérifie pas la condition de la prop. 5; on considérera une suite (y_n) d'éléments de E tels que $0 \leqslant y_n \leqslant x$, $L(y_n) \leqslant 1/2^n$, et $M(y_n) \geqslant \alpha > 0$, et on en déduira l'existence d'un élément $z \geqslant 0$ dans E tel que $L(z) = 0$ et $M(z) \geqslant \alpha$).

c) Soient L et M deux formes linéaires positives sur E, continues pour $\mathcal{T}_0(E)$. Pour que dans Ω, L et M soient étrangères, il faut et il suffit que $S(L) \cap S(M) = \{0\}$. (Pour voir que la condition est nécessaire, prouver que si $S(L) \cap S(M)$ n'est pas réduite à 0, les bandes engendrées par L et M dans Ω ont un élément $\neq 0$ commun, en utilisant *b*)).

¶ 5) *a*) Soient E un espace de Riesz, H un sous-espace vectoriel isolé de E (§ 1, exerc. 4). Soit Ω l'espace des formes linéaires relativement bornées sur E, et soit Θ le sous-espace de Ω constitué par les formes linéaires $L \in \Omega$ qui s'annulent dans H. Montrer que Θ est un sous-espace isolé de Ω et que Θ est un espace complètement réticulé isomorphe à l'espace des formes linéaires relativement bornées sur l'espace de Riesz E/H.

b) Pour une application linéaire u de E dans un espace de Riesz F, les conditions suivantes sont équivalentes:

α) $u(\sup(x, y)) = \sup(u(x), u(y))$; β) $u(\inf(x, y)) = \inf(u(x), u(y))$; γ) $u(x^+) = (u(x))^+$; δ) la relation $\inf(x, y) = 0$ entraîne $\inf(u(x), u(y)) = 0$.

On dit alors que u est une application linéaire *réticulante*.

c) Pour qu'un sous-espace vectoriel H de E soit *maximal* dans l'ensemble des sous-espaces isolés $\neq$ E, il faut et il suffit qu'il soit de la forme $\mathrm{Ker}(f)$, où f est une forme linéaire réticulante $\neq 0$. (Utiliser *Top. gén.*, chap. V, § 3, exerc. 1).

d) Donner un exemple d'espace de Riesz non réduit à 0 et ne contenant aucun sous-espace isolé maximal (cf. § 1, exerc. 5 *b*)).

¶ 6) Soient E un espace de Riesz, Ω l'espace complètement réticulé des formes linéaires relativement bornées sur E, F un sous-espace *coréticulé* de Ω (§ 1, exerc. 3). Pour tout $x \in E$, l'application $x' \mapsto \langle x, x' \rangle$ de F dans **R** est une forme linéaire relativement bornée u_x sur F, et l'application $x \mapsto u_x$ est une application linéaire croissante de E dans l'espace complètement réticulé Ω' des formes linéaires relativement bornées sur F. Pour que $x \mapsto u_x$ soit un isomorphisme de E sur un sous-espace coréticulé de Ω', c'est-à-dire que $u_x > 0$ entraîne $x > 0$, et qu'on ait $u_{\sup(x,y)} = \sup(u_x, u_y)$, il faut et il suffit que les deux conditions suivantes soient vérifiées: 1° pour tout $x > 0$ dans E, il existe $x' > 0$ dans F tel que $\langle x, x' \rangle > 0$; 2° pour tout couple d'éléments étrangers $y \geqslant 0$, $z \geqslant 0$ de E, pour tout nombre $\varepsilon > 0$ et pour tout $x' \geqslant 0$ dans F, il existe deux éléments $y' \geqslant 0$, $z' \geqslant 0$ de F tels que $x' = y' + z'$ et $\langle y, y' \rangle + \langle z, z' \rangle \leqslant \varepsilon$. (Remarquer que si cette seconde condition est vérifiée et si v est une forme linéaire positive sur F telle que $v \geqslant u_x$, pour tout $x' \geqslant 0$ dans F et tout $\varepsilon > 0$, on a $v(x') \geqslant \langle x^+, x' \rangle - \varepsilon$).

Si la condition 2° est remplie, mais non la condition 1°, l'ensemble des $x \in E$ tels que $\langle x, x' \rangle = 0$ pour tout $x' \in F$ est un sous-espace vectoriel isolé H de E. Par passage au quotient, l'application $x \mapsto u_x$ définit alors un isomorphisme de l'espace de Riesz E/H sur un sous-espace coréticulé de Ω'.

Lorsqu'on prend $F = \Omega$, montrer que la condition 2° ci-dessus est toujours vérifiée (utiliser l'exerc. 2).

¶ 7) Soit E un espace de Riesz de dimension finie n.

a) Si E est archimédien (§ 1, exerc. 5), montrer que le cône P des éléments $\geqslant 0$ de E est fermé et a un point intérieur. En déduire que l'intersection des hyperplans d'appui de P se réduit à 0 (utiliser le fait que $P \cap (-P) = \{0\}$).

b) En utilisant *a*) et l'exerc. 6, montrer que tout espace de Riesz archimédien de dimension n est isomorphe à l'espace produit $\mathbf{R}^n$ (cf. § 1, exerc. 13 *e*)).

c) Donner un exemple d'espace de Riesz totalement ordonné de dimension 2.

¶ 8) Soient E un espace de Riesz, (U_ι) une famille de formes linéaires positives sur E. On considère sur E la topologie $\mathscr{T}$ définie par les semi-normes $U_\iota(|x|)$.

a) Montrer que le sous-espace H de E formé des x tels que $U_\iota(|x|) = 0$ pour tout ι, est un sous-espace isolé de E (§ 1, exerc. 4); l'espace séparé associé à E est l'espace quotient E/H ; par passage au quotient, les U_ι définissent sur E/H des formes linéaires positives $\dot{U}_\iota$, et la topologie quotient sur E/H est définie par les semi-normes $\dot{U}_\iota(|\dot{x}|)$.

b) Montrer que dans l'espace E, l'application $x \mapsto |x|$ est uniformément continue et en déduire que, si la topologie $\mathscr{T}$ est séparée, elle est compatible avec la structure d'espace vectoriel ordonné de E.

c) On suppose que la topologie $\mathscr{T}$ est séparée et que E est complètement réticulé ; montrer que dans E, toute bande B est fermée, et que, si B' est la bande formée des éléments étrangers à tous les éléments de B, E est somme directe topologique de B et de B'.

d) On suppose que la topologie $\mathscr{T}$ est séparée. Soit $\hat{E}$ le complété de E ; si P est l'ensemble des éléments $\geqslant 0$ de E, montrer que l'adhérence $\bar{P}$ de P dans $\hat{E}$ définit sur $\hat{E}$ une structure d'espace de Riesz (cf. § 1, n° 2).

e) Si E est séparé et complet pour la topologie $\mathscr{T}$, montrer que pour qu'un ensemble $A \subset E$, filtrant pour la relation $\leqslant$, admette dans E une borne supérieure, il faut et il suffit que, pour tout indice ι, $U_\iota(x)$ soit majorée dans A ; pour toute fonction numérique f continue et croissante dans E, on a alors $\sup_{x \in A} f(x) = f(\sup A)$. En déduire que E est complètement réticulé.

f) On suppose que E est séparé et complet pour la topologie $\mathscr{T}$. Montrer que si un filtre $\mathfrak{F}$ sur E a une limite pour la structure d'ordre de E (§ 1, exerc. 9), il converge vers la même limite pour la topologie $\mathscr{T}$ (utiliser *e*)).

9) Soient E un espace de Riesz, Ω l'espace des formes linéaires relativement bornées sur E. On considère sur Ω la topologie définie par les semi-normes $L \mapsto |L|(x)$, où x parcourt l'ensemble des éléments $\geqslant 0$ de E. Montrer que Ω, muni de cette topologie, est séparé et complet.

CHAPITRE III

MESURES SUR LES ESPACES LOCALEMENT COMPACTS

§ 1. Mesures sur un espace localement compact

1. Fonctions continues à support compact

DÉFINITION 1. — *Soient* X *un espace topologique,* E *un espace vectoriel sur* $\mathbf{R}$, *ou l'espace* $\overline{\mathbf{R}}$. *On appelle support d'une application* $\mathbf{f}$ *de* X *dans* E *et l'on note* Supp ($\mathbf{f}$) *le plus petit ensemble fermé* S *dans* X *tel que* $\mathbf{f}(x) = 0$ *dans* X − S (en d'autres termes, S est l'adhérence dans X de l'ensemble des $x \in X$ tels que $\mathbf{f}(x) \neq 0$).

Soient X un espace localement compact, E un espace vectoriel topologique sur $\mathbf{R}$ ou sur $\mathbf{C}$; rappelons que l'on note $\mathscr{C}(X; E)$ l'espace vectoriel des applications continues de X dans E; lorsque $E = \mathbf{R}$ ou $E = \mathbf{C}$ on supprimera la mention de E dans cette notation s'il n'en résulte pas de confusion. Nous noterons $\mathscr{K}(X; E)$ le sous-espace de $\mathscr{C}(X; E)$ formé des applications continues *à support compact*; pour toute partie A de X, nous noterons $\mathscr{C}(X, A; E)$ (resp. $\mathscr{K}(X, A; E)$) le sous-espace de $\mathscr{C}(X; E)$ (resp. $\mathscr{K}(X; E)$) formé des applications $\mathbf{f}$ telles que $\mathrm{Supp}(\mathbf{f}) \subset A$. Si $E = \mathbf{R}$ ou $E = \mathbf{C}$, on écrit $\mathscr{K}(X)$ (resp. $\mathscr{K}(X, A)$) au lieu de $\mathscr{K}(X; \mathbf{R})$ ou $\mathscr{K}(X; \mathbf{C})$ (resp. $\mathscr{K}(X, A; \mathbf{R})$ ou $\mathscr{K}(X, A; \mathbf{C})$) si aucune confusion n'en résulte; on désigne par $\mathscr{K}_+(X)$ le cône convexe pointé formé des fonctions $\geqslant 0$ de $\mathscr{K}(X, \mathbf{R})$.

Pour toute partie compacte K de X, l'espace $\mathscr{K}(X, K; E)$ s'identifie à un sous-espace de l'espace de fonctions continues $\mathscr{C}(K; E)$ (savoir le sous-espace des applications continues de K dans E nulles dans la frontière de K). Lorsqu'on munit $\mathscr{C}(K; E)$ de la topologie de la convergence uniforme dans K, $\mathscr{K}(X, K; E)$ est un sous-espace *fermé* de $\mathscr{C}(K; E)$. En particulier, lorsque E est un *espace de Fréchet* (resp. un *espace de Banach*), il en est de même de $\mathscr{K}(X, K; E)$, car si la topologie de E est définie par les semi-normes p_n (resp. la norme $x \mapsto \|x\|$), la topologie de $\mathscr{K}(X, K; E)$ est définie par les semi-normes $\mathbf{f} \mapsto \sup_{x \in K} p_n(\mathbf{f}(x))$ (resp. la norme $\mathbf{f} \mapsto \sup_{x \in K} \|\mathbf{f}(x)\|$, notée $\|\mathbf{f}\|$).

L'espace $\mathscr{K}(X; E)$ est *réunion* de la famille filtrante croissante des sous-espaces $\mathscr{K}(X, K; E)$, où K parcourt l'ensemble des parties compactes de X; en outre, si $K_1 \subset K_2$ sont deux parties compactes de X, l'injection canonique $\mathscr{K}(X, K_1; E) \to \mathscr{K}(X, K_2; E)$ est *continue* pour les topologies définies ci-dessus. Si E est *localement convexe*, on peut donc définir sur $\mathscr{K}(X; E)$ la topologie *limite inductive* des topologies localement convexes des $\mathscr{K}(X, K; E)$ (*Esp. vect. top.*, chap. II, 2e éd., § 4, n° 4); sauf mention expresse du contraire, c'est toujours de cette topologie qu'il s'agira lorsque nous considérerons $\mathscr{K}(X; E)$ comme un espace vectoriel topologique.

PROPOSITION 1. — *Soient* X *un espace localement compact,* E *un espace localement convexe séparé.*

(i) *L'espace localement convexe* $\mathscr{K}(X; E)$ *est séparé. Pour toute partie compacte* K *de* X, *la topologie induite par celle de* $\mathscr{K}(X; E)$ *sur* $\mathscr{K}(X, K; E)$ *est la topologie de la convergence uniforme dans* K, *et chacun des sous-espaces* $\mathscr{K}(X, K; E)$ *est fermé dans* $\mathscr{K}(X; E)$.

(ii) *Si* E *est produit d'un nombre fini d'espaces localement convexes* E_i $(1 \leqslant i \leqslant n)$, *l'application* $f \mapsto (\mathrm{pr}_i \circ f)$ *est un isomorphisme de l'espace* $\mathscr{K}(X; E)$ *sur l'espace produit* $\prod_{1 \leqslant i \leqslant n} \mathscr{K}(X; E_i)$.

(iii) *Si* X *est somme d'une famille d'espaces localement compacts* $(X_\lambda)_{\lambda \in L}$, *l'application* $f \mapsto (f | X_\lambda)_{\lambda \in L}$ *est un isomorphisme de l'espace* $\mathscr{K}(X; E)$ *sur l'espace somme directe topologique de la famille* $(\mathscr{K}(X_\lambda; E))_{\lambda \in L}$.

(i) Notons que, sur $\mathscr{K}(X; E)$, la topologie de la convergence uniforme *dans* X est compatible avec la structure d'espace vectoriel de $\mathscr{K}(X; E)$, car pour toute $f \in \mathscr{K}(X; E)$, de support (compact) S, l'ensemble $f(X) = f(S) \cup \{0\}$ est compact, donc borné dans E (*Esp. vect. top.*, chap. III, § 3, n° 1, prop. 1). Comme cette topologie $\mathscr{T}_0$ est localement convexe et induit sur chacun des $\mathscr{K}(X, K; E)$ la topologie de la convergence uniforme dans K, il en est de même de la topologie limite inductive $\mathscr{T}$ sur $\mathscr{K}(X; E)$ (*Esp. vect. top.*, chap. II, 2e éd., § 4, n° 4, *Remarque*); en outre $\mathscr{T}$ est plus fine que $\mathscr{T}_0$ et $\mathscr{T}_0$ est séparée, donc $\mathscr{T}$ est séparée. Enfin, supposons qu'une fonction $f \in \mathscr{K}(X ; E)$ soit adhérente à $\mathscr{K}(X, K ; E)$; par définition, il existe une partie compacte $K' \supset K$ de X telle que $f \in \mathscr{K}(X, K' ; E)$. D'après ce qui précède, f est adhérent à $\mathscr{K}(X, K ; E)$ dans l'espace $\mathscr{K}(X, K' ; E)$, donc appartient à $\mathscr{K}(X, K ; E)$.

(ii) Le critère de continuité dans une limite inductive (*Esp. vect. top.*, chap. II, 2e éd., § 4, n° 4, prop. 5) montre aussitôt que l'application $f \mapsto (\mathrm{pr}_i \circ f)$ est continue et qu'il en est de même de l'application réciproque (pour cette dernière, il suffit de remarquer que si, pour toute fonction $f_i \in \mathscr{K}(X ; E_i)$, on désigne par f'_i l'application de X dans E telle que $\mathrm{pr}_i \circ f'_i = f_i$, $\mathrm{pr}_j \circ f'_i = 0$ pour $j \neq i$, chacune des applications $f_i \mapsto f'_i$ est continue).

(iii) Toute partie compacte K de X ne rencontre que les X_λ d'une sous-famille *finie* $(X_\lambda)_{\lambda \in H}$ de $(X_\lambda)_{\lambda \in L}$, et il est immédiat que si l'on pose $K_\lambda = K \cap X_\lambda$ pour $\lambda \in H$, l'application $f \mapsto (f | X_\lambda)_{\lambda \in H}$ est un isomorphisme de $\mathscr{K}(X, K ; E)$ sur $\prod_{\lambda \in H} \mathscr{K}(X_\lambda, K_\lambda ; E)$. Inversement, pour toute fonction $f_\lambda \in \mathscr{K}(X_\lambda ; E)$, soit f''_λ l'application de X dans E telle que $f''_\lambda | X_\lambda = f_\lambda$ et $f''_\lambda | X_\mu = 0$ pour $\mu \neq \lambda$; il est immédiat que l'application $f_\lambda \mapsto f''_\lambda$ de $\mathscr{K}(X_\lambda ; E)$ dans $\mathscr{K}(X ; E)$ est continue. L'assertion (iii) résulte de ces remarques et du critère de continuité dans les limites inductives (*Esp. vect. top.*, chap. II, 2e éd., § 4, n° 4, prop. 5).

PROPOSITION 2. — *Soient* X *un espace localement compact,* E *un espace localement convexe séparé.*

(i) *Si* E *est un espace de Fréchet, l'espace* $\mathscr{K}(X ; E)$ *est tonnelé.*

(ii) *Si* X *est paracompact, alors, pour tout ensemble borné* B *de* $\mathscr{K}(X ; E)$, *il existe une partie compacte* K *de* X *telle que* $B \subset \mathscr{K}(X, K ; E)$.

Supposons que E soit un espace de Fréchet. Pour toute partie compacte K de X, $\mathscr{K}(X, K ; E)$ est alors un espace de Fréchet, donc tonnelé, et l'on sait qu'une limite inductive d'espaces tonnelés est tonnelée (*Esp. vect. top.*, chap. III, § 1, n° 2, cor. 2 de la prop. 2), d'où (i).

Si X est paracompact, on sait (*Top. gén.*, chap. I, 3e éd., § 9, n° 10, th. 5) que X est *somme* d'une famille $(X_\lambda)_{\lambda \in L}$ d'espaces localement compacts *dénombrables à l'infini*; donc (prop. 1, (iii)), $\mathscr{K}(X ; E)$ est *somme directe topologique* de la famille de sous-espaces $\mathscr{K}(X_\lambda ; E)$ $(\lambda \in L)$. En vertu de la caractérisation des ensembles bornés dans une somme directe topologique (*Esp. vect. top.*, chap. III, 2e éd.), tout ensemble borné dans $\mathscr{K}(X; E)$ est contenu dans la somme d'un nombre *fini* de sous-espaces $\mathscr{K}(X_\lambda; E)$, et il suffira de prouver que tout ensemble borné dans $\mathscr{K}(X_\lambda; E)$ est contenu dans un sous-espace $\mathscr{K}(X_\lambda, K_\lambda; E)$, où K_λ est compact dans X_λ. On est ainsi ramené au cas où X est dénombrable à l'infini, autrement dit réunion d'une suite d'ouverts relativement compacts U_n tels que $\bar{U}_n \subset U_{n+1}$ (*Top. gén.*, chap. I, 3e éd., § 9, n° 9, prop. 15). Alors $\mathscr{K}(X; E)$ est limite inductive *stricte* de la suite d'espaces $\mathscr{K}(X, \bar{U}_n; E)$, d'où l'assertion (ii) (*Esp. vect. top.*, chap. III, § 2, n° 4, prop. 6).

Nous dirons qu'une partie H de $\mathscr{K}(X; E)$ est *strictement compacte* si elle est compacte, et s'il existe une partie compacte K de X telle que $H \subset \mathscr{K}(X, K; E)$. Il résulte aussitôt de la prop. 2 que si X est un espace localement compact *paracompact* et si E est séparé, *tout ensemble compact* dans $\mathscr{K}(X; E)$ est *strictement compact*. On peut donner des exemples d'espaces localement compacts X (non paracompacts) tels qu'il existe dans $\mathscr{K}(X; \mathbf{R})$ des ensembles *compacts mais non strictement compacts* (exerc. 3 et 4).

En vertu du th. d'Ascoli (*Top. gén.*, chap. X, 2e éd., § 2, n° 5, cor. 3 du th. 2), rappelons qu'une partie strictement compacte H de $\mathscr{K}(X; E)$, contenue dans $\mathscr{K}(X, K; E)$, est caractérisée par les conditions suivantes : 1° elle est fermée ; 2° elle est équicontinue ; 3° pour tout $x \in K$, l'ensemble $H(x)$ est relativement compact dans E.

COROLLAIRE. — *Soient* X *un espace localement compact et paracompact ; si* E *est un espace localement convexe quasi-complet, l'espace* $\mathscr{K}(X; E)$ *est quasi-complet.*

En effet, il suffit, en vertu de la prop. 2, (ii), de remarquer que pour toute partie compacte K de X, $\mathscr{K}(X, K; E)$ est un sous-espace fermé de $\mathscr{C}(K; E)$, qui est quasi-complet, toute partie bornée de $\mathscr{C}(K; E)$ étant formée de fonctions prenant leurs valeurs dans une même partie bornée de E.

2. *Propriétés d'approximation*

Lemme 1. — *Soient* X *un espace localement compact,* K *une partie compacte de* X, $(V_k)_{1 \leqslant k \leqslant n}$ *un recouvrement fini de* K *par des ensembles ouverts dans* X. *Alors il existe n applications continues* f_k *de* X *dans* $[0, 1]$, *telles que le support de* f_k *soit contenu dans* V_k *pour* $1 \leqslant k \leqslant n$, *et que l'on ait* $\sum_{k=1}^{n} f_k(x) \leqslant 1$ *pour tout* $x \in X$, *et* $\sum_{k=1}^{n} f_k(x) = 1$ *pour tout* $x \in K$.

En effet, soit X′ l'espace compact obtenu en adjoignant à X un point à l'infini ω (*Top. gén.*, chap. I, 3e éd., § 9, n° 8, th. 4); les ensembles $V_0 = X' - K$ et V_k $(1 \leqslant k \leqslant n)$ forment un recouvrement ouvert de X′. Soit $(f_k)_{0 \leqslant k \leqslant n}$ une partition continue de l'unité subordonnée à ce recouvrement de X′ (*Top. gén.*, chap. IX, 2e éd., § 4, n° 3, prop. 3); les fonctions f_k d'indice $k \geqslant 1$ répondent aux conditions du lemme.

Lemme 2. — *Soient* X *un espace localement compact,* K *une partie compacte de* X, E *un espace localement convexe, q une semi-norme continue sur* E, Φ *un ensemble équicontinu d'applications de* X *dans* E, *de supports contenus dans* K. *Alors, pour tout* $\varepsilon > 0$, *il existe une partition continue de l'unité* $(\varphi_j)_{0 \leqslant j \leqslant n}$ *sur* X, *possédant les propriétés suivantes:*

(i) *Pour* $1 \leqslant j \leqslant n$, *on a* $\operatorname{Supp}(\varphi_j) \subset K$.

(ii) *Si* x_j *est un point quelconque de* $\operatorname{Supp}(\varphi_j)$ *pour* $1 \leqslant j \leqslant n$, *on a, pour toute fonction* $\mathbf{f} \in \Phi$ *et pour tout* $x \in X$:

$$(1) \qquad q\left(\mathbf{f}(x) - \sum_{j=1}^{n} \varphi_j(x)\mathbf{f}(x_j)\right) \leqslant \varepsilon.$$

Pour tout y appartenant à la frontière de K, on a $\mathbf{f}(y) = 0$ pour toute $\mathbf{f} \in \Phi$, donc il existe un voisinage ouvert V_y de y dans X tel que, pour tout $z \in V_y$ et toute $\mathbf{f} \in \Phi$, on ait $q(\mathbf{f}(z)) \leqslant \varepsilon/2$. Soit K′ l'ensemble des points de K n'appartenant à aucun des V_y lorsque y parcourt la frontière de K; K′ est compact et contenu dans l'intérieur de K. L'ensemble Φ est uniformément équicontinu dans K; donc il existe un recouvrement ouvert fini $(U_j)_{1 \leqslant j \leqslant n}$ de K′ formé d'ensembles ouverts dans X, contenus dans K, tels que pour tout couple de points x, y d'un même U_j, on ait $q(\mathbf{f}(x) - \mathbf{f}(y)) \leqslant \varepsilon/2$ quelle que soit $\mathbf{f} \in \Phi$. D'après le lemme 1, il existe n applications continues φ_j de X dans $[0, 1]$ $(1 \leqslant j \leqslant n)$ telles que $\operatorname{Supp}(\varphi_j) \subset U_j$ et que l'on ait $\sum_{j=1}^{n} \varphi_j(x) \leqslant 1$ dans X et

$\sum_{j=1}^{n} \varphi_j(x) = 1$ dans K'. Pour $x_j \in \mathrm{Supp}(\varphi_j)$ $(1 \leqslant j \leqslant n)$ et $\mathbf{f} \in \Phi$, on a donc, pour tout $x \in \mathrm{U}_j$,

$$q(\mathbf{f}(x)\varphi_j(x) - \mathbf{f}(x_j)\varphi_j(x)) = \varphi_j(x)q(\mathbf{f}(x) - \mathbf{f}(x_j)) \leqslant \frac{\varepsilon}{2}\varphi_j(x)$$

et cette relation est encore vraie si $x \notin \mathrm{U}_j$ puisqu'alors $\varphi_j(x) = 0$. Par addition on en déduit, pour tout $x \in \mathrm{X}$,

$$(2) \qquad q(\mathbf{f}(x)(1 - \varphi_0(x)) - \sum_{j=1}^{n} \varphi_j(x)\mathbf{f}(x_j)) \leqslant \frac{\varepsilon}{2}(1 - \varphi_0(x))$$

en posant $\varphi_0 = 1 - \sum_{j=1}^{n} \varphi_j$; d'où (1) pour $x \in \mathrm{K}'$ puisqu'alors $\varphi_0(x) = 0$; on a aussi (1) pour $x \notin \mathrm{K}$, le premier membre étant alors nul. Enfin, pour $x \in \mathrm{K} - \mathrm{K}'$, on a $q(\mathbf{f}(x)\varphi_0(x)) \leqslant \varepsilon/2$ par définition de K', donc cette relation et (2) entraînent encore (1) dans ce cas.

Soit X un espace localement compact; pour tout *espace de Banach* E (réel ou complexe), nous désignerons par $\mathscr{C}^b(\mathrm{X}; \mathrm{E})$ l'espace vectoriel des applications *continues et bornées* de X dans E; on sait que la topologie de la *convergence uniforme dans* X est compatible avec la structure d'espace vectoriel (réel, resp. complexe) de $\mathscr{C}^b(\mathrm{X}; \mathrm{E})$, et est définie par la *norme*

$$(3) \qquad \|\mathbf{f}\| = \sup_{x \in \mathrm{X}} \|\mathbf{f}(x)\|.$$

En outre, l'espace normé ainsi défini est un *espace de Banach* (*Top. gén.*, chap. X, 2e éd., § 3, n° 2 et n° 1, cor. 2 de la prop. 3); la topologie définie par cette norme sur $\mathscr{K}(\mathrm{X}; \mathrm{E})$ (autrement dit la topologie de la convergence uniforme dans X) est *moins fine* que la topologie limite inductive définie sur $\mathscr{K}(\mathrm{X}; \mathrm{E})$ au n° 1.

PROPOSITION 3. — *Soient* X *un espace localement compact,* X' *l'espace compact obtenu par adjonction à* X *d'un point à l'infini* ω (*Top. gén.*, chap. I, 3e éd., § 9, n° 8, th. 4), E *un espace de Banach. L'adhérence de* $\mathscr{K}(\mathrm{X}; \mathrm{E})$ *dans l'espace normé* $\mathscr{C}^b(\mathrm{X}; \mathrm{E})$ *est l'espace vectoriel des fonctions continues dans* X, *à valeurs dans* E *et tendant vers* 0 *au point* ω.

Soit en effet $\mathbf{f} \in \mathscr{C}^b(\mathrm{X}; \mathrm{E})$ une fonction adhérente à $\mathscr{K}(\mathrm{X}; \mathrm{E})$; pour tout $\varepsilon > 0$ il existe une fonction $\mathbf{g} \in \mathscr{K}(\mathrm{X}; \mathrm{E})$, telle que

$\|\mathbf{f}(x) - \mathbf{g}(x)\| \leqslant \varepsilon$ pour tout $x \in X$; si K est le support de **g**, on a donc $\|\mathbf{f}(x)\| \leqslant \varepsilon$ pour tout $x \in \complement K$, donc $\mathbf{f}(x)$ tend vers 0 lorsque x tend vers ω. Inversement, si **f** possède cette propriété, pour tout $\varepsilon > 0$ il existe un ensemble compact $K \subset X$ tel que $\|\mathbf{f}(x)\| \leqslant \varepsilon$ pour tout $x \in \complement K$. En vertu du lemme 1, il existe une application continue h de X dans $[0, 1]$, à support compact, égale à 1 dans K ; on a donc $\|\mathbf{f}(x)h(x)\| \leqslant \varepsilon$ dans $\complement K$ et $\mathbf{f}(x) = \mathbf{f}(x)h(x)$ dans K ; comme $\mathbf{f}h$ est à support compact et que $\|\mathbf{f}(x) - \mathbf{f}(x)h(x)\| \leqslant 2\varepsilon$ pour tout $x \in X$, la proposition est démontrée.

Nous noterons $\mathscr{C}^0(X ; E)$ le sous-espace de $\mathscr{C}^b(X ; E)$ formé des fonctions tendant vers 0 au point à l'infini ω ; c'est donc le *complété* de l'espace *normé* $\mathscr{K}(X ; E)$.

PROPOSITION 4. — *Soient* X *un espace localement compact,* E *un espace localement convexe ; alors l'espace* $\mathscr{K}(X ; E)$ *est partout dense dans* $\mathscr{C}(X ; E)$ *pour la topologie de la convergence compacte.*

En effet, pour tout ensemble compact $K \subset X$, il existe une fonction $h \in \mathscr{K}(X ; \mathbf{R})$ égale à 1 dans K, en vertu du lemme 1 ; pour toute fonction $\mathbf{f} \in \mathscr{C}(X ; E)$, la fonction $h\mathbf{f}$, qui appartient à $\mathscr{K}(X ; E)$, est égale à **f** dans K, d'où notre assertion.

PROPOSITION 5. — *Soient* X *un espace localement compact,* E *un espace localement convexe réel* (resp. *complexe*). *Pour toute partie compacte* K *de* X, *l'espace vectoriel* $\mathscr{K}(X, K ; \mathbf{R}) \otimes_{\mathbf{R}} E$ (resp. $\mathscr{K}(X, K ; \mathbf{C}) \otimes_{\mathbf{C}} E$) (identifié à un ensemble d'applications de X dans E, cf. *Alg.*, chap. II, 3e éd., § 7, n° 7, cor. de la prop. 15) *est dense dans* $\mathscr{K}(X, K ; E)$; *l'espace vectoriel* $\mathscr{K}(X ; \mathbf{R}) \otimes_{\mathbf{R}} E$ (resp. $\mathscr{K}(X ; \mathbf{C}) \otimes_{\mathbf{C}} E$) *est dense dans* $\mathscr{K}(X ; E)$.

La seconde assertion étant conséquence évidente de la première, il suffit de prouver celle-ci. Or, appliquons le lemme 2 en prenant Φ réduit à un élément f de $\mathscr{K}(X, K ; E)$; on a alors, pour tout $x \in X$

$$q(f(x) - \sum_{j=1}^{n} \varphi_j(x) f(x_j)) \leqslant \varepsilon$$

où les φ_j appartiennent à $\mathscr{K}(X, K ; \mathbf{R})$; comme l'application $x \mapsto \sum_{j=1}^{n} \varphi_j(x) f(x_j)$ est canoniquement identifiée à l'élément

$\sum_{j=1}^{n} \varphi_j \otimes f(x_j)$, cela démontre la proposition, par définition de la topologie de $\mathscr{K}(X, K ; E)$.

3. *Définition d'une mesure*

DÉFINITION 2. — *On apelle mesure* (ou *mesure complexe*) *sur un espace localement compact* X, *toute forme linéaire continue sur* $\mathscr{K}(X ; \mathbf{C})$.

Si μ est une mesure sur un espace localement compact X, la valeur de cette mesure pour une fonction $f \in \mathscr{K}(X ; \mathbf{C})$ s'appelle l'*intégrale de* f *par rapport à* μ; outre les notations générales $\mu(f)$ et $\langle f, \mu \rangle$, on emploie aussi, pour la désigner, les notations $\int f\, d\mu$, $\int f\mu$, $\int f(x)\, d\mu(x)$ et $\int f(x)\mu(x)$; pour l'emploi de la lettre x, voir *Ens.*, chap. I, § 1, n° 1.

En vertu du critère de continuité dans les limites inductives (*Esp. vect. top.*, chap. II, 2e éd., § 4, n° 4, prop. 5), dire que μ est une mesure sur X signifie encore que μ est une forme linéaire sur $\mathscr{K}(X ; \mathbf{C})$ satisfaisant à la condition suivante: pour toute partie compacte K de X, il existe un nombre M_K telle que, pour toute fonction $f \in \mathscr{K}(X ; \mathbf{C})$ *dont le support est contenu dans* K, on ait

$$(4) \qquad |\mu(f)| \leqslant M_K . \|f\| \qquad (\text{avec } \|f\| = \sup_{x \in X} |f(x)|).$$

Plus généralement:

PROPOSITION 6. — *Soient* X *un espace localement compact,* (K_α) *une famille de parties compactes de* X *dont les intérieurs* $\mathring{K}_\alpha$ *forment un recouvrement de* X. *Pour qu'une forme linéaire* μ *sur* $\mathscr{K}(X ; \mathbf{C})$ *soit une mesure sur* X, *il faut et il suffit que, pour tout* α, *il existe un nombre* M_α *tel que l'on ait*

$$(5) \qquad |\mu(f)| \leqslant M_\alpha . \|f\|$$

pour toute fonction $f \in \mathscr{K}(X, K_\alpha ; \mathbf{C})$.

La condition étant évidemment nécessaire, il suffit de prouver que (5) entraîne (4) pour toute partie compacte K de X. Or K est recouvert par un nombre fini d'ensembles ouverts $\mathring{K}_{\alpha_i}$ $(1 \leqslant i \leqslant n)$; appliquant à K et aux $\mathring{K}_{\alpha_i}$ le lemme 1 du n° 2, il existe des fonctions $g_i \geqslant 0$ continues dans X, telles que $\operatorname{Supp}(g_i) \subset K_{\alpha_i}$,

$$0 \leqslant \sum_{i=1}^{n} g_i(x) \leqslant 1$$

pour tout $x \in X$ et $\sum_{i=1}^{n} g_i(x) = 1$ pour $x \in K$. Pour toute fonction $f \in \mathcal{K}(X, K; \mathbf{C})$, on peut donc écrire $f = \sum_{i=1}^{n} fg_i$, et on a

$$fg_i \in \mathcal{K}(X, K_{\alpha_i}; \mathbf{C}),$$

et $\|fg_i\| \leqslant \|f\|$; si $M = \sum_{i=1}^{n} M_{\alpha_i}$, on a donc la relation (4).

Nous désignerons par $\mathcal{M}(X; \mathbf{C})$, ou simplement $\mathcal{M}(X)$ si aucune confusion n'en résulte, l'espace vectoriel des mesures sur X, autrement dit le *dual* de $\mathcal{K}(X; \mathbf{C})$. On sait que pour tout ensemble $\mathfrak{S}$ de parties *bornées* de $\mathcal{K}(X; \mathbf{C})$, on a défini sur $\mathcal{M}(X; \mathbf{C})$ la $\mathfrak{S}$-*topologie*, qui est localement convexe (*Esp. vect. top.*, chap. IV, § 2, n° 3). Nous désignerons l'espace vectoriel topologique obtenu en munissant $\mathcal{M}(X; \mathbf{C})$ de la $\mathfrak{S}$-topologie par $\mathcal{M}_{\mathfrak{S}}(X; \mathbf{C})$, ou $\mathcal{M}_{\mathfrak{S}}(X)$.

PROPOSITION 7. — *Pour tout ensemble $\mathfrak{S}$ de parties bornées de $\mathcal{K}(X; \mathbf{C})$ qui est un recouvrement de $\mathcal{K}(X; \mathbf{C})$, l'espace $\mathcal{M}_{\mathfrak{S}}(X; \mathbf{C})$ est séparé et quasi-complet.*

Cela résulte de ce que $\mathcal{K}(X; \mathbf{C})$ est tonnelé (*Esp. vect. top.*, chap. III, § 3, n° 7, cor. 2 du th. 4).

Exemples de mesures. — I. *Mesures atomiques.* Soient X un espace localement compact, a un point de X; l'application $f \mapsto f(a)$ de X dans $\mathbf{C}$ vérifie évidemment la condition (4) avec $M_K = 1$ pour toute partie compacte K de X contenant a, donc est une mesure sur X, qu'on désigne par ε_a; on dit que c'est la *mesure de Dirac* au point a, ou encore la mesure définie par la *masse unité placée au point a.*

Plus généralement, soit α une application de X dans $\mathbf{C}$, telle que, pour toute partie compacte K de X, on ait $\sum_{x \in K} |\alpha(x)| < +\infty$. Alors, pour toute fonction $f \in \mathcal{K}(X, K; \mathbf{C})$, la somme

$$\mu(f) = \sum_{x \in X} \alpha(x) f(x)$$

est définie, étant égale à $\sum_{x \in K} \alpha(x) f(x)$; il est clair que μ est une forme linéaire sur $\mathcal{K}(X; \mathbf{C})$, et que pour $f \in \mathcal{K}(X, K; \mathbf{C})$, on a

$$|\mu(f)| \leqslant \left(\sum_{x \in K} |\alpha(x)|\right) \cdot \|f\|$$

autrement dit la condition (4) est vérifiée.

On dit qu'une mesure μ sur X est *atomique* s'il existe une application α de X dans C telle que $\sum_{x \in K} |\alpha(x)| < +\infty$ pour toute partie compacte **K** de X, et telle que μ soit égale à la mesure définie comme ci-dessus. Si N est l'ensemble des $x \in X$ tels que $\alpha(x) \neq 0$, la condition imposée à α entraîne que pour toute partie compacte K de X, $K \cap N$ est *dénombrable*. On dit aussi que μ est définie par *les masses* $\alpha(x)$ *placées aux points* $x \in N$. Si l'on suppose que $N \cap K$ est *fini* pour tout ensemble compact $K \subset X$, on a évidemment $\sum_{x \in K} |\alpha(x)| < +\infty$; il revient au même de dire que N est un sous-espace *fermé et discret* de X, car tout point de X possède alors un voisinage compact ne contenant qu'un nombre fini de points de N, et inversement, s'il en est ainsi, toute partie compacte de X peut être recouverte par un nombre fini de tels voisinages. Lorsque N est fermé et discret, toute mesure atomique définie par une fonction α telle que $\alpha(x) = 0$ dans $\complement N$ est appelée mesure *discrète* sur X (cf. § 2, n° 5).

II. *Mesure de Lebesgue.* Pour toute fonction $f \in \mathscr{K}(\mathbf{R}; \mathbf{C})$, il existe un intervalle compact $[a, b]$ de **R** en dehors duquel f est nulle. L'intégrale

$$\mathrm{I}(f) = \int_{-\infty}^{+\infty} f(x)\,dx = \int_a^b f(x)\,dx$$

est donc définie; en outre, d'après le th. de la moyenne (*Fonct. var. réelle*, chap. II, § 1, n° 5, prop. 6), on a $|\mathrm{I}(f)| \leqslant (b-a)\|f\|$; cela montre que $f \mapsto \mathrm{I}(f)$ est une mesure sur **R**, qu'on appelle *mesure de Lebesgue.*

Pour tout intervalle J (borné ou non) de **R**, on appelle de même *mesure de Lebesgue sur* J la mesure $f \mapsto \int_J f(x)\,dx$, forme linéaire sur $\mathscr{K}(\mathrm{J}; \mathbf{C})$ (l'intégrale ayant un sens puisqu'il existe un intervalle compact $[a, b]$ contenu dans J en dehors duquel f est nulle).

III. Soit g une application continue d'un intervalle compact $\mathrm{I} \subset \mathbf{R}$ dans **C**, admettant une dérivée continue dans I. Soit $\Gamma = g(\mathrm{I})$, qui est un sous-espace compact de **C** ; l'application

$$f \mapsto \int_{\mathrm{I}} f(g(t))g'(t)\,dt$$

de $\mathscr{C}(\Gamma; \mathbf{C})$ dans **C** est une forme linéaire continue en vertu du th. de la moyenne, donc une *mesure complexe sur* Γ; l'intégrale relative à cette mesure s'écrit aussi $\int_\Gamma f(z)\,dz$, bien qu'elle dépende, non seulement de Γ, mais de g.

Remarque. — La donnée d'une mesure μ sur un espace localement compact X définit sur X (avec la topologie de X) une structure $\mathscr{S}$. Soient X_1 un second ensemble, φ une application bijective de X sur X_1 ; conformément aux définitions générales (*Ens.* R, § 9), la structure $\mathscr{S}_1$ obtenue en *transportant* à X_1 la structure $\mathscr{S}$ de X au moyen de φ, se définit de la façon suivante. On transporte par φ la topologie de X à X_1 ; les fonctions de $\mathscr{K}(X_1 ; \mathbf{C})$ sont alors les fonctions f telles que $f \circ \varphi$ appartienne à $\mathscr{K}(X ; \mathbf{C})$, et la mesure μ_1 sur X_1 est définie par $\mu_1(f) = \mu(f \circ \varphi)$.

En particulier, un *automorphisme* de la structure $\mathscr{S}$ est un homéomorphisme σ de X sur lui-même tel que l'on ait

$$\mu(f) = \mu(f \circ \sigma)$$

pour toute fonction $f \in \mathscr{K}(X ; \mathbf{C})$; on dit encore alors que la mesure μ est *invariante* par l'homéomorphisme σ.

Exemple. — La mesure de Lebesgue sur **R** est *invariante* par toute *translation* du groupe additif **R**. En effet, pour toute fonction $f \in \mathscr{K}(\mathbf{R} ; \mathbf{C})$ et tout nombre réel a, on a, par la formule du changement de variables (*Fonct. var. réelle*, chap. II, § 2, n° 1, formule (1))

$$\int_{-\infty}^{+\infty} f(x + a)\,dx = \int_{-\infty}^{+\infty} f(t)\,dt.$$

Pour une généralisation, voir chap. VII.

4. Produit d'une mesure par une fonction continue

Soient X un espace localement compact, g une application continue de X dans **C**. Il est clair que $f \mapsto gf$ est une application linéaire de $\mathscr{K}(X ; \mathbf{C})$ dans lui-même ; montrons que cette application est *continue*. En effet, pour toute partie compacte K de X, et toute fonction $f \in \mathscr{K}(X, K ; \mathbf{C})$, on a $gf \in \mathscr{K}(X, K ; \mathbf{C})$; en outre, si $b_K = \sup_{x \in K} |g(x)|$, on a $\|gf\| \leqslant b_K \|f\|$, d'où notre assertion (*Esp. vect. top.*, chap. II, 2e éd., § 4, n° 4, prop. 5). La *transposée* de cette application linéaire continue (*Esp. vect. top.*, chap. II, 2e éd., § 6, n° 4) est donc une application linéaire de $\mathscr{M}(X ; \mathbf{C})$ dans lui-même, que l'on note $\mu \mapsto g.\mu$ (ou $\mu \mapsto g\mu$ si cela n'entraîne pas confusion). Si $\nu = g.\mu$, on a donc, pour toute fonction $f \in \mathscr{K}(X; \mathbf{C})$,

$$\langle f, \nu \rangle = \langle gf, \mu \rangle \tag{6}$$

ou encore

$$\int f(x)\, d\nu(x) = \int f(x)g(x)\, d\mu(x)$$

(ce que l'on abrège sous la forme $d\nu(x) = g(x)\, d\mu(x)$). On dit que $g.\mu$ est le *produit de la mesure* μ *par la fonction* g, ou encore la *mesure de densité* g *par rapport à* μ (cf. chap. V, § 5). Si g_1, g_2 sont deux applications continues de X dans $\mathbf{C}$, μ_1, μ_2 deux mesures sur X, on a

$$(g_1 + g_2).\mu = g_1.\mu + g_2.\mu, \qquad g.(\mu_1 + \mu_2) = g.\mu_1 + g.\mu_2,$$

$$(g_1 g_2).\mu = g_1.(g_2.\mu).$$

On a en outre $1.\mu = \mu$ (1 désignant ici la fonction constante égale à 1 dans X); muni de la loi de composition externe $(g, \mu) \mapsto g.\mu$ et de sa structure additive, l'ensemble $\mathscr{M}(X; \mathbf{C})$ est donc un *module* sur l'anneau $\mathscr{C}(X; \mathbf{C})$.

5. Mesures réelles. Mesures positives

Soit X un espace localement compact. L'espace vectoriel réel $\mathscr{K}(X; \mathbf{R})$ est un sous-espace de l'espace vectoriel réel sous-jacent à l'espace vectoriel complexe $\mathscr{K}(X; \mathbf{C})$; en outre, l'application $(f_1, f_2) \mapsto f_1 + if_2$ est un *isomorphisme* de l'espace vectoriel topologique produit $\mathscr{K}(X; \mathbf{R}) \times \mathscr{K}(X; \mathbf{R})$ sur l'espace vectoriel topologique réel $\mathscr{K}(X; \mathbf{C})$ (n° 1, prop. 1).

Pour toute mesure (complexe) $\mu \in \mathscr{M}(X; \mathbf{C})$, la restriction μ_0 de μ à $\mathscr{K}(X; \mathbf{R})$ est une application $\mathbf{R}$-linéaire continue de $\mathscr{K}(X; \mathbf{R})$ dans $\mathbf{C}$; cette restriction détermine d'ailleurs μ, car si $f = f_1 + if_2$ avec f_1, f_2 dans $\mathscr{K}(X; \mathbf{R})$, on a $\mu(f) = \mu_0(f_1) + i\mu_0(f_2)$. Réciproquement, soit μ_0 une application $\mathbf{R}$-linéaire continue de $\mathscr{K}(X; \mathbf{R})$ dans $\mathbf{C}$; il est clair que l'application

$$f_1 + if_2 \mapsto \mu_0(f_1) + i\mu_0(f_2)$$

est une mesure (complexe) sur X. On peut donc identifier toute mesure sur X à sa restriction à $\mathscr{K}(X; \mathbf{R})$.

Soit μ une mesure sur X. On appelle *mesure conjuguée* de μ la mesure $\bar{\mu}$ définie par $\bar{\mu}(f) = \overline{\mu(\bar{f})}$ pour toute fonction $f \in \mathscr{K}(X; \mathbf{C})$; il est clair en effet que $\bar{\mu}$ est une forme $\mathbf{C}$-linéaire et qu'elle est continue dans $\mathscr{K}(\mathrm{X}; \mathbf{C})$; on a évidemment $\bar{\bar{\mu}} = \mu$, et pour deux mesures μ, ν et deux scalaires α, β dans $\mathbf{C}$,

$$\overline{(\alpha\mu + \beta\nu)} = \bar{\alpha}.\bar{\mu} + \bar{\beta}.\bar{\nu}.$$

Plus généralement, pour toute fonction $g \in \mathscr{C}(\mathrm{X}; \mathbf{C})$ et toute mesure μ sur X, on a

$$\overline{g.\mu} = \bar{g}.\bar{\mu} \tag{7}$$

comme il résulte aussitôt de la définition (nº 4).

On dit qu'une mesure μ sur X est *réelle* si $\bar{\mu} = \mu$; d'après ce qui précède, il revient au même de dire que pour toute fonction $f \in \mathscr{K}(\mathrm{X}; \mathbf{R})$, $\mu(f)$ est un nombre *réel*. Si l'on identifie une mesure réelle à sa restriction à $\mathscr{K}(\mathrm{X}; \mathbf{R})$, on peut donc dire que l'ensemble des mesures réelles sur X est le *dual* de l'espace localement convexe réel $\mathscr{K}(\mathrm{X}; \mathbf{R})$; c'est un espace vectoriel réel que l'on note $\mathscr{M}(\mathrm{X}; \mathbf{R})$ (ou parfois $\mathscr{M}(\mathrm{X})$ lorsque cela ne crée pas de confusion). La mesure de Lebesgue sur $\mathbf{R}$ est une mesure *réelle*, ainsi que la mesure de Dirac ε_a pour tout point $a \in \mathrm{X}$. Si $g \in \mathscr{C}(\mathrm{X}; \mathbf{R})$ et si μ est une mesure réelle, il en est de même de $g.\mu$ en vertu de (7).

Soit μ une mesure (complexe) sur X. En vertu de la définition précédente, les mesures $\mu_1 = (\mu + \bar{\mu})/2$ et $\mu_2 = (\mu - \bar{\mu})/2i$ sont *réelles*; on les appelle respectivement *partie réelle* et *partie imaginaire* de μ et on les note respectivement $\mathscr{R}\mu$ et $\mathscr{I}\mu$; ces mesures sont encore caractérisées par le fait que, pour toute fonction $f \in \mathscr{K}(\mathrm{X}; \mathbf{R})$, on a

$$\mu_1(f) = \mathscr{R}(\mu(f)), \qquad \mu_2(f) = \mathscr{I}(\mu(f)).$$

On a évidemment

$$\mu = \mu_1 + i\mu_2, \qquad \bar{\mu} = \mu_1 - i\mu_2.$$

L'espace $\mathscr{K}(\mathrm{X}; \mathbf{R})$ des fonctions numériques continues dans X et à support compact est évidemment un *espace de Riesz* pour la relation d'ordre $f \leqslant g$. Nous dirons qu'une mesure réelle μ sur X est *positive* si, pour toute fonction $f \geqslant 0$ appartenant à $\mathscr{K}(\mathrm{X}; \mathbf{R})$, on a $\mu(f) \geqslant 0$; c'est donc une forme linéaire positive sur l'espace de Riesz $\mathscr{K}(\mathrm{X}; \mathbf{R})$ (chap. II, § 2, nº 1, déf. 1). Inversement :

THÉORÈME 1. — *Toute forme linéaire positive sur l'espace de Riesz* $\mathscr{K}(\mathrm{X}; \mathbf{R})$ *est une mesure réelle (positive) sur* X.

En effet, soit μ une forme linéaire positive sur $\mathscr{K}(\mathrm{X}; \mathbf{R})$, et soit K une partie compacte de X. Il existe une application continue f_0 de X dans $[0, 1]$, à support compact, telle que $f_0(x) = 1$ dans K (nº 2, lemme 1). Pour toute fonction $g \in \mathscr{K}(\mathrm{X}, \mathrm{K}; \mathbf{R})$, on a donc $-\|g\| f_0 \leqslant g \leqslant \|g\| f_0$, et par suite $|\mu(g)| \leqslant \|g\| . \mu(f_0)$, ce qui démontre le théorème.

On désigne par $\mathscr{M}_+(\mathrm{X})$ le cône pointé des mesures positives sur X (ou ce qui revient au même, le cône des formes linéaires positives sur l'espace de Riesz $\mathscr{K}(\mathrm{X}; \mathbf{R})$).

THÉORÈME 2. — *Toute mesure réelle sur un espace localement compact* X *est différence de deux mesures positives.*

En vertu du th. 1 et du chap. II, § 2, nº 2, th. 1, tout revient à prouver qu'une mesure réelle μ sur X est une forme linéaire *relativement bornée* sur l'espace de Riesz $\mathscr{K}(\mathrm{X}; \mathbf{R})$. Or, soit f une fonction continue $\geqslant 0$ dans X, à support compact K; la relation $0 \leqslant g \leqslant f$ dans $\mathscr{K}(\mathrm{X}; \mathbf{R})$ entraîne que $\|g\| \leqslant \|f\|$ et que le support de g est contenu dans K. Par hypothèse, il existe un nombre $\mathrm{M_K} \geqslant 0$ tel que l'on ait $|\mu(h)| \leqslant \mathrm{M_K} . \|h\|$ pour toute fonction $h \in \mathscr{K}(\mathrm{X}, \mathrm{K}; \mathbf{R})$; on a donc $|\mu(g)| \leqslant \mathrm{M_K} . \|g\| \leqslant \mathrm{M_K} . \|f\|$, ce qui prouve le théorème.

L'espace $\mathscr{M}(\mathrm{X}; \mathbf{R})$ des mesures réelles sur X est donc identique à l'espace des formes linéaires relativement bornées sur l'espace de Riesz $\mathscr{K}(\mathrm{X}; \mathbf{R})$; rappelons que dans $\mathscr{M}(\mathrm{X}; \mathbf{R})$, la relation d'ordre $\mu \leqslant \nu$ signifie que $\nu - \mu$ est une mesure positive, ou encore que, pour toute fonction $f \in \mathscr{K}_+(\mathrm{X})$, on a $\mu(f) \leqslant \nu(f)$.

THÉORÈME 3. — *L'espace* $\mathscr{M}(\mathrm{X}; \mathbf{R})$ *des mesures réelles sur un espace localement compact* X *est complètement réticulé.*

Cela résulte du chap. II, § 2, nº 2, th. 1.

Conformément aux notations du chap. II, § 2, on posera, pour toute mesure *réelle* μ sur X,

$$\mu^+ = \sup(\mu, 0) \qquad \mu^- = \sup(-\mu, 0), \qquad |\mu| = \sup(\mu, -\mu);$$

on a $\mu = \mu^+ - \mu^-$, $|\mu| = \mu^+ + \mu^-$ et $\inf(\mu^+, \mu^-) = 0$. En outre, pour toute fonction $f \in \mathscr{K}_+(\mathrm{X})$, on a

$$\int f \, d\mu^+ = \sup_{0 \leqslant g \leqslant f, \, g \in \mathscr{K}(\mathrm{X})} \int g \, d\mu \tag{8}$$

et

(9) $$\int f\,d|\mu| = \sup_{|g| \leqslant f,\, g \in \mathscr{K}(X)} \int g\,d\mu$$

d'où en particulier, pour toute fonction $f \in \mathscr{K}(X; \mathbf{R})$

(10) $$\left|\int f\,d\mu\right| \leqslant \int |f|\,d|\mu|.$$

Cette inégalité est encore vraie si $f \in \mathscr{K}(X; \mathbf{C})$; en effet, en multipliant f par un nombre complexe de valeur absolue 1 (ce qui ne modifie pas les deux membres), on peut supposer que $\int f\,d\mu \geqslant 0$. Alors $|\int f\,d\mu| = \int f\,d\mu = \int (\mathscr{R}f)\,d\mu \leqslant \int |\mathscr{R}f|\,d|\mu| \leqslant \int |f|\,d|\mu|$.

6. *Valeur absolue d'une mesure complexe*

Soit μ une mesure complexe sur un espace localement compact X; pour toute fonction $f \in \mathscr{K}_+(X)$, le nombre réel positif

(11) $$L(f) = \sup_{|g| \leqslant f,\, g \in \mathscr{K}(X; \mathbf{C})} \left|\int g\,d\mu\right|$$

est *fini*, car la relation $|g| \leqslant f$ entraîne $\mathrm{Supp}(g) \subset \mathrm{Supp}(f)$ et $\|g\| \leqslant \|f\|$, donc notre assertion résulte de la formule (4) du nº 3. Montrons que L se prolonge d'une seule manière en une *mesure positive* sur X; compte tenu du nº 5, th. 1, et du chap. II, § 2, nº 1, prop. 3, il suffira de montrer que si f_1, f_2 sont deux fonctions de $\mathscr{K}_+(X)$, on a $L(f_1 + f_2) = L(f_1) + L(f_2)$. Or, si $|g_1| \leqslant f_1$, $|g_2| \leqslant f_2$, g_1 et g_2 étant deux fonctions de $\mathscr{K}(X; \mathbf{C})$, on a $|g_1 + \zeta g_2| \leqslant f_1 + f_2$ quel que soit le nombre complexe ζ de valeur absolue 1, donc

$$|\mu(g_1 + \zeta g_2)| = |\mu(g_1) + \zeta\mu(g_2)| \leqslant L(f_1 + f_2).$$

Mais on peut supposer ζ choisi de sorte que

$$|\mu(g_1) + \zeta\mu(g_2)| = |\mu(g_1)| + |\mu(g_2)|;$$

comme $|\mu(g_i)|$ est arbitrairement voisin de $L(f_i)$ $(i = 1, 2)$ cela prouve que $L(f_1) + L(f_2) \leqslant L(f_1 + f_2)$. Considérons d'autre part une fonction $g \in \mathscr{K}(X; \mathbf{C})$ telle que $|g| \leqslant f_1 + f_2$. La fonction g_i égale à $gf_i/(f_1 + f_2)$ aux points où $f_1(x) + f_2(x) \neq 0$, à 0 ailleurs $(i = 1, 2)$, est continue dans X, car $f_i/(f_1 + f_2)$ $(i = 1, 2)$ est continue en tout point où $f_1(x) + f_2(x) \neq 0$ et on a $|g_i(x)| \leqslant |g(x)|$ pour tout $x \in X$, ce qui prouve la continuité de g_i aux points où $f_1(x) + f_2(x) = 0$ $(i = 1, 2)$, puisqu'en ces points on a aussi $g(x) = 0$. Il est clair que $|g_i| \leqslant f_i$ $(i = 1, 2)$ et $g = g_1 + g_2$, donc

$|\mu(g)| \leqslant |\mu(g_1)| + |\mu(g_2)| \leqslant L(f_1) + L(f_2)$; comme $|\mu(g)|$ est arbitrairement voisin de $L(f_1 + f_2)$, on a $L(f_1 + f_2) \leqslant L(f_1) + L(f_2)$, ce qui achève de prouver notre assertion.

Lorsque μ est une mesure *réelle*, il résulte de la formule (9) que l'on a $|\mu| \leqslant L$; mais d'autre part, en vertu de la fin du n° 5, on a, pour $g \in \mathscr{K}(X; \mathbf{C})$ et $|g| \leqslant f \in \mathscr{K}_+(X)$, $|\int g\, d\mu| \leqslant \int |g| . d|\mu| \leqslant \int f\, d|\mu|$, donc par définition $L \leqslant |\mu|$, autrement dit $L = |\mu|$.

On désigne encore la mesure positive L par $|\mu|$ pour une mesure *complexe* quelconque μ, et on dit que $|\mu|$ est la *valeur absolue de* μ. La définition de $|\mu|$ s'écrit donc

$$|\mu|(f) = \sup_{|g| \leqslant f,\, g \in \mathscr{K}(X;\, \mathbf{C})} |\mu(g)| \tag{12}$$

et par suite on a, pour toute fonction $g \in \mathscr{K}(X; \mathbf{C})$

$$\left| \int g\, d\mu \right| \leqslant \int |g|\, d|\mu|. \tag{13}$$

Il est clair que pour tout scalaire $\alpha \in \mathbf{C}$ et toute mesure μ sur X, on a

$$|\alpha\mu| = |\alpha| . |\mu|. \tag{14}$$

D'autre part, si μ et ν sont deux mesures sur X, f une fonction de $\mathscr{K}_+(X)$, g une fonction de $\mathscr{K}(X; \mathbf{C})$ telle que $|g| \leqslant f$, on a

$$\left| \int g\, d(\mu + \nu) \right| = \left| \int g\, d\mu + \int g\, d\nu \right| \leqslant \int f\, d|\mu| + \int f\, d|\nu|$$

d'où

$$|\mu + \nu| \leqslant |\mu| + |\nu|. \tag{15}$$

Avec les mêmes notations, les relations $|g| \leqslant f$ et $|\bar{g}| \leqslant f$ sont équivalentes, donc on a

$$|\bar{\mu}| = |\mu|. \tag{16}$$

On déduit de (14), (15) et (16) que l'on a

$$|\mathscr{R}\mu| \leqslant |\mu|, \qquad |\mathscr{I}\mu| \leqslant |\mu|, \qquad |\mu| \leqslant |\mathscr{R}\mu| + |\mathscr{I}\mu|. \tag{17}$$

PROPOSITION 8. — *Si* μ *est une mesure sur* X, *on a, pour toute fonction* $h \in \mathscr{C}(X; \mathbf{C})$,

$$|h . \mu| \leqslant |h| . |\mu|. \tag{18}$$

En effet, si $f \in \mathscr{K}_+(X)$ et si $g \in \mathscr{K}(X; \mathbf{C})$ est tel que $|g| \leqslant f$, on a, en vertu de (13), $|\int gh\, d\mu| \leqslant \int |gh|\, d|\mu| \leqslant \int f|h|\, d|\mu|$, ce qui prouve (18).

7. *Définition d'une mesure par prolongement*

Soit X un espace localement compact; si V est un sous-espace vectoriel *dense* dans $\mathscr{K}(X; \mathbf{C})$, il est clair que deux mesures μ_1, μ_2 sur X qui coïncident dans V sont égales, et que toute forme linéaire sur V continue pour la topologie induite par celle de $\mathscr{K}(X; \mathbf{C})$ se prolonge (d'une seule manière) en une mesure sur X. Un critère plus maniable pour les mesures positives est le suivant:

PROPOSITION 9. — *Soit* V *un sous-espace vectoriel de* $\mathscr{K}(X; \mathbf{R})$ *possédant la propriété suivante*:

(P) *Pour toute partie compacte* K *de* X, *il existe une fonction* $f \in V$ *telle que* $f \geqslant 0$ *et que* $f(x) > 0$ *pour tout* $x \in K$.

Dans ces conditions, toute forme linéaire positive sur V *pour l'ordre induit par celui de* $\mathscr{K}(X; \mathbf{R})$ (chap. II, § 2, nº 1, déf. 1) *se prolonge en une mesure positive sur* X (*qui est unique lorsque* V *est dense dans* $\mathscr{K}(X; \mathbf{R})$).

Pour toute fonction $f \in \mathscr{K}(X; \mathbf{R})$, de support K, il existe une fonction $g \in V$ telle que $f \leqslant g$: il y a en effet une fonction $h \geqslant 0$ dans V telle que $h(x) > 0$ pour tout $x \in K$; si l'on pose $\alpha = \inf_{x \in K} h(x)$, on a donc $\alpha > 0$, et la fonction $(\alpha^{-1}\|f\|)h = g$ répond à la question. Il suffit par suite d'appliquer le th. 1 du nº 5 et la prop. 1 d'*Esp. vect. top.*, chap. II, 2ᵉ éd., § 3, nº 1.

8. *Mesures bornées*

Soit X un espace localement compact. Comme la topologie induite sur $\mathscr{K}(X; \mathbf{C})$ par celle de $\mathscr{C}^b(X; \mathbf{C})$ est *moins fine* que la topologie limite inductive sur $\mathscr{K}(X; \mathbf{C})$, une mesure sur X *n'est pas nécessairement continue* pour la topologie de la convergence uniforme dans X.

DÉFINITION 3. — *On dit qu'une mesure sur un espace localement compact* X *est bornée si elle est continue dans* $\mathscr{K}(X; \mathbf{C})$ *pour la topologie de la convergence uniforme.*

Il revient au même de dire qu'il existe un nombre fini $M \geqslant 0$ tel que pour toute fonction $f \in \mathscr{K}(X; \mathbf{C})$, on ait

(19) $|\mu(f)| \leqslant M\|f\|$ (où $\|f\|$ est définie par la formule (3) du nº 2).

Dire que μ est une mesure bornée signifie donc que μ appartient au dual de l'espace $\mathscr{K}(X; \mathbf{C})$ *normé* par $\|f\|$; nous désignerons ce dual par $\mathscr{M}^1(X; \mathbf{C})$ (ou simplement $\mathscr{M}^1(X)$ si cela n'entraîne pas de confusion). On sait que $\mathscr{M}^1(X; \mathbf{C})$ est muni d'une *norme*, $\|\mu\|$ étant le plus petit des nombres $M \geqslant 0$ pour lesquels l'inégalité (19) a lieu pour toute fonction $f \in \mathscr{K}(X; \mathbf{C})$, ou encore

$$\|\mu\| = \sup_{\|f\| \leqslant 1,\, f \in \mathscr{K}(X;\, \mathbf{C})} |\mu(f)|. \tag{20}$$

Muni de cette norme, on sait que $\mathscr{M}^1(X; \mathbf{C})$ est un *espace de Banach* (*Esp. vect. top.*, chap. IV, § 5, n° 1).

La définition de $\|\mu\|$ par la formule (20) s'étend à *toute* mesure μ sur X et on dit encore, par abus de langage, que $\|\mu\|$ est la *norme* de μ ; pour que μ soit bornée, il faut et il suffit que $\|\mu\|$ soit *fini*.

Si X est *compact*, toute mesure sur X est bornée.

Exemples. — 1) La mesure ε_a définie par la masse unité en un point $a \in X$ est bornée, et on a $\|\varepsilon_a\| = 1$.

2) La mesure de Lebesgue sur $\mathbf{R}$ n'est pas bornée : en effet, pour tout entier $n > 0$, il existe une fonction $f \in \mathscr{K}(\mathbf{R}; \mathbf{C})$, à valeurs dans $[0, 1]$ et égale à 1 dans l'intervalle $[-n, n]$ (n° 2, lemme 1) ; on a donc $\|f\| = 1$ et

$$\int_{-\infty}^{+\infty} f(x)\, dx \geqslant \int_{-n}^{n} f(x)\, dx = 2n,$$

ce qui prouve qu'il n'existe aucun nombre fini M vérifiant la relation (19).

3) Sur la droite numérique $\mathbf{R}$, l'application

$$f \mapsto \int_{-\infty}^{+\infty} \frac{f(x)\, dx}{1 + x^2}$$

est une mesure bornée, car pour toute fonction $f \in \mathscr{K}(\mathbf{R}; \mathbf{C})$, on a

$$\left| \int_{-\infty}^{+\infty} \frac{f(x)\, dx}{1 + x^2} \right| \leqslant \|f\| \int_{-\infty}^{+\infty} \frac{dx}{1 + x^2} = \pi . \|f\|.$$

Comme les relations $\|f\| \leqslant 1$ et $\|\bar{f}\| \leqslant 1$ sont équivalentes, il résulte de (20) que pour toute mesure μ sur X, on a

$$\|\bar{\mu}\| = \|\mu\|. \tag{21}$$

Proposition 10. — *Pour toute mesure* μ *sur* X, *on a*

$$\|\mu\| = \sup_{0 \leqslant f \leqslant 1,\, f \in \mathscr{K}(X;\, \mathbf{R})} |\mu|(f). \tag{22}$$

En effet, compte tenu de la formule (12) qui définit la valeur absolue d'une mesure, le second membre de (22) s'écrit

$$\sup_{0 \leqslant f \leqslant 1,\, f \in \mathscr{K}(\mathrm{X};\, \mathbf{R})} \left(\sup_{|g| \leqslant f,\, g \in \mathscr{K}(\mathrm{X};\, \mathbf{C})} |\mu(g)| \right) = \sup_{\|g\| \leqslant 1,\, g \in \mathscr{K}(\mathrm{X};\, \mathbf{C})} |\mu(g)|.$$

Corollaire 1. — *Pour toute mesure μ sur* X, *les normes de μ et de $|\mu|$ sont égales; pour que μ soit bornée, il faut et il suffit que $|\mu|$ le soit.*

Corollaire 2. — *Pour toute mesure μ sur un espace compact* X, *on a*

$$\|\mu\| = |\mu|(1) = \int d|\mu|. \tag{23}$$

Cette formule sera généralisée au chap. IV, § 4, n° 7.

Sur un espace *compact* X, pour toute mesure μ (complexe) sur X, le nombre complexe $\mu(1)$ est appelé la *masse totale* de μ. Lorsque μ est *positive*, sa masse totale est donc égale à sa norme. Lorsque μ est une mesure positive sur un espace *compact* X, de masse totale égale à 1, on dit encore que sa valeur $\mu(f)$ pour une fonction continue $f \in \mathscr{C}(\mathrm{X};\, \mathbf{C})$ est la *moyenne* de f par rapport à la mesure μ.

Corollaire 3. — *Pour toute mesure réelle μ sur un espace localement compact* X, *on a*

$$\|\mu\| = \sup_{\|f\| \leqslant 1,\, f \in \mathscr{K}(\mathrm{X};\, \mathbf{R})} |\mu(f)|. \tag{24}$$

Il suffit d'utiliser la formule (22) et l'expression (9) de $|\mu|(f)$ lorsque μ est une mesure réelle et $f \in \mathscr{K}_+(\mathrm{X})$.

L'ensemble des mesures réelles bornées est donc le dual de l'espace *normé* $\mathscr{K}(\mathrm{X};\, \mathbf{R})$; on le note $\mathscr{M}^1(\mathrm{X};\, \mathbf{R})$, ou $\mathscr{M}^1(\mathrm{X})$ s'il n'en résulte pas de confusion. L'injection canonique

$$\mathscr{M}^1(\mathrm{X};\, \mathbf{R}) \to \mathscr{M}^1(\mathrm{X};\, \mathbf{C})$$

est une *isométrie* en vertu de (24).

Proposition 11. — *Si μ et ν sont deux mesures positives sur* X, *on a* $\|\mu + \nu\| = \|\mu\| + \|\nu\|$.

En effet, les fonctions $f \in \mathscr{K}(\mathrm{X};\, \mathbf{R})$ telles que $0 \leqslant f \leqslant 1$ forment un ensemble filtrant S pour la relation $\leqslant$. Pour une mesure positive μ sur X, il résulte donc de (22) et du th. de la limite monotone, que l'on a $\|\mu\| = \lim_{f \in S} \mu(f)$; la conclusion de la proposition en résulte aussitôt.

COROLLAIRE 1. — *Si μ et ν sont deux mesures positives sur X telles que $\mu \leqslant \nu$, on a $\|\mu\| \leqslant \|\nu\|$; en particulier, si ν est bornée, μ l'est aussi.*

En effet, on a $\|\nu\| = \|\mu\| + \|\nu - \mu\|$.

COROLLAIRE 2. — *Pour toute mesure réelle μ sur X, on a*

$$\|\mu\| = \|\mu^+\| + \|\mu^-\|.$$

En effet (cor. 1 de la prop. 10), la norme de μ est égale à celle de $|\mu| = \mu^+ + \mu^-$.

PROPOSITION 12. — *Si μ est une mesure bornée sur X et g une application continue et bornée de X dans $\mathbf{C}$, la mesure $g.\mu$ est bornée et l'on a $\|g.\mu\| \leqslant \|g\|.\|\mu\|$.*

En effet, pour toute fonction $f \in \mathscr{K}(\mathrm{X}; \mathbf{C})$, on a

$$|\mu(fg)| \leqslant \|\mu\|.\|fg\| \leqslant \|\mu\|.\|g\|.\|f\|.$$

9. *Topologie vague sur l'espace des mesures*

Soit X un espace localement compact. Sur l'espace $\mathscr{M}(\mathrm{X}; \mathbf{C})$, on peut considérer la topologie de la convergence *simple* dans $\mathscr{K}(\mathrm{X}; \mathbf{C})$, que nous appellerons *topologie vague* sur $\mathscr{M}(\mathrm{X}; \mathbf{C})$.

Comme $\mathscr{K}(\mathrm{X}; \mathbf{C}) = \mathscr{K}(\mathrm{X}; \mathbf{R}) + i\mathscr{K}(\mathrm{X}; \mathbf{R})$, la topologie vague sur $\mathscr{M}(\mathrm{X}; \mathbf{C})$ est définie par les *semi-normes* $\sup_{1 \leqslant i \leqslant n} |\mu(f_i)|$, où $(f_i)_{1 \leqslant i \leqslant n}$ est une suite finie quelconque de fonctions de $\mathscr{K}(\mathrm{X}; \mathbf{R})$ (ou de $\mathscr{K}_+(\mathrm{X})$). Dire qu'un filtre $\mathfrak{F}$ sur $\mathscr{M}(\mathrm{X}; \mathbf{C})$ *converge vaguement* vers une mesure μ_0 signifie que, pour toute fonction $f \in \mathscr{K}(\mathrm{X}; \mathbf{R})$, on a $\mu_0(f) = \lim_{\mu, \mathfrak{F}} \mu(f)$. Pour toute fonction $f \in \mathscr{K}(\mathrm{X}; \mathbf{C})$, l'application $\mu \mapsto \mu(f)$ est une forme linéaire *vaguement continue* dans l'espace $\mathscr{M}(\mathrm{X}; \mathbf{C})$.

PROPOSITION 13. — *Soient X un espace localement compact, et, pour tout $x \in \mathrm{X}$, soit ε_x la mesure de Dirac au point x. L'application $x \mapsto \varepsilon_x$ est un homéomorphisme de X sur un sous-espace de l'espace $\mathscr{M}(\mathrm{X}; \mathbf{C})$ des mesures sur X, muni de la topologie vague. En outre,* *si* X′ *désigne l'espace compact obtenu en adjoignant à* X *un point à l'infini* ω, ε_x *tend vers* 0 *lorsque* x *tend vers* ω.

Pour toute fonction $f \in \mathscr{K}(\mathrm{X}; \mathbf{C})$, on a $\langle f, \varepsilon_x \rangle = f(x)$; comme f est continue, cela prouve que l'application $x \mapsto \varepsilon_x$ est continue. Si x, y sont deux points distincts de X, il existe une fonction $f \in \mathscr{K}(\mathrm{X}; \mathbf{C})$ telle que $f(x) = 1$, $f(y) = 0$ (n° 2, lemme 1), ce qui prouve que $\varepsilon_x \neq \varepsilon_y$; donc l'application $x \mapsto \varepsilon_x$ est injective. En outre, pour toute fonction $f \in \mathscr{K}(\mathrm{X}; \mathbf{C})$, $\langle f, \varepsilon_x \rangle$ tend vers 0 par définition lorsque x tend vers ω, donc $x \mapsto \varepsilon_x$ se prolonge par continuité à $\mathrm{X}' = \mathrm{X} \cup \{\omega\}$ en prenant la valeur 0 au point ω. Cette application prolongée est encore injective, puisque $\varepsilon_x \neq 0$ pour tout $x \in \mathrm{X}$. C'est donc un homéomorphisme de l'espace compact X′ sur un sous-espace de $\mathscr{M}(\mathrm{X}; \mathbf{C})$, puisque $\mathscr{M}(\mathrm{X}; \mathbf{C})$ est séparé pour la topologie vague (*Top. gén.*, chap. I, 3ᵉ éd., § 9, n° 4, cor. 2 du th. 2).

PROPOSITION 14. — *Dans l'espace* $\mathscr{M}(\mathrm{X}; \mathbf{C})$ *des mesures sur un espace localement compact* X, *le cône* $\mathscr{M}_+(\mathrm{X})$ *des mesures positives est complet pour la structure uniforme déduite de la topologie vague* (et par suite *vaguement fermé* dans $\mathscr{M}(\mathrm{X}; \mathbf{C})$).

En effet, considérons un filtre de Cauchy Φ pour la structure uniforme vague sur $\mathscr{M}_+(\mathrm{X})$; par définition, $\mu_0(f) = \lim_{\mu,\Phi} \mu(f)$ existe pour toute fonction $f \in \mathscr{K}(\mathrm{X}; \mathbf{C})$, et en vertu du principe de prolongement des inégalités, on a $\mu_0(f) \geqslant 0$ pour toute fonction $f \in \mathscr{K}_+(\mathrm{X})$; μ_0 est par suite une mesure positive sur X (n° 5, th. 1).

On notera que l'espace $\mathscr{M}(\mathrm{X}; \mathbf{C})$ (ou $\mathscr{M}(\mathrm{X}; \mathbf{R})$) lui-même *n'est pas nécessairement complet* pour la structure uniforme vague (*Esp. vect. top.*, chap. IV, § 1, exerc. 11).

COROLLAIRE. — *Si* A *et* B *sont deux parties vaguement fermées de* $\mathscr{M}_+(\mathrm{X})$, A + B *est vaguement fermé dans* $\mathscr{M}_+(\mathrm{X})$ (*donc aussi dans* $\mathscr{M}(\mathrm{X}; \mathbf{C})$).

C'est en effet une propriété générale des cônes saillants faiblement complets dans les espaces localement convexes (*Esp. vect. top.*, chap. II, 2ᵉ éd., § 6, n° 8, cor. 2 de la prop. 11).

PROPOSITION 15. — *Soit* H *une partie de* $\mathscr{M}(\mathrm{X}; \mathbf{C})$. *Les propriétés suivantes sont équivalentes :*

a) H *est vaguement bornée.*

b) H *est vaguement relativement compacte.*

c) H *est équicontinue.*

d) *Pour toute partie compacte* K *de* X, *il existe un nombre* $M_K \geqslant 0$ *tel que, pour toute* $\mu \in H$ *et toute fonction* $f \in \mathscr{K}(X, K; \mathbf{C})$, *on ait* $|\mu(f)| \leqslant M_K \|f\|$.

Comme $\mathscr{K}(X; \mathbf{C})$ est un espace tonnelé (n° 1, prop. 2), l'équivalence des propriétés a), b) et c) résulte d'*Esp. vect. top.*, chap. IV, § 2, n° 2, th. 1.

Il est clair que d) entraîne a). Enfin, si H est équicontinue, l'ensemble des restrictions des mesures $\mu \in H$ à $\mathscr{K}(X, K; \mathbf{C})$ est aussi équicontinu, d'où la condition d), puisque $\mathscr{K}(X, K; \mathbf{C})$ est un espace normé.

* Nous verrons au chap. IV, § 4, n° 6, que les conditions de la prop. 15 équivalent encore au fait que pour toute partie compacte K de X, il existe une constante M_K telle que $|\mu|(K) \leqslant M_K$ pour toute mesure $\mu \in H$. *

Corollaire 1. — *Soit* ν *une mesure positive sur* X; *l'ensemble des mesures* μ *telles que* $|\mu| \leqslant \nu$ *est vaguement compact.*

Corollaire 2. — *L'ensemble des mesures* μ *telles que* $\|\mu\| \leqslant a$ (*a* nombre fini > 0 quelconque) *est vaguement compact.*

Corollaire 3. — *Si* X *est compact, l'ensemble des mesures positives* μ *sur* X *telles que* $\|\mu\| = 1$ *est vaguement compact.*

En effet, c'est l'intersection de l'ensemble vaguement compact (cor. 2) des mesures μ telles que $\|\mu\| \leqslant 1$, et des ensembles vaguement fermés définis respectivement par les relations $\mu \geqslant 0$ et $\mu(1) = 1$ (n° 8, cor. 2 de la prop. 10).

Corollaire 4. — *Dans l'espace* $\mathscr{M}(X; \mathbf{C})$, *l'application* $\mu \mapsto \|\mu\|$ *est semi-continue inférieurement pour la topologie vague.*

C'est une conséquence immédiate du cor. 2.

On notera que l'application $\mu \mapsto |\mu|$ de $\mathscr{M}(X; \mathbf{C})$ dans lui-même n'est pas nécessairement continue pour la topologie vague (exerc. 4).

Proposition 16. — *Soient* K *une partie compacte de* X, H *une partie vaguement bornée de* $\mathscr{M}(X; \mathbf{C})$; *alors la forme bilinéaire* $(f, \mu) \mapsto \langle f, \mu \rangle$ *est continue dans* $\mathscr{K}(X, K; \mathbf{C}) \times H$ *lorsqu'on munit* $\mathscr{K}(X, K; \mathbf{C})$ *de la topologie de la convergence uniforme et* H *de la topologie vague.*

En effet, il existe un nombre $M \geqslant 0$ tel que, pour toute fonction $f \in \mathscr{K}(X, K; C)$ et toute mesure $\mu \in H$, on ait

$$|\mu(f)| \leqslant M\|f\|$$

(prop. 15). Si μ_0 et μ sont deux mesures appartenant à H, f_0 et f deux fonctions de $\mathscr{K}(X, K; C)$, on a donc

$$\begin{aligned}|\mu(f) - \mu_0(f_0)| &= |\mu(f - f_0) + \mu(f_0) - \mu_0(f_0)| \\ &\leqslant M\|f - f_0\| + |\mu(f_0) - \mu_0(f_0)|\end{aligned}$$

et cette dernière quantité est arbitrairement petite avec $\|f - f_0\|$ et $|\mu(f_0) - \mu_0(f_0)|$, ce qui démontre la proposition.

10. Convergence compacte dans $\mathscr{M}(X;C)$

Rappelons que la topologie de la *convergence compacte* sur $\mathscr{M}(X;C)$ est la topologie de la convergence uniforme dans les parties compactes de $\mathscr{K}(X;C)$. Nous appellerons topologie de la *convergence strictement compacte* sur $\mathscr{M}(X;C)$ la topologie de la convergence uniforme dans les parties strictement compactes (n° 1) de $\mathscr{K}(X;C)$.

PROPOSITION 17. — *Sur l'espace* $\mathscr{M}(X;C)$, *on considère les topologies suivantes;*

$\mathscr{T}_1$: *la topologie de la convergence simple dans un ensemble total* T *dans* $\mathscr{K}(X;C)$;

$\mathscr{T}_2$: *la topologie vague;*

$\mathscr{T}_3$: *la topologie de la convergence strictement compacte;*

$\mathscr{T}_4$: *la topologie de la convergence compacte.*

Chacune de ces topologies est moins fine que la suivante. En outre:

(i) *Les parties bornées sont les mêmes pour* $\mathscr{T}_2$, $\mathscr{T}_3$ *et* $\mathscr{T}_4$.

(ii) *Si* H *est une partie vaguement bornée de* $\mathscr{M}(X;C)$, *les topologies induites sur* H *par les topologies* $\mathscr{T}_1$, $\mathscr{T}_2$, $\mathscr{T}_3$, $\mathscr{T}_4$ *sont identiques.*

Une partie vaguement bornée H de $\mathscr{M}(X;C)$ est équicontinue (n° 9, prop. 15), donc la première assertion résulte d'*Esp. vect. top.*, chap. III, § 3, n° 6, prop. 7, et la seconde de *Top. gén.*, chap. X, 2e éd., § 2, n° 4, th. 1.

Rappelons que lorsque X est *paracompact*, la topologie de la convergence strictement compacte coïncide avec la topologie de la convergence compacte (n° 1, prop. 2).

PROPOSITION 18. — *Sur le cône $\mathscr{M}_+(X)$, les topologies induites par les topologies suivantes coïncident:*

$\mathscr{T}_1$: *la topologie de la convergence simple dans un sous-espace vectoriel* V *de* $\mathscr{K}(X; \mathbf{C})$ *dense dans* $\mathscr{K}(X; \mathbf{C})$ *et vérifiant la propriété* (P) (n° 7, prop. 9);

$\mathscr{T}_2$: *la topologie vague;*

$\mathscr{T}_3$: *la topologie de la convergence strictement compacte.*

Comme tout filtre est intersection des ultrafiltres plus fins que lui (*Top. gén.*, chap. I, 3e éd., § 6, n° 5, prop. 7), il suffit de montrer que si $\mathfrak{U}$ est un ultrafiltre sur $\mathscr{M}_+(X)$, qui converge vers une mesure μ_0 pour la topologie $\mathscr{T}_1$, il converge aussi vers μ_0 pour $\mathscr{T}_3$. Soit donc K une partie compacte de X; par hypothèse, il existe une fonction $h \in V$ qui est $\geqslant 0$ dans X et qui prend des valeurs >0 dans K; par suite, toute fonction $f \in \mathscr{K}(X, K; \mathbf{C})$ peut s'écrire $f = gh$, où $g \in \mathscr{K}(X, K; \mathbf{C})$, et si $c = \inf_{x \in K} h(x) > 0$, on a $\|g\| \leqslant c^{-1}\|f\|$. Par hypothèse, il existe un ensemble $H_0 \in \mathfrak{U}$ tel que, pour toute mesure $\mu \in H_0$, on ait

$$0 \leqslant \mu(h) \leqslant \mu_0(h) + 1 = b.$$

Par suite, pour toute fonction $f \in \mathscr{K}(X; \mathbf{C})$, on a

$$|\langle f, h.\mu\rangle| = |\langle hf, \mu\rangle| \leqslant \|f\|.\mu(h) \leqslant b\|f\|$$

pour toute mesure $\mu \in H_0$; cela prouve que l'ensemble H des mesures $h.\mu$, où μ parcourt H_0, est *vaguement borné*. Si $\mathfrak{U}_0$ est l'ultrafiltre induit par $\mathfrak{U}$ sur H_0, l'image de $\mathfrak{U}_0$ par l'application $\mu \mapsto h.\mu$ est la base d'un ultrafiltre $\mathfrak{F}$ sur H, et comme H est relativement compact pour la topologie de la convergence strictement compacte (prop. 17 et n° 9, prop. 15), $\mathfrak{F}$ est convergent vers une mesure ν_0 pour cette topologie. Autrement dit, quels que soient $\varepsilon > 0$ et la partie compacte L de $\mathscr{K}(X, K; \mathbf{C})$ il existe une partie N de H_0 appartenant à $\mathfrak{U}$, telle que, pour toute fonction $g \in L$ et tout couple de mesures μ, μ' appartenant à N, on ait $|\langle g, h.\mu\rangle - \langle g, h.\mu'\rangle| \leqslant \varepsilon$, ou encore

$$|\langle gh, \mu\rangle - \langle gh, \mu'\rangle| \leqslant \varepsilon.$$

Or, nous avons vu plus haut que l'application $g \mapsto gh$ est un *automorphisme* de l'espace de Banach $\mathscr{K}(X, K; \mathbf{C})$. Nous avons donc montré que $\mathfrak{U}$ est un *filtre de Cauchy* sur $\mathscr{M}_+(X)$ pour la topologie de la convergence strictement compacte. *A fortiori*, c'est un filtre de Cauchy pour la convergence vague, et la prop. 14

du n° 9 montre qu'il est vaguement convergent vers une mesure μ_1 ; en outre, comme V est dense dans $\mathscr{K}(\mathrm{X}; \mathbf{C})$, l'hypothèse entraîne que $\mu_1 = \mu_0$; enfin, comme $\mathfrak{U}$ est un filtre de Cauchy pour la topologie de la convergence strictement compacte, il converge aussi vers μ_0 pour cette topologie (*Top. gén.*, chap. X, 2e éd., § 1, n° 5, prop. 5).

C.Q.F.D.

COROLLAIRE. — *Si* X *est paracompact, les topologies induites sur* $\mathscr{M}_+(\mathrm{X})$ *par la topologie vague et par la topologie de la convergence compacte coïncident.*

Par contre, les topologies induites sur $\mathscr{M}_+(\mathrm{X})$ par la topologie de la convergence compacte et la topologie de la convergence strictement compacte peuvent être distinctes lorsque X n'est pas paracompact (exerc. 3).

§ 2. Support d'une mesure

1. Restriction d'une mesure à un ensemble ouvert. Définition d'une mesure par des données locales

Soient X un espace localement compact, Y un ensemble ouvert dans X. Le sous-espace Y de X est localement compact, et toute fonction continue à valeurs dans un espace vectoriel topologique E, définie dans Y et à support compact, peut être prolongée par continuité à X tout entier, en lui donnant la valeur 0 dans $\complement \mathrm{Y}$; on peut donc de cette manière identifier l'espace $\mathscr{K}(\mathrm{Y}; \mathrm{E})$ au sous-espace de $\mathscr{K}(\mathrm{X}; \mathrm{E})$ formé des fonctions continues à support compact *contenu dans* Y. Si μ est une mesure sur X, il est clair que la restriction de μ à $\mathscr{K}(\mathrm{Y}; \mathbf{C})$ est une mesure sur Y, qu'on appelle *restriction* de μ au sous-espace ouvert Y, ou encore mesure *induite* sur Y par μ et que l'on note $\mu|\mathrm{Y}$. Les restrictions à Y de $|\mu|$, $\mathscr{R}\mu$ et $\mathscr{I}\mu$ sont respectivement $|\mu|\mathrm{Y}|$, $\mathscr{R}(\mu|\mathrm{Y})$ et $\mathscr{I}(\mu|\mathrm{Y})$ en vertu du § 1, nos 5 et 6. Si μ est réelle, les restrictions de μ^+ et μ^- à Y sont respectivement $(\mu|\mathrm{Y})^+$ et $(\mu|\mathrm{Y})^-$, en vertu de la formule (8) du § 1, n° 5.

On voit aussitôt que si Y et Z sont deux ensembles ouverts dans X tels que $\mathrm{Y} \supset \mathrm{Z}$, et si $\mu|\mathrm{Y}$ et $\mu|\mathrm{Z}$ sont les restrictions de μ à Y et à Z, $\mu|\mathrm{Z}$ est aussi la restriction de $\mu|\mathrm{Y}$ au sous-espace ouvert Z de l'espace localement compact Y.

Au chap. IV, § 5, n° 7, nous généraliserons cette définition au cas où Y est un sous-espace localement compact de X.

On notera qu'une mesure sur Y *n'est pas nécessairement* la restriction d'une mesure sur X (cf. chap. V, § 7, n° 2, prop. 6).

Par exemple, soit Y l'intervalle ouvert $]0, 1[$ de $X = \mathbf{R}$; l'application

$$f \mapsto \int_0^1 \frac{f(x)}{x} dx$$

est une mesure sur Y, car toute fonction de $\mathscr{K}(Y; \mathbf{C})$ est nulle dans un voisinage de 0 dans $\mathbf{R}$. Mais cette mesure ne peut être prolongée en une mesure sur $\mathbf{R}$, car dans le cas contraire, sa restriction à l'ensemble des fonctions $f \in \mathscr{K}(Y; \mathbf{C})$ telles que $\|f\| \leqslant 1$ serait bornée; or, cela est inexact.

On a toutefois la proposition suivante:

PROPOSITION 1. — *Soit* $(Y_\alpha)_{\alpha \in A}$ *un recouvrement ouvert de* X, *et supposons donnée, sur chaque sous-espace* Y_α, *une mesure* μ_α, *de sorte que pour tout couple* (α, β), *les restrictions de* μ_α *et de* μ_β *à* $Y_\alpha \cap Y_\beta$ *soient identiques. Dans ces conditions, il existe une mesure* μ *et une seule sur* X *dont la restriction à* Y_α *soit égale à* μ_α *pour tout indice* α.

Montrons en premier lieu que toute fonction $f \in \mathscr{K}(X; \mathbf{C})$ peut s'écrire sous la forme d'une somme finie $f = \sum_i f_i$, où, pour chacune des fonctions $f_i \in \mathscr{K}(X; \mathbf{C})$, il existe un indice α_i tel que $\operatorname{Supp}(f_i) \subset Y_{\alpha_i}$. Si $K = \operatorname{Supp}(f)$, il existe un nombre fini d'indices α_i $(1 \leqslant i \leqslant n)$ tels que les Y_{α_i} forment un recouvrement de K; soient h_i $(1 \leqslant i \leqslant n)$ des applications continues de X dans $]0, 1[$ telles que le support de h_i soit compact et contenu dans Y_{α_i} pour $1 \leqslant i \leqslant n$, et que l'on ait $\sum_{i=1}^{n} h_i(x) = 1$ dans K (§ 1, n° 2, lemme 1); les fonctions $f_i = fh_i$ répondent à la question. Ceci montre en premier lieu que s'il existe une mesure μ répondant à la question, elle est *unique*, car pour toute somme finie $f = \sum_{i=1}^{n} f_i$, où $f_i \in \mathscr{K}(Y_{\alpha_i}; \mathbf{C})$, on doit avoir $\mu(f) = \sum_{i=1}^{n} \mu_{\alpha_i}(f_i)$. On aura en outre montré l'existence d'une forme linéaire μ sur $\mathscr{K}(X; \mathbf{C})$ dont la restriction à chaque sous-espace $\mathscr{K}(Y_\alpha; \mathbf{C})$ est μ_α, pourvu qu'on démontre la propriété suivante: si $(g_i)_{1 \leqslant i \leqslant m}$ et $(h_j)_{1 \leqslant j \leqslant n}$ sont deux suites finies de fonctions de $\mathscr{K}(X; \mathbf{C})$ telles que $g_i \in \mathscr{K}(Y_{\alpha_i}; \mathbf{C})$ pour $1 \leqslant i \leqslant m$, $h_j \in \mathscr{K}(Y_{\beta_j}; \mathbf{C})$ pour $1 \leqslant j \leqslant n$, et

$$\sum_{i=1}^{m} g_i(x) = \sum_{j=1}^{n} h_j(x) = 1$$

dans K, on a

$$\sum_{i=1}^{m} \mu_{\alpha_i}(fg_i) = \sum_{j=1}^{n} \mu_{\beta_j}(fh_j).$$

Or, on a

$$fg_i = \sum_{j=1}^{n} fg_i h_j,$$

d'où

$$\sum_{i=1}^{m} \mu_{\alpha_i}(fg_i) = \sum_{i=1}^{m} \sum_{j=1}^{n} \mu_{\alpha_i}(fg_i h_j) .$$

De même

$$\sum_{j=1}^{n} \mu_{\beta_j}(fh_j) = \sum_{j=1}^{n} \sum_{i=1}^{m} \mu_{\beta_j}(fg_i h_j) .$$

Mais comme le support de $fg_i h_j$ est contenu dans $Y_{\alpha_i} \cap Y_{\beta_j}$, on a $\mu_{\alpha_i}(fg_i h_j) = \mu_{\beta_j}(fg_i h_j)$, ce qui établit notre assertion.

Il reste à voir que μ est une mesure sur X; or, tout point de X admet un voisinage compact contenu dans un des Y_α; la conclusion résulte donc aussitôt de la définition de μ et de la prop. 6 du n° 3 du § 1.

Corollaire (principe de localisation). — *Soient μ et ν deux mesures sur* X, *et soit* (Y_α) *une famille d'ensembles ouverts de* X *telle que, pour tout α, les restrictions à* Y_α *de μ et ν soient égales; alors les restrictions de μ et ν à* $Y = \bigcup_\alpha Y_\alpha$ *sont égales.*

2. *Support d'une mesure*

Soit μ une mesure sur un espace localement compact X, et soit $\mathfrak{G}$ l'ensemble des ensembles ouverts $U \subset X$ tels que la restriction de μ à U soit nulle; il résulte aussitôt du principe de localisation (n° 1, cor. de la prop. 1) que, si U_0 est la *réunion* des ensembles $U \in \mathfrak{G}$, U_0 appartient lui-même à $\mathfrak{G}$, et est par suite le plus grand des ensembles de $\mathfrak{G}$.

Définition 1. — *On appelle support d'une mesure μ sur un espace localement compact* X *et on note* Supp (μ) *l'ensemble fermé complémentaire du plus grand des ensembles ouverts de* X *dans lesquels la restriction de μ est nulle.*

Dire qu'un point $x \in X$ n'appartient pas au support de μ signifie qu'il existe un voisinage ouvert V de x tel que la restriction de μ à V soit nulle ; dire que x appartient au support de μ signifie donc que pour *tout* voisinage V de x, il existe une fonction $f \in \mathscr{K}(\mathrm{X}; \mathbf{C})$, dont le support est contenu dans V, et qui est telle que $\mu(f) \neq 0$.

Exemples. — 1) Pour qu'une mesure sur X soit *nulle*, il faut et il suffit que son support soit *vide*.

2) Le support de la mesure de Lebesgue sur **R** est la droite **R** tout entière ; en effet, il n'est pas vide et est invariant par toute translation.

3) Sur l'intervalle $\mathrm{X} = [0, 1]$ de **R**, considérons un ensemble dénombrable partout dense, rangé en une suite (a_n), et soit μ la mesure définie par la masse 2^{-n} placée au point a_n pour tout $n \geqslant 0$ (§ 1, n° 3, *Exemple* 1). Le support de μ est X tout entier ; en effet, soient x un point quelconque de X, V un voisinage de x, f une fonction numérique continue et >0 dans X, égale à 1 au point x, et dont le support est contenu dans V (§ 1, n° 2, lemme 1) ; l'ensemble des $y \in \mathrm{V}$ tels que $f(y) > 0$ est ouvert dans X, donc contient un point a_n, et par suite $\mu(f) \geqslant f(a_n)2^{-n} > 0$.

PROPOSITION 2. — *Le support d'une mesure* μ *est identique au support de la mesure* $|\mu|$; *si* μ *est réelle, son support est réunion des supports des mesures* μ^+ *et* μ^-.

En effet, si la restriction de μ à un ouvert U est nulle, il en est de même de la restriction de $|\mu|$ (resp. de μ^+ et de μ^- lorsque μ est réelle), et réciproquement.

On notera que les supports de μ^+ et μ^- peuvent être non vides et *identiques* (cf. chap. V, § 5, exerc. 6).

PROPOSITION 3. — *Si* μ *et* ν *sont deux mesures sur un espace localement compact* X, *telles que* $|\mu| \leqslant |\nu|$, *on a* $\mathrm{Supp}(\mu) \subset \mathrm{Supp}(\nu)$.

En effet, si la restriction de ν à un ensemble ouvert est nulle, il en est de même de celle de μ.

PROPOSITION 4. — *Le support de la somme de deux mesures est contenu dans la réunion de leurs supports.*

En effet, si les restrictions de deux mesures à un ensemble ouvert sont nulles, il en est de même de la restriction de leur somme.

Si μ et ν sont deux mesures *positives*, le support de $\lambda = \mu + \nu$ est *égal* à la réunion des supports de μ et de ν : en effet, si x_0 est un point de cette réunion, V un voisinage quelconque de x_0, il existe une fonction continue $f \geqslant 0$, de support contenu dans V, et telle que l'un des deux nombres $\mu(f)$, $\nu(f)$ soit > 0 ; *a fortiori*, on a

$$\lambda(f) = \mu(f) + \nu(f) > 0.$$

Proposition 5. — *Le support de la restriction d'une mesure μ à un ensemble ouvert* U *est la trace sur* U *du support de* μ.

La proposition est évidente à partir des définitions.

Proposition 6. — *L'ensemble des mesures sur un espace localement compact* X, *dont le support est contenu dans un ensemble fermé* F, *est un sous-espace vectoriel vaguement fermé de* $\mathscr{M}(X; \mathbf{C})$.

En effet, c'est l'intersection des hyperplans vaguement fermés d'équation $\mu(f) = 0$, où f parcourt l'ensemble des fonctions de $\mathscr{K}(X; \mathbf{C})$ dont le support ne rencontre pas F.

Supposons X *non compact* : étant donné un filtre Φ sur l'espace $\mathscr{M}(X; \mathbf{C})$ des mesures sur X, nous dirons que le support d'une mesure μ *s'éloigne indéfiniment suivant* Φ si, pour toute partie compacte K de X, il existe un ensemble $M \in \Phi$ tel que, pour toute mesure $\mu \in M$, on ait $\operatorname{Supp}(\mu) \cap K = \emptyset$.

Proposition 7. — *Si* Φ *est un filtre sur* $\mathscr{M}(X; \mathbf{C})$ *tel que le support de* μ *s'éloigne indéfiniment suivant* Φ, μ *converge vaguement vers* 0 *suivant* Φ.

En effet, soit f une fonction quelconque de $\mathscr{K}(X; \mathbf{C})$, et soit K son support. Par hypothèse, il existe un ensemble $M \in \Phi$ tel que pour toute mesure $\mu \in M$, $\operatorname{Supp}(\mu) \cap K = \emptyset$; on a par suite $\mu(f) = 0$ pour toute $\mu \in M$, ce qui démontre la proposition.

3. Caractérisation du support d'une mesure

Par définition, si le support d'une fonction $f \in \mathscr{K}(X; \mathbf{C})$ *ne rencontre pas* le support d'une mesure μ, on a $\mu(f) = 0$; mais on a la propriété plus précise suivante :

Proposition 8. — *Soit* μ *une mesure sur un espace localement compact* X. *Pour toute fonction* $f \in \mathscr{K}(X; \mathbf{C})$ *qui est nulle dans* $\operatorname{Supp}(\mu)$, *on a* $\mu(f) = 0$.

Posons $K = \operatorname{Supp}(f)$, $S = \operatorname{Supp}(\mu)$. Etant donné un nombre $\varepsilon > 0$, soit V l'ensemble des $x \in X$ tels que $|f(x)| < \varepsilon$; V est un ensemble ouvert contenant S par hypothèse; donc $\complement S$ est un voisinage de l'ensemble compact $\complement V$. Il existe par suite une application continue h de X dans $[0, 1]$, égale à 1 dans $\complement V$ et dont le support est contenu dans $\complement S$ (§ 1, nº 2, lemme 1). Comme le support de fh ne rencontre pas S, on a $\mu(fh) = 0$. D'autre part, on a $f = fh$ dans $K \cap \complement V$, et $|fh| \leqslant |f|$ dans X, donc $|f - fh| \leqslant 2\varepsilon$ dans X, d'après le choix de V. Remarquons enfin qu'il existe un nombre M_K tel que $|\mu(g)| \leqslant M_K \|g\|$ pour toute fonction $g \in \mathscr{K}(X; \mathbf{C})$ dont le support est contenu dans K; comme le support de $f - fh$ est contenu dans K, on a

$|\mu(f - fh)| \leqslant 2M_K\varepsilon$, et par suite $|\mu(f)| = |\mu(f - fh)| \leqslant 2M_K\varepsilon$; comme ε est arbitraire, on a $\mu(f) = 0$.

COROLLAIRE 1. — *Si deux fonctions f, g de $\mathscr{K}(X; \mathbf{C})$ sont égales dans* Supp (μ), *on a $\mu(f) = \mu(g)$.*

COROLLAIRE 2. — *Soit μ une mesure positive sur* X; *si*

$$f \in \mathscr{K}(X; \mathbf{C})$$

est telle que $f(x) \geqslant 0$ dans Supp (μ), *on a $\mu(f) \geqslant 0$.*

En effet, on a $f = |f|$ dans S, donc $\mu(f) = \mu(|f|) \geqslant 0$ par le cor. 1.

COROLLAIRE 3. — *Soit μ une mesure bornée sur* X; *si $f \in \mathscr{K}(X; \mathbf{C})$ est telle que $|f(x)| \leqslant a$ dans* Supp (μ), *on a $|\mu(f)| \leqslant a\|\mu\|$.*

En effet, on a Supp $(|\mu|)$ = Supp (μ), et si h est une application continue de X dans $[0, 1]$ égale à 1 dans Supp (f) et à support compact, on a $|f(x)| \leqslant ah(x)$ dans Supp (μ), donc

$$|\mu|(|f|) \leqslant a|\mu|(h) \leqslant a\|\mu\|$$

en vertu du cor. 2; la conclusion résulte alors de la formule (13) du n° 6.

PROPOSITION 9. — *Soit μ une mesure* positive *sur* X; *si f est une fonction de $\mathscr{K}_+(X)$ telle que $\mu(f) = 0$, f est nulle dans* Supp (μ).

Soit x un point de X tel que $f(x) > 0$; montrons que x n'appartient pas à Supp(μ). En effet, il existe alors un voisinage compact V de x et un nombre $a > 0$ tels que $f(y) \geqslant a$ dans V. Soit alors g une fonction continue $\geqslant 0$ à support dans V, et montrons que $\mu(g) = 0$; en effet, si l'on pose $b = \|g\|$, on a $g \leqslant bf/a$, d'où $\mu(g) \leqslant b\mu(f)/a = 0$.

PROPOSITION 10. — *Soit μ une mesure sur un espace localement compact* X; *pour toute fonction $g \in \mathscr{C}(X; \mathbf{C})$, le support de la mesure $g.\mu$ est l'adhérence* T *de l'ensemble des points $x \in$* Supp (μ) *tels que $g(x) \neq 0$.*

En effet, posons $S = \text{Supp}(\mu)$; soit x_0 un point n'appartenant pas à T; il existe un voisinage ouvert V de x_0 tel qu'en tout point de $V \cap S$, g soit nulle; si $f \in \mathscr{K}(X; \mathbf{C})$ a son support dans V, fg est nulle dans S, donc (prop. 8) $\mu(gf) = 0$; autrement dit, la restriction de $g.\mu$ à V est nulle.

Inversement, supposons que la restriction de $g.\mu$ à un voisinage ouvert W d'un point $x_0 \in X$ soit nulle, et montrons qu'il n'existe aucun point de $W \cap S$ où g soit $\neq 0$. En effet, s'il existait un tel point y, il existerait un voisinage compact U de y, contenu dans W, et en tout point x duquel on aurait $g(x) \neq 0$; mais alors toute fonction $f \in \mathscr{K}(X; \mathbf{C})$, dont le support est contenu dans U, peut s'écrire $f = gh$, où $h \in \mathscr{K}(X; \mathbf{C})$ a son support dans $U \subset W$; on aurait par suite $\mu(f) = \mu(gh) = 0$, contrairement à l'hypothèse $y \in S$.

On notera que T est contenu dans l'intersection du support S de μ et du support de g, sans être nécessairement égal à cette intersection. Par exemple, si $X = \mathbf{R}$, si μ est la mesure de Dirac au point 0 et si $g(x) = x$, on a $g.\mu = 0$ bien que l'intersection des supports de g et de μ soit réduite au point 0, donc non vide.

COROLLAIRE. — *Pour que la mesure $g.\mu$ soit nulle, il faut et il suffit que g soit nulle dans le support de μ.*

PROPOSITION 11. — *Toute mesure à support compact est bornée.*

En effet, $|\mu|$ est aussi une mesure à support compact, donc on peut se borner au cas où $\mu \geqslant 0$; si h est une application continue de X dans $[0, 1]$, à support compact, égale à 1 dans $\text{Supp}(\mu)$, on a, pour toute fonction $f \in \mathscr{K}(X; \mathbf{C})$, $|f(x)| \leqslant \|f\| h(x)$ dans $\text{Supp}(\mu)$, donc (cor. 2 de la prop. 8) $\mu(|f|) \leqslant \mu(h)\|f\|$, ce qui prouve la proposition (§ 1, n° 8).

4. *Mesures ponctuelles. Mesures à support fini*

PROPOSITION 12. — *Soient a_i $(1 \leqslant i \leqslant n)$ des points distincts dans un espace localement compact X. Toute mesure sur X dont le support est contenu dans l'ensemble des a_i est une combinaison linéaire des mesures ε_{a_i} $(1 \leqslant i \leqslant n)$.*

En effet, une telle mesure μ est nulle pour toute fonction $f \in \mathscr{K}(X; \mathbf{C})$ satisfaisant aux n relations $f(a_i) = 0$ (n° 3, prop. 8); comme ces relations s'écrivent $\varepsilon_{a_i}(f) = 0$, μ est combinaison linéaire des ε_{a_i} (*Alg.*, chap. II, 3e éd., § 7, n° 5, cor. 1 du th. 7).

En particulier, toute mesure dont le support est vide ou réduit à un seul point x est de la forme $\alpha\varepsilon_x$, où α est un nombre complexe; on dit qu'une telle mesure est une *mesure ponctuelle*; toute mesure dont le support est fini est donc une somme de mesures ponctuelles.

THÉORÈME 1. — *Toute mesure μ sur un espace localement compact* X *est vaguement adhérente à l'espace vectoriel* V *des mesures dont le support est fini et contenu dans* Supp (μ).

Il suffit de prouver que μ est orthogonale au sous-espace V° de $\mathscr{K}(X; \mathbf{C})$ orthogonal à V (*Esp. vect. top.*, chap. II, 2e éd., § 6, n° 3, cor. 2 du th. 1), c'est-à-dire que les relations $\langle f, \varepsilon_a \rangle = 0$, où a parcourt le support de μ, entraînent $\langle f, \mu \rangle = 0$; mais cela n'est autre que la prop. 8 du n° 3.

COROLLAIRE 1. — *Toute mesure bornée μ sur* X *est vaguement adhérente à l'ensemble convexe* A *des mesures dont le support est fini et contenu dans celui de μ, et dont la norme est $\leqslant \|\mu\|$. En outre, si ν tend vaguement vers μ en restant dans* A, $\|\nu\|$ *tend vers* $\|\mu\|$.

Pour prouver la première assertion, il suffit d'établir que la mesure μ appartient à l'ensemble polaire de l'ensemble A°, polaire de A dans $\mathscr{K}(X; \mathbf{C})$ (*Esp. vect. top*, chap. II, 2e éd., § 6, n° 3, th. 1); cela signifie que, pour $f \in \mathscr{K}(X; \mathbf{C})$, les relations $|\langle f, \varepsilon_a \rangle| \leqslant 1/\|\mu\|$ pour tout $a \in \operatorname{Supp}(\mu)$, entraînent $|\langle f, \mu \rangle| \leqslant 1$; or, c'est là une conséquence du cor. 3 de la prop. 8 du n° 3.

Pour prouver la seconde assertion, notons que l'on a

$$\lim_{\nu \to \mu,\, \nu \in A} \inf \|\nu\| \geqslant \|\mu\|$$

puisque la fonction $\nu \mapsto \|\nu\|$ est semi-continue inférieurement pour la topologie vague (§ 1, n° 9, cor. 4 de la prop. 15), et la conclusion résulte de ce que $\|\nu\| \leqslant \|\mu\|$ pour $\nu \in A$ par définition.

COROLLAIRE 2. — *Toute mesure bornée μ sur* X *est vaguement adhérente à l'ensemble des mesures dont le support est fini et contenu dans celui de μ et dont la norme est égale à* $\|\mu\|$.

On peut supposer $\mu \neq 0$. Soit V un voisinage ouvert de 0 pour la topologie vague; pour tout ε tel que $0 < \varepsilon < 1$, il existe, en vertu du cor. 1, une mesure ν_0 dont le support est fini et contenu dans Supp (μ) et qui est telle que $\nu_0 - \mu \in V$, et que

$\|\mu\| \geqslant \|\nu_0\| \geqslant (1 - \varepsilon)\|\mu\|$. Si l'on pose $\nu = (\|\mu\|/\|\nu_0\|)\nu_0$, on a $\|\nu\| = \|\mu\|$, et $\|\nu - \nu_0\| \leqslant \|\mu\|$; dès que ε est assez petit, on a donc $\nu - \mu \in V + V$, d'où la conclusion.

Corollaire 3. — *Toute mesure bornée positive μ sur X est vaguement adhérente à l'ensemble convexe des mesures positives dont le support est fini et contenu dans celui de μ, et dont la norme est égale à $\|\mu\|$.*

Le même raisonnement que dans le cor. 2 montre qu'on peut se borner à prouver que μ est vaguement adhérente à l'ensemble convexe B formé des mesures positives de support fini contenu dans $\operatorname{Supp}(\mu)$ et de norme $\leqslant \|\mu\|$. Il suffit encore d'établir que μ appartient à l'ensemble polaire de l'ensemble B^0, polaire de B *dans* $\mathscr{K}(X; \mathbf{R})$ (*Esp. vect. top.*, chap. II, 2e éd., § 6, n° 3, th. 1); mais cela signifie que pour $f \in \mathscr{K}(X; \mathbf{R})$ les relations $\langle f, \varepsilon_a \rangle \leqslant 1/\|\mu\|$ pour tout $a \in \operatorname{Supp}(\mu)$ entraînent $\langle f, \mu \rangle \leqslant 1$, ce qui est une conséquence du n° 3, cor. 2 de la prop. 8.

Corollaire 4. — *Dans l'espace* $\mathscr{M}(X; \mathbf{C})$, *l'ensemble des mesures ponctuelles est total pour la topologie de la convergence strictement compacte* (§ 1, n° 10).

En effet, sur le cône $\mathscr{M}_+(X)$, la topologie de la convergence strictement compacte est identique à la topologie vague (§ 1, n° 10, prop. 18), et toute mesure sur X s'écrit $\mu_1 - \mu_2 + i\mu_3 - i\mu_4$, où les μ_j $(1 \leqslant j \leqslant 4)$ sont des mesures positives; la conclusion résulte donc du th. 1.

Proposition 13. — *Soit μ une mesure sur un espace localement compact* X. *Pour qu'un point x_0 appartienne à* $\operatorname{Supp}(\mu)$, *il faut et il suffit que la mesure ponctuelle ε_{x_0} soit vaguement adhérente à l'ensemble des mesures $g.\mu$, où g parcourt l'ensemble des fonctions continues à support compact telles que* $\|g.\mu\| \leqslant 1$.

La condition est évidemment suffisante en vertu de la prop. 6 du n° 2. Pour voir qu'elle est nécessaire, supposons $x_0 \in \operatorname{Supp}(\mu)$; considérons un nombre fini de fonctions f_k $(1 \leqslant k \leqslant n)$ de $\mathscr{K}(X; \mathbf{C})$, et un nombre arbitraire $\delta > 0$; il s'agit de prouver qu'il existe une fonction $g \in \mathscr{K}(X; \mathbf{C})$ telle que $\|g . \mu\| \leqslant 1$ et que l'on ait

$$|f_k(x_0) - \mu(g f_k)| \leqslant \delta$$

pour $1 \leqslant k \leqslant n$. Soit U un voisinage ouvert relativement compact de x_0 tel que l'oscillation de chacune des f_k $(1 \leqslant k \leqslant n)$

dans U soit $\leqslant \delta/2$. Par hypothèse, comme $x_0 \in \mathrm{Supp}(\mu)$, il existe une fonction $g_0 \in \mathscr{K}(\mathrm{X}; \mathbf{C})$ dont le support est contenu dans U et qui est telle que $\mu(g_0) \neq 0$; la mesure $\nu = g_0 . \mu$ n'est pas nulle, car pour toute fonction $f \in \mathscr{K}(\mathrm{X}; \mathbf{C})$ égale à 1 dans U, on a $\nu(f) = \mu(g_0) \neq 0$. En outre, ν est bornée (n° 3, prop. 11); en multipliant g_0 par un scalaire, on peut supposer que $\|\nu\| = 1$. Cela étant, en posant $\alpha_k = f_k(x_0)$, on peut écrire, pour $1 \leqslant k \leqslant n$ et pour toute fonction $h \in \mathscr{K}(\mathrm{X}; \mathbf{C})$

$$f_k(x_0) - \nu(f_k h) = \alpha_k(1 - \nu(h)) + \nu((\alpha_k - f_k)h).$$

Comme ν a son support dans U, on peut l'identifier à sa restriction à U; l'hypothèse $\|\nu\| = 1$ entraîne alors qu'il existe une fonction $h \in \mathscr{K}(\mathrm{X}; \mathbf{C})$, de support contenu dans U, telle que $\|h\| \leqslant 1$ et que l'on ait $|\alpha_k(1 - \nu(h))| \leqslant \delta/2$ pour $1 \leqslant k \leqslant n$. La définition de U montre par ailleurs que $|(\alpha_k - f_k(x))h(x)| \leqslant \delta/2$ pour tout $x \in \mathrm{U}$; comme $\|\nu\| = 1$ et que $\mathrm{Supp}(\nu) \subset \mathrm{U}$, on a donc $|\nu((\alpha_k - f_k)h)| \leqslant \delta/2$, et par suite, en posant $g = g_0 h$,

$$|f_k(x_0) - \mu(g f_k)| \leqslant \delta \qquad \text{pour} \qquad 1 \leqslant k \leqslant n.$$

Cela démontre la proposition, puisque

$$\|g . \mu\| = \|(g_0 h) . \mu\| \leqslant \|g_0 . \mu\| = 1.$$

COROLLAIRE. — *Soit μ une mesure sur* X. *Pour qu'une mesure ν sur* X *soit vaguement adhérente à l'ensemble des mesures $g . \mu$, où g parcourt $\mathscr{K}(\mathrm{X}; \mathbf{C})$, il faut et il suffit que* $\mathrm{Supp}(\nu) \subset \mathrm{Supp}(\mu)$.

En effet, $\mathrm{Supp}(g . \mu) \subset \mathrm{Supp}(\mu)$ en vertu du n° 3, prop. 10; le support de toute limite vague de mesures de la forme $g . \mu$ est donc aussi contenu dans $\mathrm{Supp}(\mu)$ (n° 2, prop. 6). Inversement, si $\mathrm{Supp}(\nu) \subset \mathrm{Supp}(\mu)$, ν est limite vague de mesures de support *fini* contenu dans $\mathrm{Supp}(\mu)$ (th. 1), donc est vaguement adhérente à l'ensemble des mesures $g . \mu$ d'après la prop. 13.

5. *Mesures discrètes*

PROPOSITION 14. — *Pour qu'une mesure μ sur un espace localement compact* X *soit une mesure discrète* (§ 1, n° 3, *Exemple* 1), *il faut et il suffit que* $\mathrm{Supp}(\mu)$ *soit un sous-espace fermé discret de* X.

Soit μ une mesure discrète sur X, définie par les masses $h(x) \neq 0$ placées aux points x d'un sous-espace fermé discret N de X; montrons que $\mathrm{Supp}(\mu) = \mathrm{N}$. En effet, pour tout $a \in \mathrm{N}$

et tout voisinage V de a, il existe une fonction $f \in \mathscr{K}(X; \mathbf{C})$ de support contenu dans V, égale à 1 au point a et à 0 aux autres points de N; d'où $\mu(f) = h(a) \neq 0$. Au contraire, si $b \notin N$, il existe un voisinage W de b ne rencontrant pas N; pour toute fonction $g \in \mathscr{K}(X; \mathbf{C})$ à support contenu dans N, on a donc $\mu(g) = 0$, ce qui prouve que $b \notin \mathrm{Supp}(\mu)$.

Inversement, soit μ une mesure telle que $\mathrm{Supp}(\mu)$ soit un sous-espace fermé discret N de X. Pour tout $a \in N$, il existe un voisinage ouvert V_a de a ne contenant aucun point de N distinct de a; la restriction de μ à V_a est donc une mesure ponctuelle de support $\{a\}$ (n° 2, prop. 5), et par suite (n° 4, prop. 12) de la forme $h(a)\varepsilon_a$, où $h(a) \neq 0$. Si l'on pose $h(x) = 0$ aux points de $\complement N$, et si l'on désigne par ν la mesure définie par les masses $h(x)$, le principe de localisation montre que $\nu = \mu$.

On voit ainsi que sur un espace *discret* X, toute mesure est *discrète*.

§ 3. Intégrales de fonctions vectorielles continues

Dans tout ce paragraphe, on note X *un espace localement compact,* E *un espace localement convexe sur* **R** *ou* **C**. *On note* E′ *le dual de* E (*espace des formes linéaires continues sur* E), E′* *le dual algébrique de* E′ (*espace de toutes les formes linéaires sur* E′); *pour* $\mathbf{z} \in E$, $\mathbf{z}' \in E'$, $\mathbf{z}'^* \in E'^*$, *on écrit* $\langle \mathbf{z}, \mathbf{z}' \rangle = \mathbf{z}'(\mathbf{z})$, $\langle \mathbf{z}'^*, \mathbf{z}' \rangle = \mathbf{z}'^*(\mathbf{z}')$.

On rappelle que si E *est séparé,* E *s'identifie à un sous-espace de* E′* *en identifiant un élément* $\mathbf{z} \in E$ *à la forme linéaire* $\mathbf{z}' \mapsto \langle \mathbf{z}, \mathbf{z}' \rangle$ *sur* E′, *et que* E′*, *muni de la topologie faible* $\sigma(E'^*, E')$, *s'identifie canoniquement au complété de* E *muni de la topologie affaiblie* $\sigma(E, E')$.

1. *Définition de l'intégrale d'une fonction vectorielle*

Rappelons qu'une application **f** de X dans E est dite *faiblement continue* si, pour tout $\mathbf{z}' \in E'$, l'application $x \mapsto \langle \mathbf{f}(x), \mathbf{z}' \rangle$ de X dans **C** (autrement dit l'application $\mathbf{z}' \circ \mathbf{f}$, notée aussi $\langle \mathbf{f}, \mathbf{z}' \rangle$) est continue. Nous dirons qu'une application **f** de X dans E est *scalairement à support compact* si, pour tout $\mathbf{z}' \in E'$, l'application $x \mapsto \langle \mathbf{f}(x), \mathbf{z}' \rangle$ a un support compact. Nous désignerons par

$\tilde{\mathscr{K}}(X; E)$ l'espace des applications de X dans E qui sont *faiblement continues et scalairement à support compact*; il est clair que l'on a $\tilde{\mathscr{K}}(X; E) \supset \mathscr{K}(X; E)$, mais ces deux espaces ne sont pas nécessairement identiques (voir ci-dessous, *Exemple* 2); ils le sont toutefois lorsque E est de dimension finie.

On notera que dans la définition d'une fonction faiblement continue (resp. scalairement à support compact), la topologie de E n'intervient que par l'intermédiaire du dual E′ de E; on ne change donc pas l'ensemble de ces fonctions quand on remplace la topologie de E par toute topologie localement convexe pour laquelle le dual est le même.

Si E et F sont deux espaces vectoriels en dualité, on notera qu'il revient au même de dire qu'une application de X dans E est *continue* pour $\sigma(E, F)$ ou qu'elle est *faiblement continue.*

Soit $\mathbf{f}$ une application de X dans E, faiblement continue et scalairement à support compact, et soit μ une mesure sur X; pour tout $\mathbf{z}' \in E'$, on a $\mathbf{z}' \circ \mathbf{f} \in \mathscr{K}(X)$; posons

$$\varphi(\mathbf{z}') = \int \langle \mathbf{f}(x), \mathbf{z}' \rangle \, d\mu(x) = \mu(\mathbf{z}' \circ \mathbf{f}).$$

Il est clair que φ est une forme linéaire sur E′, donc un *élément de* E′*.

DÉFINITION 1. — *Pour toute fonction* $\mathbf{f} \in \tilde{\mathscr{K}}(X; E)$, *on appelle intégrale de* $\mathbf{f}$ *par rapport à* μ *et on note* $\int \mathbf{f} \, d\mu$ *ou* $\int \mathbf{f}(x) \, d\mu(x)$, *ou* $\int \mathbf{f}\mu$, *ou* $\int \mathbf{f}(x)\mu(x)$, *l'élément de* E′* *défini par*

$$(1) \qquad \left\langle \int \mathbf{f} \, d\mu, \mathbf{z}' \right\rangle = \int \left\langle \mathbf{f}, \mathbf{z}' \right\rangle d\mu \qquad \textit{pour tout } \mathbf{z}' \in E'.$$

Lorsque E est *séparé*, on notera que *l'on n'a pas nécessairement* $\int \mathbf{f} \, d\mu \in E$, même lorsque $\mathbf{f} \in \mathscr{K}(X; E)$ (exerc. 1; cf. n° 3).

Exemples. — 1) Supposons que E soit de *dimension finie* sur $\mathbf{C}$ et séparé, de sorte que si $(\mathbf{e}_i)_{1 \leqslant i \leqslant n}$ est une base de E, l'application

$$(\xi_1, \ldots, \xi_n) \mapsto \sum_{i=1}^{n} \xi_i \mathbf{e}_i$$

est un *isomorphisme* de $\mathbf{C}^n$ sur E. On sait alors que toute forme linéaire sur E est continue, autrement dit E′ est identique au dual algébrique E* de E, et E′* s'identifie canoniquement à E. Soit $(\mathbf{e}'_i)_{1 \leqslant i \leqslant n}$ la base duale de $(\mathbf{e}_i)$ dans E′; pour qu'une application $\mathbf{f}$ de X dans E soit faiblement continue et scalairement à support compact, il faut et il suffit que les fonctions $f_i = \mathbf{e}'_i \circ \mathbf{f}$ soient continues à support compact; on a alors $\mathbf{f}(x) = \sum_{i=1}^{n} f_i(x)\mathbf{e}_i$ pour tout $x \in X$, et

$$\int \mathbf{f}\, d\mu = \sum_{i=1}^{n} \mu(f_i)\mathbf{e}_i.$$

2) Prenons pour E l'espace $\mathscr{M}(X; \mathbf{C})$ des mesures sur X, muni de la topologie *vague* (§ 1, n° 9); le dual E' de E s'identifie alors canoniquement à l'espace $\mathscr{K}(X; \mathbf{C})$ (*Esp. vect. top.*, chap. I, 2ᵉ éd., § 6, n° 2, prop. 3). L'application $x \mapsto \varepsilon_x$ de X dans E est *continue* (§ 1, n° 9, prop. 13), mais son support n'est pas compact si X n'est pas compact; toutefois elle est *scalairement à support compact*, car pour toute fonction $f \in E'$, la fonction $x \mapsto \langle \varepsilon_x, f \rangle = f(x)$ a par définition un support compact. En outre, on a

$$\int \langle \varepsilon_x, f \rangle\, d\mu = \int f(x)\, d\mu(x) = \langle \mu, f \rangle$$

pour toute fonction $f \in \mathscr{K}(X; \mathbf{C}) = E'$, ce qui prouve que

$$\int \varepsilon_x\, d\mu(x) = \mu$$

pour toute mesure μ sur X.

3) Si E est séparé, pour tout point $y \in X$ et toute fonction $\mathbf{f} \in \tilde{\mathscr{K}}(X; E)$, on a

$$\int \mathbf{f}\, d\varepsilon_y = \mathbf{f}(y)$$

car $\int \langle \mathbf{f}, \mathbf{z}' \rangle\, d\varepsilon_y = \langle \mathbf{f}(y), \mathbf{z}' \rangle$ par définition.

Remarques. — 1) Si E est un espace localement convexe, N l'adhérence de $\{0\}$ dans E, de sorte que $E_1 = E/N$ est l'espace localement convexe séparé associé à E, on sait que les duals E' et E'_1 sont identiques; pour qu'une fonction f appartienne à $\tilde{\mathscr{K}}(X; E)$, il faut et il suffit que $f_1 = \pi \circ f$ (où $\pi: E \to E_1$ est l'homomorphisme canonique) appartienne à $\tilde{\mathscr{K}}(X; E_1)$, et l'on alors $\int f\, d\mu = \int f_1\, d\mu$. On peut donc se limiter à ne considérer que des espaces localement convexes *séparés*.

2) Soit E un espace localement convexe *sur* **C**, et soit E_0 l'espace localement convexe *sur* **R** sous-jacent à E; on sait que l'application $\mathbf{z}' \mapsto \mathscr{R}\mathbf{z}'$ qui à toute forme linéaire (complexe) continue $\mathbf{z}'$ sur E fait correspondre la forme linéaire continue (réelle) $\mathbf{z} \mapsto \mathscr{R}\langle \mathbf{z}, \mathbf{z}' \rangle$ sur E_0, est un **R**-isomorphisme du dual E' sur le dual E'_0 de E_0 (*Esp. vect. top.*, chap. II, 2ᵉ éd., § 8, n° 1). De même le dual algébrique E'^*_0 de l'espace vectoriel réel E'_0 s'identifie canoniquement à l'espace réel sous-jacent au dual algébrique E'^* de E'. On en déduit que si μ est une *mesure réelle* et **f** une application de $\tilde{\mathscr{K}}(X; E)$, la formule (1) est encore valable lorsque l'on considère **f** comme prenant ses valeurs dans E_0 et que les formes bilinéaires canoniques figurant aux deux membres sont respectivement relatives à la dualité entre E'_0 et E'^*_0 au premier membre, à la dualité entre E_0 et E'_0 au second.

2. *Propriétés de l'intégrale vectorielle*

PROPOSITION 1. — *L'application*

$$(\mathbf{f}, \mu) \mapsto \int \mathbf{f}\, d\mu$$

de $\tilde{\mathscr{K}}(\mathrm{X}; \mathrm{E}) \times \mathscr{M}(\mathrm{X}; \mathbf{C})$ *dans* E'^* *est bilinéaire.*

La proposition résulte immédiatement de la déf. 1 du n° 1.

Soit $\mathbf{u}$ une application linéaire continue de E dans un espace localement convexe F ; on sait que la *transposée* ${}^t\mathbf{u}$ est une application linéaire du dual F′ de F dans le dual E′ de E ; nous désignerons par ${}^{tt}\mathbf{u}$ l'application $\mathrm{E}'^* \to \mathrm{F}'^*$, transposée de ${}^t\mathbf{u}$ (au sens algébrique) ; lorsque E et F sont séparés, et identifiés canoniquement à des sous-espaces de E'^* et F'^* respectivement, ${}^{tt}\mathbf{u}$ *prolonge* l'application *u*. Avec ces notations :

PROPOSITION 2. — *Soit* $\mathbf{u}$ *une application linéaire continue de* E *dans un espace localement convexe* F ; *pour toute fonction* $\mathbf{f} \in \tilde{\mathscr{K}}(\mathrm{X}; \mathrm{E})$, *la fonction* $\mathbf{u} \circ \mathbf{f}$ *appartient à* $\tilde{\mathscr{K}}(\mathrm{X}; \mathrm{F})$, *et l'on a*

$$\int \mathbf{u}(\mathbf{f}(x))\, d\mu(x) = {}^{tt}\mathbf{u}\left(\int \mathbf{f}(x)\, d\mu(x)\right). \tag{2}$$

Pour toute forme linéaire continue $\mathbf{z}' \in \mathrm{F}'$, on a $\mathbf{z}' \circ \mathbf{u} \circ \mathbf{f} = \mathbf{y}' \circ \mathbf{f}$ en posant $\mathbf{y}' = \mathbf{z}' \circ \mathbf{u} = {}^t\mathbf{u}(\mathbf{z}') \in \mathrm{E}'$, d'où la première assertion ; en outre, on a, pour tout $\mathbf{z}' \in \mathrm{F}'$,

$$\left\langle \int (\mathbf{u} \circ \mathbf{f})\, d\mu, \mathbf{z}' \right\rangle = \int \langle \mathbf{u} \circ \mathbf{f}, \mathbf{z}' \rangle\, d\mu =$$
$$= \int \left\langle \mathbf{f}, {}^t\mathbf{u}(\mathbf{z}') \right\rangle d\mu = \left\langle \int \mathbf{f}\, d\mu, {}^t\mathbf{u}(\mathbf{z}') \right\rangle = \left\langle {}^{tt}\mathbf{u}\left(\int \mathbf{f}\, d\mu\right), \mathbf{z}' \right\rangle$$

d'où la formule (2).

PROPOSITION 3. — *Pour toute fonction* $g \in \mathscr{C}(\mathrm{X}; \mathbf{C})$ *et toute fonction* $\mathbf{f} \in \tilde{\mathscr{K}}(\mathrm{X}; \mathrm{E})$, *la fonction* $g\mathbf{f}$ *appartient à* $\tilde{\mathscr{K}}(\mathrm{X}; \mathrm{E})$, *et l'on a*

$$\int \mathbf{f}\, d(g\,.\,\mu) = \int \mathbf{f} g\, d\mu. \tag{3}$$

En effet, pour tout $\mathbf{z}' \in \mathrm{E}'$, on a $\langle g\mathbf{f}, \mathbf{z}' \rangle = g\langle \mathbf{f}, \mathbf{z}' \rangle$, d'où la première assertion ; en outre

$$\left\langle \int \mathbf{f}\, d(g\,.\,\mu), \mathbf{z}' \right\rangle = \int \langle \mathbf{f}, \mathbf{z}' \rangle\, d(g\,.\,\mu) = \int g \langle \mathbf{f}, \mathbf{z}' \rangle\, d\mu$$
$$= \int \langle g\mathbf{f}, \mathbf{z}' \rangle\, d\mu = \left\langle \int g\mathbf{f}\, d\mu, \mathbf{z}' \right\rangle$$

d'où (3).

PROPOSITION 4. — *Soient* μ *une mesure positive sur* X, S *son support*, $\mathbf{f}$ *une fonction de* $\tilde{\mathscr{K}}$(X ; E). *On suppose* E *séparé, et on munit l'espace* E'* *de la topologie faible* $\sigma(E'^*, E')$.

(i) *L'intégrale* $\int \mathbf{f}\,d\mu$ *appartient à l'adhérence* C *dans* E'* *du cône convexe engendré par* $\mathbf{f}(S)$.

(ii) *Si* μ *est bornée, l'intégrale* $\int \mathbf{f}\,d\mu$ *appartient à l'ensemble* $\|\mu\| . D$, *où* D *est l'enveloppe convexe fermée de* $\mathbf{f}(S)$ *dans* E'*.

Si E est complexe, munissons E de sa structure d'espace vectoriel *réel* sous-jacente, ce qui, comme on l'a vu, ne modifie pas la formule (1).

(i) On sait que C est l'intersection des demi-espaces fermés dans E'* contenant $\mathbf{f}(S)$, et déterminés par des hyperplans fermés passant par 0; il suffit donc de démontrer que, pour $\mathbf{z}' \in E'$, la relation $\langle \mathbf{f}(x), \mathbf{z}' \rangle \geqslant 0$ pour tout $x \in S$ entraîne

$$\left\langle \int \mathbf{f}\,d\mu, \mathbf{z}' \right\rangle \geqslant 0;$$

mais comme

$$\left\langle \int \mathbf{f}\,d\mu, \mathbf{z}' \right\rangle = \int \left\langle \mathbf{f}, \mathbf{z}' \right\rangle d\mu,$$

cela résulte du § 2, n° 3, cor. 2 de la prop. 8.

(ii) On sait que D est l'intersection des demi-espaces fermés dans E'* qui contiennent $\mathbf{f}(S)$; il suffit donc de démontrer que, pour $\mathbf{z}' \in E'$, la relation $\langle \mathbf{f}(x), \mathbf{z}' \rangle \leqslant a$ pour tout $x \in S$ entraîne

$$\left\langle \int \mathbf{f}\,d\mu, \mathbf{z}' \right\rangle \leqslant a\|\mu\|;$$

mais cela résulte du § 2, n° 3, cor. 3 de la prop. 8.

COROLLAIRE. — *Soient* μ *une mesure positive sur* X, $\mathbf{f}$ *une application appartenant à* $\mathscr{K}$(X ; E), D *l'enveloppe fermée convexe de* $\mathbf{f}(X)$ *dans* E'*. *Il existe un nombre* $a > 0$ *tel que l'on ait* $\int \mathbf{f}\,d\mu \in a . D$.

Si ν *est une mesure quelconque sur* X, *il existe des nombres* $a_1, a_2, a_3, a_4 > 0$ *tels que* $\int \mathbf{f}\,d\nu \in a_1 D - a_2 D + i a_3 D - i a_4 D$.

Supposons d'abord μ positive; par hypothèse, le support K de $\mathbf{f}$ est compact; si ν est la restriction de μ à un voisinage ouvert relativement compact de K, ν est bornée, et l'on a $\int \mathbf{f}\,d\mu = \int \mathbf{f}\,d\nu \in \|\nu\| . D$ en vertu de la prop. 4, (ii). Le deuxième résultat s'en déduit puisqu'une mesure complexe quelconque s'écrit $\mu_1 - \mu_2 + i\mu_3 - i\mu_4$, où les μ_j sont positives.

PROPOSITION 5. — *Supposons l'espace* X *compact, et soit* $\mathbf{f}$ *une application continue de* X *dans un espace localement convexe séparé* E. *L'enveloppe fermée convexe de* $\mathbf{f}(X)$ *dans* E'* (*pour* $\sigma(E'^*, E')$) *est égale à l'ensemble des vecteurs* $\int \mathbf{f}\,d\mu$ *pour toutes les mesures positives* μ *de masse* 1 *sur* X.

Soit C l'enveloppe fermée convexe de $\mathbf{f}(X)$ dans E'^* ; comme $\mathbf{f}(X)$ est compact et E'^* *complet*, C est compact. On sait déja (prop. 4) que l'on a $\int \mathbf{f}\, d\mu \in C$ pour toute mesure μ appartenant à l'ensemble convexe H des mesures positives sur X de masse totale égale à 1. D'autre part, H est convexe et *compact* pour la topologie vague (§ 1, n° 9, cor. 3 de la prop. 15), et est l'adhérence (pour cette topologie) de l'ensemble convexe H_0 des mesures positives de masse 1 et de support *fini* (§ 2, n° 5, cor. 3 du th. 1). Or, l'image de H_0 par l'application $\mu \mapsto \int \mathbf{f}\, d\mu$ est l'enveloppe convexe C_0 de $\mathbf{f}(X)$ dans E'^*. D'autre part, cette application est continue pour la topologie vague sur $\mathscr{M}(X; \mathbf{C})$ et la topologie $\sigma(E'^*, E')$ sur E'^* puisque $\langle \int \mathbf{f}\, d\mu, \mathbf{z}' \rangle = \int \langle \mathbf{f}, \mathbf{z}' \rangle\, d\mu$ par définition; donc l'image de $H = \bar{H}_0$ est un ensemble convexe *compact* contenant C_0 et contenu dans C; comme $C = \bar{C}_0$, cette image est égale à C.

PROPOSITION 6. — *Pour toute application continue et à support compact* $\mathbf{f}$ *de* X *dans un espace localement convexe séparé* E, *toute semi-norme continue* q *sur* E *et toute mesure* μ *sur* X *telle que* $\int \mathbf{f}\, d\mu \in E$, *on a*

$$q\left(\int \mathbf{f}\, d\mu\right) \leqslant \int \left(q \circ \mathbf{f}\right) d|\mu|. \tag{4}$$

Soit D l'ensemble des $\mathbf{z} \in E$ tels que $q(\mathbf{z}) \leqslant 1$; D est fermé, convexe et contient 0, donc on a $D = D^{\circ\circ}$ (*Esp. vect. top.* chap. IV, § 2, n° 3, cor. 2 de la prop. 4). Il suffit donc de prouver que pour tout $\mathbf{z}' \in D^{\circ}$ on a

$$\left|\left\langle \int \mathbf{f}\, d\mu, \mathbf{z}' \right\rangle\right| \leqslant \int (q \circ \mathbf{f})\, d|\mu| ;$$

comme

$$\left\langle \int \mathbf{f}\, d\mu, \mathbf{z}' \right\rangle = \int \langle \mathbf{f}, \mathbf{z}' \rangle\, d\mu,$$

et que par définition de D°, on a

$$|\langle \mathbf{f}(x), \mathbf{z}' \rangle| \leqslant q(\mathbf{f}(x))$$

pour tout $x \in X$, cela résulte de l'inégalité (13) du § 1, n° 6.

3. *Critères pour que l'intégrale appartienne à E.*

PROPOSITION 7.— *Soient* E *un espace localement convexe séparé* E, *et* $\mathbf{f} \in \mathscr{K}(X; E)$. *Si* $\mathbf{f}(X)$ *est contenu dans une partie convexe* complète A *de* E, *on a* $\int \mathbf{f}\, d\mu \in E$.

Soit K le support de $\mathbf{f}$, qui est compact par hypothèse. Comme $\mathbf{f}$ est nulle dans $X - K$, $\mathbf{f}(X)$ est égal à $\mathbf{f}(K)$ ou à $\mathbf{f}(K) \cup \{0\}$, donc est compact puisque $\mathbf{f}$ est continue et E séparé; l'enveloppe convexe fermée C de $\mathbf{f}(X)$ dans E est alors précompacte (pour la structure uniforme induite par celle de E) (*Esp. vect. top.*, chap. II, 2e éd., § 4, n° 1, prop. 3). Mais comme C est une partie fermée de l'espace complet A, C est complet, donc compact; *a fortiori*, C est compact pour la topologie affaiblie $\sigma(E, E')$; mais comme celle-ci est induite par $\sigma(E'^*, E')$, C est l'enveloppe convexe fermée de $\mathbf{f}(X)$ dans E'^* pour la topologie $\sigma(E'^*, E')$; on conclut donc par le cor. de la prop. 4 du n° 2.

Corollaire 1. — *Soit* E *un espace localement convexe séparé; pour toute fonction* $\mathbf{f} \in \mathscr{K}(X; E)$, $\int \mathbf{f}\, d\mu$ *appartient au complété* $\hat{E}$ *de* E.

Comme les duals de E et de $\hat{E}$ sont identiques, il suffit d'appliquer la prop. 6 en considérant que $\mathbf{f}$ prend ses valeurs dans $\hat{E}$.

Corollaire 2. — *Si* E *est un espace localement convexe séparé quasi-complet, on a* $\int \mathbf{f}\, d\mu \in E$ *pour toute fonction* $\mathbf{f} \in \mathscr{K}(X; E)$.

On a remarqué au début de la démonstration de la prop. 7 que $\mathbf{f}(X)$ est compact et que son enveloppe convexe fermée C dans E est précompacte, donc bornée; mais comme l'ensemble C est fermé et borné, il est complet par hypothèse, et il suffit d'appliquer la prop. 7.

On verra au chap. VI, § 1, n° 2, d'autres critères pour que $\int \mathbf{f}\, d\mu$ appartienne à E, qui s'appliquent en particulier aux fonctions de $\bar{\mathscr{K}}(X; E)$, et non plus seulement à celles de $\mathscr{K}(X; E)$.

Le cor. 2 de la prop. 7 s'applique dans les deux cas suivants: 1° E est un *espace de Banach*; 2° E est le dual d'un espace localement convexe séparé *tonnelé* G, et on munit E d'une $\mathfrak{S}$-topologie, où $\mathfrak{S}$ est un recouvrement de G par des parties bornées (*Esp. vect. top.*, chap. III, § 3, n° 7, cor. 2 du th. 4). Par exemple, on peut appliquer le cor. 2 de la prop. 7 lorsque E est le dual faible d'un espace de Banach, ou un espace de mesures $\mathscr{M}(Y; \mathbf{C})$, muni de la topologie vague.

Si $X = \mathbf{R}$, si μ est la mesure de Lebesgue sur $\mathbf{R}$, et si E est un *espace de Banach*, l'intégrale $\int \mathbf{f}\, d\mu$ d'une fonction de $\mathscr{K}(X; E)$ n'est autre que l'intégrale

$$\int_{-\infty}^{+\infty} \mathbf{f}(x)\, dx$$

définie dans *Fonct. var. réelle*, chap. II, § 3, n° 1; cela résulte de la formule (1) et de *Fonct. var. réelle*, chap. II, § 3, n° 1, formule (10).

4. Propriétés de continuité de l'intégrale

PROPOSITION 8. — *Supposons* E *séparé; soit* μ *une mesure sur* X. *L'application* $\mathbf{f} \mapsto \int \mathbf{f}\, d\mu$ *de* $\mathscr{K}(X; E)$ *dans* $\hat{E}$ (n° 3, cor. 1 de la prop. 7) *est l'unique application linéaire continue* Φ *telle que* $\Phi(g.\mathbf{a}) = \mu(g).\mathbf{a}$ *pour tout vecteur* $\mathbf{a} \in E$ *et toute fonction* $g \in \mathscr{K}(X; \mathbf{C})$.

Pour prouver la continuité de l'application $\mathbf{f} \mapsto \int \mathbf{f}\, d\mu$, il suffit de montrer que sa restriction à $\mathscr{K}(X, K; E)$ est continue pour toute partie compacte K de X (*Esp. vect. top.*, chap. II, 2e éd., § 4, n° 4, prop. 5). Notons que si la topologie de E est définie par une famille de semi-normes (q_α), celle de $\mathscr{K}(X, K; E)$ est définie par la famille des semi-normes

$$p_\alpha(\mathbf{f}) = \sup_{x \in K} q_\alpha(\mathbf{f}(x)).$$

Or, soit h une application continue de X dans $[0, 1]$, à support compact et telle que $h(x) = 1$ dans K; on a, en vertu du n° 2, prop. 6, pour toute fonction $\mathbf{f} \in \mathscr{K}(X, K; E)$,

$$q_\alpha\Big(\int \mathbf{f}\, d\mu\Big) = q_\alpha\Big(\int h\mathbf{f}\, d\mu\Big) \leqslant \int h(x) q_\alpha(\mathbf{f}(x))\, d|\mu|(x) \leqslant |\mu|(h).p_\alpha(\mathbf{f})$$

(les q_α étant prolongées par continuité à $\hat{E}$) ce qui démontre la continuité de $\mathbf{f} \mapsto \int \mathbf{f}\, d\mu$. D'autre part, avec les notations de l'énoncé,

$$\int (g(x).\mathbf{a})\, d\mu(x) = \mu(g).\mathbf{a}$$

en vertu du n° 1, *Exemple* 1 et de la prop. 2 du n° 2 appliquée à l'injection canonique $\mathbf{C}.\mathbf{a} \to E$. En outre, le sous-espace de $\mathscr{K}(X; E)$ formé des combinaisons linéaires $\sum_i g_i.\mathbf{a}_i$, où $\mathbf{a}_i \in E$ et $g_i \in \mathscr{K}(X; \mathbf{C})$, est dense dans $\mathscr{K}(X; E)$ (§ 1, n° 2, prop. 5), ce qui achève la démonstration.

PROPOSITION 9. — *Supposons* E *séparé: soit* $\mathbf{f}$ *une application continue à support compact de* X *dans* E. *Lorsqu'on munit l'espace* $\mathscr{M}(X; \mathbf{C})$ *de la topologie de la convergence strictement compacte* (§ 1, n° 10), *l'application* $\mu \mapsto \int \mathbf{f}\, d\mu$ *de* $\mathscr{M}(X; \mathbf{C})$ *dans* $\hat{E}$ *est l'unique application linéaire continue* Ψ *telle que* $\Psi(\varepsilon_x) = \mathbf{f}(x)$ *pour tout* $x \in X$.

Pour tout $\mathbf{z}' \in E'$, on a

$$\Big\langle \int \mathbf{f}\, d\varepsilon_x, \mathbf{z}' \Big\rangle = \int (\mathbf{z}' \circ \mathbf{f})\, d\varepsilon_x = \mathbf{z}'(\mathbf{f}(x)) = \Big\langle \mathbf{f}(x), \mathbf{z}' \Big\rangle$$

d'où $\int \mathbf{f}\, d\varepsilon_x = \mathbf{f}(x)$. On sait par ailleurs que l'ensemble des mesures ponctuelles est dense dans $\mathscr{M}(\mathrm{X};\mathbf{C})$ pour la topologie de la convergence strictement compacte (§ 2, nº 4, cor. 4 du th. 1). Tout revient donc à prouver la continuité de l'application linéaire $u : \mu \mapsto \int \mathbf{f}\, d\mu$. Pour cela, considérons l'application linéaire $v : \mathbf{z}' \mapsto \langle \mathbf{f}, \mathbf{z}' \rangle$ de E′ dans $\mathscr{K}(\mathrm{X};\mathbf{C})$, et montrons que l'image par v d'une partie *équicontinue* H de E′ est contenue dans une partie *strictement compacte* de $\mathscr{K}(\mathrm{X};\mathbf{C})$. En effet, si K est le support de $\mathbf{f}$, les fonctions $\langle \mathbf{f}, \mathbf{z}' \rangle$ pour $\mathbf{z}' \in \mathrm{H}$ ont leur support contenu dans K ; d'autre part, ces fonctions forment un ensemble équicontinu, et pour tout $x \in \mathrm{X}$, l'ensemble des $\mathbf{z}'(\mathbf{f}(x))$ est borné ; notre assertion résulte donc du th. d'Ascoli (*Top. gén.*, chap. X, 2ᵉ éd., § 2, nº 5, cor. 3 du th. 2). Cela étant, il résulte de la formule (1) du nº 1 que u n'est autre que la restriction à $\mathscr{M}(\mathrm{X};\mathbf{C})$ de la *transposée* ${}^t v$ (au sens algébrique) ; sa continuité résulte donc de ce qui précède (*Esp. vect. top.*, chap. IV, 2ᵉ éd.).

COROLLAIRE. — *Les hypothèses et notations étant celles de la prop. 9, la restriction de l'application* $\mu \mapsto \int \mathbf{f}\, d\mu$ *à l'ensemble* $\mathscr{M}_+(\mathrm{X})$ *des mesures positives, ou à une partie vaguement bornée* B *de* $\mathscr{M}(\mathrm{X};\mathbf{C})$, *est vaguement continue.*

En effet, il résulte du § 1, nº 10, prop. 17 et 18, que sur $\mathscr{M}_+(\mathrm{X})$ ou sur B la topologie induite par la topologie de la convergence strictement compacte est la même que la topologie induite par la topologie vague.

Par contre, l'application $\mu \mapsto \int \mathbf{f}\, d\mu$ n'est pas nécessairement continue dans $\mathscr{M}(\mathrm{X};\mathbf{C})$ tout entier pour la topologie vague (exerc. 2).

§ 4. Produits de mesures

1. Produit de deux mesures

THÉORÈME 1. — *Soient* X, Y *deux espaces localement compacts,* λ *une mesure sur* X, μ *une mesure sur* Y ; *il existe sur* X × Y *une mesure* ν *et une seule telle que, pour toute fonction* $g \in \mathscr{K}(\mathrm{X};\mathbf{C})$ *et toute fonction* $h \in \mathscr{K}(\mathrm{Y};\mathbf{C})$, *on ait*

$$\text{(1)} \qquad \int g(x)h(y)\, d\nu(x, y) = \Big(\int g(x)\, d\lambda(x)\Big)\Big(\int h(y)\, d\mu(y)\Big).$$

Lemme 1. — *Soient* X, Y *deux espaces localement compacts,* K (resp. L) *une partie compacte de* X (resp. Y).

(i) *La restriction à* $\mathscr{K}(\mathrm{X} \times \mathrm{Y}, \mathrm{K} \times \mathrm{L};\mathbf{C})$ *de la bijection canonique* $\omega : \mathscr{F}(\mathrm{X} \times \mathrm{Y};\mathbf{C}) \to \mathscr{F}(\mathrm{X};\mathscr{F}(\mathrm{Y};\mathbf{C}))$ (*Ens.* R, § 4, nº 14) *est une isométrie de l'espace de Banach* $\mathscr{K}(X \times Y, K \times L; \mathbf{C})$ *sur l'espace de Banach* $\mathscr{K}(X, K; \mathscr{K}(Y, L; \mathbf{C}))$.

(ii) *L'espace vectoriel* $\mathscr{K}(X, K; \mathbf{C}) \otimes_{\mathbf{C}} \mathscr{K}(Y, L; \mathbf{C})$, *identifié canoniquement à un sous-espace de* $\mathscr{K}(X \times Y, K \times L; \mathbf{C})$, (*Alg.*, chap. II, 3ᵉ éd., § 7, n° 7, commentaires suivant le cor. de la prop. 15) *est dense dans cet espace de Banach.*

Il est immédiat que l'image par ω de $\mathscr{K}(X \times Y, K \times L; \mathbf{C})$ est contenue dans $\mathscr{K}(X, K; \mathscr{K}(Y, L; \mathbf{C}))$. Inversement, si $\mathbf{u}$ est une application continue de X dans $\mathscr{K}(Y, L; \mathbf{C})$, de support contenu dans K, l'application $(x, y) \mapsto \mathbf{u}(x)(y)$ de $X \times Y$ dans $\mathbf{C}$ est continue et a son support contenu dans $K \times L$, donc la restriction de ω à $\mathscr{K}(X \times Y, K \times L; \mathbf{C})$ est une bijection de cet espace sur $\mathscr{K}(X, K; \mathscr{K}(Y, L; \mathbf{C}))$; le fait que cette restriction est une isométrie d'espaces de Banach résulte de la relation

$$\sup_{(x,y)\in K \times L} |f(x, y)| = \sup_{x\in K}(\sup_{y\in L}|f(x, y)|).$$

Ceci prouve (i); d'autre part, l'image par ω de

$$\mathscr{K}(X, K; \mathbf{C}) \otimes_{\mathbf{C}} \mathscr{K}(Y, L; \mathbf{C})$$

identifié à un sous-espace de $\mathscr{K}(X \times Y, K \times L; \mathbf{C})$, est l'espace $\mathscr{K}(X, K; \mathbf{C}) \otimes_{\mathbf{C}} \mathscr{K}(Y, L; \mathbf{C})$ identifié canoniquement cette fois à un espace d'applications de X dans $\mathscr{K}(Y, L; \mathbf{C})$ (*Alg.*, chap. II, 3ᵉ éd., § 7, n° 7, cor. de la prop. 15); mais on sait que ce sous-espace de $\mathscr{K}(X, K; \mathscr{K}(Y, L; \mathbf{C}))$ est *dense* dans ce dernier (§ 1, n° 2, prop. 5), donc la conclusion de (ii) résulte de ce que la restriction de ω est un isomorphisme topologique.

Ce lemme étant démontré, notons maintenant que toute partie compacte de $X \times Y$ est contenue dans un produit $K \times L$, où K (resp. L) est une partie compacte de X (resp. Y). Il résulte donc du lemme 1, (ii) que le sous-espace $\mathscr{K}(X; \mathbf{C}) \otimes_{\mathbf{C}} \mathscr{K}(Y; \mathbf{C})$ est *dense* dans $\mathscr{K}(X \times Y; \mathbf{C})$; comme la relation (1) s'écrit aussi $\nu(g \otimes h) = \lambda(g)\mu(h)$ pour $g \in \mathscr{K}(X; \mathbf{C})$, $h \in \mathscr{K}(Y; \mathbf{C})$, on en déduit aussitôt l'*unicité* de ν. Pour prouver l'existence de ν, nous utiliserons le lemme suivant :

Lemme 2. — Les notations étant celles du lemme 1, *pour toute fonction* $f \in \mathscr{K}(X \times Y, K \times L; \mathbf{C})$, *la fonction*

$$y \mapsto h(y) = \int f(x, y)\, d\lambda(x) \tag{2}$$

appartient à $\mathscr{K}(Y, L; \mathbf{C})$.

En effet, pour toute fonction $\mathbf{u} \in \mathscr{K}(X; \mathscr{K}(Y, L; \mathbf{C}))$, l'intégrale $\int \mathbf{u}(x)\, d\lambda(x)$ appartient à $\mathscr{K}(Y, L; \mathbf{C})$, puisque ce dernier est un espace de Banach (§ 3, nº 3, cor. 1 de la prop. 7); mais pour $\mathbf{u} = \omega(f)$ et pour tout $y \in Y$, on a

$$\left\langle \int \mathbf{u}(x)\, d\lambda(x), \varepsilon_y \right\rangle = \int \mathbf{u}(x)(y)\, d\lambda(x) = \int f(x, y)\, d\lambda(x)$$

d'où le lemme.

Considérons alors, pour toute fonction $f \in \mathscr{K}(X \times Y; \mathbf{C})$, le nombre $\nu(f) = \mu(\int f(x, y)\, d\lambda(x))$ (que nous noterons encore $\int d\mu(y) \int f(x, y)\, d\lambda(x)$ par abus de notation); si K (resp. L) est une partie compacte de X (resp. Y), il existe un nombre a_K (resp. b_L) tel que, pour toute fonction $g \in \mathscr{K}(X, K; \mathbf{C})$ (resp. $h \in \mathscr{K}(Y, L; \mathbf{C})$), on ait $|\lambda(g)| \leqslant a_K \|g\|$ (resp. $|\mu(h)| \leqslant b_L \|h\|$). Il en résulte que pour toute fonction $f \in \mathscr{K}(X \times Y, K \times L; \mathbf{C})$, on a

$$\left| \int f(x, y)\, d\lambda(x) \right| \leqslant a_K \|f\|$$

pour tout $y \in Y$, puis $|\nu(f)| \leqslant a_K b_L \|f\|$. La forme linéaire ν sur $\mathscr{K}(X \times Y; \mathbf{C})$ est donc une *mesure* sur $X \times Y$ et vérifie (1) de façon évidente, ce qui achève la démonstration du th. 1.

DÉFINITION 1. — *Etant données deux mesures λ, μ définies respectivement sur deux espaces localement compacts* X, Y, *on appelle mesure produit de λ par μ l'unique mesure ν sur $X \times Y$ satisfaisant à la relation* (1) *pour toute fonction $g \in \mathscr{K}(X; \mathbf{C})$ et toute fonction $h \in \mathscr{K}(Y; \mathbf{C})$.*

Dans la démonstration du th. 1, on peut intervertir les rôles des espaces X et Y; identifiant canoniquement $Y \times X$ et $X \times Y$, on définit ainsi sur $X \times Y$ la mesure

$$f \mapsto \int d\lambda(x) \int f(x, y)\, d\mu(y),$$

qui satisfait encore à la condition (1). On a donc démontré le théorème suivant :

THÉORÈME 2. — *Soient λ, μ deux mesures définies respectivement sur deux espaces localement compacts* X, Y. *Pour toute fonction f de $\mathscr{K}(X \times Y; \mathbf{C})$, l'intégrale de f par rapport à la mesure produit ν de λ par μ a pour valeur*

$$(3) \qquad \int f(x, y)\, d\nu(x, y) = \int d\lambda(x) \int f(x, y)\, d\mu(y) = \int d\mu(y) \int f(x, y)\, d\lambda(x).$$

En raison de cette dernière formule, l'intégrale de f par rapport à la mesure produit ν se note le plus souvent $\iint f\,d\lambda\,d\mu$, ou $\iint f\,d\mu\,d\lambda$, ou $\iint f\,\lambda\mu$, ou $\iint f\mu\lambda$, ou $\iint f(x, y)\,d\lambda(x)\,d\mu(y)$, ou $\iint f(x, y)\,d\mu(y)\,d\lambda(x)$, ou $\iint f(x, y)\lambda(x)\mu(y)$, ou $\iint f(x, y)\mu(y)\lambda(x)$; on dit que c'est l'intégrale *double* de f par rapport à λ et à μ. Avec cette notation, la formule (3) s'écrit

$$(4) \qquad \iint f(x, y)\,d\lambda(x)\,d\mu(y) = \int d\lambda(x) \int f(x, y)\,d\mu(y)$$
$$= \int d\mu(y) \int f(x, y)\,d\lambda(x).$$

La formule (3) montre que si λ et μ sont des mesures réelles (resp. positives), la mesure produit ν est réelle (resp. positive).

Exemples. — 1) La mesure produit des mesures de Dirac ε_x $(x \in X)$ et ε_y $(y \in Y)$ est la mesure de Dirac $\varepsilon_{(x,y)}$.

2) Prenons $X = Y = \mathbf{R}$, et pour λ et μ la *mesure de Lebesgue* (§ 1, n° 3) sur $\mathbf{R}$; leur produit est appelé la *mesure de Lebesgue* sur $\mathbf{R}^2$; l'intégrale d'une fonction $f \in \mathscr{K}(\mathbf{R}^2 ; \mathbf{C})$ par rapport à cette mesure se note $\iint f(x, y)\,dx\,dy$ ou $\iint f(x, y)\,dy\,dx$; la formule (4), pour une fonction nulle hors d'un pavé compact $[a, b] \times [c, d]$, entraîne la formule

$$\int_c^d dy \int_a^b f(x, y)\,dx = \int_a^b dx \int_c^d f(x, y)\,dy$$

démontrée dans *Fonct. var. réelle*, chap. II, § 3, n° 6.

Comme la mesure de Lebesgue sur $\mathbf{R}$ est invariante par toute translation (§ 1, n° 3), il en résulte aussitôt que la mesure de Lebesgue sur $\mathbf{R}^2$ est *invariante par toute translation de* $\mathbf{R}^2$.

Remarque. — Soit E un espace localement convexe séparé, et soit $\mathbf{f}$ une application de $\mathscr{K}(X \times Y ; E)$ telle que $\mathbf{f}(X \times Y)$ soit contenu dans une partie *convexe complète* C de E. Pour tout $y \in Y$, l'intégrale $\mathbf{h}(y) = \int \mathbf{f}(x, y)\,d\lambda(x)$ appartient alors à E (§ 3, n° 3, prop. 7); en outre, la fonction $\mathbf{h}$ appartient à $\tilde{\mathscr{K}}(Y ; E)$: en effet, pour tout $\mathbf{z}' \in E'$, on a

$$\langle \mathbf{h}(y), \mathbf{z}' \rangle = \int \langle \mathbf{f}(x, y), \mathbf{z}' \rangle\,d\lambda(x),$$

donc $y \mapsto \langle \mathbf{h}(y), \mathbf{z}' \rangle$ appartient à $\mathscr{K}(Y ; \mathbf{C})$ en vertu du lemme 2. L'intégrale $\int \mathbf{h}\,d\mu$ est donc définie (et *a priori* appartient à E'^*); montrons que l'on a

$$(5) \qquad \iint \mathbf{f}(x, y)\,d\lambda(x)\,d\mu(y) = \int d\mu(y) \int \mathbf{f}(x, y)\,d\lambda(x)$$
$$= \int d\lambda(x) \int \mathbf{f}(x, y)\,d\mu(y)$$

généralisant ainsi la formule (4). En effet, pour tout $\mathbf{z}' \in \mathrm{E}'$, on a

$$\left\langle \iint \mathbf{f}\, d\lambda\, d\mu, \mathbf{z}' \right\rangle = \iint \left\langle \mathbf{f}, \mathbf{z}' \right\rangle d\lambda\, d\mu = \int d\mu \int \left\langle \mathbf{f}, \mathbf{z}' \right\rangle d\lambda$$
$$= \int \left\langle \int \mathbf{f}\, d\lambda, \mathbf{z}' \right\rangle d\mu = \left\langle \int d\mu \int \mathbf{f}\, d\lambda, \mathbf{z}' \right\rangle$$

en vertu de (4), d'où (5).

2. *Propriétés des mesures produits*

Si λ (resp. μ) est une mesure sur X (resp. Y) et ν la mesure produit de λ par μ, la restriction de ν à $\mathscr{K}(\mathrm{X}; \mathbf{C}) \otimes_{\mathbf{C}} \mathscr{K}(\mathrm{Y}; \mathbf{C})$ n'est autre que le *produit tensoriel* $\lambda \otimes \mu$ des deux formes linéaires λ et μ (*Alg.*, chap. II, 3e éd., § 3, n° 2), car la relation (1) du n° 1 s'écrit $\langle g \otimes h, \nu \rangle = \langle g, \lambda \rangle \langle h, \mu \rangle = \langle g \otimes h, \lambda \otimes \mu \rangle$ quels que soient $g \in \mathscr{K}(\mathrm{X}; \mathbf{C})$ et $h \in \mathscr{K}(\mathrm{Y}; \mathbf{C})$. Par abus de langage, nous noterons encore $\lambda \otimes \mu$ la mesure produit ν (et non seulement sa restriction au sous-espace partout dense $\mathscr{K}(\mathrm{X}; \mathbf{C}) \otimes_{\mathbf{C}} \mathscr{K}(\mathrm{Y}; \mathbf{C})$ de $\mathscr{K}(\mathrm{X} \otimes \mathrm{Y}; \mathbf{C})$).

L'application $(\lambda, \mu) \mapsto \lambda \otimes \mu$ de $\mathscr{M}(\mathrm{X}; \mathbf{C}) \times \mathscr{M}(\mathrm{Y}; \mathbf{C})$ dans $\mathscr{M}(\mathrm{X} \times \mathrm{Y}; \mathbf{C})$ est évidemment *bilinéaire*, en vertu de la formule (3) du n° 1.

PROPOSITION 1. — *Soient λ une mesure sur* X, *μ une mesure* Y; *si $g \in \mathscr{C}(\mathrm{X}; \mathbf{C})$, $h \in \mathscr{C}(\mathrm{Y}; \mathbf{C})$, on a*

$$(g.\lambda) \otimes (h.\mu) = (g \otimes h).(\lambda \otimes \mu). \tag{6}$$

En effet, pour toute fonction $f \in \mathscr{K}(\mathrm{X} \times \mathrm{Y}; \mathbf{C})$, on a, en vertu de la formule (3) du n° 1,

$$\langle f, (g \otimes h).(\lambda \otimes \mu) \rangle = \int d\lambda(x) \int f(x, y) g(x) h(y)\, d\mu(y)$$
$$= \int g(x)\, d\lambda(x) \int f(x, y) h(y)\, d\mu(y)$$

ce qui prouve la formule (6).

PROPOSITION 2. — *Le support du produit $\lambda \otimes \mu$ est égal au produit du support de λ et du support de μ.*

Remarquons en premier lieu que la relation $\lambda \otimes \mu = 0$ entraîne que l'une des mesures λ, μ est nulle (*Alg.*, chap. II, 3e éd., § 7, n° 7, prop. 16, (ii)). D'autre part, si U (resp. V) est un ensemble ouvert dans X (resp. Y), la restriction de $\lambda \otimes \mu$ au produit U × V est le produit des restrictions de λ à U et de μ à V, comme il résulte du th. 1 du n° 1 et de la définition de la restriction d'une mesure à un ensemble ouvert (§ 2, n° 1). Pour que la restriction de $\lambda \otimes \mu$ à $U \times V$ soit nulle, il faut et il suffit par conséquent que la restriction de λ à U ou la restriction de μ à V soit nulle, ce qui démontre la proposition, compte tenu de la définition du support d'une mesure (§ 2, n° 2).

PROPOSITION 3. — *Soient $\lambda \in \mathscr{M}(X\,;\,\mathbf{C})$, $\mu \in \mathscr{M}(Y\,;\,\mathbf{C})$. On a*

$$|\lambda \otimes \mu| = |\lambda| \otimes |\mu|. \tag{7}$$

Soient $f \in \mathscr{K}_+(X \times Y)$, $g \in \mathscr{K}(X \times Y\,;\,\mathbf{C})$ telles que $|g| \leqslant f$; on a (§ 1, n° 6, formule (13))

$$\begin{aligned} |\langle g, \lambda \otimes \mu\rangle| = \left|\int d\lambda(x) \int g(x, y)\, d\mu(y)\right| &\leqslant \int d|\lambda|(x) \int |g(x, y)|\, d|\mu|(y) \\ &= \langle |g|, |\lambda| \otimes |\mu|\rangle \leqslant \langle f, |\lambda| \otimes |\mu|\rangle. \end{aligned}$$

On en conclut que $\langle f, |\lambda \otimes \mu|\rangle \leqslant \langle f, |\lambda| \otimes |\mu|\rangle$, et finalement

$$|\lambda \otimes \mu| \leqslant |\lambda| \otimes |\mu|. \tag{8}$$

D'autre part, soient $u \in \mathscr{K}_+(X)$, $v \in \mathscr{K}_+(Y)$. Pour tout $\varepsilon > 0$, il existe $u_1 \in \mathscr{K}(X\,;\,\mathbf{C})$, $v_1 \in \mathscr{K}(Y\,;\,\mathbf{C})$ telles que $|u_1| \leqslant u$, $|v_1| \leqslant v$ et

$$|\langle u_1, \lambda\rangle| \geqslant \langle u, |\lambda|\rangle - \varepsilon, \quad |\langle v_1, \mu\rangle| \geqslant \langle v, |\mu|\rangle - \varepsilon$$

(§ 1, n° 6). On en déduit que $|u_1 \otimes v_1| \leqslant u \otimes v$, et

$$\begin{aligned} \langle u \otimes v, |\lambda \otimes \mu|\rangle \geqslant |\langle u_1 \otimes v_1, \lambda \otimes \mu\rangle| &= |\langle u_1, \lambda\rangle\langle v_1, \mu\rangle| \\ &\geqslant (\langle u, |\lambda|\rangle - \varepsilon)(\langle v, |\mu|\rangle - \varepsilon). \end{aligned}$$

Comme ε est arbitraire, on en conclut que

$$\langle u \otimes v, |\lambda \otimes \mu|\rangle \geqslant \langle u, |\lambda|\rangle\langle v, |\mu|\rangle = \langle u \otimes v, |\lambda| \otimes |\mu|\rangle.$$

Compte tenu de (8), on voit que

$$\langle u \otimes v, |\lambda \otimes \mu|\rangle = \langle u \otimes v, |\lambda| \otimes |\mu|\rangle.$$

Toute fonction de $\mathscr{K}(X\,;\,\mathbf{C})$ (resp. $\mathscr{K}(Y\,;\,\mathbf{C})$) étant combinaison linéaire de fonctions de $\mathscr{K}_+(X)$ (resp. $\mathscr{K}_+(Y)$), la formule précédente est encore vraie pour $u \in \mathscr{K}(X\,;\,\mathbf{C})$ et $v \in \mathscr{K}(Y\,;\,\mathbf{C})$; la proposition résulte donc de ce que $\mathscr{K}(X\,;\,\mathbf{C}) \otimes_{\mathbf{C}} \mathscr{K}(Y\,;\,\mathbf{C})$ est dense dans $\mathscr{K}(X \times Y\,;\,\mathbf{C})$.

Corollaire. — *Soient* $\lambda \in \mathscr{M}(X; \mathbf{R})$, $\mu \in \mathscr{M}(Y; \mathbf{R})$. *Alors on a*

$$(9) \quad \begin{cases} (\lambda \otimes \mu)^+ = \lambda^+ \otimes \mu^+ + \lambda^- \otimes \mu^-, \\ (\lambda \otimes \mu)^- = \lambda^+ \otimes \mu^- + \lambda^- \otimes \mu^+. \end{cases}$$

En effet, on a, en vertu de la prop. 3,

$$\begin{aligned} (\lambda \otimes \mu)^+ &= \tfrac{1}{2}(\lambda \otimes \mu + |\lambda| \otimes |\mu|) \\ &= \tfrac{1}{2}((\lambda^+ - \lambda^-) \otimes (\mu^+ - \mu^-) + (\lambda^+ + \lambda^-) \otimes (\mu^+ + \mu^-)) \\ &= \lambda^+ \otimes \mu^+ + \lambda^- \otimes \mu^-. \end{aligned}$$

On raisonne de même pour $(\lambda \otimes \mu)^-$.

Proposition 4. — *Soient* $\lambda \in \mathscr{M}(X; \mathbf{C})$, $\mu \in \mathscr{M}(Y; \mathbf{C})$. *On a*

$$(10) \qquad \|\lambda \otimes \mu\| = \|\lambda\| . \|\mu\|,$$

en convenant de remplacer le second membre par 0 *lorsque l'un des facteurs est* 0 *et l'autre* $+\infty$. *En particulier, si* λ *et* μ *sont bornées,* $\lambda \otimes \mu$ *est bornée.*

En vertu de la prop. 3 ci-dessus, et du § 1, nº 8, cor. de le prop. 10, on peut se ramener au cas où λ et μ sont des mesures positives. Si $\lambda = 0$ ou $\mu = 0$, le résultat est trivial; supposons donc $\lambda \neq 0$ et $\mu \neq 0$. Prouvons d'abord que $\|\lambda \otimes \mu\| \leqslant \|\lambda\| . \|\mu\|$. On peut supposer λ et μ bornées. Pour toute $f \in \mathscr{K}_+(X \times Y)$, on a

$$\langle f, \lambda \otimes \mu \rangle = \int d\lambda(x) \int f(x, y)\, d\mu(y)$$

et

$$\int f(x, y)\, d\mu(y) \leqslant \|f\| . \|\mu\|$$

pour tout $x \in X$, donc

$$\langle f, \lambda \otimes \mu \rangle \leqslant \|f\| . \|\lambda\| . \|\mu\|,$$

ce qui démontre notre assertion. D'autre part, soient

$$\alpha < \|\lambda\|, \beta < \|\mu\|$$

deux nombres réels $\geqslant 0$. Il existe $g \in \mathscr{K}_+(X)$, $h \in \mathscr{K}_+(Y)$ telles que $\|g\| \leqslant 1$, $\|h\| \leqslant 1$, $\lambda(g) \geqslant \alpha$, $\mu(h) \geqslant \beta$. Alors on a $g \otimes h \in \mathscr{K}_+(X \times Y)$, $\|g \otimes h\| \leqslant 1$ et $\langle g \otimes h, \lambda \otimes \mu \rangle \geqslant \alpha\beta$; donc $\|\lambda \otimes \mu\| \geqslant \alpha\beta$ et finalement $\|\lambda \otimes \mu\| \geqslant \|\lambda\| . \|\mu\|$, ce qui achève la démonstration.

3. Continuité des mesures produits

Proposition 5. — *Pour toute mesure* $\lambda_0 \in \mathscr{M}(X; \mathbf{C})$, *l'application* $\mu \mapsto \lambda_0 \otimes \mu$ *de* $\mathscr{M}(Y; \mathbf{C})$ *dans* $\mathscr{M}(X \times Y; \mathbf{C})$ *est vaguement continue.*

En effet, pour toute fonction $f \in \mathscr{K}(\mathrm{X} \times \mathrm{Y}; \mathbf{C})$, on sait que la fonction $h(y) = \int f(x, y)\, d\lambda_0(x)$ appartient à $\mathscr{K}(\mathrm{Y}; \mathbf{C})$ (n° 1, lemme 2), et l'on a $\langle f, \lambda_0 \otimes \mu \rangle = \langle h, \mu \rangle$, d'où la proposition.

PROPOSITION 6. — *Lorsqu'on munit* $\mathscr{M}(\mathrm{X}; \mathbf{C})$, $\mathscr{M}(\mathrm{Y}; \mathbf{C})$ *et* $\mathscr{M}(\mathrm{X} \times \mathrm{Y}; \mathbf{C})$ *de la topologie de la convergence strictement compacte* (§ 1, n° 10), *l'application bilinéaire* $(\lambda, \mu) \mapsto \lambda \otimes \mu$ *de* $\mathscr{M}(\mathrm{X}; \mathbf{C}) \times \mathscr{M}(\mathrm{Y}; \mathbf{C})$ *dans* $\mathscr{M}(\mathrm{X} \times \mathrm{Y} : \mathbf{C})$ *est hypocontinue pour les ensembles de parties vaguement bornées de* $\mathscr{M}(\mathrm{X}; \mathbf{C})$ *et* $\mathscr{M}(\mathrm{Y}; \mathbf{C})$ (*Esp. vect. top.*, chap. III, § 4, n° 2).

Soient $\mathrm{K} \subset \mathrm{X}$, $\mathrm{L} \subset \mathrm{Y}$ deux ensembles compacts, A une partie compacte de $\mathscr{K}(\mathrm{X} \times \mathrm{Y}, \mathrm{K} \times \mathrm{L}; \mathbf{C})$, B une partie vaguement bornée et fermée de $\mathscr{M}(\mathrm{X}; \mathbf{C})$; on sait que B est vaguement compacte (§ 1, n° 9, prop. 15), donc aussi compacte pour la topologie de la convergence strictement compacte (§ 1, n° 10, prop. 17). D'autre part, l'espace de Banach $\mathscr{K}(\mathrm{X} \times \mathrm{Y}, \mathrm{K} \times \mathrm{L}; \mathbf{C})$ est isométrique à $\mathscr{K}(\mathrm{X}, \mathrm{K}; \mathscr{K}(\mathrm{Y}, \mathrm{L}; \mathbf{C}))$ (n° 1, lemme 1) ; l'application φ de $\mathscr{K}(\mathrm{X}, \mathrm{K}; \mathscr{K}(\mathrm{Y}, \mathrm{L}; \mathbf{C})) \times \mathscr{M}(\mathrm{X}; \mathbf{C})$ dans $\mathscr{K}(\mathrm{Y}, \mathrm{L}; \mathbf{C})$ telle que $\varphi(g, \lambda)$ soit la fonction h définie par $h(y) = \int g(x, y)\, d\lambda(x)$, est *séparément continue* en vertu du § 3, n° 4, prop. 8 et 9. Comme $\mathscr{K}(\mathrm{X}, \mathrm{K}; \mathscr{K}(\mathrm{Y}, \mathrm{L}; \mathbf{C}))$ est tonnelé, on en conclut que l'application φ est *hypocontinue* relativement aux parties vaguement bornées de $\mathscr{M}(\mathrm{X}; \mathbf{C})$ (*Esp. vect. top.*, chap. III, § 4, n° 2, prop. 6) ; la restriction de cette application à $\mathrm{A} \times \mathrm{B}$ est donc *continue* (*loc. cit.*, prop. 4). L'image C de $\mathrm{A} \times \mathrm{B}$ par cette application est par suite une partie compacte de l'espace de Banach $\mathscr{K}(\mathrm{Y}, \mathrm{L}; \mathbf{C})$. Or, C n'est autre que l'ensemble des fonctions $h(y) = \int f(x, y)\, d\lambda(x)$ lorsque f parcourt A et λ parcourt B ; en vertu de la formule (3) du n° 1, les conditions $\lambda \in \mathrm{B}$ et $\mu \in \mathrm{C}^{\circ}$ entraînent donc $\lambda \otimes \mu \in \mathrm{A}^{\circ}$. En vertu de la définition de la topologie de la convergence strictement compacte, cela prouve la proposition (*Esp. vect. top.*, chap. III, § 4, n° 2, déf. 2).

La conclusion de la prop. 6 n'est plus valable lorsqu'on remplace la topologie de la convergence strictement compacte par la topologie vague (exerc. 2c)). Toutefois, si B (resp. C) est une partie vaguement bornée de $\mathscr{M}(\mathrm{X}, \mathbf{C})$ (resp. $\mathscr{M}(\mathrm{Y}; \mathbf{C})$), l'image de $\mathrm{B} \times \mathrm{C}$ par l'application $(\lambda, \mu) \mapsto \lambda \otimes \mu$ est vaguement bornée dans $\mathscr{M}(\mathrm{X} \times \mathrm{Y}; \mathbf{C})$ en vertu de la prop. 6, donc la restriction de cette application à $\mathrm{B} \times \mathrm{C}$ est vaguement continue en vertu de la prop. 4 et du § 1, n° 10, prop. 17 (cf. exerc. 3).

4. Produit d'un nombre fini de mesures

Soient X_i $(1 \leqslant i \leqslant n)$ n espaces localement compacts, $X = \prod_{i=1}^{n} X_i$ leur produit. L'ensemble des combinaisons linéaires des fonctions complexes de la forme

$$(x_1, x_2, \ldots, x_n) \mapsto f_1(x_1) f_2(x_2) \ldots f_n(x_n)$$

s'identifie canoniquement au produit tensoriel $\bigotimes_{i=1}^{n} \mathscr{K}(X_i\,; \mathbf{C})$, et il résulte du lemme 1 du n° 1, par récurrence sur n, que ce produit tensoriel est *dense* dans $\mathscr{K}(X\,; \mathbf{C})$.

Soit alors μ_i une mesure sur X_i $(1 \leqslant i \leqslant n)$; il existe sur X une mesure ν et une seule telle que, pour $f_i \in \mathscr{K}(X_i\,; \mathbf{C})$ $(1 \leqslant i \leqslant n)$, on ait

$$\langle f_1 \otimes f_2 \otimes \cdots \otimes f_n, \nu \rangle = \prod_{i=1}^{n} \langle f_i, \mu_i \rangle. \tag{11}$$

En effet, si cette mesure existe, elle est unique d'après ce qui précède. D'autre part, soit $\nu = \mu_1 \otimes \mu_2 \otimes \cdots \otimes \mu_n$ la mesure sur X définie par la relation de récurrence sur n

$$\mu_1 \otimes \mu_2 \otimes \cdots \otimes \mu_n = (\mu_1 \otimes \mu_2 \otimes \cdots \otimes \mu_{n-1}) \otimes \mu_n.$$

Il résulte du n° 1, formule (1) et de cette définition (par récurrence sur n) que ν vérifie (11); on dit que c'est la *mesure produit* des mesures μ_i $(1 \leqslant i \leqslant n)$, et on la note encore $\bigotimes_{i=1}^{n} \mu_i$. La relation (11) s'écrit aussi

$$\langle f_1 \otimes f_2 \otimes \cdots \otimes f_n, \mu_1 \otimes \mu_2 \otimes \cdots \otimes \mu_n \rangle = \prod_{i=1}^{n} \langle f_i, \mu_i \rangle. \tag{12}$$

PROPOSITION 7 (« associativité du produit de mesures »). — *Soit* $(I_k)_{1 \leqslant k \leqslant r}$ *une partition de l'intervalle* $(1, n)$ *dans* $\mathbf{N}$; *on a*

$$\bigotimes_{k=1}^{r} \left(\bigotimes_{i \in I_k} \mu_i \right) = \bigotimes_{i=1}^{n} \mu_i. \tag{13}$$

En effet, ces deux mesures coïncident, d'après (12), pour toute fonction de $\bigotimes_{i=1}^{n} \mathscr{K}(X_i\,; \mathbf{C})$.

L'intégrale d'une fonction $f \in \mathscr{K}(X; \mathbf{C})$ par rapport à la mesure produit se note

$$\int f \, d\mu_1 \, d\mu_2 \ldots d\mu_n,$$

ou

$$\iint \ldots \int f \, d\mu_1 \, d\mu_2 \ldots d\mu_n$$

ou

$$\int f(\mu_1 \otimes \cdots \otimes \mu_n)$$

ou encore

$$\iint \ldots \int f(x_1, x_2, \ldots, x_n) \, d\mu_1(x_1) \, d\mu_2(x_2) \ldots d\mu_n(x_n)$$

ou

$$\iint \ldots \int f(x_1, x_2, \ldots, x_n) \mu_1(x_1) \mu_2(x_2) \ldots \mu_n(x_n)$$

avec n signes $\int$; on dit que c'est une *intégrale multiple d'ordre n* ou *intégrale n-uple.* En vertu de l'associativité du produit de mesures et du théorème d'interversion des intégrations (n° 1, th. 2), on a, pour toute permutation σ de $[1, n]$,

$$\iint \ldots \int f \, d\mu_1 \, d\mu_2 \ldots d\mu_n = \int d\mu_{\sigma(1)} \int d\mu_{\sigma(2)} \ldots \int f \, d\mu_{\sigma(n)}. \tag{14}$$

La notation de l'intégrale et la formule (14) s'étendent de façon évidente aux fonctions $\mathbf{f} \in \mathscr{K}(X; E)$ à valeurs dans un espace localement convexe séparé E, telles que $\mathbf{f}(X)$ soit contenu dans une partie convexe complète de E. Nous laissons au lecteur le soin de généraliser au produit d'un nombre fini quelconque de mesures les résultats des n°s 2 et 3 concernant le produit de deux mesures.

En particulier, on appelle *mesure de Lebesgue* sur $\mathbf{R}^n$ le produit de n mesures identiques à la mesure de Lebesgue sur $\mathbf{R}$; l'intégrale d'une fonction $\mathbf{f} \in \mathscr{K}(\mathbf{R}^n; E)$, satisfaisant à la condition précédente, se note

$$\iint \ldots \int \mathbf{f}(x_1, x_2, \ldots, x_n) \, dx_1 \, dx_2 \ldots dx_n$$

et est égale à

$$\int_{-\infty}^{+\infty} dx_1 \int_{-\infty}^{+\infty} dx_2 \ldots \int_{-\infty}^{+\infty} \mathbf{f}(x_1, x_2, \ldots, x_n) \, dx_n.$$

La mesure de Lebesgue sur $\mathbf{R}^n$ est *invariante par toute translation.*

5. *Limites projectives de mesures*

Soient X, Y deux espaces compacts, $p\colon X \to Y$ une application continue; alors $f \mapsto f \circ p$ est une *application linéaire continue* de $\mathscr{C}(Y; \mathbf{C})$ dans $\mathscr{C}(X; \mathbf{C})$, puisque l'on a $\|f \circ p\| \leqslant \|f\|$ pour toute fonction $f \in \mathscr{C}(Y; \mathbf{C})$; nous noterons p' cette application. Sa *transposée* ${}^t p'\colon \mathscr{M}(X; \mathbf{C}) \mapsto \mathscr{M}(Y; \mathbf{C})$ est donc telle que, pour toute mesure μ sur X, ${}^t p'(\mu)$ soit la mesure sur Y telle que

$$\langle {}^t p'(\mu), f \rangle = \langle \mu, f \circ p \rangle$$

pour toute fonction $f \in \mathscr{C}(Y; \mathbf{C})$. On observera que pour tout $x \in X$, on a ${}^t p'(\varepsilon_x) = \varepsilon_{p(x)}$; pour cette raison, on notera $p_*(\mu)$ la mesure ${}^t p'(\mu)$, qui *prolonge* donc p lorsqu'on plonge canoniquement X (resp. Y) dans $\mathscr{M}(X; \mathbf{C})$ (resp. $\mathscr{M}(Y; \mathbf{C})$) (§ 1, nº 9, prop 13); pour toute mesure μ sur X, $p_*(\mu)$ est un cas particulier de la notion générale d'*image d'une mesure*, que nous étudierons au chap. V, § 6. Comme on a vu ci-dessus que l'on a $\|p'\| \leqslant 1$, on a aussi $\|{}^t p'\| \leqslant 1$, et par suite

$$\|p_*(\mu)\| \leqslant \|\mu\| \tag{15}$$

pour toute mesure $\mu \in \mathscr{M}(X; \mathbf{C})$.

Considérons maintenant un ensemble préordonné filtrant I, un *système projectif* $(X_\alpha, p_{\alpha\beta})$ d'espaces *compacts* X_α (*Top. gén.*, chap. I, 3ᵉ éd., § 4, nº 4) ayant I pour ensemble d'indices; on sait que l'espace *limite projective* $X = \varprojlim X_\alpha$ est compact (*Top. gén.*, chap. I, 3ᵉ éd., § 9, nº 6, prop. 8); nous désignerons par p_α l'application canonique de X dans X_α.

Il est clair que $(\mathscr{M}(X_\alpha; \mathbf{C}), (p_{\alpha\beta})_*)$ est un *système projectif* d'espaces vectoriels, et que $((p_\alpha)_*)$ est un *système projectif* d'applications linéaires, ce qui justifie la définition suivante:

DÉFINITION 2. — *On dit qu'une famille* $(\mu_\alpha)_{\alpha \in I}$, *où, pour tout* $\alpha \in I$, μ_α *est une mesure sur* X_α, *est un système projectif de mesures si, pour* $\alpha \leqslant \beta$, *on a* $\mu_\alpha = (p_{\alpha\beta})_*(\mu_\beta)$. *On dit qu'une mesure* μ *sur* $X = \varprojlim X_\alpha$ *est limite projective du système projectif* (μ_α) *si, pour tout* $\alpha \in I$, *on a* $\mu_\alpha = (p_\alpha)_*(\mu)$.

PROPOSITION 8. — (i) *Si un système projectif* (μ_α) *de mesures sur les* X_α *admet une limite projective, celle-ci est unique.*

(ii) *Si un système projectif* (μ_α) *admet une limite projective, la famille des normes* $(\|\mu_\alpha\|)$ *est bornée.*

(iii) *Si les* $p_{\alpha\beta}$ *sont surjectives et la famille* $(\|\mu_\alpha\|)$ *bornée, le système projectif de mesures* (μ_α) *admet une limite projective.*

(iv) *Si les* $p_{\alpha\beta}$ *sont surjectives, tout système projectif* (μ_α) *de mesures positives admet une limite projective* μ, *qui est une mesure positive sur* X, *et l'on a* $\|\mu\| = \|\mu_\alpha\|$ *pour tout* α.

(i) Nous prouverons d'abord le lemme suivant :

Lemme 3. — *Soit* F *l'ensemble des fonctions* $f \in \mathscr{C}(\mathrm{X}; \mathbf{C})$ *ayant la propriété suivante : il existe un* $\alpha \in \mathrm{I}$ *et une fonction* $f_\alpha \in \mathscr{C}(\mathrm{X}_\alpha; \mathbf{C})$ *tels que* $f = f_\alpha \circ p_\alpha$. *Alors* F *est un sous-espace vectoriel partout dense de* $\mathscr{C}(\mathrm{X}; \mathbf{C})$.

Notons d'abord que si $g = g_\beta \circ p_\beta$ et $h = h_\gamma \circ p_\gamma$, où $g_\beta \in \mathscr{C}(\mathrm{X}_\beta; \mathbf{C})$ et $h_\gamma \in \mathscr{C}(\mathrm{X}_\gamma; \mathbf{C})$, il existe $\alpha \in \mathrm{I}$ tel que $\alpha \geqslant \beta$ et $\alpha \geqslant \gamma$, et l'on a donc $p_\beta = p_{\beta\alpha} \circ p_\alpha$, $p_\gamma = p_{\gamma\alpha} \circ p_\alpha$, ce qui montre que

$$g + h = (g_\beta \circ p_{\beta\alpha} + h_\gamma \circ p_{\gamma\alpha}) \circ p_\alpha$$

appartient à F ; on voit de même que $gh \in \mathrm{F}$; F est donc une *sous-*$\mathbf{C}$*-algèbre* de $\mathscr{C}(\mathrm{X}; \mathbf{C})$, qui contient les constantes et est telle que la relation $f \in \mathrm{F}$ entraîne $\bar{f} \in \mathrm{F}$. Enfin, si $x \neq y$ sont deux points de X, il existe $\alpha \in \mathrm{I}$ tel que $p_\alpha(x) \neq p_\alpha(y)$, donc il y a une fonction $f_\alpha \in \mathscr{C}(\mathrm{X}_\alpha; \mathbf{C})$ telle que $f_\alpha(p_\alpha(x)) \neq f_\alpha(p_\alpha(y))$. La conclusion résulte par suite du th. de Weierstrass–Stone (*Top. gén.*, chap. X, 2e éd., § 4, n° 4, prop. 7).

Ce lemme étant établi, soient μ, μ' deux mesures sur X telles que $(p_\alpha)_*(\mu) = (p_\alpha)_*(\mu')$ pour tout $\alpha \in \mathrm{I}$; cela signifie que, pour tout $\alpha \in \mathrm{I}$ et toute fonction $f_\alpha \in \mathscr{C}(\mathrm{X}_\alpha; \mathbf{C})$, on a

$$\langle f_\alpha, (p_\alpha)_*(\mu)\rangle = \langle f_\alpha, (p_\alpha)_*(\mu')\rangle,$$

ou encore $\langle f_\alpha \circ p_\alpha, \mu\rangle = \langle f_\alpha \circ p_\alpha, \mu'\rangle$; autrement dit, μ et μ' coïncident dans le sous-espace F de $\mathscr{C}(\mathrm{X}; \mathbf{C})$, qui est partout dense en vertu du lemme 3, donc $\mu = \mu'$, ce qui démontre (i).

(ii) La relation (15) appliquée à p_α montre que si μ est limite projective du système projectif (μ_α), on a nécessairement

$$\|\mu\| \geqslant \|\mu_\alpha\| \tag{16}$$

pour tout $\alpha \in \mathrm{I}$.

(iii) Supposons les $p_{\alpha\beta}$ surjectives ; on sait qu'il en est alors de même des p_α (*Top. gén.*, chap. I, 3e éd., § 9, n° 6, prop. 8). Considérons un système projectif de mesures (μ_α), et montrons d'abord qu'il existe *sur* F (avec les notations du lemme 3) une forme linéaire λ telle que pour tout $\alpha \in \mathrm{I}$ et toute $f_\alpha \in \mathscr{C}(\mathrm{X}_\alpha; \mathbf{C})$, on ait

$\lambda(f_\alpha \circ p_\alpha) = \mu_\alpha(f_\alpha)$. En effet, soient β, γ deux indices dans I, $f_\beta \in \mathscr{C}(X_\beta; \mathbf{C})$, $f_\gamma \in \mathscr{C}(X_\gamma; \mathbf{C})$ deux fonctions telles que $f_\beta \circ p_\beta = f_\gamma \circ p_\gamma$; il existe alors un indice $\alpha \in I$ tel que $\alpha \geqslant \beta$ et $\alpha \geqslant \gamma$, donc $p_\beta = p_{\beta\alpha} \circ p_\alpha$, $p_\gamma = p_{\gamma\alpha} \circ p_\alpha$, et $(f_\beta \circ p_{\beta\alpha}) \circ p_\alpha = (f_\gamma \circ p_{\gamma\alpha}) \circ p_\alpha$; comme p_α est surjective, cela entraîne $f_\beta \circ p_{\beta\alpha} = f_\gamma \circ p_{\gamma\alpha}$, donc

$$\mu_\alpha(f_\beta \circ p_{\beta\alpha}) = \mu_\alpha(f_\gamma \circ p_{\gamma\alpha});$$

mais par définition cette dernière relation s'écrit aussi $\mu_\beta(f_\beta) = \mu_\gamma(f_\gamma)$, d'où notre assertion.

Cela étant, supposons qu'il existe un nombre fini $a > 0$ tel que $\|\mu_\alpha\| \leqslant a$ pour tout $\alpha \in I$; alors, on a, pour toute fonction $f_\alpha \in \mathscr{C}(X_\alpha; \mathbf{C})$

$$|\lambda(f_\alpha \circ p_\alpha)| = |\mu_\alpha(f_\alpha)| \leqslant a\|f_\alpha\| = a\|f_\alpha \circ p_\alpha\|$$

puisque p_α est surjective. Ceci montre que la forme linéaire λ est *continue* dans F, et il résulte du lemme 3 que λ se prolonge en une *mesure* μ sur X telle que $(p_\alpha)_*(\mu) = \mu_\alpha$ pour tout $\alpha \in I$, ce qui prouve (iii).

(iv) Pour prouver l'existence de μ, il suffit, en vertu de (iii), de vérifier que la famille des normes $(\|\mu_\alpha\|)$ est bornée. Mais on a $\|\mu_\alpha\| = \mu_\alpha(1)$, et pour $\alpha \leqslant \beta$, la relation $\mu_\alpha = (p_{\alpha\beta})_*(\mu_\beta)$ entraîne que $\mu_\alpha(1) = \mu_\beta(1)$; comme I est filtrant, les masses totales de toutes les mesures μ_α sont donc égales, d'où notre assertion. En outre, le sous-espace F vérifie de façon évidente la propriété (P) du § 1, nº 7, prop. 9, donc la mesure μ, limite projective de (μ_α), est positive. Enfin la relation $\mu_\alpha = (p_\alpha)_*(\mu)$ montre comme ci-dessus que $\mu(1) = \mu_\alpha(1)$.

Exemple. — Soit $(X_\lambda)_{\lambda \in L}$ une famille d'espaces compacts ; posons $X = \prod_{\lambda \in L} X_\lambda$, et pour toute partie finie J de L, posons $X_J = \prod_{\lambda \in J} X_\lambda$; désignons par $\mathrm{pr}_J : X \to X_J$, et $\mathrm{pr}_{J,K} : X_K \to X_J$ (pour $J \subset K$) les projections canoniques. On sait que (X_J, pr_{JK}) est un système projectif d'espaces compacts, et que la limite projective du système d'applications continues (pr_J) est un *homéomorphisme* de X sur l'espace limite projective $\varprojlim X_J$, permettant d'identifier ces deux espaces (*Top. gén.*, chap. I, 3ᵉ éd., § 4, nº 4 et *Ens.* chap. III, 2ᵉ éd., § 7, nº 2, *Remarque* 3). Comme les projections $\mathrm{pr}_{J,K}$ sont surjectives, il résulte de la prop. 8 que l'ensemble $\mathscr{M}(X; \mathbf{C})$ (resp. $\mathscr{M}_+(X)$) s'identifie à l'ensemble des systèmes projectifs (μ_J) tels que la famille des normes $(\|\mu_J\|)$ soit bornée (resp. tels que les μ_J soient toutes positives, et nécessairement de même masse totale).

Considérons en particulier le cas où, pour chaque $\lambda \in L$, on prend une mesure μ_λ sur X_λ, et où on pose $\mu_J = \bigotimes_{\lambda \in J} \mu_\lambda$. Si $J \subset K$ sont deux parties finies de I, on a alors, pour toute fonction $f_J \in \mathscr{C}(X_J; \mathbf{C})$, en vertu de la formule (14) du n° 4,

$$\mu_K(f_J \circ \mathrm{pr}_{J,K}) = \mu_J(f_J) \cdot \prod_{\lambda \in K - J} \mu_\lambda(1). \tag{17}$$

Pour que (μ_J) soit un système projectif de mesures, il faut et il suffit donc que l'on ait, soit $\mu_\lambda = 0$ pour tout $\lambda \in L$, soit $\mu_\lambda(1) = 1$ pour tout $\lambda \in L$.

6. *Produits infinis de mesures*

Soit $(X_\lambda)_{\lambda \in L}$ une famille d'espaces compacts, et pour tout $\lambda \in L$, soit μ_λ une mesure sur X_λ. Gardons les notations de l'*Exemple* du n° 5, de sorte qu'en particulier on a $\mu_J = \bigotimes_{\lambda \in J} \mu_\lambda$ pour toute partie finie J de L.

PROPOSITION 9. — *Supposons que toutes les mesures μ_λ soient* positives *et que la famille $(\mu_\lambda(1))_{\lambda \in L}$ soit multipliable dans $\mathbf{R}_+$* (le produit pouvant avoir la valeur 0). *Alors il existe sur X une mesure μ et une seule telle que, pour toute partie finie J de L et toute fonction $f_J \in \mathscr{C}(X_J; \mathbf{C})$, on ait*

$$\mu(f_J \circ \mathrm{pr}_J) = \mu_J(f_J) \prod_{\lambda \in L - J} \mu_\lambda(1). \tag{18}$$

En outre, la mesure μ est positive et sa masse totale est donnée par

$$\mu(1) = \prod_{\lambda \in L} \mu_\lambda(1). \tag{19}$$

Soit F l'espace vectoriel formé des fonctions sur X de la forme $f_J \circ \mathrm{pr}_J$, où J parcourt l'ensemble filtrant des parties finies de L, et $f_J \in \mathscr{C}(X_J; \mathbf{C})$; on dit encore que F est l'espace des fonctions continues dans X *ne dépendant que d'un nombre fini de variables.* Le lemme 3 du n° 5 montre que F est dense dans $\mathscr{C}(X; \mathbf{C})$, ce qui prouve l'assertion d'unicité. Si, pour un $\lambda \in L$, on a $\mu_\lambda = 0$, la mesure $\mu = 0$ répond à la question, puisque dans le second membre de (18), on a $\mu_J(f_J) = 0$ si $\lambda \in J$, et $\prod_{\lambda \in L - J} \mu_\lambda(1) = 0$ si $\lambda \notin J$. On peut donc supposer $\mu_\lambda \neq 0$ pour tout $\lambda \in L$, et comme les mesures μ_λ sont positives, cela entraîne $\mu_\lambda(1) \neq 0$ pour tout $\lambda \in \mathrm{L}$. Posons alors $\mu'_\lambda = \mu_\lambda / \mu_\lambda(1)$ pour tout $\lambda \in \mathrm{L}$, de sorte que μ'_λ est une mesure positive sur X_λ telle que $\mu'_\lambda(1) = 1$. Il résulte alors de la prop. 8 du n° 5 qu'il existe sur X une mesure positive μ' de masse totale 1, telle que l'on ait $\mu'(f_{\mathrm{J}} \circ \mathrm{pr}_{\mathrm{J}}) = \mu'_{\mathrm{J}}(f_{\mathrm{J}})$ pour toute partie finie J de L et toute fonction $f_{\mathrm{J}} \in \mathscr{C}(\mathrm{X}_{\mathrm{J}}; \mathbf{C})$. La mesure positive

$$\mu = \left(\prod_{\lambda \in \mathrm{L}} \mu_\lambda(1) \right) \mu$$

répond alors à la question, puisque l'on a

$$\mu_{\mathrm{J}}(f_{\mathrm{J}}) = \mu'_{\mathrm{J}}(f_{\mathrm{J}}) . \prod_{\lambda \in \mathrm{J}} \mu_\lambda(1),$$

$$\prod_{\lambda \in \mathrm{L}} \mu_\lambda(1) = \prod_{\lambda \in \mathrm{J}} \mu_\lambda(1) . \prod_{\lambda \in \mathrm{L} - \mathrm{J}} \mu_\lambda(1).$$

On dit que la mesure μ définie dans la prop. 9 est la *mesure produit* de la famille de mesures positives $(\mu_\lambda)_{\lambda \in \mathrm{L}}$, et on la note $\bigotimes_{\lambda \in \mathrm{L}} \mu_\lambda$.

COROLLAIRE. — *Supposons vérifiées les conditions de la prop.* 9, *et soit* $(\mathrm{L}_\rho)_{\rho \in \mathrm{R}}$ *une partition de* L. *Alors chacune des familles de mesures* $(\mu_\lambda)_{\lambda \in \mathrm{L}_\rho}$ *admet une mesure produit, la famille des mesures produits* $\left(\bigotimes_{\lambda \in \mathrm{L}_\rho} \mu_\lambda \right)_{\rho \in \mathrm{R}}$ *admet une mesure produit, et l'on a*

$$\bigotimes_{\rho \in \mathrm{R}} \left(\bigotimes_{\lambda \in \mathrm{L}_\rho} \mu_\lambda \right) = \bigotimes_{\lambda \in \mathrm{L}} \mu_\lambda . \tag{20}$$

Cela résulte aussitôt des formules (18) et (19) et de l'associativité du produit pour les familles multipliables dans $\mathbf{R}_+$ (*Top. gén.*, chap. IV, 3e éd., § 7, n° 5, *Remarque*).

EXERCICES

§ 1

¶ 1) a) Soit X un espace localement compact. Montrer que toute partie compacte et convexe A de l'espace localement convexe $\mathscr{K}(\mathrm{X}; \mathbf{C})$, contenue dans $\mathscr{K}_+(\mathrm{X})$, est strictement compacte. (Considérer la fonction enveloppe supérieure de l'ensemble des $f \in \mathrm{A}$, $s = \sup_{f \in \mathrm{A}} f$, qui est continue dans X et tend vers 0 au point à l'infini de X. Pour toute fonction numérique continue g dans X, on note P(g) l'ensemble des $x \in \mathrm{X}$ tels que $g(x) > 0$. Montrer qu'il existe dans A une fonction f telle que $\mathrm{P}(f) = \mathrm{P}(s)$; on notera pour cela que si K_n est l'ensemble compact des $x \in \mathrm{X}$ tels que $s(x) \geqslant 1/n$, il y a un nombre fini de fonctions $f_{n,i} \in \mathrm{A}$

telles que les ensembles ouverts $P(f_{n,i})$ recouvrent K_n. Utiliser ensuite le fait que A est convexe et fermé).

b) On suppose qu'il existe dans X un ensemble dénombrable partout dense D. Montrer que toute partie convexe compacte A de $\mathscr{K}(X; \mathbf{C})$ est alors strictement compacte. (Soit U l'ensemble des $x \in X$ tels qu'il existe $f \in A$ pour lequel $f(x) \neq 0$, qui est une partie ouverte de X. Montrer, en utilisant le fait que A est un espace de Baire, qu'il existe une fonction $g \in A$ telle que $g(x) \neq 0$ pour tout $x \in U \cap D$).

¶ 2) Soit Y un espace localement compact non compact, dénombrable à l'infini, et soit (Y_n) une suite croissante de parties compactes de Y formant un recouvrement de Y et telle que $Y_n \subset \mathring{Y}_{n+1}$ pour tout n, de sorte que toute partie compacte de Y est contenue dans l'un des Y_n (*Top. gén.*, chap. I, 3ᵉ éd., § 9, nº 9, cor. 1 de la prop. 15). Soit βY le compactifié de Stone-Čech de Y (*Top. gén.*, chap. IX, 2ᵉ éd., § 1, exerc. 7), de sorte que l'espace $\mathscr{C}(\beta Y; \mathbf{R})$ s'identifie à l'espace des fonctions numériques bornées et continues dans Y, et que Y est ouvert et dense dans βY ; pour toute fonction $f \in \mathscr{C}(\beta Y; \mathbf{R})$, $\operatorname{Supp}(f)$ est donc l'adhérence dans βY de l'ensemble des $y \in Y$ tels que $f(y) \neq 0$. On rappelle que si Z_1, Z_2 sont deux parties de Y, fermées *dans* Y et sans point commun, alors leurs adhérences $\overline{Z}_1$, $\overline{Z}_2$ *dans* βY n'ont aucun point commun (*Top. gén.*, chap. IX, 2ᵉ éd., § 4, exerc. 17).

Soit ω un point de $\beta Y - Y$, et soit $X = \beta Y - \{\omega\}$. Montrer que sur l'espace $\mathscr{K}(X; \mathbf{R})$, la topologie limite inductive $\mathscr{T}$ définie au nº 1 est identique à la *topologie de la convergence uniforme*. (Si p est une semi-norme continue pour $\mathscr{T}$, montrer, en raisonnant par l'absurde, qu'il existe un nombre $c > 0$ tel que $p(f) \leqslant c\|f\|$ pour toute fonction $f \in \mathscr{K}(X; \mathbf{R})$. Dans le cas contraire, il existerait une suite (f_n) de fonctions de $\mathscr{K}(X; \mathbf{R})$ telle que $\|f_n\| \leqslant 1$, $p(f_n) \geqslant n$, $\operatorname{Supp}(f_n) \cap Y_n = \emptyset$,

$$\operatorname{Supp}(f_n) \cap \operatorname{Supp}(f_k) = \emptyset$$

pour $k < n$. Soit alors Z_i $(i = 0, 1)$ la réunion des ensembles

$$Y \cap \operatorname{Supp}(f_{2n+i}) ;$$

montrer que l'un des deux ensembles Z_0, Z_1 est relativement compact *dans* X (*Top. gén.*, chap. X, 2ᵉ éd., § 4, exerc. 7), et en déduire une contradiction.)

En déduire que, muni de la topologie $\mathscr{T}$, l'espace $\mathscr{K}(X; \mathbf{R})$ *n'est pas quasi-complet*.

3) Dans l'exemple de l'exerc. 2, on prend pour Y l'espace discret **N**. Pour tout $n \in \mathbf{N}$, soit e_n la fonction de $\mathscr{K}(X; \mathbf{R})$ telle que $e_n(n) = 1$ et $e_n(x) = 0$ pour $x \neq n$ dans X. Montrer que l'ensemble A formé des fonctions 0 et $e_n/(n + 1)$ est compact dans $\mathscr{K}(X; \mathbf{R})$, mais non strictement compact. Si $\mathfrak{U}$ est l'ultrafiltre sur **N** induit par le filtre des voisinages de ω dans $\beta Y = \beta \mathbf{N}$, montrer que suivant $\mathfrak{U}$, la famille des mesures positives $(n\varepsilon_n)$ tend vers 0 uniformément dans tout ensemble strictement compact de $\mathscr{K}(X; \mathbf{R})$, mais ne tend pas uniformément vers 0 dans A.

¶ 4) a) Soit $\mathbf{B}_n$ la boule unité fermée dans l'espace euclidien $\mathbf{R}^n$, et soit A_n l'ensemble des fonctions $f \in \mathscr{C}(\mathbf{B}_n; \mathbf{R})$ de la forme

$$f(x) = \lambda(\|x\|^2 - 1) + (x|a)$$

avec $|\lambda| \leqslant 1/n$ et $\|a\| \leqslant 1/n$. L'ensemble A_n est convexe et compact dans l'espace de Banach $\mathscr{C}(\mathbf{B}_n; \mathbf{R})$, et possède la propriété suivante: quelles que soient les fonctions $f_1, \ldots, f_n$ appartenant à A_n, il existe un point $x \in \mathbf{B}_n$ tel que $f_1(x) = \ldots = f_n(x) = 0$; par contre, il existe $n+1$ fonctions $g_1, \ldots, g_{n+1}$ appartenant à A_n et qui ne s'annulent simultanément en aucun point de $\mathbf{B}_n$ (on pourra considérer l'application $x \mapsto x/(1 - \|x\|^2)$ de $\mathring{\mathbf{B}}_n$ dans $\mathbf{R}^n$).

b) Soit B'_n l'ensemble $\mathbf{B}_n$ muni de la topologie discrète, et posons $D_n = \beta B'_n$. Soit Y (resp. Y') l'espace localement compact somme topologique des espaces D_n (resp. B'_n). Montrer que $\beta Y = \beta Y'$.

c) Pour tout entier n, soit $K_n \subset \mathscr{C}(D_n; \mathbf{R})$ l'ensemble des fonctions numériques dont la restriction à $B'_n = \mathbf{B}_n$ appartienne à A_n. Soit K la partie de $\mathscr{C}(\beta Y; \mathbf{R})$ formée des fonctions dont la restriction à D_n appartienne à K_n pour tout $n \in \mathbf{N}$. Montrer que K est une partie compacte et convexe de l'espace de Banach $\mathscr{C}(\beta Y; \mathbf{R})$. Pour toute famille finie $(f_i)_{1 \leqslant i \leqslant n}$ de fonctions de K, soit $W(f_1, \ldots, f_n)$ l'ensemble des $y \in Y'$ tels que $f_i(y) = 0$ pour $1 \leqslant i \leqslant n$. Montrer que les $W(f_1, \ldots, f_n)$ forment une base d'un filtre $\mathfrak{W}$ sur l'espace discret Y'. En conclure qu'il existe un point $\omega \in \beta Y - Y$ tel que la trace sur Y' du filtre des voisinages de ω dans βY soit un filtre plus fin que $\mathfrak{W}$. Si l'on pose $X = \beta Y - \{\omega\}$, en déduire que $K \subset \mathscr{K}(X; \mathbf{R})$ et, à l'aide de l'exercice 2, conclure que dans $\mathscr{K}(X; \mathbf{R})$ l'ensemble K est *convexe, compact mais non strictement compact*.

5) Montrer que si E est un espace de Fréchet et X un espace localement compact, l'espace $\mathscr{K}(X; E)$ est bornologique.

En déduire que pour tout ensemble $\mathfrak{S}$ de parties bornées de $\mathscr{K}(X; \mathbf{C})$, qui est un recouvrement de $\mathscr{K}(X; \mathbf{C})$ et est tel que tout ensemble formé des points d'une suite convergente dans $\mathscr{K}(X; \mathbf{C})$ appartienne à $\mathfrak{S}$, l'espace $\mathscr{M}_{\mathfrak{S}}(X; \mathbf{C})$ est complet.

6) Soit μ une mesure sur un espace localement compact X. Montrer que l'on a $|\mu| = \sup \mathscr{R}(\alpha\mu)$ lorsque le scalaire α parcourt l'ensemble des nombres complexes de valeur absolue $\leqslant 1$. (Observer que pour toute fonction $g \in \mathscr{K}(X; \mathbf{C})$, et tout $\varepsilon > 0$, il existe un nombre fini d'applications h_i de X dans $[0, 1]$, de supports compacts, et des scalaires α_i tels que l'on ait $\|g - \sum_i \alpha_i h_i\| \leqslant \varepsilon$ et $\| |g| - \sum_i |\alpha_i| h_i \| \leqslant \varepsilon$).

Montrer que l'on a aussi $|\mu| = \sup \mathscr{R}(h.\mu)$, lorsque h parcourt l'ensemble des fonctions de $\mathscr{K}(X; \mathbf{C})$ telles que $\|h\| \leqslant 1$.

7) Donner un exemple montrant que dans $\mathscr{M}(X; \mathbf{C})$, l'ensemble des mesures réelles bornées μ telles que $\|\mu\| = a$ n'est pas nécessairement vaguement fermé, même lorsque X est compact; montrer que si X est localement compact et non compact, l'ensemble des mesures positives bornées telles que $\|\mu\| = 1$ n'est pas vaguement fermé.

8) Soit X un espace localement compact; pour toute partie compacte K de X, et tout entier $n > 0$, soit $S_{K,n}$ l'ensemble des fonctions

$f \in \mathscr{K}(X; \mathbf{C})$ de support contenu dans K et telles que $\|f\| \leqslant n$. On appelle topologie *quasi-forte* sur $\mathscr{M}(X; \mathbf{C})$ la topologie de la convergence uniforme dans les ensembles $S_{K,n}$. Elle est moins fine que la topologie *forte* (lorsque $\mathscr{M}(X; \mathbf{C})$ est considéré comme dual de l'espace $\mathscr{K}(X; \mathbf{C})$, cf. *Esp. vect. top.*, chap. IV, § 3, n° 1) et lui est identique lorsque X est paracompact.

a) Montrer que la topologie quasi-forte sur $\mathscr{M}(X; \mathbf{C})$ est définie par les semi-normes $\mu \mapsto |\mu|(f)$, où f parcourt $\mathscr{K}_+(X)$; l'espace $\mathscr{M}(X; \mathbf{C})$ est complet pour la topologie quasi-forte. Les parties bornées de $\mathscr{M}(X; \mathbf{C})$ pour la topologie quasi-forte sont les parties équicontinues de $\mathscr{M}(X; \mathbf{C})$.

b) Montrer que sur $\mathscr{M}(X; \mathbf{R})$, la topologie quasi-forte est compatible avec la structure d'espace vectoriel ordonné (*Esp. vect. top.*, chap. II, 2e éd., § 2, n° 7). En déduire que si H est un ensemble filtrant croissant et majoré dans $\mathscr{M}(X; \mathbf{R})$, la borne supérieure de H dans $\mathscr{M}(X; \mathbf{R})$ est identique à la limite de son filtre des sections pour la topologie quasi-forte (*loc. cit.*).

9) Soit X l'intervalle compact $[0, 1]$ de $\mathbf{R}$.

a) Soit μ_n la mesure définie par la masse $+1$ au point 0 et la masse -1 au point $1/n$. Montrer que la suite (μ_n) tend vaguement vers 0 dans $\mathscr{M}(X; \mathbf{C})$, mais que $|\mu_n|$ ne tend pas vaguement vers 0.

b) Soit μ la mesure de Lebesgue sur X, et soit $g_n(x) = \sin nx$. Montrer que la mesure $(1 - g_n).\mu$ est positive et tend vaguement vers μ lorsque n croît indéfiniment, mais ne tend pas fortement vers μ. En déduire que les topologies induites sur $\mathscr{M}_+(X)$ par la topologie vague et par la topologie forte (identique ici à la topologie quasi-forte) sont distinctes (cf. exerc. 10).

10) Soit Φ un filtre sur l'ensemble $\mathscr{M}_+(X)$ des mesures positives sur X. Montrer que si Φ est vaguement convergent, alors, pour toute partie compacte K de X, il existe un ensemble $M \in \Phi$ et un nombre $a_K > 0$ tels que l'on ait $|\mu(f)| \leqslant a_K . \|f\|$ pour toute fonction $f \in \mathscr{K}(X, K; \mathbf{C})$ et toute mesure $\mu \in M$.

¶ 11) a) Montrer que lorsqu'on munit $\mathscr{M}(X; \mathbf{C})$ de la topologie quasi-forte (resp. de la topologie de la convergence strictement compacte, resp. de la topologie vague), la forme bilinéaire $(f, \mu) \mapsto \langle f, \mu \rangle$ est $(\mathfrak{S}, \mathfrak{T})$-hypocontinue, où $\mathfrak{T}$ est l'ensemble des parties vaguement bornées de $\mathscr{M}(X; \mathbf{C})$, et où $\mathfrak{S}$ est l'ensemble des parties bornées de $\mathscr{K}(X; \mathbf{C})$ contenues dans un $\mathscr{K}(X, K; \mathbf{C})$ pour un K compact convenable (resp. l'ensemble des parties strictement compactes de $\mathscr{K}(X; \mathbf{C})$, resp. l'ensemble des parties finies de $\mathscr{K}(X; \mathbf{C})$) (cf. *Esp. vect. top.*, chap. III, § 4, exerc. 7).

b) Pour toute partie compacte K de X, montrer que la forme bilinéaire $(f, \mu) \mapsto \langle f, \mu \rangle$ est continue dans $\mathscr{K}(X, K; \mathbf{C}) \times \mathscr{M}(X; \mathbf{C})$ lorsqu'on munit $\mathscr{M}(X; \mathbf{C})$ de la topologie quasi-forte; elle est continue dans $\mathscr{K}(X, K; \mathbf{C}) \times \mathscr{M}_+(X)$ quand on munit $\mathscr{M}_+(X)$ de la topologie vague (utiliser l'exerc. 10).

c) On suppose X paracompact et non compact. Montrer que la forme bilinéaire $(f, \mu) \mapsto \langle f, \mu \rangle$ n'est pas continue dans $\mathscr{K}(X; \mathbf{C}) \times \mathscr{M}_+(X)$

lorsqu'on munit $\mathscr{M}_+(X)$ de la topologie forte (identique dans ce cas à la topologie quasi-forte).

d) Donner un exemple où X est compact et où la forme bilinéaire $(f, \mu) \mapsto \langle f, \mu \rangle$ n'est pas continue dans $\mathscr{C}(X; \mathbf{C}) \times \mathscr{M}(X; \mathbf{C})$ lorsqu'on munit $\mathscr{M}(X; \mathbf{C})$ de la topologie de la convergence compacte (*Esp. vect. top.*, chap. IV, § 3, exerc. 2).

¶ 12) a) Montrer que l'application bilinéaire $(g, \mu) \mapsto g.\mu$ de $\mathscr{C}(X; \mathbf{C}) \times \mathscr{M}(X; \mathbf{C})$ dans $\mathscr{M}(X; \mathbf{C})$ est continue lorsqu'on munit $\mathscr{C}(X; \mathbf{C})$ de la topologie de la convergence compacte et $\mathscr{M}(X; \mathbf{C})$ de la topologie quasi-forte (exerc. 8) ou de la topologie de la convergence strictement compacte.

b) Montrer que l'application bilinéaire $(g, \mu) \mapsto g.\mu$ de

$$\mathscr{C}(X; \mathbf{C}) \times \mathscr{M}(X; \mathbf{C})$$

dans $\mathscr{M}(X; \mathbf{C})$ est $(\mathfrak{S}, \mathfrak{T})$-hypocontinue lorsqu'on munit $\mathscr{C}(X; \mathbf{C})$ de la topologie de la convergence compacte et $\mathscr{M}(X; \mathbf{C})$ de la topologie vague, $\mathfrak{S}$ désignant l'ensemble des parties finies de $\mathscr{C}(X; \mathbf{C})$ et $\mathfrak{T}$ l'ensemble des parties vaguement bornées de $\mathscr{M}(X; \mathbf{C})$.

c) Montrer que l'application $(g, \mu) \mapsto g.\mu$ de $\mathscr{C}(X; \mathbf{C}) \times \mathscr{M}_+(X)$ dans $\mathscr{M}(X; \mathbf{C})$ est continue lorsqu'on munit $\mathscr{C}(X; \mathbf{C})$ de la topologie de la convergence compacte, $\mathscr{M}(X; \mathbf{C})$ et $\mathscr{M}_+(X)$ de la topologie vague.

d) Donner un exemple d'espace compact X tel que l'application bilinéaire $(g, \mu) \mapsto g.\mu$ de $\mathscr{C}(X; \mathbf{C}) \times \mathscr{M}(X; \mathbf{C})$ dans $\mathscr{M}(X; \mathbf{C})$ ne soit pas continue lorsqu'on munit $\mathscr{C}(X; \mathbf{C})$ de la topologie de la convergence uniforme et $\mathscr{M}(X; \mathbf{C})$ de la topologie vague.

13) Montrer que pour toute fonction $f \in \mathscr{K}_+(X)$, l'application $\mu \mapsto |\mu|(f)$ est semi-continue inférieurement dans $\mathscr{M}(X; \mathbf{C})$ pour la topologie vague.

¶ 14) a) Soit X un espace localement compact ayant une base dénombrable. Montrer que l'espace $\mathscr{M}_+(X)$, muni de la topologie vague, est métrisable.

b) Soit L l'ensemble des suites croissantes $(k_n)_{n \in \mathbf{Z}}$ d'entiers $\geqslant 0$, tendant vers $+\infty$ avec n, et nulles pour $n \leqslant 0$ sauf pour un nombre fini de valeurs de n; soit P l'ensemble des classes d'équivalence formées des translatées $(k_{n+h})_{n \in \mathbf{Z}}$ d'une même suite $(k_n)_{n \in \mathbf{Z}}$ (h parcourant $\mathbf{Z}$); L et P sont non dénombrables. Soit X l'espace discret somme topologique de P et de $\mathbf{Z}$; soit H l'ensemble des mesures positives sur X définies de la façon suivante: pour tout $\alpha \in$ P et toute suite $g \in \alpha$, $\nu_{\alpha,g}$ est la mesure définie par la masse $+1$ au point α, la masse 0 aux autres points de P, et la masse $g(n)$ en tout point $n \in \mathbf{Z}$; H est le cône engendré par les mesures $\nu_{\alpha,g}$. Soit alors μ la mesure sur X définie par la masse $+1$ en chaque point de P et la masse 0 en chaque point de $\mathbf{Z}$. Montrer que μ est vaguement adhérente à H mais n'est vaguement adhérente à aucune partie vaguement bornée de H. (Utiliser le fait que pour toute application f de $\mathbf{Z}$ dans $\mathbf{N}$, il existe une suite croissante $(k_n) \in$ L telle que pour tout $h \in \mathbf{Z}$, $\lim_{n \to \infty} k_{n+h}/f(n) = +\infty$.)

15) Soit X un espace localement compact non compact; sur l'espace

$\mathscr{M}^1(X; \mathbf{C})$ des mesures bornées sur X, dual de l'espace de Banach $\mathscr{C}^0(X; \mathbf{C})$, on appelle topologie *ultraforte* la topologie définie par la norme $\|\mu\|$, topologie *faible* la topologie $\sigma(\mathscr{M}^1(X; \mathbf{C}), \mathscr{C}^0(X; \mathbf{C}))$.

a) Montrer que si X est paracompact, la topologie faible sur $\mathscr{M}^1(X; \mathbf{C})$ est strictement plus fine que la topologie vague (comparer à l'exerc. 2).

b) Montrer que sur $\mathscr{M}^1(X; \mathbf{C})$, la topologie ultraforte est strictement plus fine que la topologie quasi-forte (remarquer que pour cette dernière ε_x tend vers 0 lorsque x tend vers le point à l'infini de X).

c) Si X est dénombrable à l'infini et non discret, montrer que sur $\mathscr{M}^1(X; \mathbf{C})$, la topologie faible et la topologie quasi-forte ne sont pas comparables.

d) Dans $\mathscr{M}^1(X; \mathbf{C})$, tout ensemble faiblement borné est borné pour la topologie ultraforte, mais il peut exister des ensembles bornés pour la topologie quasi-forte et non faiblement bornés.

16) Soient X un espace localement compact, X′ l'espace compact obtenu par adjonction à X d'un point à l'infini. Soit μ une mesure bornée sur X; montrer qu'il existe sur X′ une mesure μ' et une seule qui prolonge μ et est telle que $\|\mu'\| = \|\mu\|$.

17) Pour toute mesure μ sur un espace localement compact X et tout homéomorphisme σ de X sur lui-même, soit μ_σ la mesure $f \mapsto \mu(f \circ \sigma)$.

a) Montrer que l'on a $|\mu_\sigma| = |\mu|_\sigma$.

b) On munit $\mathscr{M}(X; \mathbf{C})$ de la topologie vague et on désigne par $\mathscr{A}$ l'ensemble des endomorphismes continus de l'espace localement convexe $\mathscr{M}(X; \mathbf{C})$; on munit $\mathscr{A}$ de la topologie de la convergence uniforme dans les parties vaguement bornées de $\mathscr{M}(X; \mathbf{C})$. Soit Γ le groupe des homéomorphismes de X sur lui-même, muni de la topologie $\mathscr{T}_\beta$ définie dans *Top. gén.*, chap. X, 2ᵉ éd., § 3, nº 5. Pour tout $\sigma \in \Gamma$, soit A_σ l'application $\mu \mapsto \mu_\sigma$, qui appartient à $\mathscr{A}$; montrer que l'application $\sigma \mapsto A_\sigma$ de Γ dans $\mathscr{A}$ est continue.

18) Soient X un espace compact, μ une mesure sur X telle que $\mu(1) = \|\mu\|$. Montrer que μ est une mesure positive. (Si $\mu_1 = \mathscr{R}(\mu)$, $\mu_2 = \mathscr{I}(\mu)$, noter d'abord que $\mu_1(1) = \|\mu_1\|$ et montrer que μ_1 est une mesure positive en utilisant le chap. II, § 2, nº 2, prop. 4; prouver ensuite que $\mu_2 = 0$ en considérant $\mu(1 + if)$ pour une fonction $f \in \mathscr{C}(X; \mathbf{R})$ convenable).

§ 2.

1) Soient X un espace localement compact, Φ un filtre sur $\mathscr{M}(X; \mathbf{C})$ tel que le support de μ s'éloigne indéfiniment suivant Φ; montrer que pour la topologie quasi-forte (§ 1, exerc. 8), μ tend vers 0 suivant Φ.

2) Montrer que pour la topologie ultraforte sur $\mathscr{M}^1(X; \mathbf{C})$ (§ 1, exerc. 15), l'ensemble des mesures à support compact est partout dense dans $\mathscr{M}^1(X; \mathbf{C})$.

3) Soit X l'intervalle $[0, 1]$ de $\mathbf{R}$. Montrer que dans l'espace de Banach $\mathscr{M}(X; \mathbf{C})$, la distance de la mesure de Lebesgue à toute mesure discrète est $\geqslant 1$.

¶ 4) Soit A un ensemble non dénombrable. Dans l'ensemble $\mathfrak{P}(A)$, on considère la relation: « $M \cap \complement N$ et $N \cap \complement M$ sont dénombrables » entre M et N; montrer que c'est une relation d'équivalence faiblement compatible avec la relation d'inclusion $M \subset M'$ (*Ens.*, chap. III, 2e éd., § 1, exerc. 2). Soit B l'ensemble quotient de $\mathfrak{P}(A)$ par cette relation d'équivalence; montrer que sur B la relation déduite de la relation d'inclusion par passage aux quotients est une relation d'ordre pour laquelle B est un réseau booléien (*loc. cit.*, exerc. 17). On sait (*Top. gén.*, chap. II, 3e éd., § 4, exerc. 12) qu'il existe un isomorphisme de structure d'ordre de B sur le réseau booléien formé des parties à la fois ouvertes et fermées d'un espace compact totalement discontinu X. Montrer que si U est un ensemble ouvert non vide dans X, il existe une famille non dénombrable de parties ouvertes non vides V_α de U deux à deux sans point commun (utiliser le fait qu'un ensemble non dénombrable admet une partition non dénombrable, formée de parties non dénombrables). En déduire que toute mesure sur X a un support *rare*.

5) Soit X un espace compact. On dit qu'une suite infinie $(x_n)_{n \in \mathbf{N}}$ de points de X admet une *répartition limite* si la suite des mesures à support fini $\left(\sum_{i=0}^{n-1} \varepsilon_{x_i}\right)/n$ tend vaguement vers une limite μ dans $\mathscr{M}_+(X)$; on dit encore que la suite (x_n) est *équirépartie pour la mesure* μ. Si T est un ensemble *total* dans l'espace de Banach $\mathscr{C}(X; \mathbf{C})$, montrer que pour que la suite (x_n) admette une répartition limite, il faut et il suffit que la suite $\left(\left(\sum_{i=0}^{n-1} f(x_i)\right)/n\right)$ tende vers une limite dans $\mathbf{C}$ pour toute fonction $f \in T$. En particulier, montrer que si X est un espace compact métrisable, pour toute suite (x_n) de points de X, il existe une suite extraite (x_{n_k}) qui admet une répartition limite.

Si X est l'intervalle $[0, 1]$ de $\mathbf{R}$ et si μ est la mesure de Lebesgue sur X, montrer que pour qu'une suite (x_n) de points de X soit équirépartie pour μ, il faut et il suffit qu'elle soit *équirépartie mod.* 1 au sens de *Top. gén.*, chap. VII, § 1, exerc. 14. Il faut et il suffit pour cela que, pour tout entier $m \in \mathbf{Z}$, la suite $\left(\left(\sum_{k=0}^{n-1} e^{2i\pi m x_k}\right)/n\right)$ tende vers 0 pour $m \neq 0$. En déduire à nouveau, en particulier, que la suite des $x_n = n\theta - [n\theta]$ $(n \in \mathbf{N})$ est équirépartie mod. 1 pour tout nombre *irrationnel* θ (*Top. gén.*, chap. VII, § 1, exerc. 14). Quelle est sa répartition limite lorsque θ est rationnel? Cf. aussi chap. IV, § 5, n° 12.

§ 3

1) Soient E un espace hilbertien ayant une base orthonormale dénombrable $(\mathbf{e}_n)$ (*Esp. vect. top.*, chap. V, § 2, n° 3), E_0 le sous-espace partout dense de E formé des combinaisons linéaires d'un nombre fini de vecteurs $\mathbf{e}_n$. Soit X le sous-espace compact de $\mathbf{R}$ formé de 0 et des

points $1/n$ (n entier $\geqslant 1$); soit μ la mesure positive sur X définie par la masse $1/n^2$ en chaque point $1/n$ et la masse 0 au point 0 (§ 1, n° 3, *Exemple* 1). On considère l'application continue $\mathbf{f}$ de X dans E_0 définie par $\mathbf{f}(0) = 0$, $\mathbf{f}(1/n) = \mathbf{e}_n/n$ pour $n \geqslant 1$; montrer que l'intégrale $\int \mathbf{f}\, d\mu$ n'appartient pas à E_0.

2) Les espaces X et E et l'application $\mathbf{f}$ étant définis comme dans l'exerc. 1, montrer que l'application $\lambda \mapsto \lambda(\mathbf{f})$ de $\mathscr{M}(X; \mathbf{C})$ dans E n'est pas continue pour la topologie vague. (Si g_k ($1 \leqslant k \leqslant n$) sont n fonctions scalaires continues dans X, montrer qu'il existe une mesure discrète λ sur X telle que $\int g_k\, d\lambda = 0$ pour $1 \leqslant k \leqslant n$, mais que $\|\int \mathbf{f}\, d\lambda\|$ soit arbitrairement grand).

3) a) Soit E un espace localement convexe séparé quasi-complet. Montrer que lorsqu'on munit $\mathscr{M}(X; \mathbf{C})$ de la topologie quasi-forte (§ 1, exerc. 8) (resp. de la topologie de la convergence strictement compacte), l'application $(\mathbf{f}, \mu) \mapsto \int \mathbf{f}\, d\mu$ est $(\mathfrak{S}, \mathfrak{T})$-hypocontinue, $\mathfrak{T}$ étant l'ensemble des parties vaguement bornées de $\mathscr{M}(X; \mathbf{C})$, $\mathfrak{S}$ l'ensemble des parties bornées (resp. compactes) de $\mathscr{K}(X; E)$ contenues dans un $\mathscr{K}(X, K; E)$ pour un K compact convenable.

b) Pour toute partie compacte K de X, l'application $(\mathbf{f}, \mu) \mapsto \int \mathbf{f}\, d\mu$ est continue dans $\mathscr{K}(X, K; E) \times \mathscr{M}(X; \mathbf{C})$ lorsqu'on munit $\mathscr{M}(X; \mathbf{C})$ de la topologie quasi-forte, et dans $\mathscr{K}(X, K; E) \times \mathscr{M}_+(X)$ lorsqu'on munit $\mathscr{M}_+(X)$ de la topologie vague.

4) Démontrer le cor. de la prop. 4 du n° 2 en utilisant la prop. 8 du n° 4 (se ramener au cas où E est quasi-complet, et utiliser aussi le § 1, n° 9, cor. 3 de la prop. 15).

§ 4

1) Soient X, Y deux espaces localement compacts.

a) Montrer que l'application $(\mu, \nu) \mapsto \mu \otimes \nu$ de $\mathscr{M}(X; \mathbf{C}) \times \mathscr{M}(Y; \mathbf{C})$ dans $\mathscr{M}(X \times Y; \mathbf{C})$ est continue lorsqu'on munit $\mathscr{M}(X; \mathbf{C})$, $\mathscr{M}(Y; \mathbf{C})$ et $\mathscr{M}(X \times Y; \mathbf{C})$ de la topologie quasi-forte (§ 1, exerc. 8).

b) Montrer que l'application $(\mu, \nu) \mapsto \mu \otimes \nu$ de $\mathscr{M}_+(X) \times \mathscr{M}_+(Y)$ dans $\mathscr{M}_+(X \times Y)$ est continue lorsqu'on munit $\mathscr{M}_+(X)$, $\mathscr{M}_+(Y)$ et $\mathscr{M}_+(X \times Y)$ de la topologie vague.

¶ 2) a) Soit X l'intervalle $[0, 1]$ de $\mathbf{R}$; montrer que si $(a_k)_{1 \leqslant k \leqslant n}$ est une suite finie quelconque d'éléments de X deux à deux distincts, les n fonctions $|x - a_k|$ ($1 \leqslant k \leqslant n$) sont linéairement indépendantes. En déduire que la fonction continue $|x - y|$ définie dans $X \times X$, n'est pas de la forme $\sum_{i=1}^{n} u_i(x) v_i(y)$, où les u_i et v_i sont continues.

b) Pour toute mesure $\mu \in \mathscr{M}(X; \mathbf{C})$, on pose $\mathbf{f}_\mu(y) = \int |x - y|\, d\mu(x)$. Montrer que l'application linéaire $\mu \mapsto \mathbf{f}_\mu$ de $\mathscr{M}(X; \mathbf{C})$ dans $\mathscr{C}(X; \mathbf{C})$ est injective, a pour image un sous-espace vectoriel partout dense L de $\mathscr{C}(X; \mathbf{C})$, et est continue mais non bicontinue pour les topologies d'espace normé sur $\mathscr{M}(X; \mathbf{C})$ et L. (Observer que L contient les constantes et les fonctions linéaires par morceaux).

c) Soient u_i $(1 \leqslant i \leqslant m)$ m fonctions quelconques de $\mathscr{C}(\mathrm{X}; \mathbf{C})$ et soit V le sous-espace vectoriel de $\mathscr{M}(\mathrm{X}; \mathbf{C})$ orthogonal aux u_i, qui est donc de codimension $\leqslant m$ dans $\mathscr{M}(\mathrm{X}; \mathbf{C})$. Montrer que si B est l'ensemble des mesures μ sur X telles que $\|\mu\| \leqslant 1$, il existe des mesures $\mu \in \mathrm{B}$ et $\nu \in \mathrm{V}$ telles que $\int \mathbf{f}_\mu(y)\, d\nu(y)$ soit arbitrairement grand (utiliser b)). En déduire que si l'on munit B, $\mathscr{M}(\mathrm{X}; \mathbf{C})$ et $\mathscr{M}(\mathrm{X} \times \mathrm{X}; \mathbf{C})$ de la topologie vague, l'application $(\mu, \nu) \mapsto \mu \otimes \nu$ de $\mathrm{B} \times \mathscr{M}(\mathrm{X}; \mathbf{C})$ dans $\mathscr{M}(\mathrm{X} \times \mathrm{X}; \mathbf{C})$ n'est pas continue.

¶ 3) a) Soient X, Y deux espaces localement compacts, $\mathrm{K} \subset \mathrm{X}$, $\mathrm{L} \subset \mathrm{Y}$ deux ensembles compacts, A une partie compacte de l'espace $\mathscr{K}(\mathrm{X} \times \mathrm{Y}, \mathrm{K} \times \mathrm{L}; \mathbf{C})$. Pour tout entier n, soit V_n un entourage de la structure uniforme de K tel que, pour tout couple $(x', x'') \in \mathrm{V}_n$, tout $y \in \mathrm{L}$ et toute fonction $f \in \mathrm{A}$, on ait

$$|f(x', y) - f(x'', y)| \leqslant 1/n^2.$$

Soit C_n l'ensemble des fonctions $y \mapsto n(f(x', y) - f(x'', y))$ pour tous les couples $(x', x'') \in \mathrm{V}_n$ et toute $f \in \mathrm{A}$; montrer que la réunion C des C_n pour tout $n \geqslant 1$ est une partie relativement compacte de $\mathscr{K}(\mathrm{Y}, \mathrm{L}; \mathbf{C})$.

b) Soit B la réunion de C et de l'ensemble des applications $y \mapsto f(x, y)$ pour $x \in \mathrm{K}$ et $f \in \mathrm{A}$, qui est une partie relativement compacte de $\mathscr{K}(\mathrm{Y}, \mathrm{L}; \mathbf{C})$. Montrer que lorsque ν parcourt le polaire B° de B dans $\mathscr{M}(\mathrm{Y}; \mathbf{C})$ et que f parcourt A, l'ensemble des applications

$$y \mapsto \int f(x, y)\, d\nu(y)$$

est relativement compact dans $\mathscr{K}(\mathrm{X}, \mathrm{K}; \mathbf{C})$.

c) Déduire de b) que l'application $(\mu, \nu) \mapsto \mu \otimes \nu$ de

$$\mathscr{M}(\mathrm{X}; \mathbf{C}) \times \mathscr{M}(\mathrm{Y}; \mathbf{C})$$

dans $\mathscr{M}(\mathrm{X} \times \mathrm{Y}; \mathbf{C})$ est continue lorsque l'on munit $\mathscr{M}(\mathrm{X}; \mathbf{C})$, $\mathscr{M}(\mathrm{Y}; \mathbf{C})$ et $\mathscr{M}(\mathrm{X} \times \mathrm{Y}; \mathbf{C})$ de la topologie de la convergence strictement compacte.

4) Soient X un espace localement compact, Y un espace localement compact et paracompact. Montrer que l'application canonique de $\mathscr{K}(\mathrm{X} \times \mathrm{Y}; \mathbf{C})$ dans $\mathscr{K}(\mathrm{X}; \mathscr{K}(\mathrm{Y}; \mathbf{C}))$ est un isomorphisme d'espaces vectoriels topologiques.

5) Soient $(\mathrm{X}_\lambda)_{\lambda \in \mathrm{L}}$ une famille infinie d'espaces compacts; pour chaque $\lambda \in \mathrm{L}$, soient a_λ un point de X_λ et μ_λ une mesure positive sur X_λ, de masse totale 1. Pour toute partie finie J de L, soit $\nu(\mathrm{J})$ la mesure sur $\mathrm{X} = \prod_{\lambda \in \mathrm{L}} \mathrm{X}_\lambda$, produit des mesures μ_λ pour $\lambda \in \mathrm{J}$ et des mesures ε_{a_λ} pour $\lambda \in \mathrm{L} - \mathrm{J}$. Montrer que, suivant l'ensemble filtrant des parties finies de L, la mesure $\nu(\mathrm{J})$ tend vaguement vers $\mu = \bigotimes_{\lambda \in \mathrm{L}} \mu_\lambda$ mais ne tend pas fortement vers μ.

¶ 6) Avec les notations du nº 6, montrer que, pour qu'il existe sur X une mesure $\mu \neq 0$ telle que, pour toute partie finie J de L et toute fonction $f_\mathrm{J} \in \mathscr{C}(\mathrm{X}_\mathrm{J}; \mathbf{C})$, on ait

$$(1) \qquad \mu(f_\mathrm{J} \circ \mathrm{pr}_\mathrm{J}) = \lim_{\mathrm{K} \supset \mathrm{J}} \mu_\mathrm{K}(f_\mathrm{J} \circ \mathrm{pr}_{\mathrm{J},\mathrm{K}}) = \mu_\mathrm{J}(f_\mathrm{J}) . \prod_{\lambda \in \mathrm{L} - \mathrm{J}} \mu_\lambda(1)$$

il faut et il suffit que les trois conditions suivantes soient vérifiées:

1° $\mu_\lambda \neq 0$ pour tout $\lambda \in L$.

2° Il existe une partie finie J_0 de L telle que la famille $(\mu_\lambda(1))_{\lambda \in L - J_0}$ soit multipliable dans $\mathbf{C}^*$ (et ait donc un produit $\neq 0$).

3° La famille $(\|\mu_\lambda\|)_{\lambda \in L}$ est multiplicable dans $\mathbf{R}_+^*$ (et a donc un produit $\neq 0$).

Dans quels cas le second membre de (1) est-il égal à 0 pour toute partie finie J de L et toute fonction $f_J \in \mathscr{C}(X_J; \mathbf{C})$?

7) Avec les notations de l'exerc. 6, on suppose que les conditions de cet exercice sont satisfaites. Montrer que pour tout fonction $f \in \mathscr{C}(X; \mathbf{C})$, on a

$$\int f\, d\mu = \lim_J \int f(x_J, x_{L-J})\, d\mu_J(x_J)$$

la limite étant prise suivant l'ensemble filtrant des parties finies de L, et x_J désignant $\mathrm{pr}_J(x)$ pour tout $x \in X$ et tout $J \subset L$; de même, pour tout $x \in X$, on a

$$f(x) = \lim_J \int f(x_J, x_{L-J})\, d\mu_{L-J}(x_{L-J})$$

lorsque toutes les mesures μ_λ ($\lambda \in L$) sont de masse totale 1 (μ_K désignant, pour toute partie K de L, le produit de la sous-famille de mesures $(\mu_\lambda)_{\lambda \in K}$).

8) Avec les notations de l'exerc. 6, montrer que si le produit de la famille (μ_λ) est défini et $\neq 0$, il existe une partie dénombrable K de L telle que pour tout $\lambda \in L - K$, la mesure μ_λ soit positive et de masse totale 1 (utiliser l'exerc. 18 du § 1).

CHAPITRE IV

PROLONGEMENT D'UNE MESURE. ESPACES L^p

Dans ce chapitre, X *désigne un espace localement compact,* μ *une mesure sur* X; *lorsqu'il est question d'une fonction (sans préciser l'ensemble où cette fonction est définie), il est sous-entendu qu'il s'agit d'une fonction définie dans* X.

Pour toute partie A *de* X, *on désignera par* φ_A *la fonction caractéristique de* A (égale à 1 dans A, à 0 dans $\complement$A).

§ 1. Intégrale supérieure d'une fonction positive

1. Intégrale supérieure d'une fonction positive semi-continue inférieurement

Soient X un espace localement compact, μ une mesure *positive* sur X; on sait que μ est une fonction *croissante* dans l'ensemble réticulé $\mathscr{K}_+(X)$ (que nous noterons aussi $\mathscr{K}_+$).

Nous désignerons par $\mathscr{I}_+(X)$ (ou simplement $\mathscr{I}_+$) l'ensemble des fonctions numériques *positives, finies ou non, et semi-continues inférieurement* dans X. Rappelons que la somme d'une famille quelconque de fonctions de $\mathscr{I}_+$ appartient à $\mathscr{I}_+$; le produit d'une fonction de $\mathscr{I}_+$ par un nombre fini $\alpha > 0$ appartient à $\mathscr{I}_+$; l'enveloppe supérieure d'une famille *quelconque* de fonctions de $\mathscr{I}_+$ et l'enveloppe inférieure d'une famille *finie* de fonctions de $\mathscr{I}_+$ appartiennent aussi à $\mathscr{I}_+$ (*Top. gén.*, chap. IV, § 6, n° 2, prop. 2 et th. 4). Nous utiliserons en outre le lemme suivant :

Lemme 1. — *Toute fonction* $f \in \mathscr{I}_+$ *est l'enveloppe supérieure de l'ensemble (filtrant pour la relation* $\leqslant$*) des fonctions* $g \in \mathscr{K}_+$ *telles que* $g \leqslant f$.

En effet, pour tout $x \in X$ tel que $f(x) > 0$, et pour tout nombre réel fini a tel que $0 < a < f(x)$, il existe par hypothèse un voisinage compact V de x tel que $f(y) \geqslant a$ dans V; d'autre part, il existe une fonction $g \in \mathscr{K}_+$, de support contenu dans V, égale à a au point x et $\leqslant a$ dans V (*Top. gén.*, chap. IX, § 1, n° 5, th. 2); on a donc $0 \leqslant g \leqslant f$ et $g(x) \geqslant a$, ce qui démontre le lemme.

DÉFINITION 1. — *Etant donnée une mesure positive* μ *sur* X, *on appelle intégrale supérieure d'une fonction* $f \in \mathscr{I}_+$ (par rapport à μ) *le nombre positif* (fini ou égal à $+\infty$)

$$\mu^*(f) = \sup_{g \in \mathscr{K}_+, g \leqslant f} \mu(g).$$

Pour toute fonction $f \in \mathscr{K}_+$, il est clair que $\mu^*(f) = \mu(f)$, autrement dit μ^* est un *prolongement* de μ à $\mathscr{I}_+$.

Exemple. — Soient X un espace *discret*, μ une mesure positive sur X, et posons $\alpha(x) = \mu(\varphi_{\{x\}})$ pour tout $x \in X$. Toute fonction numérique f définie dans X est alors continue; pour une telle fonction $f \geqslant 0$, on a $\mu^*(f) = \sum_{x \in X} \alpha(x) f(x)$, en convenant de poser $\alpha(x) f(x) = 0$ lorsque $\alpha(x) = 0$ et $f(x) = +\infty$. En effet, on a $\sum_{x \in X} \alpha(x) f(x) = \sup_M (\sum_{x \in M} \alpha(x) f(x))$, où M parcourt l'ensemble des parties finies de X. S'il existe $x_0 \in X$ tel que $f(x_0) = +\infty$ et $\alpha(x_0) > 0$, on a $\sum_{x \in M} \alpha(x) f(x) = +\infty$ dès que $x_0 \in M$, et d'autre part, pour tout entier $n > 0$, on a $f \geqslant n \,.\, \varphi_{\{x_0\}}$, donc $\mu^*(f) \geqslant n\alpha(x_0)$, et par suite $\mu^*(f) = +\infty$. Si au contraire $\alpha(x) = 0$ en tous les points où $f(x) = +\infty$, la fonction g égale à f aux points $x \in M$ où $\alpha(x) > 0$, à 0 ailleurs, appartient à $\mathscr{K}_+$, et l'on a, en vertu des conventions faites, $\mu(g) = \sum_{x \in M} \alpha(x) f(x)$, ce qui prouve encore la relation $\mu^*(f) = \sum_{x \in X} \alpha(x) f(x)$.

PROPOSITION 1. — *Pour tout nombre réel fini* $\alpha > 0$ *et toute fonction* $f \in \mathscr{I}_+$, *on a*

$$\mu^*(\alpha f) = \alpha \mu^*(f). \tag{1}$$

PROPOSITION 2. — *Sur l'ensemble* $\mathscr{I}_+$, *la fonction* μ^* *est croissante.*

Les démonstrations sont immédiates à partir de la déf. 1.

THÉORÈME 1. — *Soit* H *un ensemble non vide de fonctions de* $\mathscr{I}_+$, *filtrant pour la relation* $\leqslant$. *Pour toute mesure positive* μ *sur* X, *on a*

$$\mu^*(\sup_{g\in H} g) = \sup_{g\in H} \mu^*(g) = \lim_{g\in H} \mu^*(g). \tag{2}$$

Posons $f = \sup_{g\in H} g$. Nous démontrerons d'abord le théorème dans le cas particulier où les fonctions $g \in H$ et leur enveloppe supérieure f *appartiennent à* $\mathscr{K}_+$. Il résulte alors du th. de Dini (*Top. gén.*, chap. X, 2e éd., § 4, n° 1, th. 1) que le filtre des sections de H converge *uniformément* vers f dans toute partie compacte de X, et en particulier dans le support K de f. Comme $0 \leqslant g \leqslant f$ pour toute fonction $g \in H$, le support de toute fonction de H est contenu dans K; mais par définition μ est continue dans l'espace vectoriel $\mathscr{K}(X, K; \mathbf{C})$ des fonctions continues à support contenu dans K, pour la topologie de la convergence uniforme; d'où la relation (2) dans ce cas.

Passons au cas général. Il est clair que $\mu^*(g) \leqslant \mu^*(f)$ pour toute fonction $g \in H$. D'après la déf. 1, tout revient à montrer que, pour toute fonction $\psi \in \mathscr{K}_+$ telle que $\psi \leqslant f$, on a

$$\mu(\psi) \leqslant \sup_{g\in H} \mu^*(g).$$

Pour toute fonction $g \in H$, soit Φ_g l'ensemble des fonctions $\varphi \in \mathscr{K}_+$ telles que $\varphi \leqslant g$, et soit Φ la réunion des ensembles Φ_g lorsque g parcourt H; comme H est filtrant, il en est de même de Φ, et on a $f = \sup_{\varphi\in\Phi} \varphi$. Comme $\psi \leqslant f$, ψ est l'enveloppe supérieure de l'ensemble des fonctions $\inf(\psi, \varphi)$ lorsque φ parcourt Φ; mais comme ψ et les fonctions $\inf(\psi, \varphi)$ appartiennent à $\mathscr{K}_+$, la première partie de la démonstration prouve que $\mu(\psi) = \sup_{\varphi\in\Phi} \mu(\inf(\psi, \varphi))$. Or, chaque $\varphi \in \Phi$ appartient à un ensemble Φ_g, donc

$$\mu(\inf(\psi, \varphi)) \leqslant \mu(\varphi) \leqslant \mu^*(g) \leqslant \sup_{g\in H} \mu^*(g)$$

d'où l'on déduit aussitôt que $\mu(\psi) \leqslant \sup_{g\in H} \mu^*(g)$. Nous avons donc prouvé que $\mu^*(f) = \sup_{g\in H} \mu^*(g)$; la relation $\mu^*(f) = \lim_{g\in H} \mu^*(g)$ est alors une conséquence du théorème de la limite monotone (*Top. gén.*, chap. IV, § 5, n° 2, th. 2).

Théorème 2. — *Si f_1 et f_2 sont deux fonctions de $\mathscr{I}_+$, on a*

$$\mu^*(f_1 + f_2) = \mu^*(f_1) + \mu^*(f_2). \tag{3}$$

En effet. lorsque φ_1 (resp. φ_2) parcourt l'ensemble des fonctions de $\mathscr{K}_+$ telles que $\varphi_1 \leqslant f_1$ (resp. $\varphi_2 \leqslant f_2$), les fonctions $\varphi_1 + \varphi_2$ forment un ensemble filtrant (pour $\leqslant$) dont l'enveloppe supérieure est $f_1 + f_2$. En vertu du th. 1, on a donc

$$\mu^*(f_1 + f_2) = \sup \mu(\varphi_1 + \varphi_2) = \sup (\mu(\varphi_1) + \mu(\varphi_2)),$$

(φ_1, φ_2) parcourant l'ensemble des couples de fonctions de $\mathscr{K}_+$ telles que $\varphi_1 \leqslant f_1$ et $\varphi_2 \leqslant f_2$; comme on a

$$\sup (\mu(\varphi_1) + \mu(\varphi_2)) = \sup \mu(\varphi_1) + \sup \mu(\varphi_2)$$

(*Top. gén.*, chap. IV, § 5, n° 7, cor. 2 de la prop. 12), le théorème est démontré.

PROPOSITION 3. — *Pour toute famille* $(f_\iota)_{\iota \in I}$ *de fonctions de* $\mathscr{I}_+$, *on a*

$$\mu^*\Big(\sum_{\iota \in I} f_\iota\Big) = \sum_{\iota \in I} \mu^*(f_\iota). \tag{4}$$

En effet, pour toute partie finie J de I, il résulte du th. 2 (par récurrence sur le nombre d'éléments de J) que $\mu^*\Big(\sum_{\iota \in J} f_\iota\Big) = \sum_{\iota \in J} \mu^*(f_\iota)$; lorsque J parcourt l'ensemble des parties finies de I, les fonctions $g_J = \sum_{\iota \in J} f_\iota$ appartiennent à $\mathscr{I}_+$ et forment un ensemble filtrant pour la relation $\leqslant$, dont l'enveloppe supérieure est la fonction $\sum_{\iota \in I} f_\iota$; la proposition résulte donc du th. 1.

PROPOSITION 4. — *Soit f une fonction de $\mathscr{I}_+$. L'application $\mu \mapsto \mu^*(f)$ de l'ensemble $\mathscr{M}_+(X)$ des mesures positives sur X, dans la droite achevée $\overline{\mathbf{R}}$, est semi-continue inférieurement pour la topologie vague sur $\mathscr{M}_+(X)$* (chap. III, § 1, n° 9).

En effet, cette application est par définition l'enveloppe supérieure des applications $\mu \mapsto \mu(g)$, où g parcourt l'ensemble des fonctions de $\mathscr{K}_+$ telles que $g \leqslant f$; et par définition de la topologie vague, les applications $\mu \mapsto \mu(g)$ sont continues dans $\mathscr{M}(X)$.

2. *Mesure extérieure d'un ensemble ouvert*

Etant donné un ensemble *ouvert* $G \subset X$, sa fonction caractéristique φ_G est *semi-continue inférieurement* dans X (*Top. gén.*, chap. IV, § 6, n° 2, cor. de la prop. 1). On peut donc poser la définition suivante :

DÉFINITION 2. — *Etant donnée une mesure positive* μ *sur* X, *pour tout ensemble ouvert* $G \subset X$, *on appelle mesure extérieure de* G, *et l'on note* $\mu^*(G)$, *l'intégrale supérieure* $\mu^*(\varphi_G)$.

La mesure extérieure d'un ensemble ouvert G est donc un nombre $\geqslant 0$, fini ou égal à $+\infty$. On a $\mu^*(\emptyset) = 0$. En outre $\mu^*(X) = \|\mu\|$, comme le montre la formule (23) du chap. III, § 1, nº 8.

PROPOSITION 5. — *La mesure extérieure d'un ensemble ouvert relativement compact* G *est finie.*

En effet, il existe alors une fonction $f \in \mathscr{K}_+$ telle que $\varphi_G \leqslant f$ (chap. III, § 1, nº 2, lemme 1), d'où

$$\mu^*(G) = \mu^*(\varphi_G) \leqslant \mu^*(f) = \mu(f) < +\infty.$$

Un ensemble ouvert de mesure extérieure finie n'est pas toujours relativement compact (exerc. 3).

PROPOSITION 6. — *Si* G_1 *et* G_2 *sont deux ensembles ouverts tels que* $G_1 \subset G_2$, *on a* $\mu^*(G_1) \leqslant \mu^*(G_2)$.

En effet, la relation $G_1 \subset G_2$ équivaut à $\varphi_{G_1} \leqslant \varphi_{G_2}$.

PROPOSITION 7. — *Soit* $\mathfrak{G}$ *un ensemble de parties ouvertes de* X, *filtrant pour la relation* $\subset$; *on a*

$$\mu^*\Big(\bigcup_{G \in \mathfrak{G}} G\Big) = \sup_{G \in \mathfrak{G}} \mu^*(G). \tag{5}$$

En effet, les fonctions φ_G forment un ensemble filtrant (pour $\leqslant$) dans $\mathscr{I}_+$ et leur enveloppe supérieure est la fonction caractéristique de la réunion des ensembles $G \in \mathfrak{G}$; la proposition est donc une conséquence du th. 1.

PROPOSITION 8. — *Soit* $(G_\iota)_{\iota \in I}$ *une famille quelconque d'ensembles ouverts*; *on a*

$$\mu^*\Big(\bigcup_{\iota \in I} G_\iota\Big) \leqslant \sum_{\iota \in I} \mu^*(G_\iota). \tag{6}$$

En outre, si les G_ι *sont deux à deux sans point commun, on a*

$$\mu^*\Big(\bigcup_{\iota \in I} G_\iota\Big) = \sum_{\iota \in I} \mu^*(G_\iota). \tag{7}$$

En effet, si $G = \bigcup_{\iota \in I} G_\iota$, on a $\varphi_G = \sup_{\iota \in I} \varphi_{G_\iota} \leqslant \sum_{\iota \in I} \varphi_{G_\iota}$; lorsque les G_ι sont deux à deux sans point commun, $\varphi_G = \sum_{\iota \in I} \varphi_{G_\iota}$; la proposition est donc conséquence du th. 1 et de la prop. 3.

Exemple. — Prenons $X = \mathbf{R}$, et soit μ la mesure de Lebesgue sur $\mathbf{R}$ (chap. III, § 1, n° 3); nous allons déterminer la mesure extérieure d'un *intervalle ouvert* $G = \left]a, b\right[$ $(-\infty \leqslant a < b \leqslant +\infty)$. Supposons d'abord a et b finis. Pour toute fonction de f de $\mathscr{K}_+$ telle que $f \leqslant \varphi_G$, on a, d'après le th. de la moyenne,

$$\int_{-\infty}^{+\infty} f(x)\,dx = \int_a^b f(x)\,dx \leqslant b - a,$$

d'où $\mu^*(G) \leqslant b - a$. D'autre part, pour tout $\varepsilon > 0$, il existe une fonction $f \in \mathscr{K}_+$ telle que $f \leqslant \varphi_G$ et $f(x) = 1$ pour $a + \varepsilon \leqslant x \leqslant b - \varepsilon$; d'où $\mu^*(G) \geqslant b - a - 2\varepsilon$; comme ε est arbitraire, on a

$$\mu^*(G) = b - a;$$

en d'autres termes, la mesure extérieure de G est égale à sa *longueur*. Ce résultat s'étend aussitôt au cas où G est un intervalle ouvert illimité, puisqu'il contient alors des intervalles ouverts bornés de longueur arbitrairement grande; on a donc dans ce cas $\mu^*(G) = +\infty$.

Soit maintenant G un ensemble ouvert quelconque dans $\mathbf{R}$; G est une réunion d'un ensemble dénombrable (fini ou infini) d'intervalles ouverts $\left]a_k, b_k\right[$, deux à deux sans point commun (*Top. gén.*, chap. IV, § 2, n° 5, prop. 2); on a par suite

$$\mu^*(G) = \sum_k (b_k - a_k)$$

(prop. 8); autrement dit:

PROPOSITION 9. — *Pour la mesure de Lebesgue sur* $\mathbf{R}$, *la mesure extérieure d'un ensemble ouvert dans* $\mathbf{R}$ *est égale à la somme des longueurs de ses composantes connexes.*

On notera en particulier que si G est un ensemble ouvert dans $\mathbf{R}$ tel que $\mu^*(G) = 0$, G est *vide*.

3. Intégrale supérieure d'une fonction positive

Pour toute fonction numérique $f \geqslant 0$ (finie ou non) définie dans X, il existe des fonctions $h \in \mathscr{I}_+$ telles que $f \leqslant h$, ne serait-ce que la constante $+\infty$.

DÉFINITION 3. — *Soit* μ *une mesure positive sur* X; *pour toute fonction numérique* $f \geqslant 0$ (*finie ou non*) *définie dans* X, *on appelle intégrale supérieure de* f (*par rapport à* μ) *le nombre positif* (*fini ou égal à* $+\infty$)

$$\mu^*(f) = \inf_{h \geqslant f, h \in \mathscr{I}_+} \mu^*(h).$$

Lorsque $f \in \mathscr{I}_+$, le nombre $\mu^*(f)$ ainsi défini est égal à l'intégrale supérieure définie dans la déf. 1, puisque μ^* est croissante dans $\mathscr{I}_+$.

Au lieu de la notation $\mu^*(f)$, nous utiliserons aussi les notations $\int^* f\,d\mu$. $\int^* f(x)\,d\mu(x)$, $\int^* f\mu$ et $\int^* f(x)\mu(x)$.

Exemple. — Si X est un espace *discret*, μ une mesure positive sur X et si l'on pose $\alpha(x) = \mu(\varphi_{\{x\}})$, on a $\mu^*(f) = \sum_{x \in X} \alpha(x) f(x)$ pour toute fonction numérique $f \geqslant 0$ définie dans X, puisqu'une telle fonction est continue (nº 1, *Exemple*).

PROPOSITION 10. — *Si* f *et* g *sont deux fonctions numériques* $\geqslant 0$ *définies dans* X *et telles que* $f \leqslant g$, *on a* $\mu^*(f) \leqslant \mu^*(g)$.

PROPOSITION 11. — *Pour tout nombre réel fini* $\alpha > 0$ *et toute fonction numérique* $f \geqslant 0$ *définie dans* X, *on a*

$$\mu^*(\alpha f) = \alpha \mu^*(f). \tag{8}$$

PROPOSITION 12. — *Si* f_1 *et* f_2 *sont deux fonctions numériques* $\geqslant 0$ *définies dans* X, *on a*

$$\mu^*(f_1 + f_2) \leqslant \mu^*(f_1) + \mu^*(f_2). \tag{9}$$

En effet, pour toute fonction $h_1 \in \mathscr{I}_+$ telle que $f_1 \leqslant h_1$ et toute fonction $h_2 \in \mathscr{I}_+$ telle que $f_2 \leqslant h_2$, on a, en vertu du th. 2,

$$\mu^*(f_1 + f_2) \leqslant \mu^*(h_1 + h_2) = \mu^*(h_1) + \mu^*(h_2)$$

d'où (*Top. gén.*, chap. IV, § 5, nº 7, cor. 2 de la prop. 12)

$$\mu^*(f_1 + f_2) \leqslant \inf_{h_1 \geqslant f_1, h_1 \in \mathscr{I}_+} \mu^*(h_1) + \inf_{h_2 \geqslant f_2, h_2 \in \mathscr{I}_+} \mu^*(h_2)$$

ce qui n'est autre que l'inégalité (9).

Les prop. 10, 11 et 12 expriment que μ^* est une fonction *croissante*, *positivement homogène* et *convexe* dans l'ensemble des fonctions numériques $\geqslant 0$ définies dans X (chap. I, nº 1). On notera que si f_1 et f_2 sont deux fonctions positives quelconques, les deux membres de (9) ne sont pas nécessairement égaux (§ 4, exerc. 8 *d*)); nous donnerons au § 5, n° 6 des conditions moyennant lesquelles l'égalité a lieu.

THÉORÈME 3. — *Pour toute suite croissante* (f_n) *de fonctions numériques* $\geqslant 0$ *définies dans* E, *on a*

$$(10) \qquad \mu^*(\sup_n f_n) = \sup_n \mu^*(f_n).$$

Comme chacune des fonctions f_n est au plus égale à $\sup_n f_n$, tout revient à prouver que $\mu^*(\sup_n f_n) \leqslant \sup_n \mu^*(f_n)$; c'est évident si le second membre de cette inégalité est $+\infty$. Dans le cas contraire, on a $\mu^*(f_n) < +\infty$ pour tout n; nous allons montrer que, pour tout $\varepsilon > 0$, il existe une suite *croissante* (g_n) de fonctions de $\mathscr{I}_+$ telle que $f_n \leqslant g_n$ et que $\mu^*(g_n) \leqslant \mu^*(f_n) + \varepsilon$. Si g est l'enveloppe supérieure de la suite (g_n), on aura $\mu^*(g) = \sup_n \mu^*(g_n)$ (n° 1, th. 1), d'où $\mu^*(g) \leqslant \sup \mu^*(f_n) + \varepsilon$; comme $\sup f_n \leqslant g$ et que ε est arbitraire, le théorème sera démontré.

Par hypothèse, il existe une fonction $h_n \in \mathscr{I}_+$ telle que $f_n \leqslant h_n$ et que $\mu^*(f_n) \leqslant \mu^*(h_n) \leqslant \mu^*(f_n) + \frac{\varepsilon}{2^n}$; montrons que les fonctions $g_n = \sup(h_1, h_2, \ldots, h_n)$ répondent à la question. Elles appartiennent à $\mathscr{I}_+$, forment une suite croissante, et l'on a $f_n \leqslant g_n$ pour tout n; nous allons prouver qu'on a

$$\mu^*(g_n) \leqslant \mu^*(f_n) + \varepsilon\left(1 - \frac{1}{2^n}\right).$$

Raisonnons par récurrence sur n; le cas $n = 1$ est trivial. On a d'autre part $g_{n+1} = \sup(g_n, h_{n+1})$, $g_n \geqslant f_n$ et $h_{n+1} \geqslant f_{n+1} \geqslant f_n$, d'où $\inf(g_n, h_{n+1}) \geqslant f_n$; comme on a

$$\inf(g_n, h_{n+1}) + \sup(g_n, h_{n+1}) = g_n + h_{n+1},$$

il résulte du th. 2 du n° 1 que

$$\begin{aligned} \mu^*(g_{n+1}) &= \mu^*(g_n) + \mu^*(h_{n+1}) - \mu^*(\inf(g_n, h_{n+1})) \\ &\leqslant \mu^*(g_n) + \mu^*(h_{n+1}) - \mu^*(f_n) \leqslant \mu^*(f_{n+1}) + \varepsilon\left(1 - \frac{1}{2^n}\right) + \frac{\varepsilon}{2^{n+1}} \\ &= \mu^*(f_{n+1}) + \varepsilon\left(1 - \frac{1}{2^{n+1}}\right). \end{aligned}$$

C.Q.F.D.

COROLLAIRE. — *Soit* $\mathfrak{F}$ *un ensemble de fonctions numériques* $\geqslant 0$, *filtrant pour la relation* $\leqslant$ *et tel qu'il existe une partie cofinale* dénombrable $\mathfrak{G}$ *de* $\mathfrak{F}$ (*Ens.*, chap. III, § 1, nº 7); *on a*

$$\mu^*(\sup_{f\in\mathfrak{F}} f) = \sup_{f\in\mathfrak{F}} \mu^*(f). \tag{11}$$

En effet, il existe une suite croissante de fonctions de $\mathfrak{G}$ ayant même enveloppe supérieure que $\mathfrak{F}$: si (f_n) est la suite des fonctions de $\mathfrak{G}$, rangées dans un ordre quelconque, soit (f_{n_k}) une suite partielle définie par récurrence par les conditions $n_1 = 1$, $f_{n_{k+1}} \geqslant \sup(f_{n_k}, f_k)$; il est clair que cette suite partielle a les propriétés indiquées.

Remarques. — 1) La relation (11) ne subsiste plus nécessairement lorsque $\mathfrak{F}$ est un ensemble filtrant *non dénombrable* de fonctions $\geqslant 0$ non semi-continues inférieurement. Prenons par exemple $X = \mathbf{R}$, μ étant la mesure de Lebesgue sur $\mathbf{R}$, et considérons l'ensemble filtrant (pour $\leqslant$) $\mathfrak{F}$ des fonctions caractéristiques φ_M de toutes les parties *finies* M de $\mathbf{R}$. On a $\mu^*(\varphi_M) = 0$ quel que soit l'ensemble fini M, car un point est contenu dans un intervalle ouvert de longueur arbitrairement petite, et la fonction caractéristique d'un ensemble réduit à un point a donc une intégrale supérieure nulle, en vertu de la déf. 3 et de la prop. 9 du nº 2. Mais l'enveloppe supérieure de $\mathfrak{F}$ est la fonction constante égale à 1 et l'on a $\mu^*(1) = +\infty$.

2) On observera que pour une suite *décroissante* (f_n) de fonctions $\geqslant 0$, on n'a pas nécessairement $\mu^*(\inf_n f_n) = \inf_n \mu^*(f_n)$, même si $\mu^*(f_n) < +\infty$ pour tout n (cf. § 4, exerc. 8 *c*)).

PROPOSITION 13. — *Pour tout suite* (f_n) *de fonctions numériques* $\geqslant 0$, *définies dans* X, *on a*

$$\mu^*\left(\sum_{n=1}^{\infty} f_n\right) \leqslant \sum_{n=1}^{\infty} \mu^*(f_n). \tag{12}$$

Il suffit d'appliquer la relation (10) à la suite croissante des fonctions $g_n = \sum_{k=1}^{n} f_k$ en tenant compte de ce que, d'après (9), on a

$$\mu^*(g_n) \leqslant \sum_{k=1}^{n} \mu^*(f_k).$$

Au § 5, nº 6, nous donnerons des conditions moyennant lesquelles les deux membres de (12) sont égaux.

PROPOSITION 14 (lemme de Fatou). — *Pour toute suite* (f_n) *de fonctions numériques* $\geqslant 0$, *on a*

$$\mu^*(\liminf_{n\to\infty} f_n) \leqslant \liminf_{n\to\infty} \mu^*(f_n). \tag{13}$$

En effet, pour tout entier n, posons $g_n = \inf_{p \geqslant 0} f_{n+p}$; la suite (g_n) est croissante, et l'on a $\lim_{n\to\infty} . \inf f_n = \sup_n g_n$, d'où, en vertu de (10), $\mu^*(\lim_{n\to\infty} . \inf f_n) = \sup_n \mu^*(g_n)$; mais comme $g_n \leqslant f_{n+p}$ pour $p \geqslant 0$, on a $\mu^*(g_n) \leqslant \mu^*(f_{n+p})$, d'où $\mu^*(g_n) \leqslant \inf_{p \geqslant 0} \mu^*(f_{n+p})$, et finalement $\mu^*(\lim_{n\to\infty} . \inf f_n) \leqslant \sup_n (\inf_{p \geqslant 0} \mu^*(f_{n+p})) = \lim_{n\to\infty} . \inf \mu^*(f_n)$.

COROLLAIRE. — *Soit* (f_n) *une suite de fonctions numériques* $\geqslant 0$ *telle que, pour tout* $x \in X$, $\lim_{n\to\infty} f_n(x) = +\infty$. *Si la mesure* μ *n'est pas nulle, on a* $\lim_{n\to\infty} \mu^*(f_n) = +\infty$.

En effet, si f_0 est la fonction constante égale à $+\infty$, f_0 est l'enveloppe supérieure de toutes les fonctions de $\mathscr{K}_+$, et comme $\mu \neq 0$, on a $\mu^*(f_0) > 0$; mais comme $f_0 = \alpha f_0$ pour tout $\alpha > 0$, on a nécessairement $\mu^*(f_0) = +\infty$ (prop. 11). L'inégalité (13) montre alors que $\mu^*(f_n)$ tend vers $+\infty$ avec n.

PROPOSITION 15. — *Pour tout scalaire* $\alpha > 0$ *et tout couple de mesures positives* μ, ν *sur* X, *on a*

$$(\alpha\mu)^* = \alpha\mu^* \tag{14}$$

$$(\mu + \nu)^* = \mu^* + \nu^*. \tag{15}$$

En outre, la relation $\mu \leqslant \nu$ *entraîne* $\mu^* \leqslant \nu^*$.

Démontrons la relation (15). Posons $\lambda = \mu + \nu$; on a donc $\lambda(f) = \mu(f) + \nu(f)$ pour $f \in \mathscr{K}_+$; pour $f \in \mathscr{I}_+$, la valeur de $\lambda^*(f)$ (resp. $\mu^*(f)$, $\nu^*(f)$) est la limite de $\lambda(g)$ (resp. $\mu(g)$, $\nu(g)$) lorsque g parcourt l'ensemble filtrant (pour $\leqslant$) des $g \in \mathscr{K}_+$ telles que $g \leqslant f$; on a donc $\lambda^*(f) = \mu^*(f) + \nu^*(f)$. Enfin, si f est une fonction $\geqslant 0$ quelconque définie dans X, $\lambda^*(f)$ (resp. $\mu^*(f)$, $\nu^*(f)$) est la limite de $\lambda^*(h)$ (resp. $\mu^*(h)$, $\nu^*(h)$) lorsque h parcourt l'ensemble filtrant (pour $\geqslant$) des fonctions $h \in \mathscr{I}_+$ telles que $h \geqslant f$; on a donc encore, par passage à la limite, $\lambda^*(f) = \mu^*(f) + \nu^*(f)$, ce qui démontre (15). On établit de même la relation (14). Enfin, si $\mu \leqslant \nu$, on peut écrire $\nu = \mu + (\nu - \mu)$, où $\nu - \mu \geqslant 0$, donc $\nu^* = \mu^* + (\nu - \mu)^*$, ce qui montre que $\mu^* \leqslant \nu^*$.

4. Mesure extérieure d'un ensemble quelconque

DÉFINITION 4. — *Soit* μ *une mesure positive sur* X ; *pour toute partie* A *de* X, *on appelle mesure extérieure de* A (pour la mesure μ), *et on note* $\mu^*(A)$, *l'intégrale supérieure* $\mu^*(\varphi_A)$.

La mesure extérieure d'un ensemble est donc un nombre $\geqslant 0$, fini ou égal à $+\infty$, qui coïncide pour les ensembles ouverts avec la mesure extérieure définie dans la déf. 2 du n° 2.

PROPOSITION 16. — *Si* A *et* B *sont deux parties de* X *telles que* $A \subset B$, *on a* $\mu^*(A) \leqslant \mu^*(B)$.

COROLLAIRE. — *Tout ensemble relativement compact dans* X *est de mesure extérieure finie.*

En effet, un tel ensemble est contenu dans un ensemble ouvert relativement compact (*Top. gén.*, chap. I, 3e éd., § 9, n° 7, prop. 10), dont la mesure extérieure est finie (n° 2, prop. 5).

PROPOSITION 17. — *Si* (A_n) *est une suite croissante de parties de* X, *on a* $\mu^*\left(\bigcup_n A_n\right) = \sup_n \mu^*(A_n)$.

PROPOSITION 18. — *Pour toute suite* (A_n) *de parties de* X, *on a* $\mu^*\left(\bigcup_n A_n\right) \leqslant \sum_n \mu^*(A_n)$.

Ces propositions sont les traductions des prop. 10 et 13 et du th. 3 du n° 3 pour les fonctions caractéristiques d'ensembles.

PROPOSITION 19. — *Pour toute partie* A *de* X, $\mu^*(A)$ *est la borne inférieure des mesures extérieures des ensembles ouverts contenant* A.

La proposition est évidente si $\mu^*(A) = +\infty$. Dans le cas contraire, pour tout ε tel que $0 < \varepsilon < 1$, il existe une fonction $f \in \mathscr{I}_+$ telle que $\varphi_A \leqslant f$ et $\mu^*(A) \leqslant \mu^*(f) \leqslant \mu^*(A) + \varepsilon$. Soit G l'ensemble des $x \in X$ tels que $f(x) > 1 - \varepsilon$. Comme f est semi-continue inférieurement, G est *ouvert* (*Top. gén.*, chap. IV, § 6, n° 2, prop. 1) et contient A; on a d'autre part $f \geqslant (1-\varepsilon)\varphi_G$, d'où $\mu^*(G) \leqslant \frac{1}{1-\varepsilon}\mu^*(f) \leqslant \frac{1}{1-\varepsilon}(\mu^*(A) + \varepsilon)$; comme ε est arbitraire, on voit que $\mu^*(G)$ diffère d'aussi peu qu'on veut de $\mu^*(A)$, d'où la proposition.

§ 2. Fonctions et ensembles négligeables

1. Fonctions positives négligeables

DÉFINITION 1. — *Etant donnée une mesure* μ *sur un espace localement compact* X, *on dit qu'une fonction numérique* $f \geqslant 0$ (*finie ou non*) *définie dans* X *est négligeable pour la mesure* μ *si l'on a* $|\mu|^*(f) = 0$.

On dit aussi alors que f est *μ-négligeable*, ou simplement *négligeable* si aucune confusion n'en résulte.

PROPOSITION 1. — *Si f est une fonction négligeable $\geqslant 0$, toute fonction numérique g telle que $0 \leqslant g \leqslant \alpha f$ (α scalaire > 0) est négligeable.*

En effet, on a $0 \leqslant |\mu|^*(g) \leqslant \alpha|\mu|^*(f) = 0$.

PROPOSITION 2. — *La somme et l'enveloppe supérieure d'une suite (f_n) de fonctions négligeables $\geqslant 0$ sont négligeables.*

En effet, on a $|\mu|^*\left(\sum_n f_n\right) \leqslant \sum_n |\mu|^*(f_n) = 0$ (§ 1, n° 3, prop. 13) et $\sup_n f_n \leqslant \sum_n f_n$.

PROPOSITION 3. — *Pour qu'une fonction $f \geqslant 0$,* semi-continue inférieurement *dans* X, *soit négligeable, il faut et il suffit que f soit nulle dans le support de μ.*

En effet, si $|\mu|^*(f) = 0$, on a $|\mu|(g) = 0$ pour toute fonction $g \in \mathscr{K}_+$ telle que $g \leqslant f$; il en résulte (chap. III, § 2, n° 3, prop. 9) que g est nulle dans le support S de μ; comme f est l'enveloppe supérieure des fonctions $g \in \mathscr{K}_+$ telles que $g \leqslant f$ (§ 1, n° 1, lemme 1), on a $f(x) = 0$ dans S. Réciproquement, si $f(x) = 0$ dans S, on a $g(x) = 0$ dans S pour toute fonction $g \in \mathscr{K}_+$ telle que $g \leqslant f$, et par suite (chap. III, § 3, n° 3, prop. 8) $|\mu|(g) = 0$, ce qui, par définition, entraîne $|\mu|^*(f) = 0$.

2. Ensembles négligeables

DÉFINITION 2. — *Etant donnée une mesure μ sur un espace localement compact* X, *on dit qu'une partie* A *de* X *est négligeable pour la mesure μ si $|\mu|^*(A) = 0$.*

On dit encore que A est *μ-négligeable*, ou simplement *négligeable* si aucune confusion n'en résulte. Il revient au même de dire que la fonction caractéristique φ_A est négligeable.

PROPOSITION 4. — *Toute partie d'un ensemble négligeable est négligeable; toute réunion dénombrable d'ensembles négligeables est négligeables.*

C'est une conséquence immédiate des prop. 1 et 2.

Exemple. — Soit μ la mesure de Lebesgue sur **R**. Tout ensemble $\{x_0\}$ réduit à un point est négligeable (cf. § 1, n° 3, *Remarque* 1). Il en résulte que *toute partie dénombrable de* **R** *est négligeable pour la mesure de Lebesgue.* La réciproque de cette proposition est inexacte (§ 4, exerc. 4 b)).

PROPOSITION 5. — *Le complémentaire du support* S *de* μ *est le plus grand ensemble ouvert négligeable dans* X.

En effet, d'après la prop. 3, pour qu'un ensemble ouvert G soit négligeable, il faut et il suffit que $G \cap S = \emptyset$, c'est-à-dire $G \subset \complement S$.

3. *Propriétés vraies presque partout*

Soient X un espace localement compact, μ une mesure sur X. Si $\boldsymbol{P}\{x\}$ est une propriété, la propriété « $\boldsymbol{P}\{x\}$ *presque partout* (*par rapport à* μ) » est par définition équivalente à la propriété « *l'ensemble des* x *tels que* ($x \in X$ *et non* $\boldsymbol{P}\{x\}$) *est* μ*-négligeable* ».

THÉORÈME 1. — *Pour qu'une fonction numérique* (*finie ou non*) $f \geqslant 0$ *définie dans* X *soit négligeable, il faut et il suffit que* $f(x) = 0$ *presque partout.*

La condition est *nécessaire*. En effet, supposons que f soit négligeable, et soit N l'ensemble des $x \in X$ tels que $f(x) \neq 0$; on a $\varphi_N \leqslant \sup_n (nf)$, donc φ_N est négligeable (n° 1, prop. 1 et 2).

La condition est *suffisante*. Supposons en effet que l'ensemble N des points où $f(x) \neq 0$ soit négligeable; on a alors $f \leqslant \sup_n n\varphi_N$, donc f est négligeable (n° 1, prop. 1 et 2).

PROPOSITION 6. — *Si* f *et* g *sont deux fonctions* $\geqslant 0$ (*finies ou non*) *définies dans* X *et telles que* $f(x) = g(x)$ *presque partout, on a* $|\mu|^*(f) = |\mu|^*(g)$.

En effet, soit N l'ensemble négligeable des points $x \in X$ tels que $f(x) \neq g(x)$. Les fonctions $\inf(f, g)$ et $\sup(f, g)$ étant égales sauf aux points de N, il suffit de démontrer la proposition lorsque $f \leqslant g$. Soit h la fonction égale à $+\infty$ aux points de N, à 0 dans $\complement N$; on a $f \leqslant g \leqslant f + h$, d'où

$$|\mu|^*(f) \leqslant |\mu|^*(g) \leqslant |\mu|^*(f + h) \leqslant |\mu|^*(f) + |\mu|^*(h) = |\mu|^*(f)$$

(puisque h est négligeable), d'où la proposition.

PROPOSITION 7. — *Si* f *est une fonction* $\geqslant 0$ *définie dans* X *et telle que* $|\mu|^*(f) < +\infty$, $f(x)$ *est fini presque partout.*

En effet, soit N l'ensemble des points $x \in X$ tels que

$f(x) = +\infty$; pour tout entier n, on a $n\varphi_N \leqslant f$, d'où

$$n|\mu|^*(\varphi_N) \leqslant |\mu|^*(f);$$

comme n est arbitrairement grand, on a $|\mu|^*(N) = 0$.

Par contre, même lorsque X est compact, une fonction $f \geqslant 0$ définie dans X et partout finie peut avoir une intégrale supérieure infinie, comme le montre l'exemple où $X = [0, 1]$, $f(x) = 1/x$ pour $x > 0$ et $f(0) = 0$, μ étant la mesure de Lebesgue sur X.

4. *Classes de fonctions équivalentes*

Soit μ une mesure sur un espace localement compact X. Etant donné un ensemble F, on dit que deux applications f, g de X dans F sont *équivalentes par rapport à* μ (ou μ-*équivalentes*, ou simplement *équivalentes* si aucune confusion n'en résulte) si l'on a $f(x) = g(x)$ *presque partout* dans X. Comme la réunion de deux ensembles négligeables est négligeable, on définit bien ainsi une relation d'équivalence dans l'ensemble F^X de toutes les applications de X dans F ; quand nous parlerons de *classe d'équivalence* d'une telle fonction f (sans préciser davantage), il sera sous-entendu qu'il s'agit de la classe des fonctions égales presque partout à f ; dans ce chapitre et les suivants, nous désignerons cette classe par la notation $\tilde{f}$.

PROPOSITION 8. — *Soit* (F_n) *une famille dénombrable* (*finie ou infinie*) *d'ensembles. Pour tout indice* n, *soient* f_n, g_n *deux applications équivalentes de* X *dans* F_n ; *alors il existe un ensemble négligeable* H *tel que, pour tout* $x \notin H$, *on ait* $f_n(x) = g_n(x)$ *pour tout* n.

En effet, l'ensemble H_n des $x \in X$ tels que $f_n(x) \neq g_n(x)$ est négligeable, donc il en est de même de leur réunion H (n° 2, prop. 4) et cet ensemble répond à la question.

COROLLAIRE. — *Si* φ *est une application de* $\prod_n F_n$ *dans un ensemble* G, *les applications* $\varphi((f_n))$ *et* $\varphi((g_n))$ *de* X *dans* G *sont équivalentes.*

On désignera par $\varphi((\tilde{f}_n))$ la classe d'équivalence de toute fonction $\varphi((f_n))$, lorsque f_n est une fonction arbitraire de la classe $\tilde{f}_n$.

En particulier, si F est un *espace vectoriel* sur **R**, on définit $\tilde{\mathbf{f}} + \tilde{\mathbf{g}}$ et $\alpha\tilde{\mathbf{f}}$ comme classes d'équivalence de $\mathbf{f} + \mathbf{g}$ et $\alpha\mathbf{f}$ respectivement ($\mathbf{f}$ et $\mathbf{g}$ applications de X dans F, α scalaire); on obtient ainsi, sur l'ensemble des classes d'équivalence des applications de X dans F, une structure d'*espace vectoriel*: c'est d'ailleurs la structure d'*espace quotient* de celle de F^X par le sous-espace des applications $\mathbf{f}$ telles que $\tilde{\mathbf{f}} = \tilde{0}$ (fonctions nulles presque partout) qu'on appelle encore fonctions *négligeables* (à valeurs dans F). On définit de même le produit $\tilde{g}\tilde{\mathbf{f}}$, où $\tilde{\mathbf{f}}$ est une classe d'équivalence d'applications de X dans F, et $\tilde{g}$ une classe d'équivalence de fonctions numériques (finies) définies dans X: l'ensemble des classes d'équivalence d'applications de X dans F est ainsi muni d'une structure de *module* sur l'ensemble des classes d'équivalence des fonctions numériques finies définies dans X (lui-même muni d'une structure d'*anneau*). Si F est une *algèbre* sur $\mathbf{R}$, on définit de même une structure d'algèbre sur l'ensemble des classes d'équivalence d'applications de X dans F.

Soit F un espace topologique *métrisable*, et considérons sur F une structure uniforme compatible avec sa topologie, et définie par une famille *dénombrable* d'écarts ρ_n (*Top. gén.*, chap. IX, §§ 1 et 2); pour que deux applications f, g de X dans F soient équivalentes, il faut et il suffit que les fonctions numériques $\rho_n(f, g)$ soient *négligeables*; cela équivaut en effet à dire qu'il existe dans X un ensemble négligeable H tel que, pour tout $x \notin H$, on ait $\rho_n(f(x), g(x)) = 0$ pour tout n, c'est-à-dire $f(x) = g(x)$. En particulier, si F est un espace localement convexe métrisable, (q_n) une famille dénombrable de semi-normes définissant la topologie de F (*Esp. vect. top.*, chap. II, 2ᵉ éd., § 4, nº 1), pour que deux applications $\mathbf{f}$, $\mathbf{g}$ de X dans F soient équivalentes, il faut et il suffit que les fonctions numériques $q_n(\mathbf{f}(x) - \mathbf{g}(x))$ soient toutes négligeables.

PROPOSITION 9. — *Soient f et g deux applications* continues *de* X *dans un espace topologique séparé* F; *pour que f et g soient équivalentes, il faut et il suffit que $f(x) = g(x)$ en tout point du support de μ.*

En effet, l'ensemble des $x \in X$ tels que $f(x) \neq g(x)$ est un ensemble ouvert (*Top. gén.*, chap. I, 3ᵉ éd., § 8, nº 1); pour qu'il soit négligeable, il faut et il suffit qu'il ne rencontre pas le support de μ (nº 2, prop. 5).

PROPOSITION 10. — *Soit* F *un espace localement convexe séparé sur* $\mathbf{R}$ *tel qu'il existe dans le dual* F' *de* F *une suite* $(\mathbf{a}'_n)$ *partout dense pour la topologie faible* $\sigma(F', F)$ (*Esp. vect. top.*, chap. II, 2ᵉ éd., § 6, nº 2). *Pour que deux applications* $\mathbf{f}$, $\mathbf{g}$ *de* X *dans* F *soient équivalentes, il faut et il suffit que, pour tout n, les fonctions numériques* $\langle \mathbf{f}(x), \mathbf{a}'_n \rangle$ *et* $\langle \mathbf{g}(x), \mathbf{a}'_n \rangle$ *soient équivalentes.*

La condition est évidemment nécessaire. Inversement, si elle est remplie, il existe un ensemble négligeable H tel que, pour tout $x \notin \mathrm{H}$, on ait $\langle \mathbf{f}(x), \mathbf{a}'_n \rangle = \langle \mathbf{g}(x), \mathbf{a}'_n \rangle$ pour *tout* n; cela signifie que les formes linéaires faiblement continues sur F′, $\mathbf{z}' \mapsto \langle \mathbf{f}(x), \mathbf{z}' \rangle$ et $\mathbf{z}' \mapsto \langle \mathbf{g}(x), \mathbf{z}' \rangle$ sont égales en chacun des points $\mathbf{a}'_n$, donc sont identiques en vertu de l'hypothèse, ce qui prouve que $\mathbf{f}(x) = \mathbf{g}(x)$ pour tout $x \notin \mathrm{H}$.

On notera que l'hypothèse de la prop. 10 s'applique en particulier lorsque F est un espace localement convexe *métrisable* et *de type dénombrable* (*Esp. vect. top.*, chap. IV, § 2, n° 2, cor. de la prop. 3).

5. *Fonctions définies presque partout*

Conformément à la définition du n° 3, une application f d'une partie A de X dans un ensemble F est dite *définie presque partout* si le complémentaire de l'ensemble A où elle est définie est un ensemble négligeable. On appelle encore *classe d'équivalence* de f, et on note $\tilde{f}$, la classe d'équivalence de toute fonction définie dans X tout entier et égale à $f(x)$ aux points $x \in \mathrm{X}$ où f est définie ; il est clair que cette classe ne dépend que de f. On dit encore que deux fonctions f, g, définies presque partout, sont *équivalentes*, si $\tilde{f} = \tilde{g}$: cela signifie donc que l'ensemble des points où $f(x)$ et $g(x)$ sont tous deux définis et égaux a un complémentaire négligeable.

On en déduit aussitôt que la prop. 8 du n° 4 et son corollaire se généralisent au cas où, dans leur énoncé, on suppose seulement que chacune des fonctions f_n, g_n est définie presque partout ; les fonctions $\varphi((f_n))$ et $\varphi((g_n))$ sont alors, elles aussi, définies presque partout ; la classe d'équivalence de $\varphi((f_n))$ est encore $\varphi((\tilde{f}_n))$.

Une fonction définie presque partout, à valeurs dans un espace vectoriel F, est encore dite *négligeable* si elle est équivalente à 0. Si $\mathbf{f}$ est une fonction négligeable à valeurs dans F, et $\mathbf{u}$ une application linéaire de F dans un espace vectoriel G, la fonction composée $\mathbf{u} \circ \mathbf{f}$ (définie presque partout), est négligeable ; de même, pour toute fonction numérique (finie) g, définie presque partout, la fonction $g\mathbf{f}$ (définie presque partout) est négligeable.

On aura soin d'observer que, dans l'ensemble des fonctions à valeurs dans F et définies presque partout, la loi de composition interne $(\mathbf{f}, \mathbf{g}) \mapsto \mathbf{f} + \mathbf{g}$ *n'est pas une loi de groupe*, car la fonction

0 est bien élément neutre pour cette loi, mais si $\mathbf{f}$ n'est pas partout définie, il n'existe pas de fonction $\mathbf{g}$ telle que $\mathbf{f} + \mathbf{g} = 0$. C'est ce qui motive l'introduction des classes d'équivalence $\tilde{\mathbf{f}}$ qui, elles, forment un espace vectoriel.

Soit (f_n) une suite d'applications dans un *espace topologique* F, chacune d'elles étant définie presque partout dans X. On dit que la suite (f_n) *converge* (*simplement*) *presque partout vers f dans* X si l'ensemble des points $x \in X$ où tous les $f_n(x)$ sont définis et où la suite $(f_n(x))$ a une limite égale à $f(x)$, a un complémentaire négligeable. Il est clair que si, pour chaque n, la fonction g_n (définie presque partout) est équivalente à f_n, la suite (g_n) converge presque partout vers f.

Si F est un *espace vectoriel topologique*, on définit de même une *série presque partout convergente* dont le terme général est une fonction $\mathbf{f}_n$ définie presque partout dans X et à valeurs dans F; la somme de cette série est une fonction définie aux points où les sommes partielles $\sum_{k=1}^{n} \mathbf{f}_k(x)$ sont définies et ont une limite, et sa classe ne dépend que des classes $\tilde{\mathbf{f}}_n$.

6. *Classes d'équivalence de fonctions à valeurs dans $\overline{\mathbf{R}}$*

Conformément à la définition du nº 3, on dit qu'une fonction f, définie presque partout dans X, et à valeurs dans $\overline{\mathbf{R}}$, est *finie presque partout* si l'ensemble des $x \in X$ pour lesquels $f(x)$ est défini et fini a un complémentaire négligeable. Une fonction finie presque partout est équivalente à une fonction *partout finie*; on peut donc identifier sa classe $\tilde{f}$ à une classe de fonctions numériques *finies* définies dans X (ou presque partout dans X). En particulier, la somme et le produit de deux classes de fonctions finies presque partout sont définis, et l'ensemble de ces classes est une *algèbre* sur $\mathbf{R}$. Si (f_n) est une suite de fonctions à valeurs dans $\overline{\mathbf{R}}$, définies et finies presque partout, les sommes partielles $\sum_{k=1}^{n} f_k(x)$ sont définies presque partout; si, pour presque tout $x \in X$, elles ont une limite $f(x)$ dans $\overline{\mathbf{R}}$, on dit encore que la série de terme général f_n converge presque partout et que f est la somme de cette série (on notera que f n'est pas nécessairement finie presque partout).

Si f et g sont deux fonctions numériques définies et finies presque partout dans X, $\tilde{f} + \tilde{g}$ (resp. $\tilde{f}\tilde{g}$) est la classe de toute fonction égale à $f(x) + g(x)$ (resp. $f(x)g(x)$) aux points $x \in X$ où cette expression a un sens. On notera que f et g peuvent être *partout définies* toutes deux sans que $f(x) + g(x)$ (resp. $f(x)g(x)$) soit défini pour tout x (*Top. gén.*, chap. IV, § 4, n° 3); par définition $f + g$ (resp. fg) est alors la fonction égale à $f(x) + g(x)$ (resp. $f(x)g(x)$) aux points où cette expression est définie; elle est donc seulement définie presque partout.

Soient f et g deux fonctions numériques (finies ou non) définies presque partout dans X et telles que $f(x) \leqslant g(x)$ presque partout; si f_1 est équivalente à f et g_1 équivalente à g, il est clair que l'on a aussi $f_1(x) \leqslant g_1(x)$ presque partout. La relation considérée ne dépend donc que des classes de f et de g; on l'écrit $\tilde{f} \leqslant \tilde{g}$, et on vérifie aussitôt que cette relation est une *relation d'ordre* dans l'ensemble des classes d'équivalence des fonctions à valeurs dans $\bar{\mathbf{R}}$. Si $(\tilde{f}_n)$ est une famille dénombrable (finie ou infinie) de ces classes, et si, pour tout n, f_n et g_n sont deux fonctions définies presque partout, appartenant à la classe $\tilde{f}_n$, il résulte de la prop. 8 du n° 4 que les fonctions $\sup_n f_n$ et $\sup_n g_n$, définies presque partout, sont équivalentes; leur classe ne dépend donc que des classes $\tilde{f}_n$, et l'on vérifie aussitôt que c'est la *borne supérieure* $\sup_n \tilde{f}_n$ de ces classes dans l'ensemble des classes de fonctions à valeurs dans $\bar{\mathbf{R}}$, ordonné comme il vient d'être dit (ensemble qui en particulier est donc *réticulé*). On montre de même l'existence de la borne inférieure $\inf_n \tilde{f}_n$, et l'on a $\inf_n \tilde{f}_n = -\sup_n(-\tilde{f}_n)$. Il en résulte que $\limsup_{n\to\infty} f_n$ et $\limsup_{n\to\infty} g_n$ sont aussi équivalentes, et leur classe, qu'on note $\limsup_{n\to\infty} \tilde{f}_n$, est égale à $\inf_n(\sup_{p\geqslant 0} \tilde{f}_{n+p})$; on définit de même $\liminf_{n\to\infty} \tilde{f}_n$.

Une fonction numérique finie ou non f est dite *négligeable* si elle est équivalente à 0; cette définition équivaut à la définition 1 pour les fonctions positives et partout définies, en vertu du th. 1. Pour que f soit négligeable, il faut et il suffit que $|f|$ le soit (ou que f^+ et f^- soient toutes deux négligeables).

§ 3. Les espaces L^p

1. L'inégalité de Minkowski

Soient X un espace localement compact, μ une mesure sur X. Dans l'ensemble des fonctions numériques *positives* (finies ou non) définies dans X, la fonction $|\mu|^*(f)$ est *positive, positivement homogène, croissante* et *convexe* (§ 1, n° 3, prop. 10, 11 et 12).

PROPOSITION 1. — *Pour tout nombre réel fini* $p \geqslant 1$ *et tout couple de fonctions positives f, g (finies ou non) définies dans* X, *on a*

$$(1) \qquad (|\mu|^*((f+g)^p))^{1/p} \leqslant (|\mu|^*(f^p))^{1/p} + (|\mu|^*(g^p))^{1/p}$$

(*inégalité de Minkowski*).

En effet, l'inégalité (1) est évidente lorsque l'un des termes du second membre est égal à $+\infty$. Dans le cas contraire, f et g sont *presque partout finies* (§ 2, n° 3, prop. 7). Si f_1 et g_1 sont des fonctions finies et positives équivalentes à f et g respectivement, f_1^p, g_1^p et $(f_1 + g_1)^p$ sont équivalentes à f^p, g^p et $(f+g)^p$ respectivement, et comme deux fonctions positives équivalentes ont même intégrale supérieure (§ 2, n° 3, prop. 6), tout revient à démontrer l'inégalité (1) dans le cas où f et g sont des fonctions partout finies; mais dans ce cas, l'inégalité est un cas particulier de l'inégalité de Minkowski générale démontrée au chap. I, n° 2, prop. 3.

Nous aurons encore à utiliser l'inégalité élémentaire suivante: si $p \geqslant 1$, quels que soient les nombres $a \geqslant 0$, $b \geqslant 0$, on a

$$(2) \qquad a^p + b^p \leqslant (a+b)^p.$$

En effet, l'inégalité est évidente si $a = b = 0$ ou si l'un des nombres a, b est $+\infty$; si a, b sont finis et $a + b > 0$, elle s'écrit $\left(\frac{a}{a+b}\right)^p + \left(\frac{b}{a+b}\right)^p \leqslant 1$, et résulte de ce que $\left(\frac{a}{a+b}\right)^p \leqslant \frac{a}{a+b}$, $\left(\frac{b}{a+b}\right)^p \leqslant \frac{b}{a+b}$ et $\frac{a}{a+b} + \frac{b}{a+b} = 1$.

2. *Les semi-normes* N_p

Dans tout ce qui suit, F désignera un espace vectoriel *normé complet* (espace de Banach) sur le corps **R** ou le corps **C**; la *norme* d'un élément $\mathbf{z} \in$ F se notera $|\mathbf{z}|$. Etant donnée une application $\mathbf{f}$ d'un ensemble A dans F, on notera $|\mathbf{f}|$ l'application $x \mapsto |\mathbf{f}(x)|$ de A dans $\mathbf{R}_+$ (on aura soin d'observer que $|\mathbf{f}|$ est une *fonction numérique*, et non un *nombre*).

DÉFINITION 1. — *Soient* X *un espace localement compact,* μ *une mesure sur* X. *Pour toute application* $\mathbf{f}$ *de* X *dans un espace* *de Banach* F, *et tout nombre p tel que* $1 \leqslant p < +\infty$, *on désigne par* $N_p(\mathbf{f}, \mu)$, *ou simplement par* $N_p(\mathbf{f})$, *le nombre positif* $\left(\int^* |\mathbf{f}|^p \, d|\mu|\right)^{1/p}$.

On notera que le nombre $N_p(\mathbf{f})$ peut être égal à $+\infty$.

PROPOSITION 2. — *Si* **f** *et* **g** *sont deux applications de* X *dans* F, *et* α *un scalaire quelconque* $\neq 0$, *on a, pour* $1 \leqslant p < +\infty$,

$$N_p(\alpha \mathbf{f}) = |\alpha| N_p(\mathbf{f}) \tag{3}$$

$$N_p(\mathbf{f} + \mathbf{g}) \leqslant N_p(\mathbf{f}) + N_p(\mathbf{g}). \tag{4}$$

En effet, la relation (3) découle aussitôt de la déf. 1 et du fait que $|\mu|^*$ est positivement homogène; d'autre part, comme $|\mathbf{f} + \mathbf{g}| \leqslant |\mathbf{f}| + |\mathbf{g}|$, l'inégalité (4) résulte de l'inégalité de Minkowski (1) et du fait que $|\mu|^*$ est croissante.

Nous étendrons la déf. 1 au cas des fonctions numériques *finies ou non*, définies dans X, en posant encore

$$N_p(f) = \left(\int^* |f|^p \, d|\mu|\right)^{1/p}$$

pour une telle fonction f. On voit aussitôt que les relations (3) et (4) sont encore valables pour ces fonctions lorsque $f + g$ est définie dans X et $\alpha \neq 0$. En outre:

THÉORÈME 1 (théorème de convexité dénombrable). — *Soit* (f_n) *une suite de fonctions* $\geqslant 0$ (*finies ou non*) *définies dans* X. *Pour* $1 \leqslant p < +\infty$, *on a*

$$N_p\left(\sum_{n=1}^{\infty} f_n\right) \leqslant \sum_{n=1}^{\infty} N_p(f_n). \tag{5}$$

Posons en effet $f = \sum_{n=1}^{\infty} f_n$; f est l'enveloppe supérieure de la suite croissante des fonctions $g_n = \sum_{k=1}^{n} f_k$; la définition de $N_p(f)$ et le th. 3 du § 1, n° 3 montrent que $N_p(f) = \sup_n N_p(g_n)$. Mais on a $N_p(g_n) \leqslant \sum_{k=1}^{n} N_p(f_k)$ en vertu de la prop. 2, d'où l'inégalité (5).

PROPOSITION 3. — *Si* **f** *et* **g** *sont deux applications équivalentes de* X *dans un espace de Banach* F, *on a* $N_p(\mathbf{f} - \mathbf{g}) = 0$ *pour* $1 \leqslant p < +\infty$; *réciproquement, si* $N_p(\mathbf{f} - \mathbf{g}) = 0$ *pour une valeur de* $p \geqslant 1$, **f** *et* **g** *sont équivalentes.*

La proposition résulte aussitôt du th. 1 du § 2, n° 3.

Si **f** et **g** sont deux applications équivalentes de X dans F, on a $N_p(\mathbf{f}) = N_p(\mathbf{g})$ pour tout $p \geqslant 1$ (§ 2, n° 3, prop. 6); $N_p(\mathbf{f})$ ne dépend donc que de la classe $\tilde{\mathbf{f}}$ de **f**, et l'on pose par définition $N_p(\tilde{\mathbf{f}}) = N_p(\mathbf{f})$. Comme les classes d'applications de X dans F forment un espace vectoriel (§ 2, n° 4), les relations (3) et (4) peuvent aussi s'écrire

$$N_p(\alpha\tilde{\mathbf{f}}) = |\alpha| N_p(\tilde{\mathbf{f}}) \tag{6}$$

$$N_p(\tilde{\mathbf{f}} + \tilde{\mathbf{g}}) \leqslant N_p(\tilde{\mathbf{f}}) + N_p(\tilde{\mathbf{g}}). \tag{7}$$

On définit de même $N_p(\tilde{f})$ pour toute classe de fonctions numériques équivalentes (finies ou non).

On peut par suite définir $N_p(\mathbf{f})$ pour une fonction à valeurs dans F (resp. dans $\overline{\mathbf{R}}$) définie presque partout dans X, en posant $N_p(\mathbf{f}) = N_p(\tilde{\mathbf{f}})$; il est clair alors que les relations (3) et (4) sont encore valables (en supposant $\alpha \neq 0$ et $f + g$ définie presque partout, lorsqu'il s'agit de fonctions numériques, finies ou non).

Si $0 < p < 1$, on pose encore $N_p(\mathbf{f}) = \left(\int^* |\mathbf{f}|^p \, d|\mu|\right)^{1/p}$, mais les inégalités (4) et (5) ne sont plus valables (cf. chap. I, exerc. 5 et chap. IV, § 6, exerc. 13).

3. *Les espaces* $\mathscr{F}^p_F$

Soient F un espace de Banach, $\mathscr{F}(X; F)$ (ou simplement $\mathscr{F}_F$) l'espace vectoriel de toutes les applications de X dans F. Pour $1 \leqslant p < +\infty$ nous désignerons par $\mathscr{F}^p(X, \mu; F)$ ou $\mathscr{F}^p_F(X, \mu)$, ou simplement $\mathscr{F}^p_F(\mu)$, ou $\mathscr{F}^p_F$ (si aucune confusion n'en résulte), l'ensemble des applications **f** de X dans F telles que $N_p(\mathbf{f}) < +\infty$ (on écrit $\mathscr{F}^p$ au lieu de $\mathscr{F}^p_{\mathbf{R}}$). Il est clair que $\mathscr{F}^p_F(|\mu|) = \mathscr{F}^p_F(\mu)$. Il résulte aussitôt de la prop. 2 du n° 2 que $\mathscr{F}^p_F$ est un *sous-espace vectoriel* de $\mathscr{F}_F$, et que $N_p(\mathbf{f})$ est une *semi-norme* sur cet espace. Nous supposerons toujours (sauf mention expresse du contraire) que $\mathscr{F}^p_F$ est muni de la topologie définie par cette semi-norme; nous dirons que cette topologie est la *topologie de la convergence en moyenne d'ordre p* (pour $p = 1$, on l'appelle simplement la *topologie de la convergence en moyenne*; pour $p = 2$, on dit aussi

« topologie de la convergence en moyenne quadratique »). On dira qu'un filtre $\mathfrak{G}$ sur $\mathscr{F}_F^p$ (resp. une suite $(\mathbf{f}_n)$ d'éléments de $\mathscr{F}_F^p$), qui converge vers $\mathbf{f}$ pour cette topologie *converge en moyenne d'ordre p* vers $\mathbf{f}$; cela signifie donc que $N_p(\mathbf{g} - \mathbf{f})$ tend vers 0 suivant $\mathfrak{G}$ (resp. que $N_p(\mathbf{f}_n - \mathbf{f})$ tend vers 0 lorsque n croît indéfiniment).

On étend aussitôt cette terminologie au cas où les fonctions $\mathbf{f}_n$ et la fonction $\mathbf{f}$ sont seulement définies presque partout (ou à valeurs dans $\bar{\mathbf{R}}$, définies et finies presque partout).

On notera que l'espace localement convexe $\mathscr{F}_F^p$ *n'est pas séparé* en général; l'adhérence de 0 dans cet espace est le sous-espace $\mathscr{N}_F$ des applications *négligeables* de X dans F (n° 1, prop. 3).

Remarque. — Soit F un espace de Banach *sur le corps* **C** des nombres complexes; alors, pour toute fonction $\mathbf{f} \in \mathscr{F}_F^p$ et tout nombre complexe α, $\alpha\mathbf{f}$ appartient à $\mathscr{F}_F^p$, et l'on a $N_p(\alpha\mathbf{f}) = |\alpha| N_p(\mathbf{f})$; en d'autres termes, $\mathscr{F}_F^p$ est aussi un espace vectoriel sur **C**, et $N_p(\mathbf{f})$ une semi-norme sur cet espace vectoriel complexe (cf. *Esp. vect. top.*, chap. II, 2e éd., § 1).

PROPOSITION 4. — *Soit $\mathfrak{B}$ une base de filtre sur $\mathscr{F}_F^p$. On suppose qu'il existe un ensemble compact $K \subset X$ tel que, pour toute partie $M \in \mathfrak{B}$, toutes les applications $\mathbf{f} \in M$ aient leur support dans K. Dans ces conditions, si $\mathfrak{B}$ converge uniformément dans X vers $\mathbf{f}_0$, $\mathbf{f}_0$ appartient à $\mathscr{F}_F^p$, et $\mathfrak{B}$ converge en moyenne d'ordre p vers $\mathbf{f}_0$.*

Il revient au même de dire que, sur l'ensemble des applications $\mathbf{f} \in \mathscr{F}_F^p$ dont le support est contenu dans un ensemble compact fixe, la topologie de la convergence uniforme est *plus fine* que la topologie de la convergence en moyenne d'ordre p.

En effet, soit h une application continue de X dans $[0, 1]$, à support compact, égale à 1 dans K (chap. III, § 1, n° 2, lemme 1). Pour tout $\varepsilon > 0$, il existe $M \in \mathfrak{B}$ tel que, pour toute application $\mathbf{f} \in M$, on ait $|\mathbf{f}(x) - \mathbf{f}_0(x)| \leqslant \varepsilon h(x)$ pour tout $x \in X$. On en déduit $N_p(\mathbf{f} - \mathbf{f}_0) \leqslant \varepsilon N_p(h)$, d'où la proposition.

PROPOSITION 5. — *L'espace localement convexe $\mathscr{F}_F^p$ est complet.*

Comme l'espace séparé associé à $\mathscr{F}_F^p$ est un espace normé, il suffit de prouver que toute *suite de Cauchy* $(\mathbf{f}_n)$ dans $\mathscr{F}_F^p$ a une limite pour la topologie de la convergence en moyenne d'ordre p

(*Top. gén.*, chap. IX, § 2, n° 6, prop. 9). Par hypothèse, pour tout $\varepsilon > 0$, il existe un entier m_0 tel que les relations $m \geqslant m_0$, $n \geqslant m_0$ entraînent $N_p(\mathbf{f}_n - \mathbf{f}_m) \leqslant \varepsilon$. On peut donc définir par récurrence sur k une suite strictement croissante (n_k) d'entiers $\geqslant 0$ tels que l'on ait $N_p(\mathbf{f}_{n_{k+1}} - \mathbf{f}_{n_k}) \leqslant 2^{-k}$. Si nous montrons que la série de terme général $\mathbf{g}_k = \mathbf{f}_{n_{k+1}} - \mathbf{f}_{n_k}$ $(k \geqslant 1)$ est *convergente en moyenne d'ordre p*, elle aura une somme $\mathbf{g} \in \mathscr{F}^p_{\mathrm{F}}$, et $\mathbf{f} = \mathbf{g} + \mathbf{f}_{n_1}$ sera limite de la suite $(\mathbf{f}_{n_k})$ dans $\mathscr{F}^p_{\mathrm{F}}$; $\mathbf{f}$ sera alors valeur d'adhérence de la suite $(\mathbf{f}_n)$; comme cette suite est une suite de Cauchy, elle aura pour limite $\mathbf{f}$ et la prop. 5 sera démontrée (*Top. gén.*, chap. II, 3e éd., § 3, n° 2, cor. 2 de la prop. 5).

La prop. 5 est donc conséquence de la proposition suivante:

PROPOSITION 6. — *Soit* $(\mathbf{f}_n)$ *une suite de fonctions de* $\mathscr{F}^p_{\mathrm{F}}$, *telle que* $\sum_{n=1}^{\infty} N_p(\mathbf{f}_n) < +\infty$. *Dans ces conditions, la série de terme général* $\mathbf{f}_n(x) \in \mathrm{F}$ *est absolument convergente presque partout dans* X. *Si l'on pose* $\mathbf{f}(x) = \sum_{n=1}^{\infty} \mathbf{f}_n(x)$ *aux points où la série converge, et* $\mathbf{f}(x) = 0$ *ailleurs, la fonction* $\mathbf{f}$ *appartient à* $\mathscr{F}^p_{\mathrm{F}}$ *et est somme de la série de terme général* $\mathbf{f}_n$ (pour la topologie de la convergence en moyenne d'ordre p); *de façon précise, on a, pour tout* $n \geqslant 0$,

$$(8) \qquad N_p\left(\mathbf{f} - \sum_{k=1}^{n} \mathbf{f}_k\right) \leqslant \sum_{k=n+1}^{\infty} N_p(\mathbf{f}_k).$$

Considérons en effet la fonction positive (finie ou non) $g(x) = \sum_{n=1}^{\infty} |\mathbf{f}_n(x)|$. D'après le th. de convexité dénombrable (n° 2, th. 1), on a $N_p(g) \leqslant \sum_{n=1}^{\infty} N_p(\mathbf{f}_n) < +\infty$; donc g est finie presque partout (§ 2, n° 3, prop. 7), ce qui signifie que la série de terme général $\mathbf{f}_n(x)$ est absolument convergente presque partout. Comme F est complet, cette série est convergente presque partout, et l'on a, pour tout $x \in \mathrm{X}$, $|\mathbf{f}(x)| \leqslant \sum_{n=1}^{\infty} |\mathbf{f}_n(x)| = g(x)$, d'où $N_p(\mathbf{f}) \leqslant N_p(g) \leqslant \sum_{n=1}^{\infty} N_p(\mathbf{f}_n) < +\infty$, ce qui prouve que $\mathbf{f}$ appartient à $\mathscr{F}^p_F$. D'autre part, pour tout entier n, on a

$$|\mathbf{f}(x) - \sum_{k=1}^{n} \mathbf{f}_k(x)| \leqslant \sum_{k=n+1}^{\infty} |\mathbf{f}_k(x)|$$

presque partout, d'où $N_p\left(\mathbf{f} - \sum_{k=1}^{n} \mathbf{f}_k\right) \leqslant \sum_{k=n+1}^{\infty} N_p(\mathbf{f}_k)$. Par hypothèse la série de terme général $N_p(\mathbf{f}_n)$ est convergente; pour tout $\varepsilon > 0$, il existe donc un entier n tel que $\sum_{k=n+1}^{\infty} N_p(\mathbf{f}_k) \leqslant \varepsilon$, et l'inégalité (8) prouve que $\mathbf{f}$ est somme de la série de terme général $\mathbf{f}_n$, pour la topologie de la convergence en moyenne d'ordre p.

Les propositions 5 et 6 sont donc complètement démontrées.

4. *Fonctions de puissance p-ième intégrable*

L'espace vectoriel $\mathscr{K}(X; F)$ (que nous noterons simplement $\mathscr{K}_F$ si aucune confusion n'est à craindre), formé des applications continues et à support compact de X dans F, est évidemment un sous-espace de chacun des espaces vectoriels $\mathscr{F}^p_F$.

DÉFINITION 2. — *Etant donnés un espace localement compact* X, *une mesure* μ *sur* X *et un espace de Banach* F, *on désigne par* $\mathscr{L}^p_F(X, \mu)$ (ou simplement $\mathscr{L}^p_F(\mu)$, ou $\mathscr{L}^p_F$) *l'adhérence, dans l'espace localement convexe* $\mathscr{F}^p_F(X, \mu)$, *de l'espace vectoriel* $\mathscr{K}(X; F)$ *des applications continues et à support compact de* X *dans* F. *On note* $L^p_F(X, \mu)$ (ou $L^p_F(\mu)$, ou L^p_F) *l'espace séparé* (*normé*) *associé à* $\mathscr{L}^p_F(X, \mu)$. *On dit que les fonctions appartenant à* $\mathscr{L}^p_F$ *sont des fonctions de puissance p-ième intégrable* (*).

On a évidemment $\mathscr{L}^p_F(X, |\mu|) = \mathscr{L}^p_F(X, \mu)$ et $L^p_F(X, |\mu|) = L^p_F(X, \mu)$.

On écrira $\mathscr{L}^p$ et L^p au lieu de $\mathscr{L}^p_{\mathbf{R}}$ et $L^p_{\mathbf{R}}$ (ou de $\mathscr{L}^p_{\mathbf{C}}$ et $L^p_{\mathbf{C}}$ lorsque cela n'entraîne pas de confusion). Si F est un espace de Banach *complexe*, $\mathscr{L}^p_F$ et L^p_F sont munis d'une structure d'espace vectoriel topologique sur le corps $\mathbf{C}$ (n° 3, *Remarque*).

Il est clair que toute fonction de $\mathscr{F}^p_F$, équivalente à une fonction de $\mathscr{L}^p_F$, appartient à $\mathscr{L}^p_F$. Une fonction à valeurs dans F, et *définie presque partout* dans X, est encore dite *de puissance p-ième intégrable* si elle est équivalente à une fonction de $\mathscr{L}^p_F$; de même, une fonction à valeurs dans $\overline{\mathbf{R}}$, définie et finie presque partout

(*) La justification de cette terminologie sera donnée au § 4, n° 2.

dans X, est dite *de puissance p-ième intégrable* si elle est équivalente à une fonction de $\mathscr{L}^p$.

Les fonctions de $\mathscr{L}^p_F$ (resp. de $\mathscr{L}^p$) sont donc les fonctions de puissance p-ième intégrable qui sont *définies dans* X *tout entier* (resp. définies et finies dans X tout entier). Dans ce paragraphe et le suivant, la plupart des propositions démontrées pour les fonctions de $\mathscr{L}^p_F$ (resp. $\mathscr{L}^p$) s'étendent immédiatement aux fonctions de puissance p-ième intégrable qui ne sont pas partout définies (resp. qui ne sont pas partout définies et finies); nous laisserons le plus souvent au lecteur le soin de formuler et de démontrer ces résultats.

Remarques. — 1) Comme on l'a déjà signalé (§ 2, n° 5) les fonctions de puissance p-ième intégrable, à valeurs dans F, *ne forment pas un espace vectoriel* en général.

2) En général, l'espace $\mathscr{F}^p_F$ est distinct du sous-espace $\mathscr{L}^p_F$ (§ 4, exerc. 8).

La déf. 2 donne aussitôt le critère suivant:

PROPOSITION 7. — *Pour qu'une fonction* $\mathbf{f}$ *appartienne à* $\mathscr{L}^p_F$, *il faut et il suffit que, pour tout* $\varepsilon > 0$, *il existe une fonction* $\mathbf{g}$, *continue et à support compact, telle que* $N_p(\mathbf{f} - \mathbf{g}) \leqslant \varepsilon$.

En d'autres termes, les fonctions de $\mathscr{L}^p_F$ sont les limites de suites de fonctions continues à support compact, *pour la topologie de la convergence en moyenne d'ordre p*.

PROPOSITION 8. — *Soit f une fonction numérique (finie ou non) définie presque partout; si, pour tout $\varepsilon > 0$, il existe deux fonctions g, h de puissance p-ième intégrable, telles que $g \leqslant f \leqslant h$ presque partout et que $N_p(h - g) \leqslant \varepsilon$, f est de puissance p-ième intégrable.*

En effet, f est finie presque partout, et

$$N_p(f - g) \leqslant N_p(h - g) \leqslant \varepsilon;$$

la prop. 7 montre donc que f est de puissance p-ième intégrable.

Comme, par définition, $\mathscr{L}^p_F$ est un sous-espace fermé de $\mathscr{F}^p_F$, et que ce dernier est complet (n° 3, prop. 5), on a le résultat suivant (*Top. gén.*, chap. II, 3e éd., § 3, n° 4, prop. 8):

THÉORÈME 2. — *L'espace $\mathscr{L}^p_F$ est complet; l'espace L^p_F est un espace de Banach.*

Dans l'espace L^p_F, la norme $N_p(\tilde{f})$ d'une classe se note encore $\|\tilde{\mathbf{f}}\|_p$.

On peut préciser le th. 2 de la façon suivante:

THÉORÈME 3. — *Soit* $(\mathbf{f}_n)$ *une suite de Cauchy dans l'espace* $\mathscr{L}^p_F$; *il existe une suite* $(\mathbf{f}_{n_k})$ *extraite de* $(\mathbf{f}_n)$, *ayant les propriétés suivantes:*

1° *la série de terme général* $N_p(\mathbf{f}_{n_{k+1}} - \mathbf{f}_{n_k})$ *est convergente;*

2° *la série de terme général* $\mathbf{f}_{n_{k+1}}(x) - \mathbf{f}_{n_k}(x)$ *est absolument convergente presque partout;*

3° *si* $\mathbf{f}$ *est une fonction définie dans* X *et égale presque partout à la limite de la suite* $(\mathbf{f}_{n_k}(x))$, $\mathbf{f}$ *appartient à* $\mathscr{L}^p_F$ *et la suite* $(\mathbf{f}_n)$ *converge en moyenne d'ordre p vers* $\mathbf{f}$;

4° *il existe une fonction* $g \geqslant 0$ *semi-continue inférieurement, telle que* $N_p(g) < +\infty$ *et que, pour tout k, on ait* $|\mathbf{f}_{n_k}(x)| \leqslant g(x)$ *pour tout* $x \in X$.

Comme dans la démonstration de la prop. 5 du n° 3, il suffit de définir la suite (n_k) par récurrence de sorte que

$$N_p(\mathbf{f}_{n_{k+1}} - \mathbf{f}_{n_k}) \leqslant 2^{-k};$$

les parties 2° et 3° résultent alors de la prop. 6 du n° 3 et du fait que $\mathscr{L}^p_F$ est fermé dans $\mathscr{F}^p_F$. D'autre part, si $h(x)$ est somme de la série de terme général $|\mathbf{f}_{n_{k+1}}(x) - \mathbf{f}_{n_k}(x)|$, le th. 1 du n° 2 montre que $N_p(h) < +\infty$; par définition de $|\mu|^*$, il existe donc une fonction semi-continue inférieurement $g \geqslant h + |\mathbf{f}_{n_1}|$ telle que

$$N_p(g) < +\infty,$$

ce qui achève la démonstration.

COROLLAIRE 1. — *Si une suite de Cauchy* $(\mathbf{f}_n)$ *dans l'espace* $\mathscr{L}^p_F$ *est telle que la suite* $(\mathbf{f}_n(x))$ *converge presque partout vers* $\mathbf{f}(x)$, $\mathbf{f}$ *est de puissance p-ième intégrable, et la suite* $(\mathbf{f}_n)$ *converge en moyenne d'ordre p vers* $\mathbf{f}$.

En effet, il existe une suite $(\mathbf{f}_{n_k})$ extraite de $(\mathbf{f}_n)$ telle que $(\mathbf{f}_{n_k}(x))$ converge presque partout vers $\mathbf{g}(x)$, où $\mathbf{g}$ est une fonction de $\mathscr{L}^p_F$ telle que $(\mathbf{f}_n)$ converge en moyenne d'ordre p vers $\mathbf{g}$. Les hypothèses entraînent donc que $\mathbf{f}(x) = \mathbf{g}(x)$ presque partout, d'où le corollaire.

COROLLAIRE 2. — *Soit* $\mathscr{E}$ *un ensemble partout dense dans* $\mathscr{L}^p_F$. *Pour toute fonction* $\mathbf{f} \in \mathscr{L}^p_F$, *il existe une suite* $(\mathbf{g}_n)$ *de fonctions de* $\mathscr{E}$ *possédant les propriétés suivantes:*

1° *la suite* $(\mathbf{g}_n)$ *converge en moyenne d'ordre* p *vers* $\mathbf{f}$;

2° *pour presque tout* $x \in X$, *la suite* $(\mathbf{g}_n(x))$ *converge vers* $\mathbf{f}(x)$.

En effet, comme l'espace L^p_F est métrisable, il existe une suite de Cauchy $(\mathbf{f}_n)$ dans $\mathcal{L}^p_F$ formée de fonctions de $\mathcal{E}$ et convergente en moyenne d'ordre p vers $\mathbf{f}$ (*Top. gén.*, chap. IX, § 2, n° 6, prop. 8); il suffit d'appliquer à cette suite le th. 3.

Le cor. 2 s'applique en particulier au cas où on prend pour $\mathcal{E}$ l'espace $\mathcal{K}_F$ des *fonctions continues à support compact.*

Remarques. — 1) Une suite de Cauchy $(\mathbf{f}_n)$ dans $\mathcal{L}^p_F$ peut être telle que la suite $(\mathbf{f}_n(x))$ ne soit convergente en *aucun point de* X (exerc. 1).

2) Si $\mathbf{f}$ appartient à $\mathcal{L}^p_F$, il n'est pas toujours possible de trouver une suite $(\mathbf{f}_n)$ de fonctions continues à support compact telle que la suite $(\mathbf{f}_n(x))$ converge *partout* dans X vers une fonction égale presque partout à $\mathbf{f}(x)$ (§ 4, exerc. 4 *c*)).

5. *Propriétés des fonctions de puissance p-ième intégrable*

THÉORÈME 4. — *Soient* F *et* G *deux espaces de Banach,* $\mathbf{u}$ *une application linéaire continue de* F *dans* G. *Pour toute fonction* $\mathbf{f} \in \mathcal{L}^p_F$, *la fonction composée* $\mathbf{u} \circ \mathbf{f}$ *appartient à* $\mathcal{L}^p_G$.

En effet, soit $\mathbf{f} \in \mathcal{L}^p_F$; pour tout $\varepsilon > 0$, il existe une fonction $\mathbf{g} \in \mathcal{K}_F$ telle que $N_p(\mathbf{f} - \mathbf{g}) \leqslant \varepsilon$; comme on a

$$|\mathbf{u} \circ \mathbf{f} - \mathbf{u} \circ \mathbf{g}| \leqslant \|\mathbf{u}\| . |\mathbf{f} - \mathbf{g}|,$$

on a $N_p(\mathbf{u} \circ \mathbf{f} - \mathbf{u} \circ \mathbf{g}) \leqslant \|\mathbf{u}\| . N_p(\mathbf{f} - \mathbf{g}) \leqslant \varepsilon \|\mathbf{u}\|$, et comme $\mathbf{u} \circ \mathbf{g}$ est continue et à support compact, le théorème est démontré.

COROLLAIRE 1. — *Soit* $\mathbf{a}'$ *une forme linéaire continue sur* F; *si* $\mathbf{f} \in \mathcal{L}^p_F$, *la fonction numérique* $x \mapsto \langle \mathbf{f}(x), \mathbf{a}' \rangle$ (qu'on note $\langle \mathbf{f}, \mathbf{a}' \rangle$) *appartient à* $\mathcal{L}^p$.

COROLLAIRE 2. — *Etant donnés* n *points* $\mathbf{a}_k$ *de* F $(1 \leqslant k \leqslant n)$, *et* n *fonctions numériques* f_k $(1 \leqslant k \leqslant n)$ *appartenant à* $\mathcal{L}^p$, *la fonction* $\mathbf{f} = \sum_{k=1}^{n} \mathbf{a}_k f_k$ *appartient à* $\mathcal{L}^p_F$.

Cela résulte de ce que l'application $t \mapsto \mathbf{a}t$ de $\mathbf{R}$ dans F est continue.

PROPOSITION 9. — *Soit* F *un espace vectoriel de dimension n sur* **R**, *et soit* $(\mathbf{e}_k)_{1 \leqslant k \leqslant n}$ *une base de* F. *Pour qu'une fonction* $\mathbf{f} = \sum_{k=1}^{n} \mathbf{e}_k f_k$ *appartienne à* $\mathscr{L}^p_F$, *il faut et il suffit que chacune des fonctions numériques* f_k *appartienne à* $\mathscr{L}^p$.

Cela résulte aussitôt des cor. 1 et 2 du th. 4.

PROPOSITION 10. — *Dans l'espace* $\mathscr{L}^p_F$, *le sous-espace vectoriel formé des combinaisons linéaires (finies)* $\sum_k \mathbf{a}_k f_k$, *où* $\mathbf{a}_k \in F$ *et où les* f_k *sont des fonctions numériques continues à support compact, est partout dense* (pour la topologie de la convergence en moyenne d'ordre p).

En effet, l'ensemble $\mathscr{K}_F$ des applications continues et à support compact de X dans F est partout dense dans $\mathscr{L}^p_F$ par définition. D'autre part, toute fonction $\mathbf{g} \in \mathscr{K}_F$ peut être approchée uniformément par des fonctions de la forme $\sum_k \mathbf{a}_k f_k$, où les f_k sont continues et à support contenu dans un voisinage compact *fixe* du support de **g** (chap. III, § 1, n° 2, lemme 2); il en résulte (n° 3, prop. 4) que **g** est adhérente dans $\mathscr{L}^p_F$ à l'ensemble des $\sum_k \mathbf{a}_k f_k$, d'où la proposition.

PROPOSITION 11. — *Si une fonction* **f** *appartient à* $\mathscr{L}^p_F$, *la fonction* $|\mathbf{f}|$ *appartient à* $\mathscr{L}^p$, *et l'application* $\mathbf{f} \mapsto |\mathbf{f}|$ *de* $\mathscr{L}^p_F$ *dans* $\mathscr{L}^p$ *est uniformément continue* (pour la topologie de la convergence en moyenne d'ordre p).

En effet, pour tout $\varepsilon > 0$, il existe une fonction **g** continue et à support compact, telle que $N_p(\mathbf{f} - \mathbf{g}) \leqslant \varepsilon$; comme

$$\big||\mathbf{f}| - |\mathbf{g}|\big| \leqslant |\mathbf{f} - \mathbf{g}|,$$

on a $N_p(|\mathbf{f}| - |\mathbf{g}|) \leqslant \varepsilon$, ce qui prouve que $|\mathbf{f}| \in \mathscr{L}^p$. D'autre part, si $\mathbf{f}_1, \mathbf{f}_2$ sont deux fonctions de $\mathscr{L}^p_F$, on a $N_p(|\mathbf{f}_1| - |\mathbf{f}_2|) \leqslant N_p(\mathbf{f}_1 - \mathbf{f}_2)$, ce qui montre que $\mathbf{f} \mapsto |\mathbf{f}|$ est une application uniformément continue.

PROPOSITION 12. — *Pour qu'une fonction numérique f appartienne à* $\mathscr{L}^p$, *il faut et il suffit que chacune des fonctions* f^+ *et* f^- *appartienne à* $\mathscr{L}^p$.

La condition est suffisante, puisque $f = f^+ - f^-$; elle est nécessaire, puisque si $f \in \mathscr{L}^p$, on a $|f| \in \mathscr{L}^p$ (prop. 11).

COROLLAIRE. — *L'enveloppe supérieure* (resp. *inférieure*) *d'une famille finie de fonctions de* $\mathscr{L}^p$ *appartient à* $\mathscr{L}^p$.

6. *Ensembles filtrants dans* L^p *et suites croissantes dans* $\mathscr{L}^p$

Nous avons défini (§ 2, n° 6) une relation d'ordre $\tilde{f} \leqslant \tilde{g}$ dans l'ensemble $\tilde{\mathscr{F}}$ des classes d'équivalence des fonctions numériques définies et finies presque partout dans X ; muni de cette relation d'ordre et de sa structure d'espace vectoriel, $\tilde{\mathscr{F}}$ est un *espace de Riesz*. Le cor. de la prop. 12 du n° 5 montre que, si $\tilde{f}$ et $\tilde{g}$ sont deux éléments du sous-espace L^p de $\tilde{\mathscr{F}}$, la borne supérieure $\sup(\tilde{f}, \tilde{g})$ de $\tilde{f}$ et $\tilde{g}$ dans $\tilde{\mathscr{F}}$ (qui est la classe de chacune des fonctions $\sup(f, g)$ où $f \in \tilde{f}$ et $g \in \tilde{g}$) appartient à L^p ; cela prouve en particulier que L^p, muni de la relation d'ordre induite par celle de $\tilde{\mathscr{F}}$, est un *espace de Riesz*.

PROPOSITION 13. — *Dans l'espace de Riesz* L^p, *muni de la topologie définie par la norme* $\|\tilde{f}\|_p$, *l'application* $\tilde{f} \mapsto |\tilde{f}|$ *est uniformément continue, et l'ensemble des éléments* $\tilde{f} \geqslant 0$ *est fermé.*

La première partie de la proposition résulte aussitôt de la prop. 11 du n° 5 ; comme l'ensemble des $\tilde{f} \geqslant 0$ est aussi l'ensemble des $\tilde{f}$ tels que $|\tilde{f}| = \tilde{f}$, il est fermé, puisque $\tilde{f} \mapsto |\tilde{f}|$ est une application continue et que L^p est séparé.

On voit donc que, sur L^p, la topologie définie par la norme $\|\tilde{f}\|_p$ est *compatible* avec la structure d'espace vectoriel ordonné de L^p (*Esp. vect. top.*, chap. II, 2ᵉ éd., § 2, n° 7).

PROPOSITION 14. — *Soit* H *une partie de l'espace de Riesz* L^p, *formée de classes* $\geqslant 0$, *et filtrante pour la relation* $\leqslant$. *Pour que* H *ait une borne supérieure dans* L^p, *il faut et il suffit que*

$$\sup_{\tilde{f} \in H} \|\tilde{f}\|_p < +\infty.$$

La borne supérieure de H *dans* L^p *est alors la limite* (dans l'espace de Banach L^p) *du filtre des sections de* H.

La condition est évidemment nécessaire, puisque $\tilde{f} \mapsto \|\tilde{f}\|_p$ est une fonction croissante dans l'ensemble des éléments $\geqslant 0$ de L^p. Pour voir qu'elle est suffisante, remarquons d'abord qu'elle entraîne que l'image de H par l'application $\tilde{f} \mapsto \|\tilde{f}\|_p$ a une limite dans **R**, en vertu du th. de la limite monotone ; l'image du filtre des sections $\mathfrak{F}$ de H par cette application est donc une base de filtre de Cauchy dans **R**. La démonstration sera achevée si nous montrons que $\mathfrak{F}$ lui-même est une *base de filtre de Cauchy* sur L^p ; en effet, $\mathfrak{F}$ convergera alors dans L^p, puisque L^p est complet (n° 4, prop. 7), et la proposition résultera de *Esp. vect. top.*, chap. II, 2e éd., § 2, n° 7, prop. 18.

Pour voir que $\mathfrak{F}$ est une base de filtre de Cauchy, nous utiliserons le lemme suivant :

Lemme.— Si f et g sont deux fonctions de $\mathscr{L}^p$ telles que $0 \leqslant f \leqslant g$, on a

$$(\mathrm{N}_p(g - f))^p \leqslant (\mathrm{N}_p(g))^p - (\mathrm{N}_p(f))^p. \tag{9}$$

En effet, lorsque f et g sont continues à support compact, la relation (9) s'écrit

$$\int (g - f)^p \, d|\mu| \leqslant \int g^p \, d|\mu| - \int f^p \, d|\mu|$$

et est alors conséquence de l'inégalité élémentaire $(g - f)^p \leqslant g^p - f^p$ (n° 1, formule (2)). Pour passer de là au cas général, il suffit de remarquer que les deux membres de (9) sont des fonctions continues dans $\mathscr{L}^p \times \mathscr{L}^p$, et que toute fonction $f \geqslant 0$ de $\mathscr{L}^p$ est limite (pour la convergence en moyenne d'ordre p) d'une suite de fonctions $\geqslant 0$ continues et à support compact, en raison de la continuité de l'application $g \mapsto |g|$ dans $\mathscr{L}^p$ (prop. 11).

Ce lemme étant établi, pour tout $\varepsilon > 0$, il existe par hypothèse un $\tilde{f} \in \mathrm{H}$ tel que, pour tout $\tilde{g} \geqslant \tilde{f}$ appartenant à H, on ait $(\|\tilde{g}\|_p)^p - (\|\tilde{f}\|_p)^p \leqslant \varepsilon$; on en déduit $(\|\tilde{g} - \tilde{f}\|_p)^p \leqslant \varepsilon$; donc, si $\tilde{g}_1$ et $\tilde{g}_2$ sont deux éléments $\geqslant \tilde{f}$ dans H, on a $\|\tilde{g}_1 - \tilde{g}_2\|_p \leqslant 2\varepsilon^{1/p}$, ce qui prouve que $\mathfrak{F}$ est une base de filtre de Cauchy sur L^p, et achève la démonstration de la prop. 14.

COROLLAIRE 1. — *Si $\tilde{g}$ est la borne supérieure de* H *dans* L^p, *on a*

$$\|\tilde{g}\|_p = \lim_{\tilde{f} \in \mathrm{H}} \|\tilde{f}\|_p = \sup_{\tilde{f} \in \mathrm{H}} \|\tilde{f}\|_p. \tag{10}$$

Cela résulte de la continuité de la norme $\|\tilde{f}\|_p$ dans L^p, et du th. de la limite monotone.

COROLLAIRE 2. — *L'espace de Riesz* L^p *est complètement réticulé.*

En effet, tout ensemble H filtrant (pour la relation $\leqslant$) dans L^p formé de classes $\geqslant 0$, et majoré dans L^p, admet une borne supérieure : car si $\tilde{h}$ est un majorant de H dans L^p, on a $\|\tilde{f}\|_p \leqslant \|\tilde{h}\|_p$ pour tout $\tilde{f} \in \mathrm{H}$, et la prop. 14 s'applique. Cela démontre le corollaire (chap. II, § 1, n° 3, prop. 1).

Les conclusions de la prop. 14 ne subsistent plus lorsqu'on les formule pour les *fonctions* de $\mathscr{L}^p$, et non plus pour leurs *classes*. De façon précise, si M est une partie de $\mathscr{L}^p$, formée de fonctions $\geqslant 0$, filtrante pour la relation $\leqslant$, et telle que $\sup_{f \in M} N_p(f) < +\infty$, *la classe de l'enveloppe supérieure g de* M *n'est pas nécessairement identique à la borne supérieure dans* L^p *des classes des fonctions* $f \in M$; en particulier, g n'est pas nécessairement de puissance p-ième intégrable, et même lorsque $g \in \mathscr{L}^p$, $N_p(g)$ peut être distinct de $\sup_{f \in M} N_p(f)$ (cf. § 1, n° 3, *Remarque* 1 suivant le th. 3).

On a toutefois le théorème suivant :

Théorème 5. — *Soit* (f_n) *une suite croissante de fonctions* $\geqslant 0$ *de* $\mathscr{L}^p$. *Pour que l'enveloppe supérieure f de cette suite soit de puissance p-ième intégrable, il faut et il suffit que* $\sup_n N_p(f_n) < +\infty$. *Alors la suite* (f_n) *converge en moyenne d'ordre p vers f et l'on a*

$$N_p(f) = \sup_n N_p(f_n) = \lim_{n \to \infty} N_p(f_n). \tag{11}$$

La condition étant évidemment nécessaire, tout revient à prouver qu'elle est suffisante. Or, si elle est remplie, la prop. 14 montre que la suite $(\tilde{f}_n)$ est une suite de Cauchy dans L^p, donc la suite (f_n) est une suite de Cauchy dans $\mathscr{L}^p$; comme $f_n(x)$ tend vers $f(x)$ pour tout $x \in X$, f est de puissance p-ième intégrable et est la limite de la suite (f_n) pour la topologie de la convergence en moyenne d'ordre p (n° 4, cor. 1 du th. 3). Donc $N_p(f_n)$ tend vers $N_p(f)$ puisque N_p est une fonction continue sur $\mathscr{L}^p$.

Corollaire 1. — *Soit* (f_n) *une suite décroissante de fonctions* $\geqslant 0$ *de* $\mathscr{L}^p$; *l'enveloppe inférieure f de cette suite appartient à* $\mathscr{L}^p$, *la suite* (f_n) *converge en moyenne d'ordre p vers f, et l'on a*

$$N_p(f) = \lim_{n \to \infty} N_p(f_n) = \inf_n N_p(f_n).$$

Les deux premières assertions résultent du th. 5 appliqué à la suite croissante et majorée des $g_n = f_1 - f_n$; le reste est ensuite évident.

Corollaire 2. — *Soit* (f_n) *une suite de fonctions de* $\mathscr{L}^p$. *Pour que l'enveloppe supérieure f de la suite* (f_n) *soit de puissance p-ième* *intégrable, il faut et il suffit qu'il existe une fonction* $g \geqslant 0$ *telle que* $\int^* g^p \, d|\mu| < +\infty$ *et que* $f_n \leqslant g$ *pour tout n.*

La condition est évidemment nécessaire, en prenant $g = f^+$. Inversement, supposons-la vérifiée, et posons $g_n = \sup_{k \leqslant n} f_k$; la suite (g_n) est croissante et formée de fonctions de puissance p-ième intégrable (n° 5, cor. de la prop. 12). La suite croissante des fonctions positives $h_n = g_n + g_1^-$ satisfait aux conditions du th. 5, puisque $N_p(h_n) \leqslant N_p(g + g_1^-) < +\infty$; l'enveloppe supérieure $\sup_n h_n$ est donc de puissance p-ième intégrable, et il en est de même de $f = \sup_n h_n - g_1^-$.

Corollaire 3. — *Soient* A *un ensemble dénombrable,* $\mathfrak{F}$ *un filtre sur* A *ayant une base dénombrable,* $(f_\alpha)_{\alpha \in A}$ *une famille de fonctions* $\geqslant 0$ *de* $\mathscr{L}^p$. *On suppose qu'il existe une fonction* $g \geqslant 0$ *telle que* $N_p(g) < +\infty$ *et* $f_\alpha \leqslant g$ *pour tout* $\alpha \in A$; *alors la fonction* $\lim . \sup_{\mathfrak{F}} f_\alpha$ *est de puissance p-ième intégrable, et l'on a*

$$\lim . \sup_{\mathfrak{F}} N_p(f_\alpha) \leqslant N_p(\lim . \sup_{\mathfrak{F}} f_\alpha). \tag{12}$$

En effet, soit (A_n) une base décroissante de $\mathfrak{F}$, et posons $g_n = \sup_{\alpha \in A_n} f_\alpha$; comme A_n est un ensemble dénombrable, il résulte du cor. 2 que g_n est de puissance p-ieme intégrable; on a d'autre part $N_p(g_n) \geqslant \sup_{\alpha \in A_n} N_p(f_\alpha)$. Cela étant, $\lim . \sup_{\mathfrak{F}} f_\alpha$ est l'enveloppe inférieure de la suite décroissante (g_n); donc $\lim . \sup_{\mathfrak{F}} f_\alpha$ est de puissance p-ième intégrable en vertu du cor. 1, et l'on a

$$N_p(\lim . \sup_{\mathfrak{F}} f_\alpha) = N_p(\inf_n g_n) = \lim_{n \to \infty} N_p(g_n) \geqslant \lim_{n \to \infty} (\sup_{\alpha \in A_n} N_p(f_\alpha))$$
$$= \lim . \sup_{\mathfrak{F}} N_p(f_\alpha).$$

7. *Le théorème de Lebesgue*

Théorème 6 (Lebesgue). — *Soient* F *un espace de Banach,* $(\mathbf{f}_n)$ *une suite de fonctions de* $\mathscr{L}^p_F$ *telles que:* 1° *la suite* $(\mathbf{f}_n(x))$ *converge presque partout vers une limite* $\mathbf{f}(x) \in F$; 2° *il existe une fonction numérique* $g \geqslant 0$ *tel que* $\int^* g^p \, d|\mu| < +\infty$ *et* $|\mathbf{f}_n(x)| \leqslant g(x)$

presque partout dans X, pour tout entier n. Alors la fonction $\mathbf{f}$ *(définie presque partout) est de puissance p-ième intégrable, et la suite* $(\mathbf{f}_n)$ *converge en moyenne d'ordre p vers* $\mathbf{f}$.

Considérons la suite « double » de fonctions numériques $g_{mn} = |\mathbf{f}_m - \mathbf{f}_n|$, qui appartiennent à $\mathscr{L}^p$ (nº 5, prop. 11); par hypothèse, on a $\lim_{m\to\infty,\, n\to\infty} g_{mn}(x) = 0$ presque partout, et d'autre part $|g_{mn}(x)| \leqslant 2g(x)$ presque partout; par application à cette suite double du cor. 3 du th. 5 du nº 6, on a

$$\lim_{m\to\infty,\, n\to\infty} . \sup \mathrm{N}_p(\mathbf{f}_m - \mathbf{f}_n) \leqslant \mathrm{N}_p(0) = 0$$

et comme $\mathrm{N}_p(\mathbf{f}_m - \mathbf{f}_n) \geqslant 0$, cela entraîne

$$\lim_{m\to\infty,\, n\to\infty} \mathrm{N}_p(\mathbf{f}_m - \mathbf{f}_n) = 0;$$

autrement dit, la suite $(\mathbf{f}_n)$ est une *suite de Cauchy* dans $\mathscr{L}^p_{\mathrm{F}}$. Le théorème résulte donc du cor. 1 du th. 3 du nº 4.

COROLLAIRE. — *Soit* A *un ensemble d'indices, filtré par un filtre* $\mathfrak{F}$ *ayant une base dénombrable. Si* $(\mathbf{f}_\alpha)_{\alpha\in\mathrm{A}}$ *est une famille de fonctions de* $\mathscr{L}^p_{\mathrm{F}}$ *qui, suivant le filtre* $\mathfrak{F}$, *convergent simplement presque partout vers une fonction* $\mathbf{f}$, *et si en outre il existe une fonction numérique* $g \geqslant 0$ *telle que* $\int^* g^p\, d|\mu| < +\infty$ *et* $|\mathbf{f}_\alpha(x)| \leqslant g(x)$ *presque partout dans* X *pour tout* $\alpha \in \mathrm{A}$, *alors la fonction* $\mathbf{f}$ *est de puissance p-ième intégrable, et* $\mathbf{f}_\alpha$ *tend en moyenne d'ordre p vers* $\mathbf{f}$ *suivant le filtre* $\mathfrak{F}$.

En effet, soit (A_n) une base dénombrable décroissante de $\mathfrak{F}$, et soit α_n un élément quelconque de A_n; la suite $(\mathbf{f}_{\alpha_n})$ converge simplement vers $\mathbf{f}$ presque partout dans X, donc le th. 6 montre que $\mathbf{f}$ est de puissance p-ième intégrable et que $\lim_{n\to\infty} \mathrm{N}_p(\mathbf{f} - \mathbf{f}_{\alpha_n}) = 0$. Comme $\mathfrak{F}$ est le filtre intersection des filtres élémentaires associés à toutes les suites (α_n) (*Top. gén.*, chap. I, 3ᵉ éd., § 6, nº 8, prop. 11), $\lim_{\mathfrak{F}} \mathrm{N}_p(\mathbf{f} - \mathbf{f}_\alpha)$ existe et est égale à la limite commune 0 de toutes les suites $(\mathrm{N}_p(\mathbf{f} - \mathbf{f}_{\alpha_n}))$.

Remarques. — 1) Le th. 6 ne subsiste pas si on remplace l'hypothèse $|\mathbf{f}_n| \leqslant g$ (avec $\mathrm{N}_p(g) < +\infty$) par l'hypothèse plus faible $\sup_n \mathrm{N}_p(\mathbf{f}_n) < +\infty$. Supposons par exemple que μ soit la mesure de Lebesgue sur $\mathbf{R}$; définissons les fonctions continues f_n de la manière suivante: $f_n(x) = 0$ pour $x \leqslant 0$ et $x \geqslant \frac{2}{n}$, $f_n\left(\frac{1}{n}\right) = n$,

f_n étant linéaire dans les intervalles $\left(0, \frac{1}{n}\right)$ et $\left(\frac{1}{n}, \frac{2}{n}\right)$. On a $\lim_{n\to\infty} f_n(x) = 0$ pour tout $x \in \mathbf{R}$, mais $N_1(f_n) = 1$ pour tout n (cf. § 5, exerc. 12).

2) Le cor. du th. 6 ne subsiste pas si on ne suppose plus que le filtre $\mathfrak{F}$ ait une base dénombrable (cf. § 1, n° 3, *Remarque* 1 suivant le th. 3).

8. *Relations entre les espaces* $\mathscr{L}^p_{\mathrm{F}}$ $(1 \leqslant p < +\infty)$.

Pour tout nombre $\alpha > 0$, l'application $\mathbf{z} \mapsto |\mathbf{z}|^{\alpha-1}.\mathbf{z}$ est définie et continue dans le complémentaire de 0 dans F ; en outre, comme $\||\mathbf{z}|^{\alpha-1}.\mathbf{z}| = |\mathbf{z}|^\alpha$, cette fonction tend vers 0 avec $\mathbf{z}$, et on peut donc la prolonger par continuité au point 0 en lui donnant la valeur 0 en ce point, même si $\alpha < 1$.

THÉORÈME 7. — *Soient p et q deux nombres réels tels que $1 \leqslant p < +\infty$, $1 \leqslant q < +\infty$. Si une fonction* $\mathbf{f}$ *appartient à* $\mathscr{L}^p_{\mathrm{F}}$, *la fonction* $|\mathbf{f}|^{(p/q)-1}.\mathbf{f}$ *appartient à* $\mathscr{L}^q_{\mathrm{F}}$, *et réciproquement.*

Par hypothèse, il existe une suite $(\mathbf{f}_n)$ de fonctions continues à support compact telles que $\sum_{n=1}^{\infty} N_p(\mathbf{f}_n) < +\infty$ et $\mathbf{f}(x) = \sum_{n=1}^{\infty} \mathbf{f}_n(x)$ presque partout (n° 4, th. 3). Posons

$$\mathbf{g}_n = |\mathbf{f}_1 + \mathbf{f}_2 + \cdots + \mathbf{f}_n|^{(p/q)-1}.(\mathbf{f}_1 + \mathbf{f}_2 + \cdots + \mathbf{f}_n);$$

la fonction $\mathbf{g}_n$ est continue et à support compact ; d'autre part, on a $|\mathbf{g}_n|^q = |\mathbf{f}_1 + \mathbf{f}_2 + \cdots + \mathbf{f}_n|^p \leqslant \left(\sum_{n=1}^{\infty} |\mathbf{f}_n|\right)^p = h^q$, où la fonction numérique $h \geqslant 0$ (finie ou non) vérifie l'inégalité

$$(N_q(h))^q = \left(N_p\left(\sum_{n=1}^{\infty} |\mathbf{f}_n|\right)\right)^p \leqslant \left(\sum_{n=1}^{\infty} N_p(\mathbf{f}_n)\right)^p < +\infty$$

en vertu du th. de convexité dénombrable. En outre, $\mathbf{g}_n(x)$ tend presque partout vers $\mathbf{g}(x) = |\mathbf{f}(x)|^{(p/q)-1}.\mathbf{f}(x)$, donc le th. de Lebesgue montre que $\mathbf{g} \in \mathscr{L}^q_{\mathrm{F}}$. La réciproque est immédiate, puisque $\mathbf{f} = |\mathbf{g}|^{(q/p)-1}.\mathbf{g}$.

On peut montrer que l'application $\mathbf{f} \mapsto |\mathbf{f}|^{\frac{p}{q}-1}.\mathbf{f}$ est un homéomorphisme de $\mathscr{L}^p_{\mathrm{F}}$ sur $\mathscr{L}^q_{\mathrm{F}}$ (§ 6, exerc. 10).

COROLLAIRE 1. — *Pour qu'une fonction* $\mathbf{f}$ *appartienne à* $\mathscr{L}^p_F$, *il faut et il suffit que la fonction* $|\mathbf{f}|^{p-1} \cdot \mathbf{f}$ *appartienne à* $\mathscr{L}^1_F$.

COROLLAIRE 2. — *Pour qu'une fonction numérique* positive f *appartienne à* $\mathscr{L}^p$, *il faut et il suffit que* f^p *appartienne à* $\mathscr{L}^1$.

On notera que si f est une fonction numérique de signe quelconque telle que $|f|^p$ appartienne à $\mathscr{L}^1$, f n'appartient pas nécessairement à $\mathscr{L}^p$ (cf. § 4, exerc. 8).

§ 4. Fonctions et ensembles intégrables

1. Prolongement de l'intégrale

Il résulte de la définition de l'espace $\mathscr{L}^p_F$ que le sous-espace $\mathscr{K}_F$ des fonctions continues à support compact est *partout dense* dans $\mathscr{L}^p_F$ (§ 3, n° 4, déf. 2). Toute fonction linéaire continue (pour la topologie de la convergence en moyenne d'ordre p), définie dans $\mathscr{K}_F$ et prenant ses valeurs dans un espace vectoriel topologique *séparé et complet* G, peut donc être *prolongée par continuité* de façon unique, en une fonction linéaire continue définie dans $\mathscr{L}^p_F$ et à valeurs dans G (*Top. gén.*, chap. II, 3e éd., § 3, n° 6, th. 2 et chap. III, § 3, prop. 3).

Or, pour toute fonction $\mathbf{f}$ continue et à support compact, à valeurs dans l'espace de Banach F, nous avons défini (chap. III, § 3, n° 1) *l'intégrale* $\mu(\mathbf{f}) = \int \mathbf{f}\, d\mu$ par rapport à μ, qui est un élément de F, et nous avons démontré (chap. III, § 3, n° 2, prop 5) l'inégalité

$$\left|\int \mathbf{f}\, d\mu\right| \leqslant \int |\mathbf{f}|\, d|\mu| = N_1(\mathbf{f}). \tag{1}$$

Cette inégalité prouve que $\mathbf{f} \mapsto \int \mathbf{f}\, d\mu$ est une application linéaire de $\mathscr{K}_F$ dans F, continue pour la topologie de la convergence en moyenne dans $\mathscr{K}_F$. On peut donc la prolonger par continuité à l'espace $\mathscr{L}^1_F$ tout entier, et poser la définition suivante :

DÉFINITION 1. — *On dit que les fonctions appartenant à* $\mathscr{L}^1_F(X, \mu)$ *sont intégrables pour la mesure* μ (*ou encore, sont* μ*-intégrables*). *L'intégrale* (*par rapport à* μ) *de la fonction intégrable* $\mathbf{f}$ *est par définition la valeur pour* $\mathbf{f}$ *du prolongement par continuité à* $\mathscr{L}^1_F$ *de l'application linéaire* $\mathbf{g} \mapsto \int \mathbf{g}\, d\mu$ *de* $\mathscr{K}_F$ *dans* F ; *on la note encore* $\mu(\mathbf{f})$ *ou* $\int \mathbf{f}\, d\mu$, *ou* $\int \mathbf{f}(x)\, d\mu(x)$ *ou* $\int \mathbf{f}\mu$, *ou* $\int \mathbf{f}(x)\mu(x)$.

Exemple — Soient X un espace *discret*, μ une mesure sur X et posons $\alpha(x) = \mu(\varphi_{\{x\}})$ pour tout $x \in X$. Les fonctions de $\mathscr{F}^1_F$ sont alors *intégrables*, autrement dit, $\mathscr{L}^1_F = \mathscr{F}^1_F$; en outre, pour toute fonction $\mathbf{f} \in \mathscr{L}^1_F$, on a

$$\int \mathbf{f}\, d\mu = \sum_{x \in X} \alpha(x)\mathbf{f}(x).$$

En effet, soit $\mathbf{f} \in \mathscr{F}^1_F$; on a $|\mu|^*(|\mathbf{f}|) = \sum_{x \in X} |\alpha(x)| \,.\, |\mathbf{f}(x)| < +\infty$ (§ 1, n° 3, *Exemple*); pour tout $\varepsilon > 0$, il existe une partie finie M de X telle que $\sum_{x \in X - M} |\alpha(x)| \,.\, |\mathbf{f}(x)| \leqslant \varepsilon$. La fonction $\mathbf{g}$ égale à $\mathbf{f}$ aux points $x \in M$ où $\mathbf{f}$ est finie, à 0 ailleurs, appartient à $\mathscr{K}(X; F)$ et l'on a, en vertu des conventions faites, $|\mu|^*(|\mathbf{f} - \mathbf{g}|) \leqslant \sum_{x \in X - M} |\alpha(x)| \,.\, |\mathbf{f}(x)| \leqslant \varepsilon$, ce qui prouve que $\mathbf{f} \in \mathscr{L}^1_F$. D'autre part

$$\Big|\mu(\mathbf{g}) - \sum_{x \in X} \alpha(x)\mathbf{f}(x)\Big| \leqslant \sum_{x \in X - M} |\alpha(x)| \,.\, |\mathbf{f}(x)| \leqslant \varepsilon$$

d'où la seconde assertion.

En d'autres termes, les fonctions μ-intégrables $\mathbf{f}$ sont celles pour lesquelles la famille $(\alpha(x)\mathbf{f}(x))_{x \in X}$ est *absolument sommable* (*Top. gén.*, chap. IX, § 3, n° 6), et l'intégrale $\int \mathbf{f}\, d\mu$ est la somme de cette famille.

Comme $\mu(\mathbf{f})$ est continue dans $\mathscr{L}^1_F$ par définition et prend ses valeurs dans un espace séparé, on a $\mu(\mathbf{f}) = 0$ pour toute fonction adhérente à 0 dans $\mathscr{L}^1_F$, c'est-à-dire *négligeable*; si $\mathbf{f}$ et $\mathbf{g}$ sont deux fonctions intégrables *équivalentes*, on a $\mu(\mathbf{f}) = \mu(\mathbf{g})$. En d'autres termes, la valeur de $\mu(\mathbf{f})$ ne dépend que de la classe $\tilde{\mathbf{f}}$ de la fonction intégrable $\mathbf{f}$; on la note encore $\mu(\tilde{\mathbf{f}})$, et la fonction $\tilde{\mathbf{f}} \mapsto \mu(\tilde{\mathbf{f}})$ est une application linéaire continue de L^1_F dans F. Si une fonction $\mathbf{f}$, à valeurs dans F, définie presque partout dans X, est équivalente à une fonction intégrable, on dit encore que $\mathbf{f}$ est *intégrable*, et on pose $\int \mathbf{f}\, d\mu = \mu(\tilde{\mathbf{f}})$; on définit de même une fonction intégrable à valeurs dans $\overline{\mathbf{R}}$, définie et finie presque partout, et son intégrale.

2. *Propriétés de l'intégrale*

PROPOSITION 1. — *Pour toute fonction numérique μ-intégrable* positive f, *on a*

$$\int f\, d|\mu| = \int^* f\, d|\mu| = N_1(f) \geqslant 0. \tag{2}$$

En effet, $\int f\, d|\mu|$ et $N_1(f)$ sont continues dans $\mathscr{L}^1$ et égales pour toute fonction continue $f \geqslant 0$ à support compact; d'autre part, toute fonction $f \geqslant 0$ dans $\mathscr{L}^1$ est limite (au sens de la convergence en moyenne) d'une suite de fonctions $\geqslant 0$, continues et à support compact (§ 3, n° 5, prop. 11); d'où la proposition.

COROLLAIRE 1. — *Pour toute fonction intégrable* $\mathbf{f} \in \mathscr{L}^1_F$, $|\mathbf{f}|$ *est intégrable, et l'on a*

$$\int |\mathbf{f}|\, d|\mu| = \int^* |\mathbf{f}|\, d|\mu| = N_1(\mathbf{f}). \tag{3}$$

Nous ferons un usage fréquent de la prop. 1 et de son cor. 1, en remplaçant $\int^* f\, d|\mu|$ ou $N_1(f)$ par $\int f\, d|\mu|$ lorsqu'il s'agit d'une fonction intégrable $\geqslant 0$. Par exemple, pour que deux fonctions intégrables $\mathbf{f}$, $\mathbf{g}$ soient *équivalentes*, il faut et il suffit que

$$\int |\mathbf{f} - \mathbf{g}|\, d|\mu| = 0.$$

Rappelons que, pour qu'une fonction $\mathbf{f}$ appartienne à $\mathscr{L}^p_F$, il faut et il suffit que la fonction $|\mathbf{f}|^{p-1}.\,\mathbf{f}$ appartienne à $\mathscr{L}^1_F$ (§ 3, n° 8, cor 1. du th. 7), c'est-à-dire soit intégrable; cela explique la terminologie de « fonction de puissance p-ième intégrable ». En outre:

COROLLAIRE 2. — *Pour toute fonction* $\mathbf{f} \in \mathscr{L}^p_F$, *la fonction numérique* $|\mathbf{f}|^p$ *est intégrable, et l'on a*

$$N_p(\mathbf{f}) = \Big(\int |\mathbf{f}|^p\, d|\mu|\Big)^{1/p}. \tag{4}$$

Cela résulte aussitôt de ce que $|\mathbf{f}|$ appartient à $\mathscr{L}^p$ (§ 3, n° 5, prop. 11), et de la formule (2).

PROPOSITION 2. — *Pour toute fonction intégrable* $\mathbf{f}$, *on a*

$$\Big|\int \mathbf{f}\, d\mu\Big| \leqslant \int |\mathbf{f}|\, d|\mu|. \tag{5}$$

Cela résulte aussitôt de l'inégalité (1) par passage à la limite, compte tenu de (3) et de la continuité de $N_1(\mathbf{f})$ dans $\mathscr{L}^1_F$.

THÉORÈME 1. — *Soient* F *et* G *deux espaces de Banach,* $\mathbf{u}$ *une application linéaire continue de* F *dans* G. *Pour toute fonction intégrable* $\mathbf{f}$ *à valeurs dans* F, $\mathbf{u} \circ \mathbf{f}$ *est intégrable et l'on a*

$$\int \mathbf{u}(\mathbf{f}(x))\, d\mu(x) = \mathbf{u}\Big(\int \mathbf{f}(x)\, d\mu(x)\Big). \tag{6}$$

Nous savons déjà que $\mathbf{u} \circ \mathbf{f}$ est intégrable (§ 3, n° 5, th. 4); la relation (6) étant valable pour $\mathbf{f} \in \mathscr{K}_{\mathrm{F}}$, s'étend à toute fonction intégrable $\mathbf{f}$ par le principe de prolongement des identités: en effet, $\mathbf{f} \mapsto \mathbf{u} \circ \mathbf{f}$ est continue pour la topologie de la convergence en moyenne, comme il résulte de l'inégalité $\mathrm{N}_1(\mathbf{u} \circ \mathbf{f}) \leqslant \|\mathbf{u}\| \, . \, \mathrm{N}_1(\mathbf{f})$.

COROLLAIRE 1. — *Soit* $\mathbf{a}'$ *une forme linéaire continue sur* F. *Si* $\mathbf{f}$ *est une fonction intégrable à valeurs dans* F, *la fonction numérique* $\langle \mathbf{f}, \mathbf{a}' \rangle$ *est intégrable, et l'on a*

$$\int \langle \mathbf{f}(x), \mathbf{a}' \rangle \, d\mu(x) = \left\langle \int \mathbf{f}(x) \, d\mu(x), \mathbf{a}' \right\rangle. \tag{7}$$

Nous verrons au chap. VI, § 1, exerc. 7, 11 et 12 qu'il peut exister des fonctions $\mathbf{f}$ à valeurs dans un espace de Banach F de dimension infinie, telles que $\langle \mathbf{f}, \mathbf{a}' \rangle$ soit intégrable pour toute forme linéaire continue $\mathbf{a}'$ sur F, sans que $\mathbf{f}$ soit intégrable.

COROLLAIRE 2. — *Si les* $\mathbf{a}_k$ $(1 \leqslant k \leqslant n)$ *sont des vecteurs de* F, *et les* f_k $(1 \leqslant k \leqslant n)$ *des fonctions numériques intégrables, la fonction* $\mathbf{f} = \sum_{k=1}^{n} \mathbf{a}_k f_k$ *est intégrable, et l'on a*

$$\int \left(\sum_{k=1}^{n} \mathbf{a}_k f_k \right) d\mu = \sum_{k=1}^{n} \mathbf{a}_k \int f_k \, d\mu. \tag{8}$$

3. *Passages à la limite dans les intégrales*

PROPOSITION 3. — *Soit* $\mathfrak{B}$ *une base de filtre sur* $\mathscr{L}^1_{\mathrm{F}}$. *On suppose qu'il existe un ensemble compact* $\mathrm{K} \subset \mathrm{X}$ *tel que, pour toute partie* $\mathrm{M} \in \mathfrak{B}$, *toutes les fonctions* $\mathbf{f} \in \mathrm{M}$ *aient leur support dans* K. *Dans ces conditions, si* $\mathfrak{B}$ *converge uniformément dans* X *vers* $\mathbf{f}_0$, *la fonction* $\mathbf{f}_0$ *est intégrable, et l'on a*

$$\int \mathbf{f}_0 \, d\mu = \lim_{\mathfrak{B}} \int \mathbf{f} \, d\mu. \tag{9}$$

En effet, $\mathfrak{B}$ converge en moyenne vers $\mathbf{f}_0$ (§ 3, n° 3, prop. 4).

PROPOSITION 4. — *Soit* (f_n) *une suite croissante* (resp. *décroissante*) *de fonctions numériques intégrables. Pour que l'enveloppe supérieure* (resp. *inférieure*) f *de cette suite soit intégrable, il faut et il suffit que* $\sup_n \int f_n \, d|\mu| < +\infty$ (resp. $\inf_n \int f_n \, d|\mu| > -\infty$) *et l'on a alors*

$$\int f \, d\mu = \lim_{n \to \infty} \int f_n \, d\mu. \tag{10}$$

Bornons-nous à considérer une suite croissante. La suite des $g_n = f_n + f_1^-$ est croissante et formée de fonctions intégrables $\geqslant 0$; comme son enveloppe supérieure est $g = f + f_1^-$, la proposition résulte du th. 5 du § 3, n° 6.

THÉORÈME 2. — *Soit* A *un ensemble d'indices, filtré par un filtre* $\mathfrak{F}$ *à base dénombrable. Soit* $(\mathbf{f}_\alpha)_{\alpha\in \mathrm{A}}$ *une famille de fonctions intégrables qui, suivant le filtre* $\mathfrak{F}$, *convergent simplement presque partout vers une fonction* $\mathbf{f}$; *s'il existe une fonction numérique* $g \geqslant 0$ *telle que* $\int^* g\, d|\mu| < +\infty$, *et que* $|\mathbf{f}_\alpha(x)| \leqslant g(x)$ *presque partout dans* X *pour tout* $\alpha \in \mathrm{A}$, *la fonction* $\mathbf{f}$ *est intégrable, et l'on a*

$$\int \mathbf{f}\, d\mu = \lim_{\mathfrak{F}} \int \mathbf{f}_\alpha\, d\mu. \tag{11}$$

Le théorème résulte du th. de Lebesgue (§ 3, n° 7, cor. du th. 6) puisque, dans les conditions de l'énoncé, $\mathbf{f}_\alpha$ converge en moyenne vers $\mathbf{f}$ suivant $\mathfrak{F}$.

COROLLAIRE 1. — *Soient* Ω *un espace topologique,* t_0 *un point de* Ω *admettant un système fondamental dénombrable de voisinages,* $\mathbf{f}$ *une application de* $\mathrm{X} \times \Omega$ *dans* F, *ayant les propriétés suivantes :*

a) *pour tout* $t \in \Omega$, *la fonction* $x \mapsto \mathbf{f}(x, t)$ *est intégrable ;*

b) *pour tout* $x \in \mathrm{X}$, *la fonction* $t \mapsto \mathbf{f}(x, t)$ *est continue en* t_0 ;

c) *il existe un voisinage* U *de* t_0 *et une fonction numérique* $g \geqslant 0$ *définie dans* X, *telle que* $\int^* g\, d|\mu| < +\infty$, *et que* $|\mathbf{f}(x, t)| \leqslant g(x)$ *pour* $x \in \mathrm{X}$ *et* $t \in \mathrm{U}$.

Dans ces conditions, l'application $t \mapsto \int \mathbf{f}(x, t)\, d\mu(x)$ *de* Ω *dans* F *est continue au point* t_0.

COROLLAIRE 2. — *Soit* $(\mathbf{f}_n)$ *une suite de fonctions intégrables telle que la série de terme général* $\mathbf{f}_n(x)$ *converge presque partout ; s'il existe une fonction* $g \geqslant 0$ *telle que* $\int^* g\, d|\mu| < +\infty$, *et que, pour tout entier n, on ait* $\left|\sum_{k=1}^{n} \mathbf{f}_k(x)\right| \leqslant g(x)$ *presque partout, alors la somme* $\mathbf{f}(x)$ (*définie presque partout*) *de la série de terme général* $\mathbf{f}_n(x)$ *est intégrable, et l'on a*

$$\int \mathbf{f}\, d\mu = \sum_{n=1}^{\infty} \int \mathbf{f}_n\, d\mu \tag{12}$$

(« intégration terme à terme d'une série »).

4. *Caractérisations des fonctions numériques intégrables*

PROPOSITION 5. — *Pour qu'une fonction numérique $f \geqslant 0$ (finie ou non) semi-continue inférieurement dans* E, *soit intégrable, il faut et il suffit que* $\int^* f\, d|\mu| < +\infty$.

Tout revient à prouver que la condition est suffisante. La définition de $|\mu|^*(f)$ (§ 1, n° 1, déf. 1) prouve que, pour tout $\varepsilon > 0$, il existe une fonction continue $g \geqslant 0$, à support compact, telle que $g \leqslant f$ et $|\mu|^*(f) \leqslant |\mu|(g) + \varepsilon$. Mais $f - g$ est semi-continue inférieurement et $\geqslant 0$, donc (§ 1, n° 1, th. 2)

$$|\mu|^*(f) = |\mu|(g) + |\mu|^*(f - g),$$

autrement dit $N_1(f - g) = |\mu|^*(f - g) = |\mu|^*(f) - |\mu|(g) \leqslant \varepsilon$, ce qui prouve que f est intégrable (§ 3, n° 3, prop. 7).

COROLLAIRE 1. — *Pour qu'une fonction numérique finie $f \geqslant 0$, semi-continue supérieurement dans* X, *soit intégrable, il faut et il suffit que* $\int^* f\, d|\mu| < +\infty$.

En effet, si $|\mu|^*(f) < +\infty$, il existe une fonction h, semi-continue inférieurement, telle que $f \leqslant h$ et $|\mu|^*(h) < +\infty$; $h - f$ est définie partout et semi-continue inférieurement, et on a $|\mu|^*(h - f) \leqslant |\mu|^*(h) < +\infty$; donc $h - f$ est intégrable, et comme $f(x) = h(x) - (h(x) - f(x))$ presque partout, f est intégrable.

COROLLAIRE 2. — *Soit* H *un ensemble non vide, filtrant pour la relation* $\leqslant$ (resp. $\geqslant$) *de fonctions numériques semi-continues inférieurement* (resp. *supérieurement*) *et intégrables; si*

$$\sup_{f \in H} \int f\, d|\mu| < +\infty$$

(resp. $\inf_{f \in H} \int f\, d|\mu| > -\infty$), *l'enveloppe supérieure* (resp. *inférieure*) g *de* H *est intégrable et l'on a*

$$\int g\, d\mu = \lim_{f \in H} \int f\, d\mu$$

et $\int g\, d|\mu| = \sup_{f \in H} \int f\, d|\mu|$ (resp. $\int g\, d|\mu| = \inf_{f \in H} \int f\, d|\mu|$).

On peut se borner au cas des fonctions semi-continues inférieurement ; les fonctions f^+ (resp. f^-), lorsque f parcourt H, forment alors un ensemble filtrant pour $\leqslant$ (resp. $\geqslant$) de fonctions semi-continues inférieurement (resp. supérieurement) et $\geqslant 0$; l'enveloppe supérieure (resp. inférieure) des f^+ (resp. f^-) pour $f \in H$, est égale à g^+ (resp. g^-). D'autre part, on peut remplacer H par une de ses sections (qui lui est cofinale), formée des $f \in H$ qui sont $\geqslant f_0$, pour une fonction $f_0 \in H$; on a alors $\int f^+ \, d|\mu| \leqslant \int f \, d|\mu| + \int f_0^- \, d|\mu|$; on voit ainsi qu'on est ramené à prouver les deux assertions du corollaire lorsque H est formé de fonctions *positives*. Si H est filtrant pour $\leqslant$ et formé de fonctions $\geqslant 0$, semi-continues inférieurement, on sait alors (§ 1, n° 1, th. 1) que

$$|\mu|^*(g) = \sup_{f \in H} |\mu|^*(f) = \sup_{f \in H} \int f \, d|\mu| < +\infty,$$

donc g, qui est semi-continue inférieurement, est intégrable en vertu de la prop. 5; on a $\int g \, d|\mu| = \lim_{f \in H} \int f \, d|\mu|$, et comme $f \leqslant g$, $\lim_{f \in H} N_1(g - f) = 0$, ce qui montre que f converge en moyenne vers g suivant H, et prouve donc le corollaire dans ce cas. Si H est filtrant pour $\geqslant$ et formé de fonctions f semi-continues supérieurement et intégrables, telles que $0 \leqslant f \leqslant f_1$ avec $f_1 \in H$, il existe une fonction h semi-continue inférieurement et intégrable, telle que $f_1 \leqslant h$; on peut écrire $f = h - f'$, où $f'(x) = h(x) - f(x)$ lorsque $f(x) < +\infty$, et $f'(x) = 0$ dans le cas contraire. Il est clair que les f' forment un ensemble filtrant pour $\leqslant$ de fonctions $\geqslant 0$, semi-continues inférieurement et intégrables, avec

$$\int f' \, d|\mu| \leqslant \int h \, d|\mu| < +\infty ;$$

on peut leur appliquer ce qui a été démontré ci-dessus; si g' est l'enveloppe supérieure des f', h et g' sont finies presque partout, donc $h - g'$ est définie presque partout et égale à g presque partout; on en tire aussitôt les conclusions du corollaire dans ce cas.

COROLLAIRE 3. — *Soit f une fonction numérique bornée, semi-continue supérieurement dans* X *et à support compact. Alors l'application $\mu \mapsto \int f \, d\mu$ est semi-continue supérieurement dans $\mathcal{M}_+(X)$ pour la topologie vague.*

Si h est une fonction de $\mathcal{K}_+(X)$ telle que $|f| \leqslant h$ (chap. III, § 1, n° 2, lemme 1), on a $0 \leqslant f + h \leqslant 2h$, et comme $f + h$ est semi-continue supérieurement, il résulte du cor. 1 que f est μ-intégrable pour toute mesure μ sur X. En outre, on a $\mu(f) = \mu(h) - \mu(h - f)$ et $h - f$ est une fonction semi-continue inférieurement et $\geqslant 0$. Comme l'application $\mu \mapsto \mu(h - f)$ est semi-continue inférieurement dans $\mathcal{M}_+(X)$ pour la topologie vague (§ 1, n° 1, prop. 4), cela démontre le corollaire.

THÉORÈME 3.— *Pour qu'une fonction numérique $f \geqslant 0$ soit intégrable, il faut et il suffit que, pour tout $\varepsilon > 0$, il existe une fonction semi-continue supérieurement $g \geqslant 0$, à valeurs finies et à support compact, et une fonction intégrable semi-continue inférieurement h, telles que $g \leqslant f \leqslant h$ et que $\int (h - g)\, d|\mu| \leqslant \varepsilon$.*

La condition est *suffisante* d'après un critère général d'intégrabilité (§ 3, n° 4, prop. 8), la prop. 5 et son corollaire 1. Montrons que la condition est *nécessaire.* Si $f \geqslant 0$ est intégrable, pour tout $\varepsilon > 0$, il existe une fonction $u \geqslant 0$, continue et à support compact, telle que $N_1(f - u) \leqslant \varepsilon/4$. D'après la définition de N_1, cela entraîne qu'il existe une fonction $v \geqslant 0$, semi-continue inférieurement, telle que $\mu^*(v) \leqslant \varepsilon/2$ et $|f - u| \leqslant v$. On a donc $-v(x) \leqslant f(x) - u(x) \leqslant v(x)$ pour tout $x \in X$, et comme $u(x)$ est partout fini, on en déduit $(u(x) - v(x))^+ \leqslant f(x) \leqslant u(x) + v(x)$ pour tout $x \in X$. Les fonctions $g = (u - v)^+$ et $h = u + v$ répondent à la question.

COROLLAIRE. — *Pour toute fonction numérique intégrable f* (resp. *intégrable et $\geqslant 0$*), *il existe une suite croissante (g_n) de fonctions semi-continues supérieurement et intégrables* (resp. *à valeurs finies, à supports compacts et intégrables*), *et une suite décroissante (h_n) de fonctions semi-continues inférieurement et intégrables, telles que :*

1° *$g_n(x) \leqslant f(x) \leqslant h_n(x)$ pour tout $x \in X$ et tout entier n;*

2° *$f(x)$ est égale presque partout à l'enveloppe inférieure h de la suite (h_n) et à l'enveloppe supérieure g de la suite (g_n);*

3° $$\int f\, d\mu = \lim_{n \to \infty} \int g_n\, d\mu = \lim_{n \to \infty} \int h_n\, d\mu.$$

Supposons d'abord $f \geqslant 0$. D'après le th. 3, pour tout n il existe une fonction v_n, intégrable et semi-continue inférieurement, et une fonction u_n semi-continue supérieurement, à valeurs finies et à support compact, telles que $u_n \leqslant f \leqslant v_n$ et $\int (v_n - u_n)\, d|\mu| \leqslant 1/n$; si on pose $g_n = \sup(u_1, u_2, \ldots, u_n)$ et $h_n = \inf(v_1, v_2, \ldots, v_n)$, les suites (g_n) et (h_n) répondent à la question. En effet, comme $g \leqslant f$, g est intégrable en vertu de la prop. 4 du n° 3, et comme $\int (f - g_n)\, d|\mu| \leqslant \int (v_n - u_n)\, d|\mu| \leqslant \frac{1}{n}$, on a $\int (f - g)\, d|\mu| = \lim_{n \to \infty} \int (f - g_n)\, d|\mu| = 0$ (n° 3, prop. 4), ce qui prouve que f et g sont équivalentes. On raisonne de même pour la suite (h_n).

Si f n'est pas positive, on peut appliquer à f^+ et f^- ce qui précède, et il y a donc deux suites croissantes (g'_n), (g''_n) de fonctions semi-continues supérieurement et intégrables, et deux suites décroissantes (h'_n), (h''_n) de fonctions semi-continues inférieurement et intégrables telles que: 1° $g'_n \leqslant f^+ \leqslant h'_n$, $g''_n \leqslant -f^- \leqslant h''_n$; 2° f^+ (resp. $-f^-$) est égale presque partout à l'enveloppe supérieure des g'_n et à l'enveloppe inférieure des h'_n (resp. à l'enveloppe supérieure des g''_n et à l'enveloppe inférieure des h''_n); 3°:

$$\int f^+ \, d\mu = \lim_{n \to \infty} \int g'_n \, d\mu = \lim_{n \to \infty} \int h'_n \, d\mu,$$

$$-\int f^- \, d\mu = \lim_{n \to \infty} \int g''_n \, d\mu = \lim_{n \to \infty} \int h''_n \, d\mu.$$

En outre, on peut supposer que les g'_n et les h''_n sont partout finies; alors il est clair que les suites des $g_n = g'_n + g''_n$ et $h_n = h'_n + h''_n$ répondent à la question.

Exemple. — Pour toute mesure positive μ sur **R**, toute fonction *en escalier* à support compact est μ-intégrable; en effet, une fonction caractéristique d'intervalle ouvert (resp. fermé) est semi-continue inférieurement (resp. supérieurement), et toute fonction en escalier est combinaison linéaire de telles fonctions caractéristiques. On en déduit que si $\mathbf{f}$ est une fonction *réglée* dans **R** et à support compact (*Fonct. var. réelle*, chap. II, § 1, n° 3), $\mathbf{f}$ est intégrable, car elle est limite uniforme d'une suite de fonctions en escalier $\mathbf{g}_n$ à support contenu dans un ensemble compact fixe (n° 3, prop. 3); on a en outre $\int \mathbf{f} \, d\mu = \lim_{n \to \infty} \int \mathbf{g}_n \, d\mu$.

Si l'on prend en particulier pour μ la mesure de Lebesgue, on voit que pour toute fonction réglée $\mathbf{f}$ à support compact, l'intégrale $\int \mathbf{f} \, d\mu$ est égale à l'intégrale $\int_{-\infty}^{+\infty} \mathbf{f}(x) \, dx$ définie dans *Fonct. var. réelle*, chap. II, § 2, n° 1.

Remarques. — 1) Soit $\mathbf{f}$ une fonction réglée dans **R** et intégrable pour la mesure de Lebesgue μ; alors $|\mathbf{f}|$ est aussi intégrable (n° 2, cor. 1 de la prop. 1), et si l'on pose $I_n = \left]-n, +n\right[$, $|\mathbf{f}|$ est l'enveloppe supérieure de la suite croissante des fonctions réglées $|\mathbf{f}|\varphi_{I_n}$, donc $\int |\mathbf{f}| \, d\mu = \lim_{n \to \infty} \int_{-n}^{n} |\mathbf{f}(x)| \, dx$ d'après le th. 2 du n° 3; donc l'intégrale $\int_{-\infty}^{+\infty} \mathbf{f}(x) \, dx$ est *absolument convergente* (*Fonct. var. réelle*, chap. II, § 2, n° 3). En outre, $\int \mathbf{f} \, d\mu = \int_{-\infty}^{+\infty} \mathbf{f}(x) \, dx$ d'après le th. 2

du n° 3. Réciproquement, supposons que $\int_{\infty}^{+\infty} \mathbf{f}(x)\,dx$ soit absolument convergente; on a encore, en vertu du th. 2 du n° 3, $\int \mathbf{f}\,d\mu = \int_{-\infty}^{+\infty} \mathbf{f}(x)\,dx$. On notera que si l'intégrale $\int_{-\infty}^{+\infty} \mathbf{f}(x)\,dx$ est convergente sans être absolument convergente, **f** *n'est pas intégrable* pour la mesure de Lebesgue.

2) Appliquée à la mesure de Lebesgue et aux fonctions réglées, la prop. 3 du n° 3 redonne le théorème de passage à la limite pour les intégrales de fonctions réglées dans un intervalle compact (*Fonct. var. réelle*, chap. II, § 3, n° 1, prop. 1); pour les *suites* (ou les filtres à base dénombrable) de fonctions réglées, le th. 2 du n° 3 améliore beaucoup cette proposition, puisque, pour les fonctions réglées uniformément bornées dans un intervalle compact, il substitue la convergence *simple* à la convergence *uniforme* (cf. § 5, n° 4, th. 2). Mais en ce qui concerne le passage à la limite pour les intégrales *absolument convergentes* de fonctions réglées dans un intervalle non compact, on observera que les conditions du th. 2 du n° 3 impliquent que les intégrales considérées sont *uniformément convergentes* (au sens défini dans *Fonct. var. réelle*, chap. II, § 3, n° 2), et n'améliorent donc les conditions de convergence données au Livre IV (*loc. cit.*) qu'en ce qui concerne la convergence des fonctions $\mathbf{f}_\alpha$ dans tout intervalle compact. Enfin, les conditions de passage à la limite données pour des intégrales de fonctions réglées *non absolument convergentes* restent en dehors de la théorie développée dans ce chapitre.

5. *Ensembles intégrables*

DÉFINITION 2. — *On dit qu'une partie* A *d'un espace localement compact* X *est intégrable pour une mesure* μ *sur* X (ou encore est *μ-intégrable*) *si la fonction caractéristique* φ_A *de* A *est intégrable. Le nombre fini* $\mu(A) = \int \varphi_A\,d\mu$ *est appelé mesure de* A.

Pour tout ensemble intégrable A, on a $|\mu|(A) = |\mu|^*(A)$ (prop. 1); pour qu'un ensemble soit *négligeable*, il faut et il suffit qu'il soit de *mesure nulle pour* $|\mu|$.

PROPOSITION 6. — *La réunion d'une famille finie* $(A_i)_{1 \leqslant i \leqslant n}$ *d'ensembles intégrables est intégrable, et on a*

$$|\mu|\Big(\bigcup_{i=1}^{n} A_i\Big) \leqslant \sum_{i=1}^{n} |\mu|(A_i). \tag{13}$$

En outre, si les A_i *sont deux à deux sans point commun, on a*

$$\mu\Big(\bigcup_{i=1}^{n} A_i\Big) = \sum_{i=1}^{n} \mu(A_i). \tag{14}$$

En effet, si $A = \bigcup_{i=1}^{n} A_i$, on a $\varphi_A = \sup \varphi_{A_i}$, donc (§ 3, n° 5, cor. de la prop. 12) si les A_i sont intégrables, il en est de même de A; la relation (13) est un cas particulier de la relation analogue pour les mesures extérieures (§ 1, n° 4, prop. 18), compte tenu de la relation $|\mu|(A) = |\mu|^*(A)$; enfin, si les A_i sont deux à deux sans point commun, on a $\varphi_A = \sum_{i=1}^{n} \varphi_{A_i}$; d'où (14).

PROPOSITION 7. — 1° *Si* A *et* B *sont deux ensembles intégrables tels que* $B \subset A$, *l'ensemble* $C = A - B$ *est intégrable, et on a*

$$\mu(C) = \mu(A) - \mu(B). \tag{15}$$

2° *L'intersection d'une famille dénombrable d'ensembles intégrables est intégrable.*

La première partie résulte de ce que $\varphi_C = \varphi_A - \varphi_B$. D'autre part, si (A_n) est une suite d'ensembles intégrables, et A son intersection, on a $\varphi_A = \inf_n \varphi_{A_n}$, donc A est intégrable (n° 3, prop. 4).

COROLLAIRE. — *Si* (A_n) *est une suite décroissante d'ensembles intégrables, on a* $\mu\left(\bigcap_n A_n\right) = \lim_{n\to\infty} \mu(A_n)$.

En effet, si $A = \bigcap_n A_n$, φ_A est l'enveloppe inférieure de la suite décroissante (φ_{A_n}) (n° 3, prop. 4).

PROPOSITION 8. — *Soit* (A_n) *une suite croissante d'ensembles intégrables; pour que la réunion* $A = \bigcup_n A_n$ *soit intégrable, il faut et il suffit que* $\sup_n |\mu|(A_n) < +\infty$; *on a alors*

$$\mu(A) = \lim_{n\to\infty} \mu(A_n). \tag{16}$$

En effet, les φ_{A_n} forment une suite croissante de fonctions intégrables, et $\varphi_A = \sup \varphi_{A_n}$; la proposition résulte donc de la prop. 4 du n° 3.

COROLLAIRE. — *Soit* (A_n) *une suite d'ensembles intégrables telle que* $\sum_{n=1}^{\infty} |\mu|(A_n) < +\infty$; *la réunion* $A = \bigcup_n A_n$ *est intégrable, et on a*

$$|\mu|\left(\bigcup_n A_n\right) \leqslant \sum_{n=1}^{\infty} |\mu|(A_n). \tag{17}$$

En effet, on a $\varphi_A = \sup_n \varphi_{A_n}$, et

$$|\mu|^*(A) \leqslant \sum_{n=1}^{\infty} |\mu|^*(A_n) = \sum_{n=1}^{\infty} |\mu|(A_n) < +\infty$$

(§ 1, n° 4, prop. 18); A est donc intégrable (§ 3, n° 6, cor. 2 du th. 5) et comme $|\mu|(A) = |\mu|^*(A)$, on a bien (17).

PROPOSITION 9. — *Soit* (A_n) *une suite d'ensembles intégrables, deux à deux sans point commun, et telle que* $\sum_{n=1}^{\infty} |\mu|(A_n) < +\infty$; *on a alors*

$$\mu\left(\bigcup_n A_n\right) = \sum_{n=1}^{\infty} \mu(A_n). \tag{18}$$

En effet, si $A = \bigcup_n A_n$, on a $\varphi_A = \sum_{n=1}^{\infty} \varphi_{A_n}$ et la proposition résulte de (17) et du cor. 2 du th. 2 du n° 3.

On exprime encore la relation (18) en disant que la mesure μ est *complètement additive* dans l'ensemble des parties intégrables de X.

6. *Critères d'intégrabilité d'un ensemble*

PROPOSITION 10. — *Pour qu'un ensemble* A *ouvert* (resp. *fermé*) *dans* X *soit intégrable, il faut et il suffit que* $|\mu|^*(A) < +\infty$.

Comme φ_A est alors semi-continue inférieurement (resp. supérieurement), la proposition résulte de la prop. 5 du n° 4 et de son corollaire 1.

COROLLAIRE 1. — *Tout ensemble compact est intégrable; tout ensemble ouvert relativement compact est intégrable.*

COROLLAIRE 2. — *Pour toute mesure positive* μ *sur* X, $A \mapsto \mu^*(A)$ *est une capacité sur* X (cf. *Top. gén.*, chap. IX, 2ᵉ éd., § 6, n° 9, *Exemple*).

Exemple. — Pour la mesure de Lebesgue μ sur **R**, il résulte de la prop. 10 que tout intervalle ouvert borné $]a, b[$ est intégrable et a pour mesure $b - a$ (§ 1, n° 2, prop. 9). Comme tout ensemble réduit à un point est négligeable pour la mesure de Lebesgue, on déduit de là que *tous* les intervalles d'extrémités a et b ont même mesure $b - a$.

PROPOSITION 11. — *Soit* $\mathfrak{G}$ *un ensemble, filtrant pour la relation* $\subset$, *d'ensembles ouverts intégrables de* X; *pour que* $A = \bigcup_{G \in \mathfrak{G}} G$ *soit intégrable, il faut et il suffit que* $\sup_{G \in \mathfrak{G}} |\mu|(G) < +\infty$, *et l'on a alors* $\mu(A) = \lim_{\mathfrak{G}} \mu(G)$ *et* $|\mu|(A) = \sup_{G \in \mathfrak{G}} |\mu|(G)$.

On sait en effet que $|\mu|^*(A) = \sup_{G \in \mathfrak{G}} |\mu|(G)$ (§ 1, n° 2, prop. 7); la proposition résulte donc de la prop. 10.

COROLLAIRE. — *Soit* $\mathfrak{F}$ *un ensemble, filtrant pour la relation* $\supset$, *d'ensembles fermés intégrables dans* E; *l'ensemble fermé* $B = \bigcap_{H \in \mathfrak{F}} H$ *est intégrable, et l'on a* $\mu(B) = \lim_{\mathfrak{F}} \mu(H)$ *et* $|\mu|(B) = \inf_{H \in \mathfrak{F}} |\mu|(H)$.

En effet, soit H_0 un ensemble de $\mathfrak{F}$; comme H_0 est intégrable, il est contenu dans un ensemble ouvert intégrable U (§ 1, n° 4, prop. 19); les ensembles ouverts $U \cap \complement H$ forment un ensemble filtrant pour la relation $\subset$, contenus dans U et dont la réunion est $U \cap \complement B$; on est donc ramené à la prop. 11.

THÉORÈME 4. — *Pour qu'un ensemble* A *soit intégrable, il faut et il suffit que, pour tout* $\varepsilon > 0$, *il existe un ensemble ouvert intégrable* G *et un ensemble compact* K, *tels que* $K \subset A \subset G$ *et que*

$$|\mu|(G - K) = |\mu|(G) - |\mu|(K) \leqslant \varepsilon.$$

a) La condition est *suffisante*, car elle signifie que $\varphi_K \leqslant \varphi_A \leqslant \varphi_G$ et $\int (\varphi_G - \varphi_K)\, d|\mu| \leqslant \varepsilon$; comme φ_G et φ_K sont intégrables, il en est de même de φ_A (§ 3, n° 4, prop. 8).

b) La condition est *nécessaire*. Si A est intégrable, il existe un ensemble ouvert $G \supset A$, tel que $|\mu|^*(G)$ soit arbitrairement voisin de $|\mu|^*(A) = |\mu|(A)$ (§ 1, n° 4, prop. 19); tout revient donc à prouver que, pour tout $\varepsilon > 0$, il existe un ensemble compact $K \subset A$ tel que $|\mu|(A) - |\mu|(K) \leqslant \varepsilon$. Comme φ_A est intégrable, il existe une fonction $f \geqslant 0$, semi-continue supérieurement et à support compact S, telle que $f \leqslant \varphi_A$ et $\int (\varphi_A - f)\, d|\mu| \leqslant \frac{\varepsilon}{2}$ (th. 3, n° 4). Soit $\delta > 0$ un nombre arbitraire, et soit K l'ensemble des points $x \in E$ tels que $f(x) \geqslant \delta$; K est fermé et contenu dans S, donc *compact*, et comme

$S \subset A$, on a $K \subset A$. L'ensemble $B = A - K$ est intégrable, et on a $f \leqslant \varphi_K + \delta\varphi_B$, d'où

$$\int f\,d|\mu| \leqslant |\mu|(K) + \delta\,.\,|\mu|(B) \leqslant |\mu|(K) + \delta\,.\,|\mu|(A),$$

et finalement

$$|\mu|(A) \leqslant \int f\,d|\mu| + \frac{\varepsilon}{2} \leqslant |\mu|(K) + \delta\,.\,|\mu|(A) + \frac{\varepsilon}{2},$$

ce qui achève la démonstration, puisque δ est arbitraire.

Corollaire 1. — *Pour qu'un ensemble* A *soit intégrable, il faut et il suffit que, pour tout* $\varepsilon > 0$, *il existe un ensemble compact* $K \subset A$ *tel que* $|\mu|^*(A - K) \leqslant \varepsilon$. *La mesure* $|\mu|(A)$ *est alors la borne supérieure de l'ensemble des mesures* $|\mu|(K)$ *des ensembles compacts* $K \subset A$.

La condition est nécessaire, car si G et K satisfont aux conditions du th. 4, on a

$$|\mu|^*(A - K) \leqslant |\mu|^*(G - K) \leqslant \varepsilon.$$

La condition est suffisante, car elle exprime que, pour la topologie de la convergence en moyenne, φ_A est adhérente à l'ensemble des fonctions intégrables φ_K (K partie compacte arbitraire de A).

Corollaire 2. — *Pour tout ensemble intégrable* A, *il existe:*

1° *un ensemble* $A_1 \supset A$, *intersection dénombrable d'ensembles ouverts intégrables, et tel que* $A_1 - A$ *soit négligeable;*

2° *un ensemble* $A_2 \subset A$, *réunion dénombrable d'ensembles compacts deux à deux sans point commun et tel que* $A - A_2$ *soit négligeable.*

1° Pour tout entier n, il existe un ensemble ouvert intégrable G_n tel que $|\mu|(G_n) - |\mu|(A) \leqslant \frac{1}{n}$; si A_1 est l'intersection des G_n, on a $|\mu|(A_1) = |\mu|(A)$ (n° 5, cor. de la prop. 7), donc $A_1 - A$ est négligeable.

2° Définissons les ensembles compacts K_n par récurrence de la façon suivante: $K_1 \subset A$ et $|\mu|(A - K_1) \leqslant 1$; $K_n \subset A - \left(\bigcup_{i=1}^{n-1} K_i\right)$, et $|\mu|\left(A \cap \complement\left(\bigcup_{i=1}^{n-1} K_i\right) \cap \complement K_n\right) \leqslant \frac{1}{n}$ pour $n > 1$ (th. 4); si A_2 est la réunion des K_n, on a $|\mu|(A_2) = |\mu|(A)$ (n° 5, prop. 8), donc $A - A_2$ est négligeable.

COROLLAIRE 3.— *Tout ensemble de mesure extérieure finie est contenu dans la réunion d'un ensemble négligeable et d'une famille dénombrable d'ensembles compacts, deux à deux sans point commun, dont la somme des mesures est finie.*

Il suffit d'appliquer le cor. 2 à un ensemble ouvert intégrable contenant l'ensemble donné.

COROLLAIRE 4.— *Pour tout ensemble ouvert* U *dans* E, $|\mu|^*(U)$ *est la borne supérieure des mesures* $|\mu|(K)$ *des ensembles compacts* $K \subset U$.

C'est immédiat si $|\mu|^*(U) < +\infty$ en raison du th. 4. Si $|\mu|^*(U) = +\infty$, pour tout entier n, il existe par hypothèse une fonction $f \in \mathscr{K}_+$ telle que $f \leqslant \varphi_U$ et $|\mu|(f) \geqslant n$. Si K est le support compact de f, on a $f \leqslant \varphi_K \leqslant \varphi_U$, d'où $|\mu|(K) \geqslant n$, ce qui démontre le corollaire.

On notera que $|\mu|^*(U)$ est aussi la borne supérieure des mesures $|\mu|(G)$ des ensembles ouverts relativement compacts tels que $\bar{G} \subset U$. En effet, si K est un ensemble compact contenu dans U, pour tout $x \in K$, il existe un voisinage ouvert relativement compact V de x tel que $\bar{V} \subset U$. En recouvrant K par un nombre fini de ces voisinages, leur réunion G est un ensemble ouvert relativement compact tel que $\bar{G} \subset U$ et $K \subset G$, d'où

$$\mu(K) \leqslant |\mu|(G) \leqslant |\mu|^*(U).$$

7. *Caractérisation des mesures bornées*

PROPOSITION 12. — *Pour qu'une mesure* μ *sur un espace localement compact* X *soit bornée* (chap. III, § 1, n° 8), *il faut et il suffit que* X *soit un ensemble intégrable pour* μ (ou, ce qui revient au même, que *toute fonction constante finie soit intégrable*); *on a alors*

$$\|\mu\| = |\mu|(X) = \int d|\mu|.$$

En effet, on a vu que $|\mu|^*(X) = \|\mu\|$ (§ 1, n° 2); la proposition résulte donc de la prop. 10 du n° 6.

Pour toute mesure bornée μ, on dit encore que $\mu(X)$ est la *masse totale de* μ.

Il résulte du th. 4 n° 5 que si μ est une mesure bornée, pour tout $\varepsilon > 0$, il existe un ensemble compact K tel que $|\mu|(\complement K) \leqslant \varepsilon$.

Proposition 13.— *Soit μ une mesure bornée sur X. Soit $\mathfrak{B}$ une base de filtre sur $\mathscr{L}^p_F$, ayant les propriétés suivantes:*

1° *il existe un ensemble $M \in \mathfrak{B}$ tel que les fonctions $\mathbf{f} \in M$ soient uniformément bornées dans X;*

2° *$\mathfrak{B}$ converge uniformément dans toute partie compacte de X vers une fonction $\mathbf{f}_0$.*

Dans ces conditions, $\mathbf{f}_0$ appartient à $\mathscr{L}^p_F$ et $\mathfrak{B}$ converge en moyenne d'ordre p vers $\mathbf{f}_0$.

Remarquons d'abord que si $|\mathbf{f}(x)| \leqslant a$ pour tout $x \in X$ et toute fonction $\mathbf{f} \in M$, on a aussi $|\mathbf{f}_0(x)| \leqslant a$ pour tout $x \in X$. Cela étant, pour tout $\varepsilon > 0$, il existe un ensemble compact K tel que $|\mu|(\complement K) \leqslant \varepsilon^p$ et un ensemble $N \in \mathfrak{B}$ tel que, pour toute fonction $\mathbf{f} \in N$, on ait $|\mathbf{f}(x) - \mathbf{f}_0(x)| \leqslant \varepsilon(|\mu|(K))^{-1/p}$ pour tout $x \in K$. Or, on peut écrire

$$\mathbf{f} - \mathbf{f}_0 = (\mathbf{f} - \mathbf{f}_0)\varphi_K + (\mathbf{f} - \mathbf{f}_0)\varphi_{\complement K};$$

il résulte de ce qui précède que, si $\mathbf{f} \in M \cap N$, on a $N_p((\mathbf{f} - \mathbf{f}_0)\varphi_K) \leqslant \varepsilon$ et $N_p((\mathbf{f} - \mathbf{f}_0)\varphi_{\complement K}) \leqslant 2a\varepsilon$, d'où $N_p(\mathbf{f} - \mathbf{f}_0) \leqslant (2a + 1)\varepsilon$, ce qui démontre la proposition.

Corollaire.— *Pour une mesure μ bornée sur X, toute application $\mathbf{f}$ continue et bornée de X dans F appartient à chacun des $\mathscr{L}^p_F (1 \leqslant p < +\infty)$.*

En effet, pour toute partie compacte K de X, soit M_K l'ensemble des applications de X dans F de la forme $h\mathbf{f}$, où h est une application continue de X dans $[0, 1]$ égale à 1 dans K et à support compact. Il est clair que les ensembles M_K forment dans $\mathscr{L}^p_F$ une base de filtre $\mathfrak{B}$, que les fonctions appartenant à M_K sont uniformément bornées, et que $\mathfrak{B}$ converge uniformément vers $\mathbf{f}$ dans toute partie compacte de X, d'où le corollaire.

En particulier, la fonction $\mathbf{f}$ est intégrable, et son intégrale $\int \mathbf{f}\, d\mu$ est la limite suivant $\mathfrak{B}$ des intégrales $\int h\mathbf{f}\, d\mu$.

Nous retrouverons le cor. de la prop. 13 comme conséquence d'un critère général d'intégrabilité au § 5, n° 6.

Avec les notations du chap. III, § 1, n° 2, on a $|\mathbf{f}| \leqslant \|\mathbf{f}\| . 1$ pour toute fonction $f \in \mathscr{C}^b(X; F)$, d'où, en vertu des formules (3) et

(4) du n° 2,

$$N_p(\mathbf{f}) \leqslant \|\mathbf{f}\| \,.\, N_p(1) = \|\mathbf{f}\| \,.\, \|\mu\|^{1/p}. \tag{19}$$

En particulier, pour $p = 1$, la formule (5) du n° 2 donne

$$\left| \int \mathbf{f}\, d\mu \right| \leqslant \|\mathbf{f}\| \,.\, \|\mu\| \tag{20}$$

et par suite l'application $\mathbf{f} \mapsto \int \mathbf{f}\, d\mu$ est *continue* dans l'espace de Banach $\mathscr{C}^b(\mathrm{X}\,;\mathrm{F})$; sa restriction à l'adhérence $\mathscr{C}^0(\mathrm{X}\,;\mathrm{F})$ de $\mathscr{K}(\mathrm{X}\,;\mathrm{F})$ dans $\mathscr{C}^b(\mathrm{X}\,;\mathrm{F})$, espace des fonctions continues tendant vers 0 au point à l'infini (chap. III, § 1, n° 2, prop. 3), est donc le *prolongement par continuité* de l'intégrale à $\mathscr{C}^0(\mathrm{X}\,;\mathrm{F})$.

8. *Intégration par rapport à une mesure à support compact*

Soit μ une mesure sur X dont le support $\mathrm{S} = \mathrm{Supp}(\mu)$ est *compact*; l'ensemble ouvert $\mathrm{X} - \mathrm{S}$ est *négligeable* (§ 2, n° 5, prop. 2). Pour toute fonction $\mathbf{f}$ à valeurs dans un espace vectoriel F ou dans $\overline{\mathbf{R}}$, les fonctions $\mathbf{f}$ et $\mathbf{f}\varphi_{\mathrm{S}}$ sont donc *équivalentes* (§ 2, n° 4); pour que $\mathbf{f}$ soit μ-intégrable (lorsque F est un espace de Banach), il faut et il suffit donc que $\mathbf{f}\varphi_{\mathrm{S}}$ le soit, et l'on a (n° 1)

$$\int \mathbf{f}\, d\mu = \int \mathbf{f}\varphi_{\mathrm{S}}\, d\mu. \tag{21}$$

Si de plus $\mathbf{f}$ est *bornée dans* S, il résulte de (20) que l'on a

$$\left| \int \mathbf{f}\, d\mu \right| \leqslant \|\mu\| \,.\, \sup_{x \in \mathrm{S}} |\mathbf{f}(x)|. \tag{22}$$

En particulier si $\mathbf{f}$ est *continue* dans X, $\mathbf{f}$ est μ-intégrable puisque $\mathbf{f}h \in \mathscr{K}(\mathrm{X}\,;\mathrm{F})$ pour toute fonction $h \in \mathscr{K}(\mathrm{X}\,;\mathbf{R})$ égale à 1 dans S (chap. III, § 1, n° 2, lemme 1). Plus précisément:

PROPOSITION 14. — *Soient* X *un espace localement compact,* F *un espace de Banach non réduit à* 0; *on munit l'espace* $\mathscr{C}(\mathrm{X}\,;\mathrm{F})$ *de toutes les applications continues de* X *dans* F *de la topologie de la convergence compacte. Pour qu'une mesure* μ *sur* X *soit telle que l'application linéaire* $\mathbf{f} \mapsto \int \mathbf{f}\, d\mu$ *de* $\mathscr{K}(\mathrm{X}\,;\mathrm{F})$ *dans* X *se prolonge en une application linéaire continue de* $\mathscr{C}(\mathrm{X}\,;\mathrm{F})$ *dans* F, *il faut et il suffit que* $\mathrm{Supp}(\mu)$ *soit compact; un tel prolongement est unique et coïncide avec l'intégrale définie au n°* 1.

On vient de voir en effet que si μ a un support compact, l'intégrale $\int \mathbf{f}\, d\mu$ est définie pour toute fonction $\mathbf{f} \in \mathscr{C}(\mathrm{X}\,;\mathrm{F})$ et que l'application $\mathbf{f} \mapsto \int \mathbf{f}\, d\mu$ de $\mathscr{C}(\mathrm{X}\,;\mathrm{F})$ dans F est continue pour la topologie de la convergence compacte. Inversement, supposons que $\mathbf{f} \mapsto \int \mathbf{f}\, d\mu$ soit continue *dans* $\mathcal{K}(X; F)$ pour la topologie de la convergence compacte. Il y a alors un ensemble compact $K \subset X$ et un nombre $a > 0$ tels que $|\mu(\mathbf{f})| \leqslant a \,.\, \sup_{x \in K} |\mathbf{f}(x)|$ pour toute fonction $\mathbf{f} \in \mathcal{K}(X; F)$; en particulier, si le support de $\mathbf{g} \in \mathcal{K}(X; F)$ ne rencontre pas K, on a $\mu(\mathbf{g}) = 0$. Prenant $\mathbf{g} = h\mathbf{a}$, où $\mathbf{a} \neq 0$ est un vecteur de F et $h \in \mathcal{K}(X; \mathbf{C})$, on voit que $\mu(h) = 0$ pour toute fonction $h \in \mathcal{K}(X; \mathbf{C})$ dont le support ne rencontre pas K, ce qui prouve que $\mathrm{Supp}(\mu) \subset K$. Enfin, l'unicité du prolongement résulte de ce que $\mathcal{K}(X; F)$ est *dense* dans $\mathscr{C}(X; F)$ pour la topologie de la convergence compacte (chap. III, § 1, n° 2, prop. 4).

La prop. 14 permet d'identifier une mesure à support compact sur X à son prolongement continu à $\mathscr{C}(X; \mathbf{C})$. L'ensemble des mesures à support compact sur X s'identifie donc au *dual* $\mathscr{C}'(X; \mathbf{C})$ de l'espace localement convexe séparé $\mathscr{C}(X; \mathbf{C})$. Rappelons que $\mathscr{C}(X; \mathbf{C})$ est *complet* (*Top. gén.*, chap. X, 2e éd., § 1, n° 6, cor. 3 du th. 2); mais il n'est pas nécessairement tonnelé (exerc. 17). Toutefois, si X est *dénombrable à l'infini*, donc réunion d'une suite croissante d'ensembles compacts K_n tels que $K_n \subset \mathring{K}_{n+1}$, alors la topologie de $\mathscr{C}(X; \mathbf{C})$ peut être définie par la famille dénombrable de semi-normes $p_n(f) = \sup_{x \in K_n} |f(x)|$, donc $\mathscr{C}(X; \mathbf{C})$ est un *espace de Fréchet* dans ce cas. Par suite, pour tout recouvrement $\mathfrak{S}$ de $\mathscr{C}(X; \mathbf{C})$ par des ensembles bornés, l'espace $\mathscr{C}'(X; \mathbf{C})$ est alors *quasi-complet* pour la $\mathfrak{S}$-topologie (*Esp. vect. top.*, chap. III, § 3, n° 7, cor. 2 du th. 4).

Nous considérerons surtout sur $\mathscr{C}'(X; \mathbf{C})$ la topologie de la *convergence compacte* (topologie de la convergence uniforme dans les parties compactes de $\mathscr{C}(X; \mathbf{C})$). Rappelons que les parties relativement compactes H de $\mathscr{C}(X; \mathbf{C})$ sont caractérisées par les propriétés suivantes (*Top. gén.*, chap. X, 2e éd., § 2, n° 5, cor. 3 du th. 2):

1° H est équicontinue;

2° pour tout $x \in X$, l'ensemble $H(x)$ des $f(x)$, où f parcourt H, est borné dans $\mathbf{C}$.

PROPOSITION 15. — *Soient* X *un espace localement compact et, pour tout* $x \in X$, *soit* ε_x *la mesure de Dirac au point* x. *L'application* $x \mapsto \varepsilon_x$ *de* X *dans* $\mathscr{C}'(X; \mathbf{C})$ *est continue pour la topologie de la convergence compacte sur* $\mathscr{C}'(X; \mathbf{C})$.

Considérons un voisinage de ε_{x_0} dans $\mathscr{C}'(X; \mathbf{C})$ pour cette topologie, que l'on peut supposer défini en prenant un nombre

$\delta > 0$, une partie compacte H de $\mathscr{C}(X; \mathbf{C})$ et en considérant l'ensemble des mesures μ sur X telles que $|\mu(f) - \varepsilon_{x_0}(f)| \leqslant \delta$ pour toute fonction $f \in H$. Comme H est équicontinue, il existe un voisinage U de x_0 dans X tel que la relation $f \in H$ entraîne $|f(x) - f(x_0)| \leqslant \delta$ pour tout $x \in U$, ce qui s'écrit aussi

$$|\varepsilon_x(f) - \varepsilon_{x_0}(f)| \leqslant \delta,$$

et prouve la proposition.

PROPOSITION 16. — *Soient* K *une partie compacte de* X, L *l'espace vectoriel des mesures* μ *sur* X *de support contenu dans* K. *Sur* L, *les topologies induites par la topologie* $\mathscr{T}$ *de la convergence compacte sur* $\mathscr{C}'(X; \mathbf{C})$ *et la topologie* $\mathscr{T}'$ *de la convergence strictement compacte sur* $\mathscr{M}(X; \mathbf{C})$ (chap. III, § 1, n° 10) *coïncident.*

Il est clair que sur L, la topologie induite par $\mathscr{T}$ est plus fine que la topologie induite par $\mathscr{T}'$. Inversement, soient H une partie compacte de $\mathscr{C}(X; \mathbf{C})$, h une fonction de $\mathscr{K}(X; \mathbf{C})$ égale à 1 dans K. Il est clair que l'ensemble H' des fonctions fh, où f parcourt H, est strictement compact dans $\mathscr{K}(X; \mathbf{C})$, et, pour toute mesure $\mu \in L$, on a $\mu(f) = \mu(fh)$ pour toute fonction $f \in H$, d'où la conclusion.

COROLLAIRE 1. — *Pour toute partie compacte* K *de* X *et tout nombre* $a > 0$, *l'ensemble* B *des mesures* μ *sur* X *telles que* $\mathrm{Supp}(\mu) \subset K$ *et* $\|\mu\| \leqslant a$ *est une partie équicontinue de* $\mathscr{C}'(X; \mathbf{C})$, *qui est compacte pour la topologie* $\mathscr{T}$ *de la convergence compacte.*

En effet, soit H une partie de $\mathscr{C}(X; \mathbf{C})$, formée de fonctions uniformément bornées dans K; il existe un nombre $c > 0$ tel que $|\mu(f)| \leqslant c.\|\mu\| \leqslant ac$ pour toute fonction $f \in H$ et toute mesure $\mu \in B$, en vertu de (22); on a donc $B \subset acH^0$ dans le dual $\mathscr{C}'(X; \mathbf{C})$ de $\mathscr{C}(X; \mathbf{C})$, ce qui prouve l'équicontinuité de B; le fait que B est compact pour $\mathscr{T}$ résulte de ce que, sur B, $\mathscr{T}$ et la topologie vague induisent la même topologie (prop. 16 et chap. III, § 1, n° 10, prop. 17) et du fait que B est vaguement compact (chap. III, § 1, n° 9, cor. 2 de la prop. 15 et § 2, n° 2, prop. 6).

COROLLAIRE 2. — *Toute mesure à support compact* (resp. *positive à support compact*) μ *est adhérente dans* $\mathscr{C}'(X; \mathbf{C})$, *pour la topologie* $\mathscr{T}$ *de la convergence compacte, à l'ensemble des mesures* (resp. *des mesures positives*) *dont le support est fini et contenu dans* $\mathrm{Supp}(\mu)$ *et dont la norme est égale à* $\|\mu\|$.

En effet, sur l'ensemble B des mesures ν telles que

$$\operatorname{Supp}(\nu) \subset \operatorname{Supp}(\mu) \quad \text{et} \quad \|\nu\| \leqslant \|\mu\|,$$

la topologie induite par la topologie vague est identique à la topologie induite par $\mathscr{T}$, et le corollaire résulte donc du chap. III, § 2, n° 4, cor. 2 et 3 du th. 1.

9. *Clans et fonctions additives d'ensemble*

DÉFINITION 3. — *On dit qu'un ensemble non vide* Φ *de parties d'un ensemble* A *est un clan s'il existe une algèbre* $\mathscr{A}$ (*sur* $\mathbf{R}$) *formée de fonctions numériques finies, définies dans* A, *telle que les relations* $M \in \Phi$ *et* $\varphi_M \in \mathscr{A}$ *soient équivalentes.*

Exemple. — Si μ est une mesure sur un espace localement compact X, les combinaisons linéaires à coefficients réels de fonctions caractéristiques d'ensembles intégrables forment une *algèbre* $\mathscr{A}$, car pour deux ensembles intégrables M, N,

$$\varphi_M \varphi_N = \varphi_{M \cap N}$$

est intégrable (n° 5, prop. 7); il résulte alors des déf. 2 et 3 que l'ensemble des parties intégrables de X est un clan.

PROPOSITION 17. — *Pour qu'un ensemble non vide* Φ *de parties d'un ensemble* A *soit un clan, il faut et il suffit qu'il satisfasse à la condition suivante:*

(CL) *Pour tout couple d'ensembles* M, N *appartenant à* Φ, *les ensembles* $M \cup N$ *et* $M \cap \complement N$ *appartiennent à* Φ.

La condition est *nécessaire*, en vertu des relations

$$\varphi_{M \cup N} = \varphi_M + \varphi_N - \varphi_M \varphi_N, \qquad \varphi_{M \cap \complement N} = \varphi_M - \varphi_M \varphi_N.$$

Pour montrer qu'elle est *suffisante*, remarquons d'abord qu'elle entraîne que, pour deux ensembles quelconques M, N de Φ, $M \cap N$ appartient à Φ, puisque $M \cap N = M \cap \complement(M \cap \complement N)$. Soit alors $\mathscr{E}(\Phi)$ l'ensemble des combinaisons linéaires à coefficients réels de fonctions caractéristiques d'ensembles de Φ. Comme $\varphi_M \varphi_N = \varphi_{M \cap N}$, $\mathscr{E}(\Phi)$ est une algèbre. Tout revient à montrer que, si M est une partie de A telle que $\varphi_M = \sum_i c_i \varphi_{M_i}$, où les $M_i \in \Phi$, on a $M \in \Phi$. Cela va résulter du lemme suivant:

Lemme 1. — *Soit* Φ *un ensemble non vide de parties de* A *satisfaisant à l'axiome* (CL). *Etant donnée une famille finie* $(M_i)_{1 \leqslant i \leqslant n}$

d'ensembles de Φ, *il existe une famille finie* $(N_j)_{1 \leqslant j \leqslant m}$ *d'ensembles de* Φ, *deux à deux sans point commun, telle que chacun des* M_i *soit réunion d'un certain nombre des* N_j.

En effet, considérons les $2^n - 1$ ensembles de la forme $\bigcap_{i=1}^{n} P_i$, où $P_i = M_i$ pour certains indices i, $P_i = \complement M_i$ pour les autres, un au moins des P_i étant égal à M_i. Soit $(N_j)_{1 \leqslant j \leqslant m}$ la suite de ces ensembles rangés dans un certain ordre; ils sont deux à deux sans point commun, et appartiennent à Φ; d'autre part, tout ensemble M_k est réunion des ensembles $N_j = \bigcap_{i=1}^{n} P_i$ correspondant aux familles (P_i) telles que $P_k = M_k$, ce qui démontre le lemme.

Ce lemme étant établi, toute fonction de la forme $\sum_{i=1}^{n} c_i \varphi_{M_i}$, où $M_i \in \Phi$, peut s'écrire sous la forme $\sum_{j=1}^{m} d_j \varphi_{N_j}$, où les N_j appartiennent à Φ et sont deux à deux sans point commun; si $\varphi_M = \sum_{j=1}^{m} d_j \varphi_{N_j}$, on a nécessairement $d_j = 0$ ou $d_j = 1$ pour chaque indice j, donc M est réunion d'un certain nombre des N_j, et par suite appartient à Φ.

Tout clan Φ de parties de A contient la partie vide $\varnothing$ de A; en effet, il existe au moins une partie $M \in \Phi$, donc $M - M = \varnothing$ appartient à Φ. On notera d'ailleurs que l'ensemble de parties de A réduit à la seule partie $\varnothing$ est un clan.

DÉFINITION 4. — *Etant donné un clan* Φ *de parties d'un ensemble* A, *et un espace de Banach* F, *on appelle fonction étagée sur les ensembles de* Φ (ou *fonction* Φ*-étagée*), *à valeurs dans* F, *toute fonction de la forme* $\sum_i \mathbf{a}_i \varphi_{M_i}$, *où les* $\mathbf{a}_i$ *appartiennent à* F, *et les* M_i *à* Φ.

Il est clair que l'ensemble $\mathscr{E}_F(\Phi)$ des fonctions Φ-étagées à valeurs dans F, est un espace vectoriel sur **R** ou **C**. Nous venons de voir dans la prop. 17 que l'ensemble $\mathscr{E}(\Phi)$ des fonctions numériques finies Φ-étagées est une *algèbre* sur **R**; c'est aussi le sous-espace vectoriel de $\mathbf{R}^A$ engendré par les fonctions caractéristiques des ensembles de Φ.

Toute fonction de $\mathscr{E}_F(\Phi)$ peut s'écrire $\mathbf{f} = \sum_j \mathbf{c}_j \varphi_{N_j}$, où les $N_j \in \Phi$ sont deux à deux sans point commun, en raison du lemme 1; on en déduit que $|\mathbf{f}| = \sum_j |\mathbf{c}_j| \varphi_{N_j}$ appartient à $\mathscr{E}(\Phi)$. En particulier, $\mathscr{E}(\Phi)$ est un *espace de Riesz*, l'enveloppe supérieure de deux fonctions de $\mathscr{E}(\Phi)$ appartenant à $\mathscr{E}(\Phi)$.

Remarque. — On voit aisément que la déf. 4 est équivalente à la suivante: une fonction Φ-étagée à valeurs dans F est une fonction **f** qui ne prend qu'un nombre fini de valeurs et qui est telle que, pour tout $\mathbf{a} \neq 0$ dans F, l'ensemble $\overset{-1}{\mathbf{f}}(\mathbf{a})$ appartienne à Φ.

DÉFINITION 5. — *On dit qu'une fonction numérique finie* λ, *définie dans un clan* Φ *de parties d'un ensemble* A, *est additive, si, pour tout couple d'ensembles* M, N *sans point commun et appartenant à* Φ, *on a* $\lambda(M \cup N) = \lambda(M) + \lambda(N)$.

Il résulte en particulier de cette définition que $\lambda(\emptyset) = 0$.

PROPOSITION 18. — *Soit* λ *une fonction additive d'ensemble, définie dans un clan* Φ. *Il existe une forme linéaire et une seule* (notée encore λ) *sur l'espace vectoriel* $\mathscr{E}(\Phi)$ *des fonctions* Φ*-étagées numériques finies, telle que* $\lambda(\varphi_M) = \lambda(M)$ *pour tout ensemble* $M \in \Phi$; *en outre, si* $\lambda(M) \geqslant 0$ *pour tout* $M \in \Phi$, λ *est une forme linéaire positive sur* $\mathscr{E}(\Phi)$.

L'*unicité* de la forme linéaire λ est évidente, puisque les fonctions caractéristiques d'ensembles de Φ engendrent l'espace vectoriel $\mathscr{E}(\Phi)$. Pour prouver l'*existence* de λ, il suffit de prouver que la relation $\sum_i c_i \varphi_{M_i} = 0$, où les M_i sont des ensembles non vides appartenant à Φ, entraîne $\sum_i c_i \lambda(M_i) = 0$. Or, en vertu du lemme 1, il existe une famille finie (N_j) d'ensembles non vides de Φ, deux à deux sans point commun, telle que pour chaque indice i, on ait $\varphi_{M_i} = \sum_j a_{ij} \varphi_{N_j}$, avec $a_{ij} = 0$ ou $a_{ij} = 1$. La relation $\sum_i c_i \varphi_{M_i} = 0$, qui s'écrit $\sum_j \left(\sum_i c_i a_{ij} \right) \varphi_{N_j} = 0$, entraîne donc $\sum_i c_i a_{ij} = 0$ pour tout indice j. En vertu de la déf. 5, on a alors

$$\sum_i c_i \lambda(M_i) = \sum_j \left(\sum_i c_i a_{ij} \right) \lambda(N_j) = 0,$$

ce qui démontre l'existence de λ. Supposons enfin que $\lambda(M) \geqslant 0$

pour tout $M \in \Phi$; pour toute fonction $f \in \mathscr{E}(\Phi)$, on peut écrire $f = \sum_i c_i \varphi_{M_i}$, où les $M_i \in \Phi$ sont deux à deux sans point commun; si $f \geqslant 0$, on a donc $c_i \geqslant 0$ pour tout indice i tel que M_i soit non vide, d'où $\lambda(f) = \sum_i c_i \lambda(M_i) \geqslant 0$.

10. Approximation des fonctions continues par les fonctions étagées

PROPOSITION 19. — *Soient* X *un espace localement compact,* Φ *un clan de parties de* X, *contenant l'ensemble des parties compactes de* X. *Pour toute application continue* $\mathbf{f}$ *de* X *dans un espace de Banach* F (resp. *toute fonction numérique* f *finie, continue et* $\geqslant 0$ *dans* X), *à support compact* K, *il existe une suite* $(\mathbf{g}_n)$ *de fonctions de* $\mathscr{E}_F(\Phi)$, *dont le support est contenu dans* K (resp. *une suite* (g_n) *de fonctions de* $\mathscr{E}(\Phi)$, *telle que* $0 \leqslant g_n \leqslant f$ *pour tout* n), *qui converge uniformément vers* $\mathbf{f}$ (resp. f).

En effet, comme $\mathbf{f}$ est uniformément continue dans K, on peut recouvrir K par un nombre fini d'ensembles compacts M_i $(1 \leqslant i \leqslant m)$ tels que l'oscillation de $\mathbf{f}$ dans chacun des M_i soit $\leqslant 1/n$. Comme les M_i et K appartiennent à Φ, il existe une partition de K en ensembles $N_j \in \Phi$ tels que chacun des ensembles $M_i \cap K$ soit réunion d'un certain nombre des N_j (nº 9, lemme 1). Soit $\mathbf{a}_j$ un élément de F tel que $|\mathbf{f}(x) - \mathbf{a}_j| \leqslant 1/n$ dans N_j. Si on pose $\mathbf{g}_n = \sum_j \mathbf{a}_j \varphi_{N_j}$, on a $|\mathbf{f} - \mathbf{g}_n| \leqslant 1/n$, d'où la proposition dans ce cas. On raisonne de même pour une fonction continue numérique f, en prenant $a_j = \inf_{x \in N_j} f(x)$, et $g_n = \sum_j a_j \varphi_{N_j}$.

COROLLAIRE 1. — *Soit* μ *une mesure positive sur* X; *l'espace* $\mathscr{E}_F(\Phi)$ *est partout dense dans chacun des espaces* $\mathscr{L}^p_F$ $(1 \leqslant p < +\infty)$.

En effet, il résulte de la prop. 19 et du critère de convergence en moyenne pour les limites uniformes de fonctions à support compact (§ 3, nº 3, prop. 4) que $\mathscr{E}_F(\Phi)$ est dense, pour la topologie de la convergence en moyenne d'ordre p, dans l'adhérence de l'espace $\mathscr{K}_F$ des fonctions continues à support compact; d'où le corollaire.

COROLLAIRE 2. — *Pour toute partie fermée* S *de* X, *toute fonction* $f \in \mathscr{K}(X, S; \mathbf{C})$ *est limite uniforme de combinaisons linéaires* $\sum_i \lambda_i \varphi_{K_i}$, *où les* λ_i *appartiennent à* $\mathbf{C}$ *et les* K_i *sont des parties compactes de* S.

En effet, l'ensemble $\mathscr{A}$ des combinaisons linéaires considérées est une **C**-algèbre. Soit Φ l'ensemble des parties M de X telles que $\varphi_M \in \mathscr{A}$; Φ est donc un *clan* dont tous les éléments sont des parties de S, contenant les parties compactes de S, et l'on a $\mathscr{E}_{\mathbf{C}}(\Phi) \subset \mathscr{A}$. Il suffit alors d'appliquer la prop. 19 à l'espace localement compact S et au clan Φ.

COROLLAIRE 3. — *Si μ et ν sont deux mesures sur* X *telles que $\mu(\mathrm{K}) = \nu(\mathrm{K})$ pour toute partie compacte* K *de* X, *on a $\mu = \nu$.*

En effet, il résulte du cor. 2 et de la définition d'une mesure que pour toute partie compacte S de X, μ et ν prennent les mêmes valeurs dans $\mathscr{K}(\mathrm{X}, \mathrm{S}; \mathbf{C})$.

11. Prolongement d'une mesure définie sur une famille d'ensembles

Soit Φ un ensemble non vide de parties d'un espace localement compact X. Etant donnée une fonction numérique finie $\mathrm{M} \mapsto \alpha(\mathrm{M})$, définie et $\geqslant 0$ dans Φ, nous nous proposons de chercher à quelles conditions il existe une mesure positive μ sur X telle que les ensembles de Φ soient *μ-intégrables* et que l'on ait $\mu(\mathrm{M}) = \alpha(\mathrm{M})$ pour tout $\mathrm{M} \in \Phi$. Nous nous bornerons à considérer le cas où l'ensemble Φ satisfait aux conditions suivantes :

($\mathrm{PC_I}$) *La réunion et l'intersection de deux ensembles de Φ appartiennent à Φ.*

($\mathrm{PC_{II}}$) *Pour tout couple formé d'un ensemble compact* K *et d'un ensemble ouvert* U *dans* X, *tels que* $\mathrm{K} \subset \mathrm{U}$, *il existe un ensemble* $\mathrm{M} \in \Phi$ *tel que* $\mathrm{K} \subset \mathrm{M} \subset \mathrm{U}$.

On notera que la condition ($\mathrm{PC_{II}}$) implique que $\varnothing \in \Phi$, en prenant $\mathrm{K} = \mathrm{U} = \varnothing$. Mais l'ensemble Φ n'est pas nécessairement un clan : par exemple, l'ensemble des parties compactes de X vérifie les conditions ($\mathrm{PC_I}$) et ($\mathrm{PC_{II}}$), mais n'est pas un clan en général, car si M et N sont compacts, il n'en est pas de même de $\mathrm{M} \cap \complement \mathrm{N}$ en général.

Nous supposerons en outre que la fonction α, définie dans Φ, vérifie les conditions suivantes (évidemment nécessaires pour que le problème ait une solution) :

($\mathrm{PM_I}$) *La relation* $\mathrm{M} \subset \mathrm{N}$ *entraîne* $\alpha(\mathrm{M}) \leqslant \alpha(\mathrm{N})$.
($\mathrm{PM_{II}}$) *Quels que soient* M *et* N *dans* Φ, $\alpha(\mathrm{M} \cup \mathrm{N}) \leqslant \alpha(\mathrm{M}) + \alpha(\mathrm{N})$.
($\mathrm{PM_{III}}$) *La relation* $\mathrm{M} \cap \mathrm{N} = \varnothing$ *entraîne* $\alpha(\mathrm{M} \cup \mathrm{N}) = \alpha(\mathrm{M}) + \alpha(\mathrm{N})$.

En prenant $\mathrm{N} = \varnothing$ dans la condition ($\mathrm{PM_{III}}$), on en déduit que $\alpha(\varnothing) = 0$; la condition ($\mathrm{PM_I}$) montre alors que $\alpha(\mathrm{M}) \geqslant 0$ pour tout $\mathrm{M} \in \Phi$.

THÉORÈME 5. — *Soit* Φ *un ensemble de parties d'un espace localement compact* X, *satisfaisant à* (PC_I) *et* (PC_{II}), *et soit* α *une fonction numérique finie, définie dans* Φ, *satisfaisant aux conditions* (PM_I), (PM_{II}) *et* (PM_{III}). *Pour qu'il existe une mesure positive* μ *sur* X, *telle que les ensembles de* Φ *soient* μ-*intégrables et que l'on ait* $\mu(M) = \alpha(M)$ *pour tout* $M \in \Phi$, *il faut et il suffit que* α *vérifie en outre la condition suivante*:

(PM_{IV}) *Pour tout* $\varepsilon > 0$ *et tout* $M \in \Phi$, *il existe un ensemble compact* $K \subset M$ *et un ensemble ouvert* $U \supset M$, *tels que, pour tout ensemble* $N \in \Phi$ *satisfaisant à la relation* $K \subset N \subset U$, *on ait* $|\alpha(N) - \alpha(M)| \leqslant \varepsilon$.

En outre, si la condition (PM_{IV}) *est remplie, la mesure* μ *est unique*; *pour tout ensemble compact* K, *on a* $\mu(K) = \inf_{M \in \Phi, M \supset K} \alpha(M)$; *pour tout ensemble ouvert* U, *on a* $\mu^*(U) = \sup_{M \in \Phi, M \subset U} \alpha(M)$.

On notera que la condition (PM_{IV}) est équivalente à la conjonction des deux suivantes:

(PM'_{IV}) *Pour tout* $\varepsilon > 0$ *et tout* $M \in \Phi$, *il existe un ensemble ouvert* $U \supset M$ *tel que, pour tout* $N \in \Phi$ *contenu dans* U, *on ait* $\alpha(N) \leqslant \alpha(M) + \varepsilon$.

(PM''_{IV}) *Pour tout* $\varepsilon > 0$ *et tout* $M \in \Phi$, *il existe un ensemble compact* $K \subset M$ *tel que, pour tout* $N \in \Phi$ *contenant* K, *on ait* $\alpha(N) \geqslant \alpha(M) - \varepsilon$.

En effet, il est évident que (PM'_{IV}) et (PM''_{IV}) entraînent (PM_{IV}). Inversement, montrons par exemple que (PM_{IV}) entraîne (PM'_{IV}): soient K un ensemble compact, U un ensemble ouvert, tels que $K \subset M \subset U$ et que $|\alpha(P) - \alpha(M)| \leqslant \varepsilon$ pour tout $P \in \Phi$ tel que $K \subset P \subset U$. Alors, si $N \in \Phi$ et $N \subset U$, $M \cup N$ appartient à Φ et

$$K \subset (M \cup N) \subset U,$$

d'où $\alpha(M \cup N) \leqslant \alpha(M) + \varepsilon$, et *a fortiori* $\alpha(N) \leqslant \alpha(M) + \varepsilon$.

Lorsque l'ensemble Φ, satisfaisant à (PC_I) et (PC_{II}), est formé d'ensembles *compacts*, la condition (PM''_{IV}) est vérifiée d'elle-même, et (PM_{IV}) est alors équivalente à (PM'_{IV}).

La condition (PM_{IV}) est *nécessaire*: cela résulte aussitôt du th. 4 du nº 6 sur l'« approximation » d'un ensemble intégrable par un ensemble compact et un ensemble ouvert. Pour démontrer les autres assertions du théorème nous procéderons en plusieurs étapes.

1º *Définition d'une topologie sur* $\mathfrak{P}(X)$.

Pour tout couple (K, U) formé d'un ensemble compact K et d'un ensemble ouvert U dans X, désignons par I(K, U) l'ensemble des parties $M \subset X$ telles que $K \subset M \subset U$; pour que I(K, U) ne soit pas vide, il faut et il suffit que $K \subset U$. Si (K′, U′) est un second couple formé d'un ensemble compact K′ et d'un ensemble ouvert U′, on a

$$I(K, U) \cap I(K', U') = I(K \cup K', U \cap U').$$

Soit $\mathscr{T}$ la topologie sur $\mathfrak{P}(X)$ engendrée par l'ensemble des parties $I(K, U)$ lorsque K parcourt l'ensemble des parties compactes de X, et U l'ensemble des parties ouvertes de X; d'après ce qui précède, les $I(K, U)$ forment une *base* de la topologie $\mathscr{T}$ (*Top. gén.*, chap. I, 3e éd., § 1, n° 3).

On notera que la définition de $\mathscr{T}$ entraîne que, dans $\mathfrak{P}(X)$, l'ensemble des parties compactes de X est *partout dense*. La condition (PC_{II}) exprime que Φ est *dense* dans $\mathfrak{P}(X)$, et la condition (PM_{IV}) exprime que la fonction α est *continue* dans Φ, pour la topologie induite par $\mathscr{T}$. Enfin, le th. 4 exprime que la fonction $M \mapsto \mu(M)$ est *continue* dans le clan des ensembles μ-intégrables, pour la topologie induite par $\mathscr{T}$.

2° *Unicité de* μ.

Désignons par $\bar{\Phi}$ l'ensemble des parties $M \subset X$ telles que $\alpha(N)$ tende vers une limite finie lorsque N tend vers M (pour la topologie $\mathscr{T}$) en restant dans Φ; on peut alors prolonger d'une seule manière α en une application *continue* $\bar{\alpha}$ de $\bar{\Phi}$ dans $\mathbf{R}$ (*Top. gén.*, chap. I, 3e éd., § 8, n° 5, th. 1). S'il existe une mesure μ repondant à la question, les remarques faites ci-dessus prouvent que le clan Ψ des ensembles μ-intégrables est contenu dans $\bar{\Phi}$, et que $\mu(M) = \bar{\alpha}(M)$ pour tout $M \in \Psi$; cette relation a lieu en particulier pour toute partie compacte M de X, ce qui prouve l'unicité de μ (cor. 2 de la prop. 19).

3° *Prolongement de* α *aux ensembles compacts.*

Sans supposer l'existence de μ, nous allons maintenant étudier l'ensemble $\bar{\Phi}$ et le prolongement $\bar{\alpha}$ de α à $\bar{\Phi}$. Montrons en premier lieu que tout ensemble compact K appartient à $\bar{\Phi}$, et que l'on a $\bar{\alpha}(K) = \inf_{P\in\Phi, P\supset K} \alpha(P)$. Posons $a = \inf_{P\in\Phi, P\supset K} \alpha(P)$; pour tout $\varepsilon > 0$, il existe $M \in \Phi$ tel que $K \subset M$ et $\alpha(M) \leqslant a + \varepsilon$. D'après (PM'_{IV}), il existe un ensemble ouvert $U \supset M$ tel que, pour tout $N \in \Phi$ contenu dans U, on ait $\alpha(N) \leqslant \alpha(M) + \varepsilon \leqslant a + 2\varepsilon$; pour tout $N \in \Phi$ tel que $K \subset N \subset U$, on a donc $a \leqslant \alpha(N) \leqslant a + 2\varepsilon$, ce qui, en vertu des définitions, montre que $K \in \bar{\Phi}$ et $\bar{\alpha}(K) = a$.

Ce résultat prouve aussitôt que si K_1 et K_2 sont deux ensembles compacts tels que $K_1 \subset K_2$, on a $\bar{\alpha}(K_1) \leqslant \bar{\alpha}(K_2)$. Si K_1 et K_2 sont deux ensembles compacts quelconques, on a $\bar{\alpha}(K_1 \cup K_2) \leqslant \bar{\alpha}(K_1) + \bar{\alpha}(K_2)$ d'après (PM_{II}). Nous allons voir en outre que si K_1 et K_2 ne se rencontrent pas, on a $\bar{\alpha}(K_1 \cup K_2) = \bar{\alpha}(K_1) + \bar{\alpha}(K_2)$. En effet, il existe alors deux ensembles ouverts sans point commun U_1, U_2 tels que $K_1 \subset U_1$, $K_2 \subset U_2$ (*Top. gén.*, chap. II, 3e éd., § 4, prop. 4). Il existe donc aussi, d'après (PC_{II}), deux ensembles $M_1 \in \Phi$, $M_2 \in \Phi$, tels que $K_1 \subset M_1 \subset U_1$ et $K_2 \subset M_2 \subset U_2$. Soit alors P un ensemble quelconque de Φ contenant $K_1 \cup K_2$; la réunion des deux ensembles $P \cap M_1$ et $P \cap M_2$ appartient à Φ d'après (PC_I), et comme ces deux ensembles ne se rencontrent pas, on a, en appliquant (PM_I) et (PM_{III}),

$$\alpha(P) \geqslant \alpha(P \cap M_1) + \alpha(P \cap M_2) \geqslant \bar{\alpha}(K_1) + \bar{\alpha}(K_2),$$

ce qui établit notre assertion.

4° *Prolongement de* α *aux ensembles ouverts.*

Nous allons voir maintenant que, pour qu'un ensemble ouvert U appartienne à $\bar{\Phi}$, il faut et il suffit que, lorsque K parcourt l'ensemble des parties compactes de U, la borne supérieure des nombres $\bar{\alpha}(K)$ soit finie; en outre, $\bar{\alpha}(U)$ est alors égal à cette borne supérieure.

En effet, soit U un ensemble ouvert appartenant à $\bar{\Phi}$; pour tout $\varepsilon > 0$ il existe un ensemble compact $K \subset U$ tel que, pour tout ensemble $M \in \Phi$ vérifiant $K \subset M \subset U$, on ait $|\bar{\alpha}(U) - \alpha(M)| \leqslant \varepsilon$; d'où

$$|\bar{\alpha}(U) - \bar{\alpha}(K)| \leqslant \varepsilon;$$

d'autre part, si K' est un ensemble compact quelconque contenu dans U, on a $K \subset K \cup K' \subset U$, d'où $|\bar{\alpha}(U) - \bar{\alpha}(K \cup K')| \leqslant \varepsilon$ et par suite $\bar{\alpha}(U) \geqslant \bar{\alpha}(K \cup K') - \varepsilon \geqslant \bar{\alpha}(K') - \varepsilon$; $\bar{\alpha}(U)$ est donc bien égal à la borne supérieure des nombres $\bar{\alpha}(K)$ lorsque K parcourt l'ensemble des parties compactes de U.

Inversement, soit U un ensemble ouvert tel que $b = \sup\limits_{K \subset U} \bar{\alpha}(K) < +\infty$ (K parcourant l'ensemble des parties compactes de U), et montrons que $U \in \bar{\Phi}$. Pour tout $\varepsilon > 0$, il existe un ensemble compact $K \subset U$ tel que $b - \varepsilon \leqslant \bar{\alpha}(K) \leqslant b$; d'après ($\text{PM}''_{\text{IV}}$), pour tout ensemble $M \in \Phi$ tel que

$$K \subset M \subset U,$$

il existe un ensemble compact $K' \subset M$ tel que

$$\alpha(M) \leqslant \bar{\alpha}(K') + \varepsilon \leqslant b + \varepsilon;$$

on a donc $b - \varepsilon \leqslant \alpha(M) \leqslant b + \varepsilon$, ce qui prouve que $U \in \bar{\Phi}$.

De cette caractérisation des ensembles ouverts $U \in \bar{\Phi}$, et de $\bar{\alpha}(U)$, il résulte d'abord que, si U_1 et U_2 sont deux ensembles ouverts tels que $U_1 \subset U_2$ et $U_2 \in \bar{\Phi}$, alors $U_1 \in \bar{\Phi}$ et $\bar{\alpha}(U_1) \leqslant \bar{\alpha}(U_2)$. D'autre part, si U_1 et U_2 sont deux ensembles ouverts appartenant à $\bar{\Phi}$, il en est de même de $U_1 \cup U_2$ et on a $\bar{\alpha}(U_1 \cup U_2) \leqslant \bar{\alpha}(U_1) + \bar{\alpha}(U_2)$. En effet, soit K un ensemble compact quelconque contenu dans $U_1 \cup U_2$; pour tout point $x \in K$, il existe un voisinage compact de x contenu dans U_1 ou dans U_2; on peut donc recouvrir K par un nombre fini de ces voisinages; si K_1 (resp. K_2) est la réunion de ceux qui sont contenus dans U_1 (resp. U_2), on a $K \subset K_1 \cup K_2$, d'où

$$\bar{\alpha}(K) \leqslant \bar{\alpha}(K_1 \cup K_2) \leqslant \bar{\alpha}(K_1) + \bar{\alpha}(K_2) \leqslant \bar{\alpha}(U_1) + \bar{\alpha}(U_2),$$

ce qui établit la propriété annoncée.

5° *Propriétés de* $\bar{\Phi}$ *et de* $\bar{\alpha}$.

La définition de $\bar{\Phi}$ et de $\bar{\alpha}$ peut maintenant se transformer comme suit (compte tenu de (PC_{II})): pour que $M \in \bar{\Phi}$, il faut et il suffit que, pour tout $\varepsilon > 0$, il existe un ensemble compact K et un ensemble ouvert $U \in \bar{\Phi}$, tels que $K \subset M \subset U$ et $\bar{\alpha}(U) - \bar{\alpha}(K) \leqslant \varepsilon$; $\bar{\alpha}(M)$ est en outre la *borne inférieure* des $\bar{\alpha}(U)$ pour les ensembles ouverts $U \in \bar{\Phi}$ contenant M, et la *borne supérieure* des $\bar{\alpha}(K)$ pour les ensembles compacts $K \subset M$.

Nous allons déduire d'abord de là que, si M_1, M_2 *et* $M_1 \cup M_2$ appartiennent à $\bar{\Phi}$, on a $\bar{\alpha}(M_1 \cup M_2) \leqslant \bar{\alpha}(M_1) + \bar{\alpha}(M_2)$. En effet, si U_1 et

U_2 sont deux ensembles ouverts de $\bar{\Phi}$ contenant respectivement M_1 et M_2 et tels que $\bar{\alpha}(U_1) \leqslant \bar{\alpha}(M_1) + \varepsilon$ et $\bar{\alpha}(U_2) \leqslant \bar{\alpha}(M_2) + \varepsilon$, alors $U_1 \cup U_2$ appartient à $\bar{\Phi}$, contient $M_1 \cup M_2$, et par suite

$$\bar{\alpha}(M_1 \cup M_2) \leqslant \bar{\alpha}(U_1 \cup U_2) \leqslant \bar{\alpha}(U_1) + \bar{\alpha}(U_2) \leqslant \bar{\alpha}(M_1) + \bar{\alpha}(M_2) + 2\varepsilon,$$

d'où notre assertion.

Montrons ensuite que, si K est un ensemble compact et U un ensemble ouvert de $\bar{\Phi}$ tel que $K \subset U$, on a $\bar{\alpha}(U - K) = \bar{\alpha}(U) - \bar{\alpha}(K)$. D'après ce qui précède, on a $\bar{\alpha}(U) \leqslant \bar{\alpha}(K) + \bar{\alpha}(U - K)$. D'autre part, pour tout ensemble compact $K' \subset U - K$, on a

$$\bar{\alpha}(K \cup K') = \bar{\alpha}(K) + \bar{\alpha}(K') \leqslant \bar{\alpha}(U);$$

comme $U - K$ est ouvert et appartient à $\bar{\Phi}$, $\bar{\alpha}(U - K)$ est la borne supérieure des $\bar{\alpha}(K')$, ce qui montre que $\bar{\alpha}(K) + \bar{\alpha}(U - K) \leqslant \bar{\alpha}(U)$.

La définition de $\bar{\Phi}$ s'exprime donc encore de la façon suivante: pour que $M \in \bar{\Phi}$, il faut et il suffit que, pour tout $\varepsilon > 0$, il existe un ensemble compact K et un ensemble ouvert $U \in \bar{\Phi}$ tels que $K \subset M \subset U$ et $\bar{\alpha}(U - K) \leqslant \varepsilon$.

Nous sommes maintenant en mesure de prouver que $\bar{\Phi}$ *est un clan* et $\bar{\alpha}$ une *fonction additive d'ensemble* dans $\bar{\Phi}$. En premier lieu, montrons que, si M et N appartiennent à $\bar{\Phi}$, il en est de même de $M \cap \complement N$ et de $M \cup N$. Par hypothèse, pour tout $\varepsilon > 0$, il existe deux ensembles compacts K, K' et deux ensembles ouverts, U, U' de $\bar{\Phi}$ tels que $K \subset M \subset U$, $K' \subset N \subset U'$, $\bar{\alpha}(U - K) \leqslant \varepsilon$, $\bar{\alpha}(U' - K') \leqslant \varepsilon$. L'ensemble $K'' = K \cap \complement U'$ est compact, l'ensemble $U'' = U \cap \complement K'$ est ouvert et appartient à $\bar{\Phi}$, et on a $K'' \subset M \cap \complement N \subset U''$; d'autre part, $U'' - K''$ est contenu dans la réunion de $U \cap \complement K$ et $U' \cap \complement K'$, d'où $\bar{\alpha}(U'' - K'') \leqslant 2\varepsilon$, ce qui prouve que $M \cap \complement N \in \bar{\Phi}$. De même, $U_1 = U \cup U'$ est ouvert et appartient à $\bar{\Phi}$, $K_1 = K \cup K'$ est compact, et on a $K_1 \subset M \cup N \subset U_1$; d'autre part, $U_1 - K_1$ est contenu dans la réunion de $U - K$ et de $U' - K'$, d'où encore $\bar{\alpha}(U_1 - K_1) \leqslant 2\varepsilon$, et $M \cup N$ appartient à $\bar{\Phi}$. Enfin, si M et N ne se rencontrent pas, on a

$$\bar{\alpha}(K_1) = \bar{\alpha}(K) + \bar{\alpha}(K') \geqslant \bar{\alpha}(M) + \bar{\alpha}(N) - 2\varepsilon,$$

et par suite $\bar{\alpha}(M \cup N) \geqslant \bar{\alpha}(M) + \bar{\alpha}(N) - 2\varepsilon$; comme ε est arbitraire on a $\bar{\alpha}(M \cup N) = \bar{\alpha}(M) + \bar{\alpha}(N)$.

6° *Existence de la mesure* μ.

En vertu de la prop. 18 du n° 9, il existe une forme linéaire positive β et une seule sur l'espace vectoriel $\mathscr{E}(\bar{\Phi})$ des fonctions $\bar{\Phi}$-étagées, telle que $\beta(\varphi_M) = \bar{\alpha}(M)$ pour tout $M \in \bar{\Phi}$. Pour toute partie compacte K de X, désignons par $\mathscr{G}(K)$ l'espace des *limites uniformes* de fonctions de $\mathscr{E}(\bar{\Phi})$ dont le support est contenu dans K. Comme β est positive, on a $|\beta(f)| \leqslant \bar{\alpha}(K) . \|f\|$ pour toute fonction $f \in \mathscr{E}(\bar{\Phi})$ dont le support est contenu dans K; la restriction de β à l'espace de ces fonctions est une forme linéaire *continue* pour la topologie de la convergence uniforme; elle se prolonge donc en une forme linéaire continue positive $\bar{\beta}_K$ sur $\mathscr{G}(K)$. En outre, si K et K_1 sont deux ensembles compacts tels que

$K \subset K_1$, la restriction de $\bar{\beta}_{K_1}$ à $\mathscr{G}(K)$ est identique à $\bar{\beta}_K$, donc il existe une forme linéaire positive $\bar{\beta}$ sur la réunion $\mathscr{G}$ des $\mathscr{G}(K)$, qui prolonge chacune des formes $\bar{\beta}_K$.

Or, comme tout ensemble compact appartient à $\bar{\Phi}$, l'espace $\mathscr{K}$ des fonctions numériques continues et à support compact est un *sous-espace* de $\mathscr{G}$ (nº 10, prop. 19); la *restriction* à $\mathscr{K}$ de la forme linéaire positive $\bar{\beta}$ est donc une *mesure* positive μ. Montrons que pour tout ensemble compact K, on a $\mu(K) = \bar{\alpha}(K)$. Pour tout $\varepsilon > 0$, il existe un ensemble ouvert $U \in \bar{\Phi}$ tel que $K \subset U$, $\mu(U) \leqslant \mu(K) + \varepsilon$ et $\bar{\alpha}(U) \leqslant \bar{\alpha}(K) + \varepsilon$. Soit f une application continue de X dans $[0, 1]$ dont le support est contenu dans U et telle que $f(x) = 1$ dans K (chap. III, § 1, nº 2, lemme 1). On a $\mu(K) \leqslant \mu(f) \leqslant \mu(U) \leqslant \mu(K) + \varepsilon$, et d'autre part

$$\bar{\alpha}(K) = \bar{\beta}(\varphi_K) \leqslant \bar{\beta}(f) \leqslant \bar{\beta}(\varphi_U) = \bar{\alpha}(U) \leqslant \bar{\alpha}(K) + \varepsilon;$$

comme $\mu(f) = \bar{\beta}(f)$, on voit que $|\mu(K) - \bar{\alpha}(K)| \leqslant \varepsilon$, et comme ε est arbitraire, $\mu(K) = \bar{\alpha}(K)$.

La caractérisation des ensembles ouverts appartenant à $\bar{\Phi}$, jointe au cor. 4 du th. 4 du nº 6, montre alors que les ensembles ouverts appartenant à $\bar{\Phi}$ ne sont autres que les ensembles ouverts μ-intégrables, et que, pour un tel ensemble U, on a $\mu(U) = \bar{\alpha}(U)$. Le th. 4 du nº 6 et la caractérisation des ensembles de $\bar{\Phi}$ donnée au 5º montrent ensuite que les ensembles μ-intégrables sont les ensembles de $\bar{\Phi}$, et que, pour un tel ensemble M, on a $\mu(M) = \bar{\alpha}(M)$. Enfin, le fait que $\mu^*(U) = \sup_{M \in \Phi, M \subset U} \alpha(M)$ pour tout ensemble ouvert U résulte aussitôt de (PC_{II}) et du cor. 4 du th. 4 du nº 6.

Le théorème 5 est ainsi complètement démontré.

COROLLAIRE. — *Soient* X *un espace localement compact à base dénombrable,* Ψ *l'ensemble des parties boréliennes de* X, β *une application de* Ψ *dans* $[0, +\infty]$ *satisfaisant aux conditions suivantes:*

(i) *Si* $(B_1, B_2, \ldots)$ *est une suite de parties boréliennes de* X *deux à deux disjointes, on a* $\beta(B_1 \cup B_2 \cup \ldots) = \beta(B_1) + \beta(B_2) + \ldots$

(ii) *Si* B *est une partie compacte de* X, *on a* $\beta(B) < +\infty$.

Alors il existe une mesure positive μ *sur* X *et une seule telle que* $\beta(B) = \mu^*(B)$ *pour tout* $B \in \Psi$.

Soient Φ l'ensemble des parties compactes de X et α la restriction de β à Φ. Alors les conditions (PC_I), (PC_{II}), (PM_I), (PM_{II}), (PM_{III}), (PM''_{IV}) sont satisfaites. Soient K une partie compacte de X, et $\varepsilon > 0$. Alors K est l'intersection d'une suite décroissante $(U_1, U_2, \ldots)$ de parties ouvertes relativement compactes de X (*Top. gén.*, chap. IX, 2e éd., § 2, nº 5, prop. 7). On a $\sum_{n=1}^{+\infty} \beta(U_n - U_{n+1}) = \beta(U_1 - K) < +\infty$, donc

$$\beta(U_n) - \beta(K) = \beta(U_n - K) = \sum_{p=n}^{+\infty} \beta(U_p - U_{p+1})$$

tend vers 0 quand n tend vers $+\infty$. Ceci prouve que la condition (PM'_{IV}) est satisfaite. D'après le th. 5, il existe une mesure positive μ sur X telle que $\mu(K) = \alpha(K)$ pour toute partie compacte K de X. Comme toute partie ouverte U de X est réunion d'une suite croissante de parties compactes, on a $\mu^*(\mathrm{U}) = \beta(\mathrm{U})$. Soit L une partie compacte de X. D'après la prop. 7 du n° 5, les parties μ-intégrables de L forment une tribu de parties de L. Donc, si B est un élément de Ψ contenu dans L, B est μ-intégrable; pour tout $\varepsilon > 0$, il existe alors une partie compacte K et une partie ouverte U de X telles que $\mathrm{K} \subset \mathrm{B} \subset \mathrm{U}$, $\mu^*(\mathrm{U}) - \mu(\mathrm{K}) \leqslant \varepsilon$ (n° 6, th. 4). Comme $\beta(\mathrm{U}) = \mu^*(\mathrm{U})$ et $\beta(\mathrm{K}) = \mu(\mathrm{K})$, on voit que $|\mu^*(\mathrm{B}) - \beta(\mathrm{B})| \leqslant 2\varepsilon$. Donc $\beta(\mathrm{B}) = \mu^*(\mathrm{B})$. Enfin, toute partie borélienne C de X est réunion d'une suite de parties boréliennes relativement compactes deux à deux disjointes, d'où $\beta(\mathrm{C}) = \mu^*(\mathrm{C})$. L'unicité de μ résulte aussitôt du th. 5.

§ 5. Fonctions et ensembles mesurables

1. Définition des fonctions et ensembles mesurables

DÉFINITION 1. — *Soient* X *un espace localement compact,* μ *une mesure sur* X. *On dit qu'une application f de* X *dans un espace topologique* F *est mesurable pour la mesure* μ (ou encore *μ-mesurable*) *si, pour toute partie compacte* K *de* X, *il existe un ensemble μ-négligeable* $\mathrm{N} \subset \mathrm{K}$ *et une partition de* $\mathrm{K} - \mathrm{N}$ *formée d'une suite* (*finie ou infinie*) (K_n) *d'ensembles compacts, tels que la restriction de f à chacun des* K_n *soit continue.*

Il est clair que toute application continue de X dans F est mesurable.

On notera que si μ et ν sont deux mesures sur X telles que tout ensemble μ-négligeable soit ν-négligeable, alors *toute fonction μ-mesurable est aussi ν-mesurable* (cf. chap. V, § 5).

La déf. 1 se transforme en le critère suivant:

PROPOSITION 1. — *Pour qu'une application f de* X *dans* F *soit mesurable, il faut et il suffit que, pour tout ensemble compact* $\mathrm{K} \subset \mathrm{X}$ *et tout nombre* $\varepsilon > 0$, *il existe un ensemble compact* $\mathrm{K}_1 \subset \mathrm{K}$, *tel que* $|\mu|(\mathrm{K} - \mathrm{K}_1) \leqslant \varepsilon$, *et que la restriction de f à* K_1 *soit continue.*

En effet, si cette condition est remplie, on peut définir par récurrence une suite d'ensembles compacts $\mathrm{K}_n \subset \mathrm{K}$, deux à deux sans point commun, tels que $|\mu|\left(\mathrm{K} - \left(\bigcup_{i=1}^{n} \mathrm{K}_i\right)\right) \leqslant 1/n$, et que la restriction de f à chacun des K_n soit continue; le complémentaire par rapport à K de la réunion des K_n est alors négligeable (§ 4, n° 5, cor. de la prop. 7), donc f est mesurable. Inversement, supposons qu'il existe un ensemble négligeable $\mathrm{N} \subset \mathrm{K}$ et une partition (K_n) de $\mathrm{K} - \mathrm{N}$ formée d'ensembles compacts tels que la restriction de f

à chacun des K_n soit continue; pour tout $\varepsilon > 0$, il existe un entier n tel que, si $H = \bigcup_{i=1}^{n} K_i$, on ait $|\mu|(K - H) \leqslant \varepsilon$ (§ 4, n° 5, cor. de la prop. 7); l'ensemble H est compact, les K_i $(1 \leqslant i \leqslant n)$ forment une partition finie de H en ensembles compacts et la restriction de f à chacun des K_i est continue; donc la restriction de f à H est continue.

PROPOSITION 2.— *Soit* (F_n) *une suite d'espaces topologiques, et pour chaque n, soit f_n une application mesurable de X dans F_n. Pour tout ensemble compact $K \subset X$ et tout $\varepsilon > 0$, il existe un ensemble compact $K_0 \subset K$ tel que $|\mu|(K - K_0) \leqslant \varepsilon$, et que la restriction à K_0 de chacune des fonctions f_n soit continue.*

En effet, il existe pour chaque entier $n \geqslant 1$ un ensemble compact $K_n \subset K$ tel que $|\mu|(K - K_n) \leqslant \varepsilon/2^n$, et que la restriction de f_n à K_n soit continue. L'ensemble $K_0 = \bigcap_{n=1}^{\infty} K_n$ est compact, les restrictions à K_0 de toutes les fonctions f_n sont continues, et comme $K - K_0$ est contenu dans la réunion des $K - K_n$, on a

$$|\mu|(K - K_0) \leqslant \sum_{n=1}^{\infty} \frac{\varepsilon}{2^n} = \varepsilon.$$

DÉFINITION 2. — *On dit qu'une partie* A *de* X *est mesurable si sa fonction caractéristique* φ_A *est mesurable.*

En vertu de la déf. 1, il revient au même de dire qu'un ensemble mesurable A est un ensemble tel que, pour tout ensemble compact K, il existe un ensemble négligeable $N \subset K$ et une partition (K_n) de $K - N$ formée d'une suite d'ensembles compacts, dont chacun est contenu dans $K \cap A$ ou dans $K \cap \complement A$.

Cette définition donne aussitôt le critère suivant:

PROPOSITION 3.— *Pour qu'un ensemble* A *soit mesurable, il faut et il suffit que, pour tout ensemble compact* K, $A \cap K$ *soit intégrable.*

La condition est nécessaire parce que la réunion d'une suite d'ensembles intégrables A_n est intégrable lorsque $\sum_n |\mu|(A_n)$ est finie (§ 4, n° 5, cor. de la prop. 8). La condition est suffisante parce que, pour tout ensemble intégrable B, il existe un ensemble négligeable $N \subset B$ et une partition de $B - N$ en une suite d'ensembles compacts (§ 4, n° 6, cor. 2 du th. 4).

Corollaire 1. — *Les ensembles ouverts et les ensembles fermés sont mesurables.*

En particulier l'espace X tout entier est mesurable.

Corollaire 2. — *Si* X *est métrisable, tout sous-ensemble souslinien* A *de* X (*Top. gén.*, chap. IX, 2e éd., § 6, n° 2) *est μ-mesurable pour toute mesure μ sur* X.

En vertu de la prop. 3, il suffit de vérifier que tout ensemble souslinien relativement compact A est μ-intégrable. Or, A est alors capacitable pour $|\mu|^*$ (*Top. gén.*, chap. IX, 2e éd., § 6, n° 9, th. 5). Donc, pour tout $\varepsilon > 0$, il existe une partie compacte K de A telle que $|\mu|^*(A) \leqslant |\mu|^*(K) + \varepsilon = |\mu|(K) + \varepsilon$. Soit U une partie ouverte relativement compacte de X contenant A et telle que

$$|\mu|(U) = |\mu|^*(U) \leqslant |\mu|^*(A) + \varepsilon.$$

Alors $|\mu|^*(U - K) = |\mu|(U) - |\mu|(K) \leqslant 2\varepsilon$, donc $|\mu|^*(A - K) \leqslant 2\varepsilon$, ce qui prouve que A est μ-intégrable (§ 4, n° 6, cor. 1 du th. 4).

2. Principe de localisation. Ensembles localement négligeables

Proposition 4 (principe de localisation). — *Soit f une application de* X *dans un espace topologique* F. *On suppose que pour tout $x \in X$, il existe un voisinage intégrable V_x de x, et une application mesurable g_x de* X *dans* F *telle que $f(y) = g_x(y)$ presque partout dans V_x. Alors f est mesurable.*

En effet, soit K un ensemble compact; il existe un nombre fini de points $x_i \in K$ tels que les V_{x_i} forment un recouvrement de K. On en conclut aussitôt (§ 4, n° 9, lemme 1) qu'il existe un ensemble négligeable $N \subset K$ et une partition finie de $K - N$ formée d'ensembles intégrables M_j, tels que chacun des ensembles $K \cap V_{x_i}$ soit réunion d'une partie de N et d'un certain nombre des M_j, et que, dans chacun des M_j, f soit égale à une des fonctions g_{x_i}. Or, pour chaque M_j, il existe un ensemble négligeable $N_j \subset M_j$ et une partition de $M_j - N_j$ formée d'une suite d'ensembles compacts K_{nj} ($n \in \mathbf{N}$); d'autre part, pour chaque K_{nj}, il existe un ensemble négligeable $P_{nj} \subset K_{nj}$, et une partition de $K_{nj} - P_{nj}$

formée d'une suite d'ensembles compacts K_{mnj} ($m \in N$) telle que la restriction de f à chacun des K_{mnj} soit continue. Comme la réunion de N, des N_j et des P_{nj} est négligeable, f est mesurable.

La notion de fonction mesurable est donc une notion de caractère local.

DÉFINITION 3. — *On dit qu'un ensemble* $A \subset X$ *est localement négligeable* (*pour la mesure* μ) *si, pour tout* $x \in X$, *il existe un voisinage* V *de* x *tel que* $V \cap A$ *soit négligeable.*

En vertu du principe de localisation, tout ensemble localement négligeable est *mesurable.* Les propriétés des ensembles négligeables (§ 2) montrent que toute partie d'un ensemble localement négligeable est localement négligeable, et que toute réunion dénombrable d'ensembles localement négligeables est localement négligeable.

PROPOSITION 5. — *Pour qu'un ensemble* A *soit localement négligeable, il faut et il suffit que, pour tout ensemble compact* K, $A \cap K$ *soit négligeable.*

La condition est évidemment suffisante puisque tout point de X a un voisinage compact. Elle est nécessaire, car si, pour tout $x \in K$, il existe un voisinage V_x de x tel que $A \cap V_x$ soit négligeable, alors il existe un nombre fini de points $x_i \in K$ tels que les V_{x_i} forment un recouvrement de K, et $A \cap K$ est contenu dans la réunion des ensembles négligeables $A \cap V_{x_i}$.

COROLLAIRE 1. — *Pour qu'un ensemble* A *soit négligeable, il faut et il suffit qu'il soit localement négligeable et de mesure extérieure finie.*

La condition est évidemment nécessaire. Inversement, si elle est vérifiée, A est contenu dans un ensemble ouvert intégrable G, réunion d'un ensemble négligeable N et d'une suite (K_n) d'ensembles compacts (§ 4, nº 6, cor. 2 du th. 4); comme $A \cap N$ et les ensembles $A \cap K_n$ sont négligeables, il en est de même de leur réunion A.

COROLLAIRE 2. — *Tout ensemble ouvert localement négligeable est négligeable* (et par suite contenu dans le complémentaire du support de μ).

En effet, la mesure extérieure d'un ensemble ouvert G est la borne supérieure des mesures $|\mu|(K)$ des ensembles compacts $K \subset G$ (§ 4, n° 6, cor. 4 du th. 4); si G est localement négligeable, on a $|\mu|(K) = 0$ pour tout ensemble compact K contenu dans G, donc $|\mu|^*(G) = 0$.

COROLLAIRE 3. — *Dans un espace localement compact* X *dénombrable à l'infini, tout ensemble localement négligeable est négligeable.*

En effet, X étant réunion d'une suite (K_n) d'ensembles compacts, tout ensemble localement négligeable A est réunion des ensembles négligeables $A \cap K_n$, donc est négligeable.

On peut donner des exemples d'espaces localement compacts non dénombrables à l'infini, et de mesures sur un tel espace X, tels qu'il existe dans X des ensembles localement négligeables et non négligeables (§ 1, exerc. 5).

COROLLAIRE 4. — *Soit f une application de* X *dans un espace topologique* F. *Si l'ensemble* N *des points de discontinuité de f est localement négligeable, f est mesurable.*

En effet, pour tout ensemble compact $K \subset X$, $K \cap N$ est négligeable (prop. 5), donc, pour tout $\varepsilon > 0$, il existe un ensemble compact $K_1 \subset K - (K \cap N)$ tel que $|\mu|(K - K_1) \leqslant \varepsilon$ (§ 4, n° 6, th. 4), et par hypothèse la restriction de f à K_1 est continue, d'où la conclusion.

Si $\boldsymbol{P}\{x\}$ est une propriété, la propriété « $\boldsymbol{P}\{x\}$ *localement presque partout* (*par rapport à* μ) » est par définition équivalente à la propriété « *l'ensemble des x tels que* ($x \in X$ et non $\boldsymbol{P}\{x\}$) *est localement négligeable* (*pour la mesure* μ) ». Si F est un ensemble quelconque, la relation « $f(x) = g(x)$ localement presque partout » est une relation d'équivalence dans l'ensemble des applications de X dans F. En particulier, si F est un espace vectoriel, une application f de X dans F telle que $f(x) = 0$ localement presque partout est dite *localement négligeable*. Nous laissons au lecteur le soin d'établir pour ces notions la plupart des propriétés correspondant à celles qui ont été énumérées au § 2, n°s 4, 5 et 6 pour les fonctions égales presque partout. Nous nous bornerons à remarquer que si deux applications *continues f*, g de X dans un espace topologique séparé F sont égales *localement presque partout*, elles sont égales *presque partout* en vertu du cor. 2 de la prop. 5 (et par suite égales en tout point du support de μ (§ 2, nº 4, prop. 9)); d'autre part, nous expliciterons la proposition suivante, conséquence immédiate du principe de localisation :

PROPOSITION 6. — *Soit f une application mesurable de X dans un espace topologique F. Toute application de X dans F, égale à f localement presque partout, est mesurable.*

3. *Propriétés élémentaires des fonctions mesurables*

THÉORÈME 1. — *Soient X un espace localement compact, μ une mesure sur X, (F_n) une suite d'espaces topologiques, $F = \prod_n F_n$ leur produit. Pour chaque indice n, soit f_n une application mesurable de X dans F_n, et soit $f(x) = (f_n(x)) \in F$; pour toute application continue u de $f(X)$ dans un espace topologique G, la fonction $x \to u(f(x))$ est mesurable.*

En effet, pour toute partie compacte K de X et tout nombre $\varepsilon > 0$, il existe un ensemble compact $K_1 \subset K$ tel que

$$|\mu|(K - K_1) \leqslant \varepsilon,$$

et que les restrictions à K_1 de toutes les fonctions f_n soient continues (nº 1, prop. 2); il est clair que $u \circ f$ est continue dans K_1, d'où le théorème.

Remarques. — 1) Le théorème ne s'étend pas à un produit *quelconque* d'espaces topologiques (exerc. 1).

2) Si f est une application continue de X dans lui-même, g une application mesurable de X dans F, $g \circ f$ n'est pas nécessairement mesurable (exerc. 2).

COROLLAIRE 1. — *L'enveloppe supérieure et l'enveloppe inférieure d'un nombre fini de fonctions numériques mesurables (finies ou non) est mesurable.*

En effet, $\sup(u, v)$ et $\inf(u, v)$ sont continues dans $\bar{\mathbf{R}} \times \bar{\mathbf{R}}$.

COROLLAIRE 2. — *Pour qu'une fonction numérique (finie ou non) soit mesurable, il faut et il suffit que f^+ et f^- le soient.*

La condition est nécessaire d'après le cor. 1 ; elle est suffisante parce que l'image A de X par l'application $x \mapsto (f^+(x), f^-(x))$ dans $\bar{\mathbf{R}} \times \bar{\mathbf{R}}$ ne contient pas les points $(+\infty, +\infty)$ et $(-\infty, -\infty)$; par suite, l'application $(u, v) \mapsto u - v$ est continue dans A.

COROLLAIRE 3. — *Si* **f** *et* **g** *sont deux applications mesurables de* X *dans un espace vectoriel topologique* F, **f** + **g** *et* α**f** *sont mesurables* (α scalaire quelconque).

L'ensemble des applications mesurables de X dans un espace vectoriel topologique F est donc un espace vectoriel.

COROLLAIRE 4. — *Soit* F *un espace vectoriel de dimension* n *sur* **R**, *et soit* $(\mathbf{e}_k)_{1 \leqslant k \leqslant n}$ *une base de* F. *Pour qu'une fonction* $\mathbf{f} = \sum_{k=1}^{n} \mathbf{e}_k f_k$ *soit mesurable, il faut et il suffit que chacune des fonctions numériques* f_k *soit mesurable.*

COROLLAIRE 5. — *Soient* F, G, H *trois espaces vectoriels topologiques et soit* $(\mathbf{u}, \mathbf{v}) \mapsto [\mathbf{u} . \mathbf{v}]$ *une application bilinéaire continue de* F × G *dans* H. *Si* **f** *est une application mesurable de* X *dans* F, **g** *une application mesurable de* X *dans* G, $[\mathbf{f} . \mathbf{g}]$ *est une application mesurable de* X *dans* H.

En particulier, si **f** est une application mesurable de X dans un espace normé F réel (resp. complexe) et g une application mesurable de X dans **R** (resp. **C**), g**f** est mesurable. Si F est une *algèbre normée*, **f** et **g** deux applications mesurables de X dans F, **fg** est mesurable.

COROLLAIRE 6. — *Si* **f** *est une application mesurable de* X *dans un espace normé* F, *la fonction numérique* $|\mathbf{f}|$ *est mesurable.*

4. Limites de fonctions mesurables

THÉORÈME 2 (Egoroff). — *Soient* X *un espace localement compact,* μ *une mesure sur* X, A *un ensemble dénombrable,* $\mathfrak{F}$ *un filtre sur* A *ayant une base dénombrable,* $(f_\alpha)_{\alpha \in \mathrm{A}}$ *une famille d'applications mesurables de* X *dans un espace métrisable* F. *On suppose que* $\lim_{\mathfrak{F}} f_\alpha(x) = f(x)$ *existe dans le complémentaire d'une partie localement négligeable* N *de* X. *Dans ces conditions :*

1° *la fonction* f (prolongée de façon arbitraire dans N) *est mesurable ;*

2° *pour toute partie compacte* K *de* X *et tout* $\varepsilon > 0$, *il existe un ensemble compact* $\mathrm{K}_1 \subset \mathrm{K}$ *tel que* $|\mu|(\mathrm{K} - \mathrm{K}_1) \leqslant \varepsilon$, *et tel que les restrictions des* f_α *à* K_1 *soient continues et convergent uniformément vers* f *dans* K_1.

La première assertion résulte évidemment de la seconde, que nous allons démontrer. Il existe un ensemble compact $K_0 \subset K$ tel que $|\mu|(K - K_0) \leqslant \varepsilon/2$, et que les restrictions à K_0 de toutes les fonctions f_α soient continues (nº 1, prop. 2). Soit (A_n) une base dénombrable décroissante du filtre $\mathfrak{F}$; soit d une distance sur F compatible avec la topologie. Pour tout couple d'entiers $n > 0$, $r > 0$, soit $B_{n,r}$ l'ensemble des points $x \in K_0$ tels que, pour au moins un couple d'indices α, β appartenant à A_n, on ait $d(f_\alpha(x), f_\beta(x)) \geqslant 1/r$; pour α et β fixés, l'ensemble des $x \in K_0$ tels que $d(f_\alpha(x), f_\beta(x)) \geqslant 1/r$ est fermé dans K_0, donc compact; par suite, $B_{n,r}$ est réunion dénombrable d'ensembles compacts contenus dans K_0, donc est intégrable (§ 4, nº 5, prop. 6 et 8). Si l'on fixe r, l'intersection de la suite décroissante des ensembles $B_{n,r}$ $(n = 1, 2, \ldots)$ est de mesure nulle, puisque $f_\alpha(x)$ tend presque partout vers $f(x)$ dans K_0 suivant le filtre $\mathfrak{F}$; on a donc $\lim\limits_{n \to \infty} |\mu|(B_{n,r}) = 0$ (§ 4, nº 5, cor. de la prop. 7), et il existe par suite un entier n_r tel que $|\mu|(B_{n_r,r}) \leqslant \varepsilon/2^{r+2}$. Soit B la réunion (pour $r = 1, 2, \ldots$) des ensembles $B_{n_r,r}$; B est intégrable, et on a

$$|\mu|(B) \leqslant \sum_{r=1}^{\infty} |\mu|(B_{n_r,r}) \leqslant \varepsilon/4$$

(§ 4, nº 5, cor. de la prop. 8). Soit C le complémentaire de B dans K_0; par construction, $f_\alpha(x)$ converge *uniformément* vers $f(x)$ dans C suivant le filtre $\mathfrak{F}$, et comme les restrictions des f_α à C sont continues, il en est de même de la restriction de f à C. Il suffit alors de prendre un ensemble compact $K_1 \subset C$ tel que $|\mu|(C - K_1) \leqslant \varepsilon/4$ pour satisfaire aux conditions de l'énoncé, puisque $|\mu|(K - K_1) = |\mu|(K - K_0) + |\mu|(B) + |\mu|(C - K_1) \leqslant \varepsilon$.

Les conclusions du th. 2 ne subsistent plus nécessairement si F n'est pas métrisable (exerc. 1). Si F est métrisable et si l'ensemble A n'est pas dénombrable, mais si le filtre $\mathfrak{F}$ possède une base dénombrable, la première conclusion du th. 2 est encore valable; en effet, si (A_n) est une base dénombrable de $\mathfrak{F}$, et α_n un élément de A_n, f est limite localement presque partout de la suite (f_{α_n}), donc est mesurable; mais la seconde conclusion du th. 2 n'est plus nécessairement valable (cf. exerc. 4).

COROLLAIRE 1.— *Soit* (f_n) *une suite de fonctions numériques (finies ou non). Si les* f_n *sont mesurables, les fonctions* $\sup\limits_n f_n$, $\inf\limits_n f_n$, $\limsup\limits_{n \to \infty} f_n$, $\liminf\limits_{n \to \infty} f_n$, *sont mesurables.*

En effet, la droite achevée $\bar{\mathbf{R}}$, homéomorphe à un intervalle compact de $\mathbf{R}$, est métrisable. La fonction $\sup_n f_n$ est limite simple de la suite croissante des fonctions $g_n = \sup(f_1, f_2, \ldots, f_n)$, qui sont mesurables (n° 3, cor. 1 du th. 1); de même, $\limsup_{n\to\infty} f_n$ est limite simple de la suite décroissante des fonctions $h_n = \sup_{p\geqslant 0} f_{n+p}$, dont chacune est mesurable d'après ce qui précède. Enfin, comme $\inf_n f_n = -\sup_n(-f_n)$ et $\liminf_{n\to\infty} f_n = -\limsup_{n\to\infty}(-f_n)$, ces fonctions sont mesurables.

Corollaire 2. — *Les ensembles mesurables dans* X *forment une tribu* (*Top. gén.*, chap. IX, 2ᵉ éd., § 6, n° 3).

En effet, si M et N sont mesurables,

$$\varphi_{M\cup N} = \varphi_M + \varphi_N - \varphi_M\varphi_N$$

et $\varphi_{M\cap \complement N} = \varphi_M - \varphi_M\varphi_N$ sont mesurables en vertu du n° 3, th. 1. Si (M_n) est une suite d'ensembles mesurables et M leur réunion, $\varphi_M = \sup_n \varphi_{M_n}$ est mesurable en vertu du cor. 1 du th. 2. D'où le corollaire.

En particulier, comme les ensembles ouverts sont mesurables:

Corollaire 3. — *Les ensembles boréliens dans* X (*Top. gén.*, chap. IX, 2ᵉ éd., § 6, n° 3, déf. 4) *sont* μ-*mesurables pour toute mesure* μ *sur* X.

5. *Critères de mesurabilité*

Lorsque F est un espace vectoriel topologique, toute fonction étagée sur les ensembles mesurables (§ 4, n° 9, déf. 4), à valeurs dans F, est évidemment mesurable (n° 3, cor. 3 du th. 1); une telle fonction f ne prend qu'un nombre fini de valeurs, et pour tout $y \in F$, $\overset{-1}{f}(y)$ est mesurable. Plus généralement, soient F un espace topologique quelconque, f une application de X dans F ne prenant qu'un nombre fini de valeurs distinctes a_i $(1 \leqslant i \leqslant m)$; si les ensembles $A_i = \overset{-1}{f}(a_i)$ sont mesurables, la fonction f est mesurable. En effet, pour tout ensemble compact K, et pour chacun des ensembles $A_i \cap K$, il existe un ensemble négligeable $N_i \subset A_i \cap K$ et une partition de $A_i \cap K \cap \complement N_i$ formée d'une suite (K_{in})

d'ensembles compacts; comme K est la réunion des ensembles $A_i \cap K$, et que la restriction de f à chacun des K_{in} est constante, donc continue, f est mesurable. Par abus de langage, nous dirons qu'une application f de X dans F est une *fonction étagée mesurable* si elle ne prend qu'un nombre fini de valeurs et si, pour tout $y \in F$, $\overset{-1}{f}(y)$ est mesurable.

Théorème 3. — *Pour qu'une application f de* X *dans un espace métrisable* F *soit mesurable, il faut et il suffit que, pour tout ensemble compact* $K \subset X$, *il existe une suite* (g_n) *de fonctions étagées mesurables, à valeurs dans* F, *telle que* $g_n(x)$ *tende vers* $f(x)$ *pour presque tout* $x \in K$.

La condition est suffisante, en raison du th. d'Egoroff et du principe de localisation. Montrons qu'elle est nécessaire: par hypothèse, il existe un ensemble négligeable $N \subset K$ et une partition (K_m) de $K - N$ formée d'ensembles compacts tels que la restriction de f à chacun des K_m soit continue. Pour définir la suite (g_n), il suffit de procéder de la façon suivante: soit d une distance compatible avec la topologie de F; pour chaque K_i d'indice $i \leqslant n$, il existe une partition finie de K_i en ensembles intégrables assez petits A_{ij} $(1 \leqslant j \leqslant q_i)$ tels que l'oscillation de f dans chacun des A_{ij} soit $\leqslant 1/n$ (§ 4, n° 9, lemme 1); on prendra g_n constante dans chacun des A_{ij} et égale à une des valeurs de f dans cet ensemble (pour $1 \leqslant i \leqslant n$, $1 \leqslant j \leqslant q_i$), et égale à un élément fixe $a \in F$ pour tout point de X n'appartenant à aucun des A_{ij}. Il est clair que la suite $(g_n(x))$ converge vers $f(x)$ en tout point de K n'appartenant pas à N.

Corollaire 1. — *Soit* $\mathbf{f}$ *une application mesurable de* X *dans un espace de Banach* F; *pour tout ensemble compact* $K \subset X$, *il existe une suite* $(\mathbf{g}_n)$ *de fonctions étagées mesurables, de support contenu dans* K, *telles que* $|\mathbf{g}_n(x)| \leqslant |\mathbf{f}(x)|$ *pour tout* $x \in X$ *et que* $\mathbf{g}_n(x)$ *tende vers* $\mathbf{f}(x)$ *pour presque tout* $x \in K$.

Avec les notations de la démonstration du th. 3, et en désignant par $\mathbf{a}_{ij}$ une des valeurs de $\mathbf{f}$ dans A_{ij}, il suffira de prendre pour valeur de $\mathbf{g}_n$ dans A_{ij}, le point 0 si $|\mathbf{a}_{ij}| \leqslant 1/n$, et le point $\mathbf{a}_{ij}(1 - 1/(n|\mathbf{a}_{ij}|))$ dans le cas contraire; enfin, on prendra $\mathbf{g}_n(x) = 0$ dans le complémentaire de la réunion des $A_{ij}(1 \leqslant i \leqslant n, 1 \leqslant j \leqslant q_i)$.

Corollaire 2. — *Soit* X *un espace localement compact dénombrable à l'infini. Si* f *est une application mesurable de* X *dans un espace métrisable* F, *il existe une suite* (g_n) *de fonctions étagées mesurables, à valeurs dans* F, *telle que* $g_n(x)$ *tende vers* $f(x)$ *pour presque tout* $x \in X$.

En effet, si X est réunion d'une suite croissante (A_n) d'ensembles compacts, les ensembles $A_n - A_{n-1}$ non vides forment une partition de X en ensembles intégrables; il existe par suite un ensemble négligeable $N \subset X$ et une partition de $\complement N$ formée d'une suite (K_n) d'ensembles compacts, tels que la restriction de f à chacun des K_n soit continue; la démonstration du th. 3 peut alors se terminer sans modification.

Proposition 7. — *Soit* f *une application mesurable de* X *dans un espace topologique* F; *l'image réciproque par* f *de tout ensemble fermé* (resp. *ouvert*) *dans* F *est mesurable.*

Il suffit de faire la démonstration pour l'image réciproque $\overset{-1}{f}(A)$ d'un ensemble A fermé dans F. Soit K une partie compacte de X; il existe un ensemble négligeable $N \subset K$ et une partition (K_n) de $K - N$ formée d'ensembles compacts tels que la restriction de f à chacun des K_n soit continue. L'intersection $K_n \cap \overset{-1}{f}(A)$ est donc l'image réciproque de l'ensemble fermé A par la restriction de f à K_n; c'est par suite un ensemble fermé dans K_n, donc compact. L'ensemble $K \cap \overset{-1}{f}(A)$ est donc réunion de l'ensemble négligeable $N \cap \overset{-1}{f}(A)$ et des ensembles compacts $K_n \cap \overset{-1}{f}(A)$, ce qui prouve que $\overset{-1}{f}(A)$ est mesurable.

Théorème 4. — *Soit* F *un espace métrisable, et soit* d *une distance sur* F *compatible avec la topologie. Pour qu'une application* f *de* X *dans* F *soit mesurable, il faut et il suffit qu'elle vérifie les deux conditions suivantes :*

a) *l'image réciproque par* f *de toute boule fermée de* F *est mesurable ;*

b) *pour tout ensemble compact* $K \subset X$, *il existe une partie dénombrable* H *de* F, *telle que* $f(x) \in \overline{H}$ *pour presque tout* $x \in K$.

La condition a) est nécessaire en vertu de la prop. 7; d'autre part, avec les notations du th. 3, on satisfait à la condition b) en prenant pour H l'ensemble dénombrable formé des valeurs de toutes les fonctions g_n.

Montrons maintenant que les conditions a) et b) sont suffisantes. Soit K une partie compacte quelconque de X; il existe une partie négligeable N de K telle que $f(K - N)$ soit contenu dans l'adhérence d'un ensemble dénombrable de points de F, que nous rangerons en une suite (a_n). Soit $A_{n,p}$ l'ensemble des $x \in K - N$ tels que $d(f(x), a_n) \leqslant 1/p$. Il résulte de la condition a) que $A_{n,p}$ est mesurable. Pour p fixé, définissons par récurrence une suite d'ensembles $B_{n,p} \subset K - N$ en posant $B_{1,p} = A_{1,p}$ et $B_{n+1,p} = A_{n+1,p} \cap \complement(\bigcup_{k \leqslant n} A_{k,p})$; les $B_{n,p}$ sont mesurables et ceux qui ne sont pas vides forment une partition de $K - N$. Soit $g_{m,p}$ la fonction égale à a_i dans l'ensemble $B_{i,p}$ pour $1 \leqslant i \leqslant m$, et égale à une constante $b \in F$ dans le complémentaire de la réunion de ces ensembles; $g_{m,p}$ est une fonction étagée mesurable; lorsque m croît indéfiniment, $g_{m,p}$ converge simplement vers la fonction f_p égale à a_n dans $B_{n,p}$ $(n \geqslant 1)$ et à b dans $N \cup \complement K$, donc (th. 2) f_p est mesurable. Lorsque p croît indéfiniment, $f_p(x)$ tend vers $f(x)$ pour tout $x \in K - N$, et vers b pour $x \in N \cup \complement K$; la limite des f_p est donc mesurable, et le principe de localisation prouve que f elle-même est mesurable.

Remarques. — 1) La condition *a*) seule ne suffit pas pour que f soit mesurable (exerc. 7).

2) Si la topologie de F admet une *base dénombrable*, la condition *b*) du th. 4 est automatiquement remplie pour toute application de X dans F. La démonstration prouve en outre qu'il suffit de supposer que les images réciproques par f des boules fermées de rayon rationnel, dont le centre appartient à un ensemble dénombrable partout dense dans F, sont des ensembles mesurables.

3) On peut remplacer l'hypothèse *a*) par la condition que l'image réciproque par f de toute boule ouverte de F est mesurable.

Le cas des fonctions numériques (finies ou non) mérite une mention particulière:

PROPOSITION 8. — *Soit* D *un ensemble dénombrable partout dense dans* **R**. *Pour qu'une fonction numérique* (*finie ou non*) f *soit mesurable, il suffit* (*et il faut*) *que pour tout* $a \in D$, *l'ensemble des* $x \in X$ *tels que* $f(x) \geqslant a$ *soit mesurable.*

En effet, s'il en est ainsi, pour tout $b \in \bar{\mathbf{R}}$, l'ensemble des x tels que $f(x) \geqslant b$ est mesurable, comme intersection des ensembles (formant une famille dénombrable) des x tels que $f(x) \geqslant a$, lorsque a parcourt l'ensemble des points de D qui sont $\leqslant b$. L'ensemble des x tels que $f(x) < b$ est mesurable, comme complémentaire d'un ensemble mesurable. Enfin, si b est fini, l'ensemble des x tels que $f(x) \leqslant b$ est mesurable, comme intersection des ensembles des x tels que $f(x) < b + 1/n$; et $\overset{-1}{f}(-\infty)$ est mesurable comme intersection des ensembles des x tels que $f(x) < n$, où n parcourt **Z**. Finalement, l'image réciproque par f de tout intervalle fermé de $\bar{\mathbf{R}}$ est mesurable, comme intersection de deux ensembles mesurables, et le th. 4 s'applique.

On montrerait de même qu'il suffit que pour tout $a \in D$, l'ensemble des x tels que $f(x) > a$ soit mesurable.

COROLLAIRE. — *Toute fonction semi-continue inférieurement* (resp. *supérieurement*) *est mesurable.*

En effet, si f est semi-continue inférieurement, l'ensemble des $x \in X$ tels que $f(x) \leqslant a$ est fermé pour tout $a \in \bar{\mathbf{R}}$.

La prop. 7 permet de préciser comme suit le th. 3 lorsque F est métrisable et *compact* :

PROPOSITION 9. — *Si* F *est un espace métrisable et compact, toute application mesurable f de* X *dans* F *est limite* uniforme (dans X tout entier) *d'une suite de fonctions étagées mesurables.*

Soit d une distance compatible avec la topologie de F. Pour tout entier n, il existe un nombre *fini* de points $a_k \in F$ tels que les boules fermées B_k de centre a_k et de rayon $1/n$ forment un recouvrement de F ; les ensembles $A_k = \overset{-1}{f}(B_k)$ sont donc mesurables (prop. 7), et forment un recouvrement de X. Il existe par suite (§ 4, n° 9, lemme 1) une partition (C_i) de X en un nombre fini d'ensembles mesurables telle que chacun des A_h soit réunion d'un nombre fini des C_i. Soient c_i un point de C_i, et g_n la fonction étagée mesurable égale à $f(c_i)$ dans C_i (pour chaque indice i). Il est clair que $d(f(x), g_n(x)) \leqslant 2/n$ pour tout $x \in X$.

PROPOSITION 10. — *Soient* F *un espace de Banach de type dénombrable,* F′ *son dual,* $(\mathbf{a}'_n)$ *une suite faiblement dense dans la boule unité de* F′ (*Esp. vect. top.*, chap. IV, § 5, n° 1, prop. 2). *Pour qu'une application* **f** *de* X *dans* F *soit mesurable, il faut et il suffit que pour tout n la fonction scalaire* $x \mapsto \langle \mathbf{f}(x), \mathbf{a}'_n \rangle$ *soit mesurable.*

La condition étant évidemment nécessaire (n° 3, th. 1), prouvons qu'elle est suffisante ; il suffit de vérifier la condition a) du th. 4, et pour cela, en vertu du principe de localisation, il suffit de prouver que pour toute partie compacte K de X et toute boule fermée $B \subset F$, de centre $\mathbf{a}$ et de rayon r, l'ensemble $A = K \cap \overset{-1}{\mathbf{f}}(B)$ est mesurable; or, pour tout $\mathbf{z} \in F$, on a

$$|\mathbf{z}| = \sup_n |\langle \mathbf{z}, \mathbf{a}'_n \rangle| / |\mathbf{a}'_n|;$$

A est donc l'intersection de K et des ensembles définis par

$$|\langle \mathbf{f}(x), \mathbf{a}'_n \rangle - \langle \mathbf{a}, \mathbf{a}'_n \rangle| \leqslant r|\mathbf{a}'_n|;$$

comme ces ensembles sont mesurables par hypothèse, A est mesurable.

COROLLAIRE 1. — *Soit* F *un espace de Banach. Pour qu'une application* $\mathbf{f}$ *de* X *dans* F *soit mesurable, il faut et il suffit qu'elle vérifie les deux conditions suivantes:*

a) *pour tout* $\mathbf{a}' \in F'$, *la fonction scalaire* $x \mapsto \langle \mathbf{f}(x), \mathbf{a}' \rangle$ *est mesurable;*

b) *pour tout ensemble compact* $K \subset X$, *il existe une partie dénombrable* H *de* F *telle que* $\mathbf{f}(x) \in \bar{H}$ *pour presque tout* $x \in K$.

La nécessité des conditions résulte du n° 3, th. 1 et du th. 4. Pour prouver que les conditions sont suffisantes, il suffit encore de vérifier la condition a) du th. 4. Avec les mêmes notations que dans la démonstration de la prop. 10, on peut (en vertu de b)) supposer, en modifiant au besoin $\mathbf{f}$ dans un ensemble négligeable, que l'on a $\mathbf{f}(K) \subset \bar{H}$, où H est une partie dénombrable de F. Si V est le sous-espace vectoriel fermé de F engendré par l'ensemble $H \cup \{\mathbf{a}\}$, V est un espace de Banach de type dénombrable et toute forme linéaire continue dans V est la restriction d'une forme $\mathbf{a}' \in F'$; le même raisonnement que dans la prop. 10 montre alors que $K \cap \overset{-1}{\mathbf{f}}(B)$ est mesurable.

COROLLAIRE 2. — *Soient* F *un espace localement convexe métrisable de type dénombrable*, F' *son dual. Pour qu'une application* $\mathbf{f}$ *de* X *dans* F *soit mesurable, il faut et il suffit que pour tout* $\mathbf{a}' \in F'$, *la fonction scalaire* $x \mapsto \langle \mathbf{f}(x), \mathbf{a}' \rangle$ *soit mesurable.*

En effet, F peut être considéré comme un sous-espace d'un produit dénombrable $\prod_n E_n$ d'espaces de Banach (*Esp. vect. top.*, chap. II, 2ᵉ éd., § 4, n° 3), et l'on peut supposer que $\mathrm{pr}_n(F)$ est dense dans E_n, qui est donc de type dénombrable. Pour tout n, l'application $\mathrm{pr}_n \circ \mathbf{f}$ est alors mesurable en vertu de la prop. 10, donc $\mathbf{f}$ est mesurable en vertu du n° 3, th. 1.

PROPOSITION 11. — *Soit* F *un espace localement convexe, limite inductive d'une suite d'espaces localement convexes métrisables* F_n *de type dénombrable,* F *étant réunion des* F_n. *Soit* F' *le dual de* F *muni de la topologie faible* $\sigma(F', F)$. *Pour qu'une application* **f** *de* X *dans* F' *soit mesurable, il faut et il suffit que, pour tout* $\mathbf{a} \in F$, *la fonction scalaire* $x \mapsto \langle \mathbf{a}, \mathbf{f}(x) \rangle$ *soit mesurable.*

La condition est nécessaire en vertu du n° 3, th. 1 ; prouvons qu'elle est suffisante. Supposons d'abord que F soit métrisable et de type dénombrable, et soit D un ensemble dénombrable dense dans F. Soit (V_n) une suite fondamentale décroissante de voisinages ouverts convexes équilibrés de 0 dans F ; les ensembles polaires V_n° sont équicontinus et leur réunion est F' tout entier. Soit $X_n = \overset{-1}{f}(V_n^\circ)$; la suite (X_n) est croissante et $X = \bigcup_n X_n$; montrons que chacun des X_n est μ-mesurable. En effet, $D \cap V_n$ est dense dans V_n ; pour tout $\mathbf{y} \in D \cap V_n$, soit $S_\mathbf{y}$ l'ensemble des $x \in X$ tels que $|\langle \mathbf{y}, \mathbf{f}(x) \rangle| \leqslant 1$; l'hypothèse entraîne que chacun des $S_\mathbf{y}$ est mesurable, et X_n est l'intersection de la famille dénombrable des $S_\mathbf{y}$ pour $\mathbf{y} \in D \cap V_n$. Cela étant, pour toute partie compacte K de X et tout $\varepsilon > 0$, il existe un entier n tel que $|\mu|(K - (K \cap X_n)) \leqslant \varepsilon/4$, puis une partie compacte K_1 de $K \cap X_n$ telle que $|\mu|((K \cap X_n) - K_1) \leqslant \varepsilon/4$; enfin, il existe une partie compacte K_2 de K_1 telle que $|\mu|(K_1 - K_2) \leqslant \varepsilon/2$ et que les restrictions à K_2 de toutes les fonctions $\langle \mathbf{y}, \mathbf{f} \rangle$, où $\mathbf{y} \in D$, soient continues (n° 1, prop. 2). Comme l'ensemble $\mathbf{f}(K_2) \subset \mathbf{f}(X_n) \subset V_n^\circ$ est équicontinu, la topologie induite par $\sigma(F', F)$ sur $\mathbf{f}(K_2)$ est identique à la topologie de la convergence simple dans D (*Top. gén.*, chap. X, 2e éd., § 2, n° 4, th. 1) ; par suite, la restriction de **f** à K_2 est continue, d'où notre assertion dans ce premier cas.

Passons au cas général. Si $\mathbf{z}'$ est une forme linéaire continue sur F, sa restriction $\mathbf{z}'_n$ à F_n est continue ; comme $F = \bigcup_n F_n$, le dual F' de F peut être identifié (algébriquement) à un sous-espace vectoriel du produit $\prod_n F'_n$, et l'on a $\mathrm{pr}_n(\mathbf{z}') = \mathbf{z}'_n$. En outre, toute partie finie de F étant contenue dans l'un des F_n, la topologie $\sigma(F', F)$ n'est autre que la topologie induite par la topologie produit des topologies $\sigma(F'_n, F_n)$. Cela étant, si $\langle \mathbf{a}, \mathbf{f} \rangle$ est mesurable pour tout $\mathbf{a} \in F$, il en est de même de $\langle \mathbf{a}_n, \mathrm{pr}_n \circ \mathbf{f} \rangle$ pour tout n et tout $\mathbf{a}_n \in F_n$, puisque $\langle \mathbf{a}_n, \mathrm{pr}_n \circ \mathbf{f} \rangle = \langle \mathbf{a}_n, \mathbf{f} \rangle$; la première partie de la démonstration montre donc que $\mathrm{pr}_n \circ \mathbf{f}$ est mesurable pour tout n, et il en est donc de même de **f** (n° 3, th. 1).

6. Critères d'intégrabilité

THÉORÈME 5. — *Pour qu'une application* **f** *de* X *dans un espace de Banach* F *soit de puissance p-ième intégrable* ($1 \leqslant p < +\infty$), *il faut et il suffit que* **f** *soit mesurable et que* $N_p(\mathbf{f})$ *soit finie.*

La condition est *nécessaire*: en effet, si $\mathbf{f} \in \mathscr{L}^p_F$, il existe une suite $(\mathbf{g}_n)$ de fonctions continues à support compact qui converge presque partout vers **f** (§ 3, n° 4, cor. 2 du th. 3); en vertu du th. 2 du n° 4, **f** est mesurable.

Pour prouver que les conditions sont *suffisantes*, nous établirons d'abord un lemme:

Lemme 1. — *Soit* **g** *une fonction à valeurs dans* F, *telle que* $N_p(\mathbf{g}) < +\infty$ (autrement dit, une fonction de $\mathscr{F}^p_F$). *L'ensemble* A *de points* $x \in X$ *tels que* $\mathbf{g}(x) \neq 0$ *est contenu dans la réunion d'un ensemble négligeable et d'une suite d'ensembles compacts.*

En effet, soit A_n l'ensemble des points $x \in X$ tels que $|\mathbf{g}(x)| \geqslant 1/n$; A est réunion des A_n, et on a $\varphi_{A_n} \leqslant n|\mathbf{g}|$, d'où $|\mu|^*(A_n) \leqslant (nN_p(\mathbf{g}))^p$; A_n est donc contenu dans la réunion d'un ensemble négligeable et d'une suite d'ensembles compacts (§ 4, n° 6, cor. 3 du th. 4); par suite, il en est de même de A.

Ce lemme étant démontré, considérons d'abord le cas où **f** a un support *compact* K. D'après le cor. 1 du th. 3 du n° 4, il existe une suite $(\mathbf{g}_n)$ de fonctions étagées mesurables telles que

$$|\mathbf{g}_n(x)| \leqslant |\mathbf{f}(x)|$$

en tout point $x \in X$, et que $\mathbf{g}_n(x)$ tende presque partout vers $\mathbf{f}(x)$. Or, $\mathbf{g}_n$ est combinaison linéaire de fonctions caractéristiques d'ensembles mesurables contenus dans K; ces ensembles étant intégrables en vertu de la prop. 3 du n° 1, $\mathbf{g}_n$ appartient à $\mathscr{L}^p_F$. Comme $N_p(\mathbf{f}) < +\infty$, le th. de Lebesgue (§ 3, n° 7, th. 6) montre que **f** appartient à $\mathscr{L}^p_F$.

Dans le cas général, il résulte du lemme 1 qu'il existe une suite croissante (K_n) d'ensembles compacts telle que $\mathbf{f}(x)$ soit nulle presque partout dans le complémentaire de la réunion des K_n. Soit $\mathbf{f}_n$ la fonction égale à $\mathbf{f}(x)$ dans K_n, et à 0 ailleurs; $\mathbf{f}_n$ est mesurable en vertu du n° 3, cor. 5 du th. 1; comme $|\mathbf{f}_n| \leqslant |\mathbf{f}|$, $\mathbf{f}_n$ appartient à $\mathscr{L}^p_F$ en vertu de la première partie du raisonnement. Comme $\mathbf{f}(x)$ est presque partout égale à la limite de la suite des $\mathbf{f}_n(x)$, le th. de Lebesgue prouve encore que $\mathbf{f} \in \mathscr{L}^p_F$, ce qui achève la démonstration.

On aura soin de noter qu'une fonction *localement négligeable* mais *non négligeable* n'est pas intégrable; une fonction égale *localement presque partout* à une fonction intégrable n'est donc pas nécessairement intégrable.

COROLLAIRE 1. — *Pour qu'un ensemble soit intégrable, il faut et il suffit qu'il soit mesurable et de mesure extérieure finie.*

COROLLAIRE 2. — *Soit* (F_n) *une suite d'espaces topologiques; pour chaque indice n, soit* f_n *une application mesurable de* X *dans* F_n, *et soit* $f(x) = (f_n(x)) \in F = \prod_n F_n$*; soit enfin* $\mathbf{u}$ *une application continue de* $f(X)$ *dans un espace de Banach* G. *Pour que la fonction* $\mathbf{g}(x) = \mathbf{u}(f(x))$ *soit intégrable, il faut et il suffit que* $N_1(\mathbf{g}) < +\infty$.

En effet, $\mathbf{g}$ est mesurable (n° 3, th. 1).

COROLLAIRE 3. — *Pour toute fonction intégrable* $\mathbf{f}$ *et tout ensemble mesurable* A, *la fonction* $\mathbf{f}\varphi_A$ *est intégrable.*

En effet, il résulte du th. 5 et du n° 3, cor. 5 du th. 1 que $\mathbf{f}\varphi_A$ est mesurable, et on a $N_1(\mathbf{f}\varphi_A) \leqslant N_1(\mathbf{f})$.

On pose $\int_A \mathbf{f}\,d\mu = \int \mathbf{f}\varphi_A\,d\mu$ (ou $\int_A \mathbf{f}\mu$) pour toute fonction intégrable $\mathbf{f}$ et tout ensemble mesurable A. On écrit aussi $\int_A^* f\,d|\mu|$ (ou $\int_A^* f|\mu|$) au lieu de $\int^* f\varphi_A\,d|\mu|$ pour toute fonction numérique (finie ou non) $f \geqslant 0$ (en posant $f(x)\varphi_A(x) = 0$ si $f(x) = +\infty$ et $\varphi_A(x) = 0$).

COROLLAIRE 4. — *Pour toute suite* (f_n) *de fonctions mesurables* $\geqslant 0$ *sur* X, *on a*

$$\int^*\Big(\sum_n f_n\Big)d|\mu| = \sum_n \int^* f_n\,d|\mu|. \tag{1}$$

Compte tenu du § 1, n° 3, th. 3, on est ramené à prouver que pour deux fonctions mesurables $f \geqslant 0$, $g \geqslant 0$ sur X, on a

$$\int^* (f + g)\,d|\mu| = \int^* f\,d|\mu| + \int^* g\,d|\mu|. \tag{2}$$

Ce n'est autre que l'additivité de l'intégrale lorsque f et g sont intégrables. Dans le cas contraire, si par exemple f est non intégrable, on a $\int^* f\,d|\mu| = +\infty$ en vertu du th. 5; *a fortiori*, on a $\int^* (f + g)\,d|\mu| = +\infty$.

COROLLAIRE 5. — *Pour toute suite* (A_n) *d'ensembles mesurables deux à deux disjoints, on a*

$$|\mu|^*\Big(\bigcup_n A_n\Big) = \sum_n |\mu|^*(A_n).$$

Cela résulte du cor. 4 appliqué aux φ_{A_n}.

7. Mesure induite sur un sous-espace localement compact

Soient X un espace localement compact, μ une mesure sur X, Y un *sous-espace localement compact* de X. Comme Y est l'intersection d'un ensemble ouvert et d'un ensemble fermé dans X (*Top. gén.*, chap. I, 3ᵉ éd., § 9, nº 7, prop. 12), il est μ-mesurable (nº 1, cor. de la prop. 3). Pour toute fonction $g \in \mathscr{K}(Y; \mathbf{C})$, soit g' la fonction définie dans X, égale à g dans Y et à 0 dans X − Y; montrons que g' est *μ-intégrable*. On peut se borner au cas où g est réelle et $\geqslant 0$ (en écrivant g comme combinaison linéaire de telles fonctions); comme g' est bornée et à support compact, il suffit de montrer que g' est μ-mesurable (nº 6, th. 5); mais cela résulte de ce que g' est semi-continue supérieurement dans X (nº 5, cor. de la prop. 8). On peut donc poser la définition suivante:

DÉFINITION 4. — *Etant donné un sous-espace localement compact* Y *d'un espace localement compact* X, *on appelle mesure induite sur* Y *par une mesure* μ *sur* X, *et l'on note* μ_Y *ou* $\mu|Y$, *la mesure définie par la formule*

$$\int g \, d\mu_Y = \int g' \, d\mu \tag{1}$$

pour toute fonction $g \in \mathscr{K}(Y; \mathbf{C})$, g' *désignant la fonction égale à* g *dans* Y *et à* 0 *dans* X − Y.

Exemple. — Soient μ la mesure de Lebesgue sur **R**, I un intervalle *quelconque* dans **R**; I est un sous-espace localement compact de **R** et la mesure induite par μ sur I est la forme linéaire

$$g \mapsto \int_a^b g(x)\, dx$$

sur $\mathscr{K}(I; \mathbf{C})$, en désignant par a et b l'origine et l'extrémité (finies ou non) de I (cf. § 4, nº 4, *Exemple*), autrement dit ce que nous avons appelé la *mesure de Lebesgue* sur I.

Lorsque Y est un sous-espace *ouvert* de X, la déf. 1 coïncide avec la définition de la mesure induite par μ sur Y (ou restriction de μ à Y) donnée au chap. III, § 2, n° 1 : en effet, pour toute fonction $g \in \mathscr{K}(\mathrm{Y}; \mathbf{C})$, la fonction g' est alors continue dans X.

Nous étudierons en détail au chap. V, § 5 l'intégration par rapport à une mesure induite, et n'aurons besoin jusque-là que des résultats suivants :

Lemme 2. — *Soient* μ *une mesure positive sur* X, K *une partie compacte de* X.

(i) *Pour toute partie compacte* (resp. *ouverte*) H *de* K, *on a* $\mu_{\mathrm{K}}(\mathrm{H}) = \mu(\mathrm{H})$.

(ii) *Pour qu'une partie* N *de* K *soit* μ_{K}*-négligeable, il faut et il suffit qu'elle soit* μ*-négligeable.*

(iii) *Si* S *est le support de* μ_{K}, *on a* $\mathrm{Supp}(\mu_{\mathrm{S}}) = \mathrm{S}$.

(i) On peut se borner au cas où H est compact. Désignons par f la fonction caractéristique de H dans l'espace K ; f est semi-continue supérieurement, et est donc enveloppe inférieure d'une famille filtrante décroissante (g_α) de fonctions de $\mathscr{K}_+(\mathrm{K})$; on a $\mu_{\mathrm{K}}(\mathrm{H}) = \inf_\alpha \int g_\alpha \, d\mu_{\mathrm{K}}$ (§ 4, n° 4, cor. 2 de la prop. 5). Si g'_α est la fonction égale à g_α dans K, à 0 dans X − K, g'_α est semi-continue supérieurement, et l'enveloppe inférieure de la famille filtrante décroissante (g'_α) est la fonction caractéristique φ_{H} de H dans l'espace X ; on a donc

$$\mu(\mathrm{H}) = \inf_\alpha \int g'_\alpha \, d\mu = \inf_\alpha \int g_\alpha \, d\mu_{\mathrm{K}} = \mu_{\mathrm{K}}(\mathrm{H})$$

en vertu de (1).

(ii) Si N est μ-négligeable, pour tout $\varepsilon > 0$ il existe un voisinage ouvert relativement compact U de N dans X tel que $\mu(\mathrm{U}) \leqslant \varepsilon$; comme $\mathrm{K} - (\mathrm{U} \cap \mathrm{K})$ est compact, il résulte de (i) que $\mu_{\mathrm{K}}(\mathrm{U} \cap \mathrm{K}) \leqslant \mu(\mathrm{U}) \leqslant \varepsilon$, donc N est μ_{K}-négligeable. Réciproquement, si N est μ_{K}-négligeable, il existe un voisinage ouvert V de N dans X tel que $\mu_{\mathrm{K}}(\mathrm{V} \cap \mathrm{K}) \leqslant \varepsilon$; en vertu de (i), on a

$$\mu(\mathrm{V} \cap \mathrm{K}) = \mu_{\mathrm{K}}(\mathrm{V} \cap \mathrm{K}),$$

donc $\mu(\mathrm{N}) = 0$ puisque ε est arbitraire.

(iii) Pour toute partie ouverte U de K rencontrant S, on a par hypothèse $\mu_{\mathrm{K}}(\mathrm{U} \cap \mathrm{S}) \neq 0$, donc $\mu(\mathrm{U} \cap \mathrm{S}) \neq 0$ par (i), et comme $\mathrm{U} \cap \mathrm{S}$ est ouvert dans S, $\mu_{\mathrm{S}}(\mathrm{U} \cap \mathrm{S}) \neq 0$ par (i); comme tout ensemble ouvert non vide dans S est de la forme $\mathrm{U} \cap \mathrm{S}$, où U est ouvert dans K, cela prouve que $\mathrm{Supp}(\mu_{\mathrm{S}}) = \mathrm{S}$.

Lemme 3. — *Soit* Y *un sous-espace localement compact de* X; *pour toute mesure* μ *sur* X, *on a* $|\mu_{\mathrm{Y}}| = |\mu|_{\mathrm{Y}}$.

Soient f une fonction de $\mathscr{K}_+(Y)$, ε un nombre > 0 arbitraire; par définition, il existe une fonction $g \in \mathscr{K}(Y; \mathbf{C})$ telle que $|g| \leqslant f$ et $|\mu_Y|(f) \leqslant |\mu_Y(g)| + \varepsilon$. Si l'on désigne par f' et g' les fonctions obtenues respectivement en prolongeant f et g par 0 dans $X - Y$, on a $\mu_Y(g) = \mu(g')$, et comme $|g'| \leqslant f'$,

$$|\mu(g')| \leqslant |\mu|(|g'|) \leqslant |\mu|(f') = |\mu|_Y(f)$$

d'où $|\mu_Y|(f) \leqslant |\mu|_Y(f) + \varepsilon$, et comme ε est arbitraire,

$$|\mu_Y|(f) \leqslant |\mu|_Y(f).$$

D'autre part, soient K le support de f, U un voisinage compact de K dans X tel que $|\mu|(U - K) \leqslant \varepsilon$; en vertu du th. d'Urysohn, il existe une fonction $f_1 \in \mathscr{K}_+(X)$, prolongeant f, de support contenu dans U et telle que $\|f_1\| = \|f\|$. Il existe une fonction $h_1 \in \mathscr{K}(X; \mathbf{C})$ telle que $|h_1| \leqslant f_1$ et que $|\mu|(f_1) \leqslant |\mu(h_1)| + \varepsilon$. Si h est la restriction de h_1 à Y, on a $h \in \mathscr{K}(Y; \mathbf{C})$, $|h| \leqslant f$, et $\mu(h_1) - \mu_Y(h) = \mu(h_1 \varphi_{U-K})$, donc $|\mu(h_1) - \mu_Y(h)| \leqslant \|f\| \cdot |\mu|(U - K) \leqslant \varepsilon \|f\|$; par ailleurs, on a de même

$$|\mu|(f_1) - |\mu|_Y(f) = |\mu|(f_1 \varphi_{U-K}) \quad \text{et} \quad \big|\, |\mu|(f_1) - |\mu|_Y(f) \big| \leqslant \varepsilon \|f\|.$$

On en tire que

$$|\mu|_Y(f) \leqslant |\mu_Y(h)| + \varepsilon(1 + 2\|f\|) \leqslant |\mu_Y|(f) + \varepsilon(1 + 2\|f\|)$$

et comme ε est arbitraire, $|\mu|_Y(f) \leqslant |\mu_Y|(f)$, ce qui achève la démonstration.

8. *Familles μ-denses d'ensembles compacts.*

PROPOSITION 12. — *Soient μ une mesure sur un espace localement compact* X, A *une partie μ-mesurable de* X, $\mathfrak{K}$ *un ensemble de parties compactes de* A, *satisfaisant aux conditions suivantes:*

(PL_I) *Toute partie fermée* (donc compacte) *d'un ensemble de* $\mathfrak{K}$ *appartient à* $\mathfrak{K}$.

(PL_{II}) *Toute réunion finie d'ensembles de* $\mathfrak{K}$ *appartient à* $\mathfrak{K}$.

Les quatre propriétés suivantes sont alors équivalentes:

a) Pour qu'une partie B *de* A *soit localement μ-négligeable, il faut et il suffit que* $|\mu|^*(B \cap K) = 0$ *pour tout* $K \in \mathfrak{K}$.

b) Pour tout partie compacte K_0 *de* A *et tout* $\varepsilon > 0$, *il existe une partie* $K \in \mathfrak{K}$, *contenue dans* K_0 *et telle que* $|\mu|(K_0 - K) \leqslant \varepsilon$.

c) Pour toute partie compacte B *de* A, *il existe une partition de* B *formée d'un ensemble μ-négligeable* N *et d'une suite* (H_n) *d'ensembles compacts appartenant à* $\mathfrak{K}$.

d) Pour toute partie compacte B *de* A. *il existe une suite croissante* (K_n) *d'ensembles compacts de* $\mathfrak{K}$, *contenus dans* B *et tels que l'ensemble* $N = B - \bigcup_n K_n$ *soit* μ*-négligeable.*

Il est immédiat (n° 2, prop. 5) que *d)* entraîne *a)*; *c)* entraîne *d)* en prenant pour K_n la réunion des H_p tels que $p \leqslant n$, et en utilisant (PL_{II}). Pour démontrer que *b)* entraîne *c)*, on définit par récurrence une suite (H_p) d'ensembles de $\mathfrak{K}$ de sorte que $H_{n+1} \subset B - \bigcup_{p \leqslant n} H_p$ et que l'on ait $|\mu|\left(B - \bigcup_{p \leqslant n} H_p\right) \leqslant 1/n$ (§ 4, n° 6, th. 4). Reste enfin à prouver que *a)* entraîne *b)*. Raisonnons par l'absurde, et supposons que la borne supérieure α des nombres $|\mu|(K)$, où K parcourt l'ensemble des parties de K_0 appartenant à $\mathfrak{K}$, soit $< |\mu|(K_0)$. En vertu de (PL_{II}), il existe une suite croissante (L_n) de parties compactes de K_0, appartenant à $\mathfrak{K}$ et telle que $\sup_n |\mu|(L_n) = \alpha$. Posons $B = \bigcup_n L_n$; B est intégrable et l'on a $|\mu|(B) = \alpha$, donc $|\mu|(K_0 - B) = |\mu|(K_0) - \alpha > 0$. Mais nous allons voir d'autre part que, pour toute partie $K \in \mathfrak{K}$, on a $|\mu|(K \cap (K_0 - B)) = 0$, ce qui, en vertu de *a)*, entraînera contradiction. En effet, s'il existait une partie $K \in \mathfrak{K}$ telle que $|\mu|(K \cap (K_0 - B)) > 0$, il existerait une partie compacte H de $K \cap (K_0 - B)$ telle que $|\mu|(H) > 0$. D'après (PL_I), on aurait $H \in \mathfrak{K}$ et, pour n assez grand,

$$|\mu|(L_n \cup H) = |\mu|(L_n) + |\mu|(H) > \alpha.$$

Mais $L_n \cup H$ appartient à $\mathfrak{K}$ en vertu de (PL_{II}), et cela contredit la définition de α.

DÉFINITION 6. — *Soit* A *une partie* μ*-mesurable de* X. *On dit qu'un ensemble* $\mathfrak{K}$ *de parties compactes de* A *est* μ*-dense dans* A *s'il vérifie les conditions* (PL_I), (PL_{II}), *a), b), c), d) de la prop.* 12.

L'ensemble de *toutes* les parties compactes de A est μ-dense dans A.

Lorsque A = X, on dira simplement « ensemble μ-dense » au lieu de « ensemble μ-dense dans X ». Si X − A est localement μ-négligeable, tout ensemble de parties compactes de A, μ-dense dans A, est μ-dense dans X.

Remarque. — Supposons que A soit réunion d'une suite (L_n) d'ensembles compacts et d'un ensemble μ-négligeable (resp. localement μ-négligeable), et soit $\mathfrak{K}$ un ensemble de parties compactes,

μ-dense dans A. Appliquant à chaque L_n la propriété c) de l'énoncé de la prop. 12, on voit que A est réunion d'une suite d'ensembles compacts *appartenant à* $\mathfrak{K}$ et d'un ensemble μ-négligeable (resp. localement μ-négligeable).

Si K est une partie compacte de X, il revient au même de dire qu'un ensemble de parties compactes de K est μ-dense dans K ou μ_K-*dense* dans K; cela résulte des lemmes 2 et 3 du n° 7 et de la condition b) de la prop. 12.

PROPOSITION 13. — *Soient* A *une partie* μ-*mesurable de* X, $\mathfrak{K}$ *un ensemble de parties compactes,* μ-*dense dans* A. *Soit* $\mathfrak{H}$ *un ensemble de parties compactes de* A *satisfaisant à* (PL_I) *et* (PL_{II}) *et tel que, pour tout* $K \in \mathfrak{K}$, *l'ensemble des* $H \in \mathfrak{H}$ *tels que* $H \subset K$ *soit* μ_K-*dense* (ou, ce qui revient au même, μ-*dense*) *dans* K. *Alors* $\mathfrak{H}$ *est* μ-*dense dans* A.

En effet, soit L une partie compacte de A. Pour tout $\varepsilon > 0$, il existe $K \in \mathfrak{K}$ tel que $K \subset L$ et $|\mu|(L - K) \leqslant \varepsilon/2$, puis $H \in \mathfrak{H}$ tel que $H \subset K$ et $|\mu|(K - H) \leqslant \varepsilon/2$; on en déduit $|\mu|(L - H) \leqslant \varepsilon$, d'où la proposition.

9. Partitions localement dénombrables

DÉFINITION 7. — *On dit qu'un ensemble de parties* $\mathfrak{A}$ *d'un espace topologique* T *est localement dénombrable si, pour tout* $t \in T$, *il existe un voisinage* V *de* t *tel que l'ensemble des* $A \in \mathfrak{A}$ *rencontrant* V *soit dénombrable.*

Si l'ensemble $\mathfrak{A}$ de parties de T est localement dénombrable, alors, pour toute partie compacte K de T, l'ensemble des $A \in \mathfrak{A}$ rencontrant K est dénombrable, puisqu'on peut recouvrir K par un nombre fini de voisinages ouverts de points de K, dont chacun ne rencontre qu'un sous-ensemble dénombrable de parties appartenant à $\mathfrak{A}$.

La déf. 7 montre que la *réunion* d'une ensemble localement dénombrable de parties μ-mesurables (resp. localement μ-négligeables) d'un espace localement compact est μ-mesurable (resp. localement μ-négligeable) (n° 1, prop. 3 et n° 2, prop. 5).

PROPOSITION 14. — *Soient* X *un espace localement compact,* μ *une mesure sur* X, A *une partie* μ-*mesurable de* X, $\mathfrak{K}$ *un ensemble de parties compactes de* A, μ-*dense dans* A. *Il existe un ensemble* $\mathfrak{H} \subset \mathfrak{K}$ *localement dénombrable, formé de parties deux à deux disjointes, tel que* $A - \bigcup_{K \in \mathfrak{H}} K$ *soit localement* μ*-négligeable et que, pour tout* $K \in \mathfrak{H}$, *le support de* μ_K *soit* K *tout entier.*

Considérons les ensembles $\mathfrak{L} \subset \mathfrak{K}$ formés d'ensembles deux à deux disjoints tels que, pour tout $L \in \mathfrak{L}$, on ait $\mathrm{Supp}(\mu_L) = L$. Ces ensembles $\mathfrak{L}$ forment une partie $\mathscr{H}$ de $\mathfrak{P}(\mathfrak{K})$, qui est non vide (car elle contient l'élément $\varnothing$) et que nous ordonnerons par la relation d'inclusion dans $\mathfrak{P}(\mathfrak{K})$. Il est immédiat que $\mathscr{H}$ est *inductif*; soit $\mathfrak{H}$ un élément maximal de $\mathscr{H}$ (*Ens.* R, § 6, n° 10). Montrons tout d'abord que $\mathfrak{H}$ est *localement dénombrable*. En effet, pour tout $x \in X$, soit V un voisinage ouvert relativement compact de x; si $(K_i)_{1 \leqslant i \leqslant n}$ est une famille finie d'ensembles distincts de $\mathfrak{H}$ rencontrant V, on a $\sum_{i=1}^{n} |\mu|(K_i \cap V) = |\mu|\left(V \cap \left(\bigcup_{i=1}^{n} K_i\right)\right)$ puisque les K_i sont deux à deux disjoints, d'où $\sum_{i=1}^{n} |\mu|(K_i \cap V) \leqslant |\mu|(V)$. Si $\mathfrak{H}_V$ est l'ensemble des $K \in \mathfrak{H}$ rencontrant V, on a donc

$$\sum_{K \in \mathfrak{H}_V} |\mu|(K \cap V) < +\infty,$$

et comme $|\mu|(K \cap V) > 0$ pour tout $K \in \mathfrak{H}_V$, $\mathfrak{H}_V$ est nécessairement dénombrable. Prouvons ensuite que $N = A - \bigcup_{K \in \mathfrak{H}} K$ est localement μ-négligeable. On a vu plus haut que N est μ-mesurable. Si N n'était pas localement négligeable, il contiendrait un ensemble compact non négligeable L_0, et par suite (n° 8, prop. 12) un ensemble compact non négligeable $L \subset L_0$ appartenant à $\mathfrak{K}$. Comme $|\mu_L|(L) = |\mu|(L) > 0$ (n° 7, lemmes 2 et 3), la mesure induite μ_L sur L par μ n'est pas nulle; son support S est donc une partie compacte non vide appartenant à $\mathfrak{K}$ en vertu de (PL_I), et l'on a $\mathrm{Supp}(\mu_S) = S$ (n° 7, lemme 2, (iii)). On en conclut que l'ensemble $\mathfrak{H} \cup \{S\}$ appartiendrait à $\mathfrak{H}$, ce qui contredit la définition de $\mathfrak{H}$; l'ensemble N est donc localement négligeable, ce qui achève la démonstration.

10. Fonctions mesurables définies dans une partie mesurable

PROPOSITION 15. — *Soient* X *un espace localement compact,* μ *une mesure sur* X, A *une partie* μ*-mesurable de* X, f *une application de* A *dans un espace topologique* F. *Les conditions suivantes sont équivalentes:*

a) L'ensemble $\mathfrak{H}$ *des parties compactes* K *de* A *telles que la restriction de* f *à* K *soit continue, est* μ*-dense dans* A.

b) Il existe un ensemble $\mathfrak{K}$ *de parties compactes de* A, μ*-dense dans* A, *et tel que la restriction de* f *à tout* $K \in \mathfrak{K}$ *soit* μ_K*-mesurable.*

c) Il existe un homéomorphisme j *de* F *sur un sous-espace d'un espace topologique* G *et une application* μ*-mesurable* g *de* X *dans* G, *tels que* $g|A = j \circ f$.

d) Tout prolongement de f *en une application de* X *dans* F, *constante dans* $X - A$, *est* μ*-mesurable.*

Il est clair que *a)* implique *b)* et que *d)* implique *c)*. Le fait que *c)* implique *a)* résulte de la condition *c)* de la prop. 12 du n° 8. D'autre part, *b)* implique *a)*: en effet, la déf. 1 montre que l'ensemble des parties $H \in \mathfrak{K}$ contenues dans un $K \in \mathfrak{K}$ quelconque est μ_K-dense dans K (n° 8, prop. 12, *c)*), et la prop. 13 du n° 8 montre que $\mathfrak{K}$ est μ-dense dans A. Reste à voir que *a)* implique *d)*. Soit g un prolongement de f à X, constant dans $X - A$. Pour toute partie compacte L de X, $L \cap A$ et $L \cap (X - A)$ sont μ-intégrables; donc, pour tout $\varepsilon > 0$, il existe une partie compacte $P \subset L \cap A$ et une partie compacte

$$Q \subset L \cap (X - A)$$

telles que $|\mu|((L \cap A) - P) \leqslant \varepsilon/4$ et $|\mu|((L \cap (X - A)) - Q) \leqslant \varepsilon/4$. Il existe d'autre part une partie $H \in \mathfrak{H}$ contenue dans P et telle que $|\mu|(P - H) \leqslant \varepsilon/2$; la restriction de g à l'ensemble compact $K = H \cup Q$ est alors continue (g étant constante dans Q) et l'on a $|\mu|(L - K) \leqslant \varepsilon$, ce qui achève la démonstration.

DÉFINITION 8. — *Soient* X *un espace localement compact,* μ *une mesure sur* X, A *une partie* μ*-mesurable de* X. *On dit qu'une application* f *de* A *dans un espace topologique* F *est* μ*-mesurable si elle vérifie les conditions équivalentes de la prop.* 15.

Si A est localement μ-négligeable, *toute* application de A dans F est donc μ-mesurable.

COROLLAIRE 1. — *Soient* X *un espace localement compact,* μ *une mesure sur* X, A *une partie* μ*-mesurable de* X, f *une application* μ*-mesurable de* A *dans un espace topologique* F. *Soit* $\mathfrak{K}$ *un ensemble de parties compactes de* X, μ*-dense dans* X. *Il existe alors une partition de* A *formée d'un ensemble localement négligeable* N *et d'une famille localement dénombrable* $(K_\lambda)_{\lambda \in L}$ *d'ensembles* $K_\lambda \in \mathfrak{K}$, *telle que* $f|K_\lambda$ *soit continue pour tout* $\lambda \in L$.

Compte tenu du n° 9, prop. 14, il suffit de montrer que l'ensemble $\mathfrak{H} \subset \mathfrak{K}$ des parties $K \in \mathfrak{K}$ telles que $K \subset A$ et que $f|K$ soit continue, est *μ-dense* dans A. Or, il résulte aussitôt de la prop. 1 du n° 1 et de la condition *d*) de la prop. 15 que, pour toute partie compacte K_0 de A et tout $\varepsilon > 0$, il existe une partie $K \subset K_0$ appartenant à $\mathfrak{K}$, telle que $|\mu|(K_0 - K) \leqslant \varepsilon$ et que $f|K$ soit continue; la conclusion résulte donc de la prop. 12 du n° 8.

COROLLAIRE 2. — *Soit* K *un sous-espace compact de* X; *pour qu'une application f de* K *dans un espace topologique* F *soit μ-mesurable, il faut et il suffit qu'elle soit* μ_K*-mesurable.*

Compte tenu du lemme 2 du n° 7, cela résulte aussitôt de la prop. 1 du n° 1, et de la condition *a*) de la prop. 15.

PROPOSITION 16.—*Soit* $\mathfrak{A}$ *un ensemble localement dénombrable de parties μ-mesurables de* X, *et soit* $B = \bigcup_{A \in \mathfrak{A}} A$. *Pour qu'une application f de* B *dans un espace topologique* F *soit μ-mesurable, il faut et il suffit que la restriction de f à tout* $A \in \mathfrak{A}$ *soit μ-mesurable.*

On a déjà remarqué (n° 9) que B est μ-mesurable. La condition étant évidemment nécessaire, prouvons qu'elle est suffisante. Soit donc K une partie compacte de B. Par hypothèse, il existe une suite (A_n) d'ensembles appartenant à $\mathfrak{A}$ et telle que les $K \cap A_n$ forment un recouvrement de K. Posons $C_0 = K \cap A_0$,

$$C_n = K \cap A_n \cap \complement\Big(\bigcup_{i<n} C_i\Big)$$

pour $n > 0$, de sorte que les C_n non vides forment une partition de K en ensembles μ-intégrables. La restriction de f à C_n étant μ-mesurable, il existe une partition de C_n formée d'un ensemble μ-négligeable N_n et d'une suite $(L_{mn})_{m \geqslant 0}$ d'ensembles compacts tels que $f|L_{mn}$ soit continue. Comme $N = \bigcup_n N_n$ est μ-négligeable, on voit que la condition *a*) de la prop. 15 est satisfaite, d'où la proposition.

La propriété *d*) de la prop. 15 permet aussitôt de généraliser aux fonctions mesurables définies dans une partie mesurable A de X les propriétés des fonctions mesurables définies dans X tout entier vues aux n°s 2 à 5; nous laissons ces généralisations au lecteur. Signalons seulement que le principe de localisation (n° 2, prop. 4) est encore valable lorsqu'on suppose que chacune des fonctions g_x n'est définie que dans V_x (ou presque partout dans V_x) et est mesurable.

11. Convergence en mesure

Soient X un espace localement compact, μ une mesure sur X, A une partie μ-mesurable de X, F un *espace uniforme*; nous désignerons par $\mathscr{S}(A, \mu; F)$, ou $\mathscr{S}_F(A, \mu)$ (ou simplement $\mathscr{S}_F(\mu)$, ou même $\mathscr{S}_F$, lorsque $A = X$) l'ensemble des *applications μ-mesurables de* A *dans* F (n° 10, déf. 8). Pour tout entourage V de la structure uniforme de F, tout ensemble μ-intégrable $B \subset A$ et tout nombre $\delta > 0$, nous désignerons par $W(V, B, \delta)$ l'ensemble des couples (f, g) de fonctions de $\mathscr{S}(A, \mu; F)$ ayant la propriété suivante: l'ensemble M des $x \in B$ pour lesquels $(f(x), g(x)) \notin V$ est tel que $|\mu|^*(M) \leqslant \delta$. Montrons que les ensembles $W(V, B, \delta)$ forment un *système fondamental d'entourages* d'une structure uniforme sur $\mathscr{S}(A, \mu; F)$: il est clair que $W(V, B, \delta)$ est symétrique si V l'est, et que si $V' \subset V$, $B' \supset B$ et $\delta' \leqslant \delta$, on a

$$W(V', B', \delta') \subset W(V, B, \delta);$$

il suffit donc de vérifier l'axiome (U'_{III}) (*Top. gén.*, chap. II, 3ᵉ éd., § 1, n° 1). Or, si V' est un entourage tel que $\overset{2}{V'} \subset V$, on a

$$W(V', B, \delta/2) \circ W(V', B, \delta/2) \subset W(V, B, \delta).$$

On notera que lorsque K parcourt un *ensemble μ-dense* $\mathfrak{K}$ de parties *compactes* de A, les ensembles $W(V, K, \delta)$ forment aussi un système fondamental d'entourages de la structure uniforme précédente: en effet, pour tout ensemble intégrable $B \subset A$, il existe une partie compacte $K \in \mathfrak{K}$ contenue dans B et telle que $|\mu|(B - K) \leqslant \delta$, et par suite $W(V, K, \delta) \subset W(V, B, 2\delta)$.

DÉFINITION 9. — *On dit que la structure uniforme sur* $\mathscr{S}(A, \mu; F)$ *dont les* $W(V, B, \delta)$ *forment un système fondamental d'entourages est la structure uniforme de la convergence en mesure dans* A.

La topologie correspondante est dite *topologie de la convergence en mesure dans* A, et on dit qu'un filtre (resp. une suite) qui converge pour cette topologie est *convergent* (resp. *convergente) en mesure dans* A; on supprime souvent la mention de A lorsque $A = X$.

Supposons F *séparé*; alors, pour tout ensemble μ-intégrable $B \subset A$, l'intersection des entourages $W(V, B, \delta)$, où V parcourt un système fondamental d'entourages de F et δ parcourt l'ensemble des nombres > 0, est l'ensemble des couples (f, g) tels que $f(x) = g(x)$ *presque partout (pour μ) dans* B. En effet, l'ensemble M des $x \in B$ tels que $f(x) \neq g(x)$ est μ-intégrable, puisque c'est l'image réciproque par l'application μ-mesurable $x \mapsto (f(x), g(x))$ du complémentaire de la diagonale dans $F \times F$, qui est ouvert (n° 5, prop. 7); si $|\mu|(M) = \alpha > 0$, il existe une partie compacte $K \subset M$ telle que $|\mu|(M - K) < \alpha/2$ et que les restrictions de f et g à K soient continues; il y a donc un entourage V_0 de F tel que $(f(x), g(x)) \notin V_0$ pour tout $x \in K$, et par suite, on a $(f, g) \notin \boldsymbol{W}(V_0, B, \alpha/2)$.

On en conclut que, lorsque F est séparé, l'intersection de *tous* les entourages de $\mathscr{S}(A, \mu; F)$ est l'ensemble des couples (f, g) tels que $f(x) = g(x)$ *localement presque partout dans* A. L'espace uniforme séparé associé à $\mathscr{S}(A, \mu; F)$, que nous noterons $S(A, \mu; F)$ ou $S_F(A, \mu)$ (ou même $S_F(\mu)$ ou S_F lorsque $A = X$) est donc formé des *classes d'équivalence* pour la relation « $f(x) = g(x)$ localement presque partout dans A » dans l'ensemble $\mathscr{S}(A, \mu; F)$.

PROPOSITION 17. — *Soit $(A_\lambda)_{\lambda \in L}$ une famille localement dénombrable de parties μ-mesurables de* A, *deux à deux disjointes et telles que* $A - \bigcup_{\lambda \in L} A_\lambda$ *soit localement μ-négligeable. Alors, si, pour toute classe $\dot{f} \in S(A, \mu; F)$, et tout $\lambda \in L$, $\dot{f}_\lambda$ désigne la classe de la restriction à A_λ de l'une quelconque des fonctions de la classe $\dot{f}$, l'application ψ: $\dot{f} \mapsto (\dot{f}_\lambda)_{\lambda \in L}$ est un isomorphisme de l'espace uniforme* $S(A, \mu; F)$ *sur l'espace uniforme produit* $\prod_{\lambda \in L} S(A_\lambda, \mu; F)$.

Il résulte du n° 10, prop. 16 que ψ est *bijective*. Considérons un entourage T de $S(A, \mu; F)$, image canonique d'un $\boldsymbol{W}(V, B, \delta)$, où B est une partie *compacte* de A; on sait que l'ensemble J des $\lambda \in L$ tels que $B \cap A_\lambda \neq \varnothing$ est dénombrable (n° 9), et l'on a $|\mu|(B) = \sum_{\lambda \in J} |\mu|(B \cap A_\lambda)$; il y a donc une partie finie H de J telle que l'on ait

$$\sum_{\lambda \in J - H} |\mu|(B \cap A_\lambda) \leqslant \frac{\delta}{2}.$$

Ceci posé, l'image de T par $\psi \times \psi$ est contenue dans l'image canonique du produit $\prod_{\lambda \in H} \boldsymbol{W}(V, B \cap A_\lambda, \delta)$. D'autre part, si m est le nombre des éléments de H, l'image de T par $\psi \times \psi$ contient l'image canonique de l'entourage $\prod_{\lambda \in H} \boldsymbol{W}(V, A_\lambda, \delta/2m)$, ce qui prouve la proposition.

PROPOSITION 18. — *Si* F *est métrisable, et si* A *est réunion d'un ensemble localement μ-négligeable et d'une suite* (A_n) *d'ensembles μ-intégrables, l'espace* $S(A, \mu; F)$ *est métrisable.*

Comme chaque A_n est réunion d'un ensemble négligeable et d'une suite d'ensembles compacts, on peut déjà supposer que les A_n sont *compacts* et deux à deux disjoints. La prop. 17 permet ensuite de supposer que A est compact. Si (V_n) est un système fondamental dénombrable d'entourages de F, il est clair que les $\boldsymbol{W}(V_n, K, 1/n)$ forment un système fondamental d'entourages de $\mathscr{S}(A, \mu; F)$ lorsque n parcourt $\mathbf{N}$, d'où la proposition.

Lemme 4. — *Soit* F *un espace uniforme métrisable, et soit* $B \subset A$ *une réunion dénombrable d'ensembles μ-intégrables. Alors, pour toute suite de Cauchy* (f_n) *dans* $\mathscr{S}(A, \mu; F)$, *il existe une suite* (f_{n_k}) *extraite de* (f_n), *telle que* $(f_{n_k}(x))$ *soit une suite de Cauchy dans* F *pour presque tout* $x \in B$.

Supposons d'abord B intégrable, et désignons par d une distance compatible avec la structure uniforme de F. Nous allons définir par récurrence une suite double (f_{mn}) de fonctions de $\mathscr{S}(A, \mu; F)$ telle que $f_{0n} = f_n$ pour tout n, que $(f_{mn})_{n \geqslant 0}$ soit extraite de $(f_{m-1,n})_{n \geqslant 0}$ pour tout $m > 0$, et enfin que, pour $m > 0$, l'ensemble M_{mn} des $x \in B$ pour lesquels $d(f_{mn}(x), f_{m,n+1}(x)) > 1/2^{m+n+1}$ ait une mesure $|\mu|(M_{mn}) \leqslant 1/2^{m+n+1}$; la possibilité de cette définition résulte de ce que (f_n) est une suite de Cauchy dans $\mathscr{S}(A, \mu; F)$. Posons $M_m = \bigcup_{n \geqslant 0} M_{mn}$; on a

$$|\mu|(M_m) \leqslant \sum_{n=0}^{\infty} |\mu|(M_{mn}) \leqslant 1/2^m$$

et pour tout $x \in B - M_m$, on a $d(f_{mn}(x), f_{m,n+p}(x)) \leqslant 1/2^{m+n+1}$ pour tout $n \geqslant 0$ et tout $p > 0$; donc, la suite $(f_{mn}(x))_{n \geqslant 0}$ est une suite de Cauchy dans F. Soit alors $N = \bigcap_{m=0}^{\infty} M_m$; N est *négligeable*. Posons $g_n = f_{nn}$ pour tout $n \geqslant 0$; pour tout m, la suite $(g_n)_{n \geqslant m}$ est extraite de la suite $(f_{mn})_{n \geqslant 0}$; si $x \in B - N$, il y a un indice m tel que $x \notin M_n$, ce qui prouve que la suite $(g_n(x))$ est une suite de Cauchy dans F.

Si maintenant B est réunion d'une suite (B_m) d'ensembles intégrables, on peut définir par récurrence une suite double (g_{mn}) telle que $g_{0n} = f_n$, que $(g_{mn})_{n \geqslant 0}$ soit une suite extraite de $(g_{m-1,n})_{n \geqslant 0}$

pour tout $m > 0$, et que la suite $(g_{mn}(x))_{n \geqslant 0}$ soit une suite de Cauchy dans $B_m - P_m$, où P_m est négligeable. Posons $h_n = g_{nn}$ pour tout $n \geqslant 0$, de sorte que, pour tout m, la suite $(h_n)_{n \geqslant m}$ soit extraite de $(g_{mn})_{n \geqslant 0}$; la suite $(h_n(x))_{n \geqslant 0}$ est alors une suite de Cauchy dans F pour tout $x \in B - P$, où $P = \bigcup_{m=0}^{\infty} P_m$ est négligeable.

PROPOSITION 19. — *Si l'espace uniforme* F *est métrisable et complet, l'espace uniforme* $S(A, \mu ; F)$ *est complet.*

Il existe une famille $(K_\lambda)_{\lambda \in L}$ de parties compactes de A, localement dénombrable, telle que les K_λ soient deux à deux disjointes et que $A - \bigcup_\lambda K_\lambda$ soit localement négligeable (n° 9, prop. 14). En vertu de la prop. 17, $S(A, \mu ; F)$ est isomorphe au produit $\prod_{\lambda \in L} S(K_\lambda, \mu ; F)$; on est donc ramené à démontrer la proposition lorsque A est *intégrable*; alors (prop. 18), $S(A, \mu ; F)$ est métrisable, et en vertu du lemme 4, pour toute suite de Cauchy (f_n) dans $\mathscr{S}(A, \mu ; F)$, il y a une suite extraite (f_{n_k}) qui est convergente dans $A - N$, où N est négligeable; la limite f de (f_{n_k}) (prolongée de façon arbitraire à A tout entier) est alors μ-mesurable, et il résulte de l'extension du th. d'Egoroff mentionnée au n° 10 que la suite (f_{n_k}) *converge en mesure* vers f dans A. Cela entraîne que f est une valeur d'adhérence de la suite (f_n) dans $\mathscr{S}(A, \mu ; F)$, et comme la suite (f_n) est par hypothèse une suite de Cauchy, elle converge vers f.

C.Q.F.D.

COROLLAIRE. — *Soit* F *un espace uniforme métrisable.*

(i) *Toute suite* (f_n) *d'éléments de* $\mathscr{S}(A, \mu ; F)$ *qui converge localement presque partout vers une application* f *(nécessairement* μ*-mesurable) de* A *dans* F, *converge en mesure vers* f *dans* A.

(ii) *Soit* (f_n) *une suite d'éléments de* $\mathscr{S}(A, \mu ; F)$, *qui converge en mesure vers une application* f *de* A *dans* F. *Pour tout ensemble* $B \subset A$ *réunion dénombrable d'ensembles intégrables, il existe une suite* (f_{n_k}) *extraite de* (f_n) *telle que la suite* $(f_{n_k}(x))$ *converge dans* F *vers* $f(x)$ *pour presque tout* $x \in B$.

(i) L'assertion résulte aussitôt de l'extension du th. d'Egoroff mentionnée au n° 10.

(ii) En vertu du lemme 4, il existe une suite (f_{n_k}) extraite de (f_n) telle que $(f_{n_k}(x))$ soit une suite de Cauchy dans F pour tout

$x \in B - N$, où N est négligeable; soit $f'(x) \in \hat{F}$ la limite de cette suite pour $x \in B - N$. Il est clair que f' est une application μ-mesurable de $B - N$ dans $\hat{F}$, et la suite (f_n) converge en mesure vers f' dans $B - N$, en vertu de (i); f' est par suite égale à f presque partout dans B.

PROPOSITION 20. — *Soit* F *un espace de Banach, muni de la structure uniforme définie par sa norme.*

(i) *Pour toute partie μ-mesurable* A *de* X, *la topologie de la convergence en mesure est compatible avec la structure d'espace vectoriel de* $\mathscr{S}(A, \mu; F)$.

(ii) *L'espace* $\mathscr{K}(X; F)$ *est partout dense dans* $\mathscr{S}(X, \mu; F)$.

(iii) *Pour tout nombre réel fini $p \geqslant 1$, la topologie induite par la topologie de la convergence en mesure sur l'espace* $\mathscr{L}^p_F(X, \mu)$ *est moins fine que la topologie de la convergence en moyenne d'ordre* p.

(i) Pour toute partie μ-intégrable B de A et tout $\delta > 0$, désignons par $\boldsymbol{T}(B, \delta)$ l'ensemble des $\mathbf{f} \in \mathscr{S}(A, \mu; F)$ tels que l'ensemble C des $x \in B$ tels que $|\mathbf{f}(x)| \geqslant \delta$ vérifie la relation $|\mu|(C) \leqslant \delta$; il est clair que si V_δ est l'entourage de F formé des couples $(\mathbf{y}, \mathbf{z})$ tels que $|\mathbf{y} - \mathbf{z}| \leqslant \delta$, l'entourage $\boldsymbol{W}(V_\delta, B, \delta)$ est l'ensemble des couples $(\mathbf{f}, \mathbf{g})$ d'applications mesurables de A dans F telles que $\mathbf{f} - \mathbf{g} \in \boldsymbol{T}(B, \delta)$. Il est clair que les ensembles $\boldsymbol{T}(B, \delta)$ sont symétriques, et que l'on a $\boldsymbol{T}(B, \delta) + \boldsymbol{T}(B, \delta) \subset \boldsymbol{T}(B, 2\delta)$ et $\boldsymbol{T}(B, \alpha\delta) \subset \alpha\boldsymbol{T}(B, \delta)$ pour tout scalaire α tel que $|\alpha| \leqslant 1$; il suffit donc de vérifier que les ensembles $\boldsymbol{T}(B, \delta)$ sont *absorbants* (*Esp. vect. top.*, 2ᵉ éd., chap. I, § 1, nº 5, prop. 4). Or, si $\mathbf{f}$ est une application μ-mesurable de A dans F, la fonction numérique $|\mathbf{f}|$ est aussi μ-mesurable (nº 3, cor. 6 du th. 1). Soit C_n l'ensemble des $x \in B$ tels que $|\mathbf{f}(x)| \geqslant n$; les C_n forment une suite décroissante d'ensembles intégrables dont l'intersection est vide; donc il existe un entier n tel que $|\mu|(C_n) \leqslant \delta$ (§ 4, nº 5, cor. de la prop. 7); on peut en outre supposer n pris assez grand pour que $1/n \leqslant \delta$; alors on a $\mathbf{f}/n^2 \in \boldsymbol{T}(B, \delta)$, ce qui achève de prouver l'assertion (i).

(iii) La relation $\int |\mathbf{f}|^p \, d|\mu| \leqslant \delta^{p+1}$ entraîne que si C est l'ensemble des $x \in X$ tels que $|\mathbf{f}(x)| \geqslant \delta$, on a

$$\delta^p |\mu|^*(C) \leqslant \int |\mathbf{f}|^p \, d|\mu| \leqslant \delta^{p+1}$$

d'où $|\mu|^*(C) \leqslant \delta$, ce qui démontre (iii).

(ii) En vertu de (iii), il suffit de montrer par exemple que $\mathscr{L}^1_F$ est partout dense dans $\mathscr{S}_F$, puisque par définition $\mathscr{K}(X;F)$ est dense dans $\mathscr{L}^1_F$ pour la topologie de la convergence en moyenne. Or, soient $\mathbf{f}$ un élément quelconque de $\mathscr{S}_F$, et $T(B, \delta)$ un voisinage de 0 dans cet espace; on voit comme dans (i) qu'il existe une partie intégrable C de B telle que $|\mu|(C) \leqslant \delta$ et que $\mathbf{f}$ soit *bornée* dans $B - C$; désignant alors par $\mathbf{g}$ la fonction égale à $\mathbf{f}$ dans $B - C$, à 0 dans $X - (B - C)$, il résulte du n° 6, th. 5 que $\mathbf{g}$ est intégrable, et l'on a évidemment $\mathbf{f} - \mathbf{g} \in T(B, \delta)$.

Remarques. 1) L'espace vectoriel topologique $\mathscr{S}(X, \mu; F)$ n'est pas nécessairement localement convexe (exerc. 24).

2) La topologie induite par la topologie de la convergence en mesure sur l'ensemble des $\mathbf{f}$ telles que $N_p(\mathbf{f}) \leqslant 1$ peut être strictement moins fine que la topologie induite sur cet ensemble par la topologie de la convergence en moyenne d'ordre p (exerc. 22). Voir toutefois la prop. 21 ci-dessous.

DÉFINITION 10. — *Soient* X *un espace localement compact,* μ *une mesure sur* X, F *un espace de Banach, et* $p \in [1, +\infty[$. *Une partie* H *de* $\mathscr{L}^p_F(X, \mu)$ *est dite équiintégrable d'ordre* p *(pour* μ*) si elle satisfait aux conditions suivantes:*

(i) *Pour tout* $\varepsilon > 0$, *il existe* $\delta > 0$ *tel que, pour tout ensemble intégrable* A *de mesure* $|\mu|(A) \leqslant \delta$ *et pour toute* $\mathbf{f} \in H$, *on ait*

$$\int |\mathbf{f}|^p \varphi_A \, d|\mu| \leqslant \varepsilon.$$

(ii) *Pour tout* $\varepsilon > 0$, *il existe une partie compacte* K *de* X *telle que, pour toute* $\mathbf{f} \in H$, *on ait* $\int |\mathbf{f}|^p \varphi_{X-K} \, d|\mu| \leqslant \varepsilon$.

Si $p = 1$, on dit « équiintégrable » au lieu de « équiintégrable d'ordre p ».

Remarque. — Supposons μ bornée. Pour tout $a > 0$, l'ensemble des applications mesurables de X dans F telles que $|\mathbf{f}(x)| \leqslant a$ presque partout est équiintégrable d'ordre p, et ceci quel que soit $p \in [1, +\infty[$.

PROPOSITION 21. — *Soit* H *une partie de* $\mathscr{L}^p_F(X, \mu)$ *équiintégrable d'ordre p. Sur* H, *la structure uniforme de la convergence en mesure est égale à la structure uniforme induite par celle de* $\mathscr{L}_{\mathrm{F}}^p(\mathrm{X}, \mu)$.

Soit $\varepsilon > 0$. Il existe δ et K avec les propriétés (i) et (ii) de la déf. 10. Soient **f**, **g** dans H telles que

$$|\mathbf{f}(x) - \mathbf{g}(x)| \leqslant \left(\frac{\varepsilon}{|\mu|(\mathrm{K})}\right)^{1/p}$$

pour $x \in \mathrm{K}$, sauf sur un ensemble M de mesure $\leqslant \delta$. On a

$$\left(\int_{\mathrm{X}-\mathrm{K}} |\mathbf{f} - \mathbf{g}|^p \, d|\mu|\right)^{1/p} \leqslant \left(\int_{\mathrm{X}-\mathrm{K}} |\mathbf{f}|^p \, d|\mu|\right)^{1/p} + \left(\int_{\mathrm{X}-\mathrm{K}} |\mathbf{g}|^p \, d|\mu|\right)^{1/p}$$
$$\leqslant 2\varepsilon^{1/p}$$

et de même

$$\left(\int_{\mathrm{M}} |\mathbf{f} - \mathbf{g}|^p \, d|\mu|\right)^{1/p} \leqslant 2\varepsilon^{1/p}$$

donc

$$\int |\mathbf{f} - \mathbf{g}|^p \, d|\mu| = \int_{\mathrm{X}-\mathrm{K}} |\mathbf{f} - \mathbf{g}|^p \, d|\mu| + \int_{\mathrm{M}} |\mathbf{f} - \mathbf{g}|^p \, d|\mu|$$
$$+ \int_{\mathrm{K}-\mathrm{M}} |\mathbf{f} - \mathbf{g}|^p \, d|\mu|$$
$$\leqslant 2^p\varepsilon + 2^p\varepsilon + \frac{\varepsilon}{|\mu|(\mathrm{K})}|\mu|(\mathrm{K} - \mathrm{M}) \leqslant (2^{p+1} + 1)\varepsilon.$$

Donc la structure uniforme de la convergence en mesure sur H est plus fine que la structure uniforme induite par celle de $\mathscr{L}_{\mathrm{F}}^p(\mathrm{X}, \mu)$. Il suffit alors d'appliquer la prop. 20.

12. Une propriété de la convergence vague

Lemme 5. — *Soient* X *un espace localement compact,* μ *une mesure positive bornée sur* X, F *un espace de Banach,* **f** *une fonction bornée sur* X *à valeurs dans* F. *Les conditions suivantes sont équivalentes:*

(i) *L'ensemble des points de discontinuité de* **f** *est* μ*-négligeable.*

(ii) *Pour tout* $\varepsilon > 0$, *il existe des éléments* $\mathbf{a}_1, \ldots, \mathbf{a}_n$ *de* F, *des fonctions* $g_1, \ldots, g_n$ *appartenant à* $\mathscr{K}(\mathrm{X})$, *et une fonction* $h \geqslant 0$ *continue bornée sur* X, *tels que* $|\mathbf{f} - g_1\mathbf{a}_1 - \cdots - g_n\mathbf{a}_n| \leqslant h \leqslant 2 \sup |\mathbf{f}|$ *partout sur* X, *et* $\int h \, d\mu \leqslant \varepsilon$.

Nous noterons N l'ensemble des points de discontinuité de **f**, et nous poserons $M = \sup|\mathbf{f}|$.

(i) ⇒ (ii). Supposons la condition (i) satisfaite. Soit $\varepsilon > 0$. La fonction **f** est μ-intégrable (n° 2, cor. 4 de la prop. 5 et n° 6, th. 5), donc il existe $\mathbf{a}_1, \ldots, \mathbf{a}_n$ dans F, $g_1, \ldots, g_n$ dans $\mathscr{K}(X)$ tels que, posant $k = |\mathbf{f} - g_1\mathbf{a}_1 - \ldots - g_n\mathbf{a}_n|$, on ait $\int k\,d\mu \leqslant \varepsilon/2$ (§ 3, n° 5, prop. 10). En multipliant $g_1, \ldots, g_n$ par un même élément convenable de $\mathscr{K}(X)$, on peut en outre supposer que

$$|g_1\mathbf{a}_1 + \ldots + g_n\mathbf{a}_n| \leqslant |\mathbf{f}|$$

sur X, d'où $k \leqslant 2M$. L'ensemble N' des points de discontinuité de k est contenu dans N, donc est négligeable. Pour tout $x \in X$, posons $l(x) = \limsup_{y \to x} k(y)$. On a $2M \geqslant l \geqslant k$ sur X, et $l = k$ sur $X - N'$, c'est-à-dire presque partout pour μ, donc $\int l\,d\mu \leqslant \varepsilon/2$. D'autre part, l est bornée et semi-continue supérieurement, donc enveloppe inférieure de l'ensemble des fonctions continues bornées majorant l. Il existe donc une fonction continue bornée $h \geqslant l$ sur X telle que $h \leqslant 2M$ et $\int h\,d\mu \leqslant \int l\,d\mu + \varepsilon/2$ (§ 4, n° 4, cor. 2 de la prop. 5). On a alors $\int h\,d\mu \leqslant \varepsilon$, et $|\mathbf{f} - g_1\mathbf{a}_1 - \cdots - g_n\mathbf{a}_n| \leqslant h$.

(ii) ⇒ (i). Supposons la condition (ii) satisfaite. Pour tout $x \in X$, soit $\omega(x)$ l'oscillation de **f** en x. Soit $\varepsilon > 0$. Il existe $\mathbf{a}_1, \ldots, \mathbf{a}_n$, $g_1, \ldots, g_n$, h avec les propriétés de (ii). Pour tout $x \in X$, $\omega(x)$ est l'oscillation de $\mathbf{f} - g_1\mathbf{a}_1 - \cdots - g_n\mathbf{a}_n$ en x, donc $\omega(x) \leqslant 2h(x)$. Donc $\int \omega\,d\mu \leqslant 2\varepsilon$. Par suite, l'ensemble A_ε des $x \in X$ tels que $\omega(x) \geqslant \sqrt{\varepsilon}$ est tel que $\mu(A_\varepsilon) \leqslant 2\sqrt{\varepsilon}$. Ceci prouve que $\mu(N) \leqslant 2\sqrt{\varepsilon}$, d'où $\mu(N) = 0$.

PROPOSITION 22. — *Soient* F *un espace de Banach,* X *un espace localement compact,* $\mathscr{E}$ *l'ensemble des mesures positives bornées sur* X, μ *un élément de* $\mathscr{E}$, $\mathfrak{B}$ *une base de filtre sur* $\mathscr{E}$. *On suppose que* $\mathfrak{B}$ *converge vaguement vers* μ *et que* $\|\nu\|$ *tend vers* $\|\mu\|$ *suivant* $\mathfrak{B}$. *Soit* **f** *une application de* X *dans* F *vérifiant les conditions suivantes:*
(i) **f** *est bornée, intégrable pour* μ *et pour toute mesure appartenant à un élément de* $\mathfrak{B}$;
(ii) *l'ensemble des points de discontinuité de* **f** *est* μ*-négligeable.*

Alors $\int \mathbf{f}\,d\nu$ *tend vers* $\int \mathbf{f}\,d\mu$ *suivant* $\mathfrak{B}$.

Soit $\varepsilon > 0$. Il existe des éléments $\mathbf{a}_1, \ldots, \mathbf{a}_n$ de F, des fonctions $g_1, \ldots, g_n$ de $\mathscr{K}(X)$, et une fonction $h \geqslant 0$ continue bornée sur X, tels que $|\mathbf{f} - g_1\mathbf{a}_1 - \ldots - g_n\mathbf{a}_n| \leqslant h \leqslant 2\sup|\mathbf{f}|$ sur X et $\int h\,d\mu \leqslant \varepsilon$ (lemme 5). Soit $M = \sup|\mathbf{f}|$. Il existe une partie compacte K de X telle que $\mu^*(X - K) \leqslant \varepsilon$ (§ 4, n° 7, prop. 12, et n° 6, th. 4), un voisinage compact K′ de K dans X, et une application continue h' de X dans $[0, 2M]$ tels que $h' = h$ sur K, $h' = 2M$ sur $X - K'$; en remplacant h par $\sup(h, h')$, on peut supposer en outre que h' majore h. On a $\int (h' - h)\, d\mu \leqslant 2M\mu^*(X - K) \leqslant 2M\varepsilon$. D'autre part, $h' = h_1 + 2M$, où $h_1 \in \mathscr{K}(X)$. Compte tenu du § 4, n° 7, prop. 12, le nombre $\int h'\, dv = \int h_1\, dv + 2M\|v\|$ tend suivant $\mathfrak{B}$ vers

$$\int h_1\, d\mu + 2M\|\mu\| = \int h'\, d\mu.$$

Il existe alors un $A \in \mathfrak{B}$ tel que, pour toute $v \in A$, on ait

$$\left| \int (g_1 \mathbf{a}_1 + \ldots + g_n \mathbf{a}_n)\, dv - \int (g_1 \mathbf{a}_1 + \ldots + g_n \mathbf{a}_n)\, d\mu \right| \leqslant \varepsilon,$$

$$\int h\, dv \leqslant \int h'\, dv \leqslant \int h'\, d\mu + \varepsilon \leqslant \int h\, d\mu + 2M\varepsilon + \varepsilon \leqslant 2(M + 1)\varepsilon.$$

Ces inégalités entraînent

$$\left| \int \mathbf{f}\, dv - \int \mathbf{f}\, d\mu \right| \leqslant \int h\, dv + \left| \int (g_1 \mathbf{a}_1 + \ldots + g_n \mathbf{a}_n)\, dv - \int (g_1 \mathbf{a}_1 + \ldots + g_n \mathbf{a}_n)\, d\mu \right| + \int h\, d\mu \leqslant 2(M + 2)\varepsilon,$$

ce qui démontre la proposition.

Remarque. — Les conditions (i) et (ii) de la proposition 22 sont satisfaites si **f** est continue et bornée.

Exemple. — Prenons pour X l'espace compact **U** des nombres complexes de valeur absolue 1. En posant, pour toute $\mathbf{f} \in \mathscr{K}(\mathbf{U})$, $\mu(f) = \int_0^1 f(e^{2i\pi t})\, dt$, on définit une mesure positive de masse 1 sur X. D'autre part, soit θ un nombre réel; pour tout entier $n \geqslant 0$, soient v_n la masse unité placée au point $e^{2i\pi n\theta}$ de **U**, et

$$\mu_n = \frac{1}{n + 1}(v_0 + \ldots + v_n),$$

de sorte que μ_n est une mesure positive de masse 1 sur **U**. Alors, si θ est irrationnel, μ_n tend vaguement vers μ. En effet, comme les combinaisons linéaires des fonctions $z \mapsto z^k$ $(k \in \mathbf{Z})$ sont partout denses dans $\mathscr{K}(\mathbf{U})$ (*Top. gén.*, chap. X, 2e éd., § 4, n° 4, prop. 8), il suffit de prouver que $\mu_n(z^k)$ tend vers $\mu(z^k)$ pour $k \in \mathbf{Z}$. Or, pour $k = 0$, on a $\mu_n(z^k) = \mu(z^k) = 1$; pour $k \neq 0$, on a

$$\mu_n(z^k) = \frac{1}{n+1}(1 + e^{2i\pi k\theta} + e^{4i\pi k\theta} + \ldots + e^{2i\pi kn\theta}).$$

Comme $e^{2i\pi k\theta} \neq 1$ (puisque θ est irrationnel), on en déduit

$$|\mu_n(z^k)| = \left| \frac{1}{n+1} \frac{e^{2i\pi k(n+1)\theta} - 1}{e^{2i\pi k\theta} - 1} \right| \leqslant \frac{1}{n+1} \frac{2}{|e^{2i\pi k\theta} - 1|},$$

donc $\mu_n(z^k)$ tend vers $0 = \mu(z^k)$. Dans ces conditions, on peut appliquer la proposition 22, et on voit en particulier que, si A est une partie de $\mathbf{U}$ de *frontière négligeable* pour μ, $\mu_n(\mathrm{A})$ tend vers $\mu(\mathrm{A})$. Autrement dit, si p_n désigne le nombre d'entiers $k \in (0, n)$ tels que $e^{2i\pi k\theta} \in \mathrm{A}$, $n^{-1}p_n$ tend vers $\mu(\mathrm{A})$ quand n tend vers $+\infty$.

§ 6. Inégalités de convexité

1. Le théorème de convexité

THÉORÈME 1. — *Soient* X *un espace localement compact*, μ *une mesure* positive *sur* X, F *un espace de Banach réel*, D *un ensemble convexe fermé dans* F, $\mathbf{f}$ *une fonction sur* X *telle que* $\mathbf{f}(\mathrm{X}) \subset \mathrm{D}$. *Pour toute fonction numérique intégrable* $g \geqslant 0$ *non négligeable et telle que* $\mathbf{f}g$ *soit intégrable, le point* $\dfrac{\int \mathbf{f}g \, d\mu}{\int g \, d\mu}$ *appartient à* D.

En effet, soit F′ le dual de F, et soit $\langle \mathbf{z}, \mathbf{a}' \rangle \leqslant \alpha$ ($\mathbf{a}' \in \mathrm{F}'$, $\alpha \in \mathbf{R}$) une relation définissant un *demi-espace fermé* contenant D. Comme $\mathbf{f}g$ est intégrable, il en est de même de la fonction numérique $\langle \mathbf{f}g, \mathbf{a}' \rangle = \langle \mathbf{f}, \mathbf{a}' \rangle g$, et on a $\int \langle \mathbf{f}g, \mathbf{a}' \rangle \, d\mu = \left\langle \int \mathbf{f}g \, d\mu, \mathbf{a}' \right\rangle$ (§ 4, n° 2, cor. 1 du th. 1); mais par hypothèse $\langle \mathbf{f}(x), \mathbf{a}' \rangle \leqslant \alpha$ pour tout $x \in \mathrm{X}$, donc $\langle \mathbf{f}(x)g(x), \mathbf{a}' \rangle \leqslant \alpha g(x)$; en intégrant, il vient

$$\left\langle \int \mathbf{f}g \, d\mu, \mathbf{a}' \right\rangle \leqslant \alpha \int g \, d\mu.$$

Cela prouve que le point $\dfrac{\int \mathbf{f}g \, d\mu}{\int g \, d\mu}$ appartient à tout demi-espace fermé contenant D; mais en vertu du th. de Hahn-Banach, D est l'intersection des demi-espaces fermés qui le contiennent (*Esp. vect. top.*, chap. II, 2ᵉ éd., § 5, n° 3, cor. 1 de la prop. 4), d'où le théorème.

COROLLAIRE. — *Si la mesure positive* μ *est de masse totale égale à* 1, *et si* $\mathbf{f}$ *est intégrable,* $\int \mathbf{f}\, d\mu$ *appartient à l'enveloppe fermée convexe de* $\mathbf{f}(X)$ *dans* F.

Il suffit de prendre pour fonction g la constante 1.

2. *L'inégalité de la moyenne*

Nous allons préciser le th. 1 pour les fonctions mesurables *numériques* (finies ou non).

DÉFINITION 1. — *Soient* X *un espace localement compact,* μ *une mesure sur* X. *Etant donnée une fonction numérique* f (*finie ou non*), *définie localement presque partout dans* X, *on appelle maximum en mesure, ou* μ*-maximum* (resp. *minimum en mesure, ou* μ*-minimum*) *de la fonction* f, *et on désigne par* $M_\infty(f)$ (resp. $m_\infty(f)$) *la borne inférieure* (resp. *supérieure*) *de l'ensemble des nombres* α *tels que l'on ait* $f(x) \leqslant \alpha$ (resp. $f(x) \geqslant \alpha$) *localement presque partout* (*pour* μ).

Il résulte aussitôt que la définition que $m_\infty(f) = -M_\infty(-f)$, donc de toute propriété du maximum en mesure on déduit une propriété correspondante du minimum en mesure.

Pour tout $\alpha > M_\infty(f)$, l'ensemble des $x \in X$ tels que $f(x) > \alpha$ est localement négligeable; or, l'ensemble des $x \in X$ tels que $f(x) > M_\infty(f)$ est réunion des ensembles où $f(x) > r_n$, r_n parcourant l'ensemble des nombres rationnels $> M_\infty(f)$; on a donc $f(x) \leqslant M_\infty(f)$ localement presque partout (§ 5, n° 2). On a de même $f(x) \geqslant m_\infty(f)$ localement presque partout; on en déduit que $m_\infty(f) \leqslant M_\infty(f)$ si la mesure μ n'est pas nulle; en outre, la relation $m_\infty(f) = M_\infty(f)$ équivaut à dire que f est *localement presque partout égale à une constante*. Il est clair que, si la mesure μ n'est pas nulle, on a

$$\inf_{x \in X} f(x) \leqslant m_\infty(f) \leqslant M_\infty(f) \leqslant \sup_{x \in X} f(x).$$

Si deux fonctions f, g sont égales localement presque partout, on a $m_\infty(f) = m_\infty(g)$ et $M_\infty(f) = M_\infty(g)$.

Enfin, si f et g sont deux fonctions telles que $f + g$ soit définie localement presque partout, on a

$$M_\infty(f + g) \leqslant M_\infty(f) + M_\infty(g) \tag{1}$$

si le second membre est défini, comme il résulte aussitôt de la déf. 1 ; de même si f et g sont toutes deux $\geqslant 0$, et telles que fg soit définie localement presque partout, on a

$$(2) \qquad M_\infty(fg) \leqslant M_\infty(f)M_\infty(g)$$

si le second membre est défini.

Lorsque $M_\infty(f) < +\infty$, on a $f(x) < +\infty$ localement presque partout, mais pas nécessairement presque partout. On dit qu'une fonction numérique f est *bornée en mesure* (pour la mesure μ) si elle est *définie et finie presque partout*, et si en outre les nombres $m_\infty(f)$ et $M_\infty(f)$ sont tous deux finis (cette dernière condition revenant à dire que $M_\infty(|f|) < +\infty$).

Proposition 1 (inégalité de la moyenne). — *Soit f une fonction numérique mesurable et bornée en mesure. Pour toute fonction numérique intégrable $g \geqslant 0$, la fonction fg (définie presque partout) est intégrable et on a*

$$(3) \qquad m_\infty(f)\int g\,d|\mu| \leqslant \int fg\,d|\mu| \leqslant M_\infty(f)\int g\,d|\mu|.$$

En outre, deux des trois membres de l'inégalité (3) *ne peuvent être égaux que si, dans l'ensemble des $x \in X$ où $g(x) \neq 0$, f est presque partout égale à $M_\infty(f)$, ou presque partout égale à $m_\infty(f)$.*

En effet, fg est mesurable (§ 5, n° 3, cor. 5 du th. 1); en outre, on a l'inégalité $m_\infty(f)g(x) \leqslant f(x)g(x) \leqslant M_\infty(f)g(x)$, non seulement localement presque partout, mais même presque partout, car l'ensemble des points $x \in X$ où $g(x) \neq 0$ est réunion dénombrable d'ensembles intégrables (§ 5, n° 6, lemme 1). On en déduit que fg est intégrable (§ 5, n° 6, th. 5) et on a l'inégalité (3). D'autre part, la fonction $M_\infty(f)g - fg$ est presque partout définie et égale à $(M_\infty(f) - f)g$; elle est donc presque partout $\geqslant 0$ dans X ; comme la relation $M_\infty(f)\int g\,d|\mu| = \int fg\,d|\mu|$ est équivalente à $\int (M_\infty(f) - f)g\,d|\mu| = 0$, elle ne peut avoir lieu que si la fonction $(M_\infty(f) - f)g$ est négligeable, ce qui achève la démonstration.

En écartant le cas trivial où $\int g d|\mu| = 0$, l'inégalité (3) se déduit du th. 1 du n° 1 appliqué à l'intervalle $D = [m_\infty(f), M_\infty(f)]$. On peut apporter au th. 1 du n° 1 des compléments analogues à ceux de la prop. 1, qui précisent dans quel cas le point

$$\left(\int \mathbf{fg}\,d\mu\right) \Big/ \left(\int g\,d\mu\right)$$

appartient à la frontière de D (exerc. 2).

3. Les espaces L_F^∞

DÉFINITION 2. — *Pour toute application* $\mathbf{f}$ *de* X *dans un espace de Banach* F, *on pose* $N_\infty(\mathbf{f}) = M_\infty(|\mathbf{f}|)$; *on dit que* $\mathbf{f}$ *est bornée en mesure* (pour la mesure μ) *si* $N_\infty(\mathbf{f})$ *est fini. On désigne par* $\mathscr{L}_F^\infty(X, \mu)$ (ou $\mathscr{L}_F^\infty(\mu)$, ou simplement $\mathscr{L}_F^\infty$) *l'ensemble des applications mesurables et bornées en mesure de* X *dans* F.

Une fonction $\mathbf{f}$ de $\mathscr{L}_F^\infty$ peut donc être caractérisée par le fait qu'il existe une fonction *mesurable et bornée* égale localement presque partout à $\mathbf{f}$.

Il résulte aussitôt de (1) qu'on a

$$N_\infty(\mathbf{f} + \mathbf{g}) \leqslant N_\infty(\mathbf{f}) + N_\infty(\mathbf{g});$$

d'autre part, on a $N_\infty(\alpha\mathbf{f}) = |\alpha| N_\infty(\mathbf{f})$ pour tout scalaire α. L'ensemble $\mathscr{L}_F^\infty$ est donc un *sous-espace vectoriel* de l'espace de toutes les applications de X dans F, et $N_\infty(\mathbf{f})$ est une semi-norme sur cet espace vectoriel. Soit $(\mathbf{f}_n)$ une suite de fonctions de $\mathscr{L}_F^\infty$, qui converge vers $\mathbf{f} \in \mathscr{L}_F^\infty$ pour la topologie définie par la semi-norme $N_\infty(\mathbf{f})$; pour tout entier m, il existe un ensemble localement négligeable H_m et un entier n_0 tels que, pour tout entier $n \geqslant n_0$ et tout $x \notin H_m$, on ait $|\mathbf{f}(x) - \mathbf{f}_n(x)| \leqslant 1/m$ (toute réunion dénombrable d'ensembles localement négligeables étant localement négligeable); la réunion H des H_m est localement négligeable, et on voit que $\mathbf{f}_n(x)$ tend *uniformément* vers $\mathbf{f}(x)$ dans le complémentaire de l'ensemble localement négligeable H; la réciproque est immédiate.

Il est clair que toute fonction égale localement presque partout à une fonction de $\mathscr{L}_F^\infty$ appartient à $\mathscr{L}_F^\infty$. En particulier, les fonctions *localement négligeables* définies dans X et à valeurs dans F forment un sous-espace vectoriel $\mathscr{N}_F^\infty$ de $\mathscr{L}_F^\infty$, caractérisé par la relation $N_\infty(\mathbf{f}) = 0$ (adhérence de 0 pour la topologie définie par $N_\infty(\mathbf{f})$). On désigne par $L_F^\infty(X, \mu)$ (ou $L_F^\infty(\mu)$ ou L_F^∞) l'espace séparé associé à $\mathscr{L}_F^\infty$, c'est-à-dire l'espace quotient $\mathscr{L}_F^\infty / \mathscr{N}_F^\infty$; sa topologie est définie par la *norme* déduite de N_∞ par passage au quotient; la norme d'une classe $\dot{\mathbf{f}} \in L_F^\infty$ s'écrit $N_\infty(\dot{\mathbf{f}})$, ou encore $\|\dot{\mathbf{f}}\|_\infty$. Lorsque $F = \mathbf{R}$ (resp. $\mathbf{C}$), on écrit $\mathscr{L}^\infty$ et L^∞ au lieu de $\mathscr{L}_\mathbf{R}^\infty$ et $L_\mathbf{R}^\infty$ (resp. $\mathscr{L}_\mathbf{C}^\infty$ et $L_\mathbf{C}^\infty$) s'il n'en résulte pas de confusion.

PROPOSITION 2. — *L'espace* $\mathscr{L}_F^\infty$ *est complet; l'espace* L_F^∞ *est un espace de Banach.*

Soit en effet $(\mathbf{f}_n)$ une suite de Cauchy dans $\mathscr{L}^{\infty}_{\mathrm{F}}$; pour tout entier n, il existe un entier k_n tel que, pour $r \geqslant k_n$ et $s \geqslant k_n$, on ait $\mathrm{N}_{\infty}(\mathbf{f}_r - \mathbf{f}_s) \leqslant 1/n$; il existe donc un ensemble localement négligeable A_{rs} tel que l'on ait $|\mathbf{f}_r(x) - \mathbf{f}_s(x)| \leqslant 1/n$ pour tout $x \notin \mathrm{A}_{rs}$. Si A_n est la réunion des ensembles A_{rs} (pour $r \geqslant k_n$ et $s \geqslant k_n$), A_n est localement négligeable, et pour tout $x \notin \mathrm{A}_n$, on a $|\mathbf{f}_r(x) - \mathbf{f}_s(x)| \leqslant 1/n$ pour tous les indices $r \geqslant k_n$, $s \geqslant k_n$. Soit A l'ensemble localement négligeable réunion des A_n, et posons $\mathbf{g}_n(x) = \mathbf{f}_n(x)$ pour $x \notin \mathrm{A}$, $\mathbf{g}_n(x) = 0$ pour $x \in \mathrm{A}$; $\mathbf{g}_n$ appartient à $\mathscr{L}^{\infty}_{\mathrm{F}}$, et d'après la définition de A, la suite $(\mathbf{g}_n)$ converge *uniformément* dans X vers une fonction $\mathbf{g}$. Il en résulte que la fonction $\mathbf{g}$ est mesurable (§ 5, n° 4, th. 2); en outre, $\mathbf{g}$ est bornée dans l'ensemble des $x \in \mathrm{X}$ où $|\mathbf{g}_{k_1}(x)| \leqslant \mathrm{N}_{\infty}(\mathbf{g}_{k_1})$, et comme le complémentaire de cet ensemble est localement négligeable, $\mathbf{g}$ appartient à $\mathscr{L}^{\infty}_{\mathrm{F}}$. Il est clair que dans $\mathscr{L}^{\infty}_{\mathrm{F}}$, la suite $(\mathbf{g}_n)$ a pour limite $\mathbf{g}$, et il en est donc de même de la suite $(\mathbf{f}_n)$, puisque $\mathrm{N}_{\infty}(\mathbf{f}_n - \mathbf{g}_n) = 0$ pour tout n. La seconde partie de la proposition s'en déduit immédiatement.

Remarques. — 1) Toute fonction $\mathbf{f}$ *continue et bornée* dans X, à valeurs dans F, appartient à $\mathscr{L}^{\infty}_{\mathrm{F}}$, et l'on a

$$\mathrm{N}_{\infty}(\mathbf{f}) \leqslant \|\mathbf{f}\| = \sup_{x \in \mathrm{X}} |\mathbf{f}(x)|.$$

Pour que l'on ait $\mathrm{N}_{\infty}(\mathbf{f}) = \|\mathbf{f}\|$ pour toute fonction continue et bornée $\mathbf{f}$, il faut et il suffit que le support de la mesure μ soit *égal à* X. En effet, s'il existe une fonction continue $\mathbf{f}$ à support compact négligeable et non identiquement nulle, on a $\mathrm{N}_{\infty}(\mathbf{f}) = 0$ et $\|\mathbf{f}\| > 0$. Inversement, si le support de μ est égal à X, pour toute fonction continue et bornée $\mathbf{f}$ et tout nombre $\alpha < \|\mathbf{f}\|$, l'ensemble des $x \in \mathrm{X}$ tels que $|\mathbf{f}(x)| > \alpha$ est ouvert et non vide, donc de mesure extérieure > 0, ce qui montre que $\mathrm{N}_{\infty}(\mathbf{f}) = \|\mathbf{f}\|$.

Lorsque le support de μ est égal à X, on peut donc *identifier* l'espace normé $\mathscr{C}^b(\mathrm{X};\mathrm{F})$ des fonctions continues et bornées dans X, à valeurs dans F, avec un sous-espace de l'espace $\mathscr{L}^{\infty}_{\mathrm{F}}$. Comme $\mathscr{L}^{\infty}_{\mathrm{F}}$ n'est pas en général séparé, le sous-espace $\mathscr{C}^b(\mathrm{X};\mathrm{F})$ n'est pas en général fermé dans $\mathscr{L}^{\infty}_{\mathrm{F}}$, mais son image canonique dans $\mathrm{L}^{\infty}_{\mathrm{F}}$ est un sous-espace fermé de $\mathrm{L}^{\infty}_{\mathrm{F}}$ (qu'on peut d'ailleurs identifier à $\mathscr{C}^b(\mathrm{X};\mathrm{F})$ dans le cas envisagé). En général, $\mathscr{C}^b(\mathrm{X};\mathrm{F})$ est *distinct* de $\mathrm{L}^{\infty}_{\mathrm{F}}$, c'est-à-dire que, pour une fonction mesurable et bornée quelconque $\mathbf{f}$, il n'existe pas en général de fonction $\mathbf{g}$ *continue* et égale à $\mathbf{f}$ localement presque partout (§ 5, exerc. 12). Cela entraîne que l'espace $\mathscr{K}(\mathrm{X};\mathrm{F})$ des applications de X dans F, continues et à support compact, *n'est pas partout dense dans* $\mathrm{L}^{\infty}_{\mathrm{F}}$ en général, alors qu'il est partout dense dans chacun des espaces $\mathrm{L}^{p}_{\mathrm{F}}$ pour

$$1 \leqslant p < +\infty$$

(§ 3, n° 4, déf. 2).

2) Il est immédiat que la topologie définie par la semi-norme N_∞ est plus fine que la topologie induite sur $\mathscr{L}_F^\infty$ par la topologie de la convergence en mesure (§ 5, n° 11).

4. *L'inégalité de Hölder*

Dans ce numéro, p et q désigneront deux nombres réels tels que $1 \leqslant p \leqslant +\infty$, $1 \leqslant q \leqslant +\infty$, liés par la relation $1/p + 1/q = 1$; on a donc $q = p/(p-1)$ si $1 < p < +\infty$, $q = +\infty$ si $p = 1$ et $q = 1$ si $p = +\infty$; p et q seront appelés des *exposants conjugués*. On remarquera que la relation $1 \leqslant p \leqslant 2$ équivaut à $2 \leqslant q \leqslant +\infty$; on n'a $p = q$ que lorsque p et q sont égaux à 2.

THÉORÈME 2 (inégalité de Hölder). — *Soient f et g deux fonctions numériques finies presque partout et telles que f soit égale presque partout à une fonction de $\mathscr{L}^p$ et g à une fonction de $\mathscr{L}^q$. Alors la fonction fg (définie presque partout) est intégrable, et on a*

$$\text{(4)} \qquad N_1(fg) \leqslant N_p(f)N_q(g).$$

Soit f_1 (resp. g_1) une fonction de $\mathscr{L}^p$ (resp. $\mathscr{L}^q$) à laquelle f (resp. g) est presque partout égale; fg est égale presque partout à la fonction $f_1 g_1$ partout définie et finie, qui est mesurable comme produit de deux fonctions mesurables (§ 5, th. 1 et 5). Si

$$1 < p < +\infty,$$

l'inégalité de Hölder pour l'intégrale supérieure (chap. I, n° 3, prop. 4) donne l'inégalité (4), et la relation $N_1(fg) < +\infty$ montre alors que fg est intégrable (§ 5, n° 6, th. 5). Si $p = 1$, $q = +\infty$, l'inégalité (4) et le fait que fg soit intégrable sont des conséquences immédiates de l'inégalité de la moyenne (n° 2, prop. 1); le théorème est donc démontré dans tous les cas.

COROLLAIRE 1. — *Soient* F, G, H *trois espaces de Banach, et* $(\mathbf{u}, \mathbf{v}) \mapsto \Phi(\mathbf{u}, \mathbf{v})$ *une application bilinéaire continue de* $F \times G$ *dans* H, *telle que* $|\Phi(\mathbf{u}, \mathbf{v})| \leqslant |\mathbf{u}| . |\mathbf{v}|$. *Si* $\mathbf{f} \in \mathscr{L}_F^p$ *et* $\mathbf{g} \in \mathscr{L}_G^q$, *la fonction* $\Phi(\mathbf{f}, \mathbf{g})$ *est intégrable, et on a*

$$\text{(5)} \qquad \left| \int \Phi(\mathbf{f}, \mathbf{g})\, d\mu \right| \leqslant \int |\Phi(\mathbf{f}, \mathbf{g})|\, d|\mu| \leqslant N_p(\mathbf{f})N_q(\mathbf{g}).$$

En effet, $\Phi(\mathbf{f}, \mathbf{g})$ est mesurable (§ 5, n° 3, cor. 5 du th. 1); comme $|\Phi(\mathbf{f}, \mathbf{g})| \leqslant |\mathbf{f}| . |\mathbf{g}|$, le corollaire résulte du th. 2 et du critère d'intégrabilité du § 5, n° 6, th. 5.

Deux cas particuliers du cor. 1 sont importants dans les applications :

COROLLAIRE 2. — *Soit* F *un espace de Banach réel* (*resp. complexe*), F′ *son dual fort* (*Esp. vect. top.*, chap. IV, § 3), *et soit* $(\mathbf{z}, \mathbf{z}') \mapsto \langle \mathbf{z}, \mathbf{z}' \rangle$ *la forme bilinéaire canonique sur* F × F′. *Si* $\mathbf{f} \in \mathscr{L}^p_{\mathrm{F}}$ *et* $\mathbf{g} \in \mathscr{L}^q_{\mathrm{F}'}$, *la fonction numérique* (resp. *complexe*) $\langle \mathbf{f}, \mathbf{g} \rangle$ *est intégrable, et on a*

$$\left| \int \langle \mathbf{f}, \mathbf{g} \rangle \, d\mu \right| \leqslant \int |\langle \mathbf{f}, \mathbf{g} \rangle| \, d|\mu| \leqslant \mathrm{N}_p(\mathbf{f}) \mathrm{N}_q(\mathbf{g}). \tag{6}$$

En effet, on a $|\langle \mathbf{z}, \mathbf{z}' \rangle| \leqslant |\mathbf{z}| . |\mathbf{z}'|$.

Lorsque F est un *espace hilbertien* réel ou complexe, on sait qu'on peut l'identifier canoniquement à son dual F′ (*Esp. vect. top.*, chap. V, § 1, n° 6). Comme l'espace $\mathrm{L}^2_{\mathrm{F}}$ est complet, on a le résultat suivant :

COROLLAIRE 3. — *Soient* μ *une mesure positive sur* X, F *un espace hilbertien réel* (resp. *complexe*). *Sur l'espace* $\mathrm{L}^2_{\mathrm{F}}$, *la forme symétrique* (resp. *hermitienne*)

$$(\tilde{\mathbf{f}}, \tilde{\mathbf{g}}) \mapsto \int \langle \mathbf{f}, \mathbf{g} \rangle \, d\mu$$

définit une structure d'espace hilbertien, pour laquelle la norme est égale à $\|\tilde{\mathbf{f}}\|_2$.

COROLLAIRE 4. — *Soient* F *un espace de Banach*, **f** *une fonction de* $\mathscr{L}^p_{\mathrm{F}}$, *g une fonction numérique appartenant à* $\mathscr{L}^q$; *la fonction* **f**g *est intégrable et on a*

$$\left| \int \mathbf{f} g \, d\mu \right| \leqslant \int |\mathbf{f} g| \, d|\mu| \leqslant \mathrm{N}_p(\mathbf{f}) \mathrm{N}_q(g). \tag{7}$$

COROLLAIRE 5. — *Soient* $f_1, f_2, \ldots, f_n$ *n fonctions positives intégrables*, $\alpha_1, \alpha_2, \ldots, \alpha_n$ *n nombres* > 0 *tels que* $\sum_{i=1}^{n} \alpha_i = 1$; *dans ces conditions, la fonction* $f_1^{\alpha_1} f_2^{\alpha_2} \ldots f_n^{\alpha_n}$ *est intégrable, et on a*

$$\int f_1^{\alpha_1} f_2^{\alpha_2} \ldots f_n^{\alpha_n} \, d|\mu| \leqslant \left(\int f_1 \, d|\mu| \right)^{\alpha_1} \left(\int f_2 \, d|\mu| \right)^{\alpha_2} \ldots \left(\int f_n \, d|\mu| \right)^{\alpha_n}. \tag{8}$$

En effet, le produit $f_1^{\alpha_1} f_2^{\alpha_2} \ldots f_n^{\alpha_n}$ est mesurable, comme produit de fonctions mesurables (§ 5, th. 5 et th. 1); l'inégalité (8) étant vraie pour les intégrales supérieures (chap. I, n° 2, cor. de la prop. 2) la fonction $f_1^{\alpha_1} f_2^{\alpha_2} \ldots f_n^{\alpha_n}$ est intégrable (§ 5, n° 6, th. 5), d'où le corollaire.

Le cor. 2 du th. 2 se précise par la proposition suivante:

PROPOSITION 3. — *Soient* μ *une mesure positive sur* X, F *un espace de Banach réel ou complexe,* F' *son dual fort,* $(\mathbf{z}, \mathbf{z}') \mapsto \langle \mathbf{z}, \mathbf{z}' \rangle$ *la forme bilinéaire canonique sur* F × F'.

1° *Pour toute fonction* $\mathbf{f} \in \mathscr{L}^p_{\mathrm{F}}$ $(1 \leqslant p \leqslant +\infty)$, *on a*

$$N_p(\mathbf{f}) = \sup \left| \int \langle \mathbf{f}, \mathbf{g} \rangle \, d\mu \right| \tag{9}$$

lorsque **g** *parcourt l'ensemble des fonctions de* $\mathscr{L}^q_{\mathrm{F}'}$ *telles que* $N_q(\mathbf{g}) \leqslant 1$.

2° *Pour toute fonction* $\mathbf{g} \in \mathscr{L}^q_{\mathrm{F}'}$ $(1 \leqslant q \leqslant +\infty)$, *on a*

$$N_q(\mathbf{g}) = \sup \left| \int \langle \mathbf{f}, \mathbf{g} \rangle \, d\mu \right| \tag{10}$$

lorsque **f** *parcourt l'ensemble des fonctions de* $\mathscr{L}^p_{\mathrm{F}}$ *telles que* $N_p(\mathbf{f}) \leqslant 1$.

Démontrons d'abord la relation (9); nous distinguerons deux cas.

1° $1 \leqslant p < +\infty$. La relation (9) étant triviale lorsque $N_p(\mathbf{f}) = 0$ (car alors **f** et $\langle \mathbf{f}, \mathbf{g} \rangle$ sont négligeables), on peut toujours, en multipliant **f** par un scalaire, supposer que $N_p(\mathbf{f}) = 1$. Supposons en premier lieu que **f** soit une fonction *étagée* intégrable, $\mathbf{f} = \sum_{k=1}^{n} \mathbf{a}_k \varphi_{A_k}$ où les A_k sont deux à deux sans point commun (§ 4, n° 8, lemme 1). On a donc par hypothèse $\sum_{k=1}^{n} |\mathbf{a}_k|^p \mu(A_k) = 1$. Pour tout $\varepsilon > 0$, il existe (pour tout indice k) un vecteur $\mathbf{a}'_k \in \mathrm{F}'$ tel que $|\mathbf{a}'_k|^q = |\mathbf{a}_k|^p$ si $p > 1$ (resp. $|\mathbf{a}'_k| = 1$ si $p = 1$) et $\langle \mathbf{a}_k, \mathbf{a}'_k \rangle \geqslant (1 - \varepsilon)|\mathbf{a}_k| . |\mathbf{a}'_k|$ (*Esp. vect. top.*, chap. IV, § 5, n° 1). Si on pose $\mathbf{g} = \sum_{k=1}^{n} \mathbf{a}'_k \varphi_{A_k}$, on a $\sum_{k=1}^{n} |\mathbf{a}'_k|^q \mu(A_k) = 1$ si $p > 1$ (resp. $\sup_{1 \leqslant k \leqslant n} |\mathbf{a}'_k| = 1$ si $p = 1$), donc $N_q(\mathbf{g}) = 1$; d'autre part

$$\int \langle \mathbf{f}, \mathbf{g} \rangle \, d\mu = \sum_{k=1}^{n} \langle \mathbf{a}_k, \mathbf{a}'_k \rangle \mu(A_k) \geqslant (1 - \varepsilon) \sum_{k=1}^{n} |\mathbf{a}_k| . |\mathbf{a}'_k| \mu(A_k)$$

et comme $|\mathbf{a}'_k| = |\mathbf{a}_k|^{p/q} = |\mathbf{a}_k|^{p-1}$ si $p > 1$ (resp. $|\mathbf{a}'_k| = 1$ si $p = 1$), on a

$$\int \langle \mathbf{f}, \mathbf{g} \rangle \, d\mu \geqslant (1 - \varepsilon) \sum_{k=1}^{n} |\mathbf{a}_k|^p \mu(\mathrm{A}_k) = (1 - \varepsilon)\mathrm{N}_p(\mathbf{f}) = 1 - \varepsilon$$

ce qui démontre dans ce cas la relation (9).

Passons au cas où $\mathbf{f}$ est un élément quelconque de $\mathscr{L}^p_{\mathrm{F}}$ tel que $\mathrm{N}_p(\mathbf{f}) = 1$. Pour tout $\varepsilon > 0$, il existe une fonction étagée $\mathbf{f}_1 \in \mathscr{L}^p_{\mathrm{F}}$ telle que $\mathrm{N}_p(\mathbf{f} - \mathbf{f}_1) \leqslant \varepsilon$ (§ 4, n° 10, cor. 1 de la prop. 19). D'après ce que nous venons de voir, il existe une fonction $\mathbf{g} \in \mathscr{L}^q_{\mathrm{F}'}$ telle que $\mathrm{N}_q(\mathbf{g}) = 1$ et que $\int \langle \mathbf{f}_1, \mathbf{g} \rangle \, d\mu \geqslant \mathrm{N}_p(\mathbf{f}_1) - \varepsilon \geqslant 1 - 2\varepsilon$. Or, on a

$$\int \langle \mathbf{f}, \mathbf{g} \rangle \, d\mu = \int \langle \mathbf{f}_1, \mathbf{g} \rangle \, d\mu + \int \langle \mathbf{f} - \mathbf{f}_1, \mathbf{g} \rangle \, d\mu$$

et d'après (6),

$$\left| \int \langle \mathbf{f} - \mathbf{f}_1, \mathbf{g} \rangle \, d\mu \right| \leqslant \mathrm{N}_p(\mathbf{f} - \mathbf{f}_1)\mathrm{N}_q(\mathbf{g})$$

d'où

$$\left| \int \langle \mathbf{f}, \mathbf{g} \rangle \, d\mu \right| \geqslant 1 - 3\varepsilon,$$

ce qui démontre (9).

2° $p = +\infty$. On peut encore se borner au cas où $\mathrm{N}_\infty(\mathbf{f}) > 0$. Soit α un nombre quelconque tel que $0 < \alpha < \mathrm{N}_\infty(\mathbf{f})$; par hypothèse, l'ensemble des $x \in \mathrm{X}$ tels que $|\mathbf{f}(x)| > \alpha$ est mesurable et n'est pas localement négligeable, donc il contient un ensemble compact K de mesure > 0. Comme $\mathbf{f}$ est mesurable, il existe un ensemble compact $\mathrm{K}_1 \subset \mathrm{K}$, de mesure > 0, et tel que la restriction de $\mathbf{f}$ à K_1 soit continue. Il en résulte que, pour tout $\varepsilon > 0$, il existe une partition de K_1 en un nombre fini d'ensembles intégrables, dans chacun desquels l'oscillation de $\mathbf{f}$ est $\leqslant \varepsilon$; un au moins de ces ensembles A a une mesure > 0. Soit $\mathbf{a}$ une des valeurs de $\mathbf{f}$ dans A; on a $|\mathbf{a}| > \alpha$, et $|\mathbf{f}(x) - \mathbf{a}| \leqslant \varepsilon$ pour tout $x \in \mathrm{A}$. Il existe un vecteur $\mathbf{a}' \in \mathrm{F}'$ tel que $|\mathbf{a}'| = 1$ et $|\langle \mathbf{a}, \mathbf{a}' \rangle| \geqslant |\mathbf{a}| - \varepsilon$; la fonction $\mathbf{g} = \varphi_{\mathrm{A}} . \mathbf{a}'/\mu(\mathrm{A})$ est intégrable et on a $\mathrm{N}_1(\mathbf{g}) = 1$; d'autre part, on a

$$\int \langle \mathbf{f}, \mathbf{g} \rangle \, d\mu = \frac{1}{\mu(\mathrm{A})} \int \langle \mathbf{f}, \mathbf{a}' \rangle \varphi_{\mathrm{A}} \, d\mu.$$

Or, on peut écrire

$$\int \langle \mathbf{f}, \mathbf{a}' \rangle \varphi_{\mathrm{A}} \, d\mu = \langle \mathbf{a}, \mathbf{a}' \rangle \mu(\mathrm{A}) + \int \langle \mathbf{f} - \mathbf{a}, \mathbf{a}' \rangle \varphi_{\mathrm{A}} \, d\mu,$$

et comme

$$|\langle \mathbf{f} - \mathbf{a}, \mathbf{a}' \rangle \varphi_A| \leqslant \varepsilon \varphi_A,$$

on voit que

$$\left| \int \langle \mathbf{f}, \mathbf{g} \rangle \, d\mu \right| \geqslant |\langle \mathbf{a}, \mathbf{a}' \rangle| - \varepsilon \geqslant |\mathbf{a}| - 2\varepsilon > \alpha - 2\varepsilon;$$

comme ε est arbitraire et α un nombre quelconque $< N_\infty(\mathbf{f})$, la relation (9) est encore démontrée dans ce cas.

On raisonne exactement de la même manière pour démontrer la relation (10), en considérant séparément le cas $1 \leqslant q < +\infty$, et le cas $q = +\infty$, et en utilisant le fait que, pour tout $\mathbf{z}' \in F'$, on a $|\mathbf{z}'| = \sup\limits_{|\mathbf{z}| \leqslant 1} |\langle \mathbf{z}, \mathbf{z}' \rangle|$ par définition de la norme dans F'.

Remarques. — 1) Soit $\mathscr{E}$ un sous-espace vectoriel partout dense de $\mathscr{L}^q_{F'}$; alors la formule (9) subsiste lorsque $\mathbf{g}$ parcourt l'intersection de $\mathscr{E}$ avec l'ensemble B des fonctions de $\mathscr{L}^q_{F'}$ telles que $N_q(\mathbf{g}) \leqslant 1$. Il suffit en effet de remarquer que l'intérieur $\mathring{B}$ de B est dense par rapport à B, et que $\mathring{B} \cap \mathscr{E}$ est dense par rapport à $\mathring{B}$, puisque $\mathring{B}$ est ouvert. Cette remarque s'applique en particulier à l'ensemble $\mathscr{E} = \mathscr{K}(X; F')$ des fonctions continues à support compact (à valeurs dans F') lorsque $1 \leqslant q < +\infty$, c'est-à-dire $1 < p \leqslant +\infty$. Mais dans ce cas, la formule (9) est vraie lorsque $\mathbf{g}$ parcourt $B \cap \mathscr{K}(X; F')$, même pour $p = 1$. En effet, on peut comme ci-dessus se borner au cas où $\mathbf{f}$ est étagée. On a vu alors que si $N_1(\mathbf{f}) = 1$, pour tout $\varepsilon > 0$, il existe une fonction étagée $\mathbf{g} \in \mathscr{L}^\infty_{F'}$ telle que $|\mathbf{g}(x)| \leqslant 1$ pour tout $x \in X$ et que $|\int \langle \mathbf{f}, \mathbf{g} \rangle \, d\mu| \geqslant 1 - \varepsilon$. Il existe un nombre fini d'ensembles compacts K_i deux à deux sans point commun, tels que $\mathbf{g}$ ait une valeur constante $\mathbf{a}'_i$ dans chacun des K_i et que, si K est la réunion des K_i, on ait $\int |\mathbf{f}| \varphi_{\complement K} \, d\mu \leqslant \varepsilon$. Soit U_i un voisinage de K_i tel que les ensembles U_i soient deux à deux sans point commun, et soit h_i une application continue de X dans $(0, 1)$, de support contenu dans U_i et égale à 1 dans K_i. Si on pose $\mathbf{h} = \sum \mathbf{a}'_i h_i$, on a $\mathbf{h}(x) = \mathbf{g}(x)$ dans K et $|\mathbf{h}(x)| \leqslant 1$ dans X, donc

$$\int |\langle \mathbf{f}, \mathbf{h} \rangle| \varphi_{\complement K} \, d\mu \leqslant \varepsilon$$

et par suite $|\int \langle \mathbf{f}, \mathbf{h} \rangle \, d\mu| \geqslant 1 - 3\varepsilon$, ce qui prouve notre assertion. On peut faire des remarques analogues pour la formule (10).

2) Soient μ une mesure positive sur X, f une fonction mesurable $\geqslant 0$ (finie ou non), dont le support est contenu dans une réunion dénombrable d'ensembles compacts K_n. On a alors, pour tout p tel que $1 \leqslant p \leqslant +\infty$,

$$N_p(f) = \sup \int^* |fg| \, d\mu \tag{11}$$

lorsque g parcourt l'ensemble des fonctions de $\mathscr{K}(X; \mathbf{R})$ telles que

$N_q(g) \leqslant 1$. En effet, la formule (11) est un cas particulier de (9) lorsque $N_p(f) < +\infty$, puisque alors f est équivalente à une fonction de $\mathscr{L}^p$ (§ 5, n° 6, th. 5). Si $N_p(f) = +\infty$, posons, pour tout entier $n > 0$, $f_n = \inf(n, f\varphi_{K_n})$. On a

$$N_p(f_n) = \sup \int^* |f_n g| \, d\mu \leqslant \sup \int^* |fg| \, d\mu,$$

d'où, en passant à la limite (§ 1, n° 3, th. 3), $\sup \int^* |fg| \, d\mu = +\infty$.

COROLLAIRE. — *Soient* μ *une mesure positive sur* X, F *un espace de Banach,* F′ *son dual fort,* $\mathbf{g}$ *une fonction quelconque de* $\mathscr{L}^q_{F'}$. *La forme linéaire sur* L^p_F, *déduite par passage au quotient de la forme linéaire* $\mathbf{f} \mapsto \int \langle \mathbf{f}, \mathbf{g} \rangle \, d\mu$ *sur* $\mathscr{L}^p_F$, *est continue et a pour norme* $N_q(\mathbf{g})$.

5. *Application: relations entre les espaces* L^p_F $(1 \leqslant p \leqslant +\infty)$

PROPOSITION 4. — *Soit* $\mathbf{f}$ *une fonction mesurable à valeurs dans un espace de Banach* F; *l'ensemble* I *des nombres* p *tels que* $1 \leqslant p \leqslant +\infty$ *et que* $N_p(\mathbf{f})$ *soit finie, est vide ou est un intervalle de* $\overline{\mathbf{R}}$. *Si* I *n'est pas vide, la restriction à* I *de l'application* $p \mapsto N_p(\mathbf{f})$ *est continue; en outre, si* $\mathbf{f}$ *n'est pas négligeable,* $\log N_p(\mathbf{f})$ *est une fonction convexe de* $1/p$ *dans* $\overline{\mathrm{I}}$.

Nous savons déjà (chap. I, n° 3, prop. 5) que l'ensemble J des nombres $p \geqslant 1$ *finis* tels que $N_p(\mathbf{f}) < +\infty$ est vide ou est un intervalle, et que $\log N_p(\mathbf{f})$ est fonction convexe de $1/p$ dans J (lorsque $\mathbf{f}$ n'est pas négligeable); cela entraîne bien entendu la continuité de $p \mapsto N_p(\mathbf{f})$ dans J.

Si J est vide, on a $\mathrm{I} = \varnothing$ ou $\mathrm{I} = \{+\infty\}$, et la proposition est évidente dans ce cas; on suppose désormais J non vide. La proposition est aussi évidente si $\mathbf{f}$ est négligeable; on suppose désormais $\mathbf{f}$ non négligeable. Si $s \in \mathrm{J}$, on a, pour tout nombre fini $p > s$, $|\mathbf{f}|^p = |\mathbf{f}|^s |\mathbf{f}|^{p-s}$, et l'inégalité de la moyenne montre que

$$N_p(\mathbf{f}) \leqslant (N_s(\mathbf{f}))^{s/p} (N_\infty(\mathbf{f}))^{(p-s)/p}. \tag{12}$$

En faisant tendre p vers $+\infty$, il vient

$$\limsup_{p \to +\infty} N_p(\mathbf{f}) \leqslant N_\infty(\mathbf{f}). \tag{13}$$

Ceci prouve que, si $+\infty \in \mathrm{I}$, J contient des nombres arbitrairement grands; donc I est bien un intervalle de $\overline{\mathbf{R}}$, et l'on a $\overline{\mathrm{I}} = \overline{\mathrm{J}}$. La proposition sera démontrée si nous prouvons que $p \mapsto N_p(\mathbf{f})$ est continue dans $\bar{J}$, et il suffit de l'établir aux extrémités de J. On peut en outre supposer que J n'est pas réduit à un point. Soient r et s l'origine et l'extrémité de J ($r < s \leqslant +\infty$). Soit A l'ensemble (mesurable) des $x \in X$ tels que $|\mathbf{f}(x)| \geqslant 1$; on a

$$\int |\mathbf{f}|^p \, d|\mu| = \int |\mathbf{f}|^p \varphi_A \, d|\mu| + \int |\mathbf{f}|^p \varphi_{\complement A} \, d|\mu|.$$

Lorsque $p \in J$ tend vers r, $|\mathbf{f}|^p \varphi_A$ tend vers $|\mathbf{f}|^r \varphi_A$ en décroissant, $|\mathbf{f}|^p \varphi_{\complement A}$ tend vers $|\mathbf{f}|^r \varphi_{\complement A}$ en croissant. Donc $\int |\mathbf{f}|^p \varphi_{\complement A} \, d|\mu|$ tend vers $\int^* |\mathbf{f}|^r \varphi_{\complement A} \, d|\mu|$ (§ 1, n° 3, th. 3). D'autre part, $|\mathbf{f}|^p \varphi_A$ est intégrable pour $p \in J$, et $\int |\mathbf{f}|^p \varphi_A \, d|\mu|$ tend vers $\int |\mathbf{f}|^r \varphi_A \, d|\mu|$ (§ 4, n° 3, prop. 4). Donc $\int |\mathbf{f}|^p \, d|\mu|$ tend vers $\int^* |\mathbf{f}|^r \, d|\mu|$, ce qui prouve la continuité de $p \mapsto N_p(\mathbf{f})$ en r.

Le même raisonnement s'applique au point s si $s < +\infty$. Supposons enfin $s = +\infty$. Compte tenu de (13), il suffit de prouver que $\liminf_{p \to +\infty} N_p(\mathbf{f}) \geqslant N_\infty(\mathbf{f})$. Or, soit a un nombre tel que $0 < a < N_\infty(\mathbf{f})$. Comme par hypothèse il existe des valeurs finies de p telles que $N_p(\mathbf{f}) < +\infty$, l'ensemble A des $x \in X$ tels que $|\mathbf{f}(x)| \geqslant a$, qui est mesurable et non négligeable, est intégrable en raison de l'inégalité $\varphi_A \leqslant (|\mathbf{f}|/a)^p$; en outre, on tire de cette inégalité que $N_p(\mathbf{f}) \geqslant a.(|\mu|(A))^{1/p}$; faisant tendre p vers $+\infty$, il vient $\liminf_{p \to +\infty} N_p(\mathbf{f}) \geqslant a$, ce qui achève la démonstration.

COROLLAIRE. — *Si r, s, p sont trois nombres tels que $1 \leqslant r < p < s \leqslant +\infty$, l'intersection $\mathscr{L}^r_F \cap \mathscr{L}^s_F$ est contenue dans $\mathscr{L}^p_F$.*

On notera qu'en général, les topologies induites sur l'intersection $\mathscr{L}^r_F \cap \mathscr{L}^s_F$ par les topologies des $\mathscr{L}^p_F$ ($r < p < s$) sont *distinctes*. Si on ne fait aucune hypothèse supplémentaire sur μ, les topologies induites sur $\mathscr{L}^r_F \cap \mathscr{L}^s_F$ par celles de $\mathscr{L}^r_F$ et de $\mathscr{L}^s_F$ sont en général *non comparables* (en d'autres termes, le rapport $N_r(\mathbf{f})/N_s(\mathbf{f})$ peut prendre des valeurs arbitrairement grandes et des valeurs arbitrairement petites dans $\mathscr{L}^r_F \cap \mathscr{L}^s_F$; cf. exerc. 8).

La prop. 4 peut être précisée lorsque μ est une mesure *bornée :*

PROPOSITION 5. — *Soit μ une mesure bornée, et soit $\mathbf{f}$ une fonction μ-mesurable à valeurs dans un espace de Banach F. L'ensemble I des nombres p tels que $1 \leqslant p \leqslant +\infty$ et que $N_p(\mathbf{f})$ soit finie, est vide ou est un intervalle d'origine $p = 1$ et contenant ce point; en outre, $(\mu(X))^{-1/p} N_p(\mathbf{f})$ est fonction croissante de p dans I.*

C'est une conséquence immédiate de la prop. 4 ci-dessus, et du cor. de la prop. 4 du chap. I, n° 3.

COROLLAIRE. — *Si la mesure* μ *est bornée, la relation* $r < s$ *entraîne* $\mathscr{L}^s_F \subset \mathscr{L}^r_F$; *en outre, la topologie de la convergence en moyenne d'ordre s est plus fine que la topologie de la convergence en moyenne d'ordre r (sur* $\mathscr{L}^s_F$).

On peut montrer qu'en général la topologie de la convergence en moyenne d'ordre s est *strictement plus fine* que la topologie de la convergence en moyenne d'ordre r (exerc. 8).

PROPOSITION 6. — *Soient* X *un espace discret,* μ *la mesure sur* X *définie par la masse* $+1$ *placée en chaque point de* X. *Si* $\mathbf{f}$ *est une application de* X *dans l'espace de Banach* F, *l'ensemble* I *des nombres p tels que* $1 \leqslant p \leqslant +\infty$ *et que* $N_p(\mathbf{f})$ *soit finie, est vide ou est un intervalle d'extrémité* $+\infty$ *et contenant ce point ; en outre,* $N_p(\mathbf{f})$ *est fonction décroissante de p dans* I.

En effet, on a $\mu^*(|\mathbf{f}|) = \sum_{x\in X} |\mathbf{f}(x)|$ pour toute fonction $\mathbf{f}$ (§ 1, n° 1, *Exemple*), et $N_\infty(\mathbf{f}) = \|\mathbf{f}\| = \sup_{x\in X} |\mathbf{f}(x)|$; s'il existe un nombre $\alpha > 0$ tel que l'on ait $|\mathbf{f}(x)| \geqslant \alpha$ pour une infinité de valeurs de $x \in X$, on a $N_p(\mathbf{f}) = +\infty$ pour tout p fini ; dans le cas contraire il existe un $x_0 \in X$ tel que $|\mathbf{f}(x_0)| = \|\mathbf{f}\|$, d'où

$$N_\infty(\mathbf{f}) = |\mathbf{f}(x_0)| \leqslant N_p(\mathbf{f})$$

pour tout p fini. Comme la fonction $\log N_p(\mathbf{f})$ est convexe par rapport à $1/p$ et prend sa plus petite valeur au point $+\infty$, elle est nécessairement fonction *décroissante* de p dans I (*Fonct. var. réelle*, chap. I, § 4, n° 3, prop. 5), ce qui achève la démonstration.

COROLLAIRE. — *Si* X *est discret et si la mesure* μ *est définie par la masse* $+1$ *en chaque point de* X, *la relation* $r < s$ *entraîne* $\mathscr{L}^r_F \subset \mathscr{L}^s_F$; *en outre, la topologie de la convergence en moyenne d'ordre r est plus fine que la topologie de la convergence en moyenne d'ordre s (sur* $\mathscr{L}^r_F$).

§ 7. Barycentres

1. *Définition des barycentres*

Soient E un espace localement convexe séparé sur **R**, E′ son dual, E′* le dual algébrique de E′, E étant canoniquement identifié à un sous-espace vectoriel de E'^*. Soit K une partie compacte de E ; l'injection canonique de K dans E étant continue à support compact, pour toute mesure μ sur K, l'intégrale $\int \mathbf{x}\, d\mu(\mathbf{x})$ est donc définie et est un élément de E'^* (chap. III, § 3, nº 1). En outre, sur K, la topologie induite par la topologie faible $\sigma(E'^*, E')$ est identique à la topologie initiale. Enfin, si C est l'enveloppe convexe fermée de K dans E'^* muni de $\sigma(E'^*, E')$, $C \cap E$ est l'enveloppe convexe fermée de K dans E pour la topologie initiale (ou la topologie affaiblie $\sigma(E, E')$).

DÉFINITION 1. — *Soit* K *une partie compacte d'un espace localement convexe séparé* E. *Pour toute mesure* positive μ *sur* K, *de* masse totale égale à 1, *on appelle barycentre de* μ *le vecteur* $\mathbf{b}_\mu = \int \mathbf{x}\, d\mu(\mathbf{x})$ (*appartenant à* E'^*).

Exemple. — Soit μ une mesure *discrète* sur K, positive et de masse totale 1 ; elle est donc de la forme $\mu = \sum_{i=1}^{n} \lambda_i \varepsilon_{\mathbf{x}_i}$, où les $\mathbf{x}_i \in K$, les λ_i sont des nombres réels tels que $\lambda_i \geqslant 0$ pour tout i et $\sum_{i=1}^{n} \lambda_i = 1$. Comme $\int \mathbf{x}\, d\varepsilon_{\mathbf{y}}(\mathbf{x}) = \mathbf{y}$ (chap. III, § 3, nº 1, *Exemple* 3), on a $\mathbf{b}_\mu = \int \mathbf{x}\, d\mu(\mathbf{x}) = \sum_i \lambda_i \mathbf{x}_i$. En particulier, pour tout $\mathbf{x} \in K$, $\mathbf{x}$ est barycentre de la mesure $\varepsilon_{\mathbf{x}}$.

PROPOSITION 1. — *Soient* E *un espace localement convexe séparé*, K *une partie compacte de* E, C *l'enveloppe convexe fermée de* K *dans* E. *L'ensemble* C *est alors formé des points de* E *qui sont barycentres d'au moins une mesure positive de masse* 1 *sur* K.

Ce n'est autre que la prop. 5 du chap. III, § 3, nº 2, appliquée à l'injection canonique de K dans E.

COROLLAIRE. — *Si l'enveloppe convexe fermée* C *de* K *dans* E *est compacte, le barycentre de toute mesure positive de masse totale* 1 *sur* K *appartient à* E.

En effet, C est alors aussi l'enveloppe convexe fermée de K dans E'^* muni de la topologie faible $\sigma(E'^*, E')$, et il suffit d'appliquer à l'injection canonique de K dans E le chap. III, § 3, nº 2, prop. 4.

Remarque. — Le cor. de la prop. 1 s'applique en particulier lorsque K est convexe, ou lorsque E est quasi-complet.

PROPOSITION 2. — *Soient* K *une partie convexe compacte d'un espace localement convexe séparé* E, μ *une mesure positive de masse* 1 *sur* K, $\mathbf{b}_\mu$ *son barycentre. Pour toute fonction numérique convexe* $f \geqslant 0$, *semi-continue inférieurement dans* K, *on a*

$$f(\mathbf{b}_\mu) \leqslant \int^* f\,d\mu.$$

On sait (*Esp. vect. top.*, chap. II, 2e éd., § 5, n° 4, prop. 5) que f est l'enveloppe supérieure d'une famille de restrictions à K de fonctions linéaires affines continues $h_\alpha : \mathbf{x} \mapsto c_\alpha + \langle \mathbf{x}, \mathbf{z}'_\alpha \rangle$. On a donc

$$\int h_\alpha(\mathbf{x})\,d\mu(\mathbf{x}) \leqslant \int^* f(\mathbf{x})\,d\mu(\mathbf{x})$$

pour tout α; or $\int h_\alpha(\mathbf{x})\,d\mu(\mathbf{x}) = c_\alpha + \int \langle \mathbf{x}, \mathbf{z}'_\alpha \rangle\,d\mu(\mathbf{x})$ puisque μ est de masse totale 1; mais $\int \langle \mathbf{x}, \mathbf{z}'_\alpha \rangle\,d\mu(\mathbf{x}) = \langle \mathbf{b}_\mu, \mathbf{z}'_\alpha \rangle$ par définition du barycentre. On a donc $\sup_\alpha \int h_\alpha(\mathbf{x})\,d\mu(\mathbf{x}) = \sup_\alpha h_\alpha(\mathbf{b}_\mu) = f(\mathbf{b}_\mu)$, d'où la conclusion.

Lorsque μ est une mesure *discrète positive sur* K, de masse totale 1, la prop. 2 redonne l'inégalité qui définit les fonctions convexes dans K.

COROLLAIRE. — *Pour toute fonction numérique g convexe bornée et semi-continue inférieurement dans* K, *on a* $g(\mathbf{b}_\mu) \leqslant \int g\,d\mu$.

Il suffit de remarquer que $\inf_{\mathbf{x} \in \mathrm{K}} g(\mathbf{x}) = a$ est fini et d'appliquer la prop. 2 à $g - a$.

2. *Points extrémaux et barycentres*

PROPOSITION 3. — *Soient* K *une partie convexe compacte d'un espace localement convexe séparé* E, $\mathbf{x}$ *un point de* K. *Toute mesure* μ *sur* K, *positive, de masse totale* 1, *et admettant* $\mathbf{x}$ *pour barycentre, est vaguement adhérente à l'ensemble des mesures positives discrètes de masse totale* 1, *admettant* $\mathbf{x}$ *pour barycentre.*

Soit U un voisinage de μ pour la topologie vague; on peut supposer que U est formé des mesures ν sur K telles que

$$(1) \qquad |\mu(f_i) - \nu(f_i)| \leqslant \delta$$

pour un nombre fini de fonctions $f_i \in \mathscr{C}(\mathrm{K};\mathbf{C})$ $(1 \leqslant i \leqslant p)$ et un nombre $\delta > 0$. Pour tout point $\mathbf{a} \in \mathrm{K}$, il existe un voisinage convexe fermé $\mathrm{V}_\mathbf{a}$ de 0 dans E tel que l'on ait

$$(2) \qquad |f_i(\mathbf{y}) - f_i(\mathbf{a})| \leqslant \delta/2$$

pour $1 \leqslant i \leqslant p$ et pour tout $\mathbf{y} \in \mathrm{W}_\mathbf{a} = \mathrm{K} \cap (\mathbf{a} + \mathrm{V}_\mathbf{a})$. Comme K est compact, il y a un nombre fini de points $\mathbf{a}_j$ $(1 \leqslant j \leqslant r)$ de K tels que les $\mathrm{W}_{\mathbf{a}_j}$ forment un recouvrement de K $(1 \leqslant j \leqslant r)$. Considérons une partition continue de l'unité $(g_j)_{1 \leqslant j \leqslant r}$ sur K, subordonnée au recouvrement $(\mathrm{W}_{\mathbf{a}_j})$, et posons $\alpha_j = \mu(g_j)$ pour tout j; si $\alpha_j \neq 0$, posons $\mu_j = \alpha_j^{-1} g_j . \mu$, et si $\alpha_j = 0$, posons $\mu_j = \varepsilon_{\mathbf{a}_j}$. Chacune des mesures μ_j est positive, de masse totale 1, et son support est contenu dans l'ensemble convexe compact $\mathrm{W}_{\mathbf{a}_j}$; en outre, on a par définition

$$(3) \qquad \mu = \sum_{j=1}^{r} \alpha_j \mu_j$$

puisque $g_j . \mu = 0$ si $\mu(g_j) = 0$; les α_j sont $\geqslant 0$ et l'on a

$$\sum_{j=1}^{r} \alpha_j = \sum_{j=1}^{r} \mu(g_j) = \mu\Big(\sum_{j=1}^{r} g_j\Big) = \mu(1) = 1.$$

Soit $\mathbf{x}_j$ le barycentre de μ_j, qui appartient à $\mathrm{W}_{\mathbf{a}_j}$ (n° 1, prop. 1), et considérons la mesure discrète $\nu = \sum_{j=1}^{r} \alpha_j \varepsilon_{\mathbf{x}_j}$; elle est positive et de masse totale 1, et son barycentre est $\sum_{j=1}^{r} \alpha_j \mathbf{x}_j$, qui est aussi le barycentre de μ en vertu de (3), donc égal à $\mathbf{x}$. Par ailleurs, en vertu de (2), on a $|f_i(\mathbf{y}) - f_i(\mathbf{a})| \leqslant \delta/2$ pour tout $\mathbf{y} \in \mathrm{W}_{\mathbf{a}_j}$ et tout i, d'où, puisque $\mathrm{Supp}(\mu_j) \subset \mathrm{W}_{\mathbf{a}_j}$, $|\mu_j(f_i) - f_i(\mathbf{a}_j)| \leqslant \delta/2$ pour $1 \leqslant i \leqslant p$. D'autre part, comme $\mathbf{x}_j \in \mathrm{W}_{\mathbf{a}_j}$, on a aussi

$$|\varepsilon_{\mathbf{x}_j}(f_i) - f_i(\mathbf{a}_j)| \leqslant \delta/2$$

pour $1 \leqslant i \leqslant p$, d'où $|\mu_j(f_i) - \varepsilon_{\mathbf{x}_j}(f_i)| \leqslant \delta$ quels que soient i, j. Comme les α_j sont $\geqslant 0$ et ont pour somme 1, on déduit de (3) et de la définition de ν que ν vérifie l'inégalité (1).

C.Q.F.D.

Corollaire. — *Soit* K′ *une partie compacte de* K *telle que* K *soit l'enveloppe convexe fermée de* K. *Pour que* $\mathbf{x} \in \mathrm{K}'$ *soit point extrémal de* K, *il faut et il suffit que* $\varepsilon_\mathbf{x}$ *soit la seule mesure positive sur* K′, *de masse totale* 1, *ayant* $\mathbf{x}$ *pour barycentre*.

Supposons que $\mathbf{x}$ soit point extrémal de K ; pour prouver que $\varepsilon_{\mathbf{x}}$ est la seule mesure positive sur K', de masse totale 1, ayant $\mathbf{x}$ pour barycentre, il suffit de voir, en vertu de la prop. 3, que l'ensemble des mesures *discrètes* ν sur K', positives, de masse totale 1 et ayant $\mathbf{x}$ pour barycentre, est réduit à $\varepsilon_{\mathbf{x}}$. Mais une telle mesure ν est de la forme $\sum_{i=1}^{r} \lambda_i \varepsilon_{\mathbf{x}_i}$ avec $\lambda_i > 0$ pour $1 \leqslant i \leqslant r$ et $\sum_{i=1}^{r} \lambda_i = 1$; et l'hypothèse que $\mathbf{x}$ est barycentre de ν s'écrit $\mathbf{x} = \sum_{i=1}^{r} \lambda_i \mathbf{x}_i$. Comme $\mathbf{x}$ est extrémal, cela entraîne $\mathbf{x}_i = \mathbf{x}$ pour tout i, d'où $\nu = \varepsilon_{\mathbf{x}}$.

Inversement, supposons que $\varepsilon_{\mathbf{x}}$ soit la seule mesure positive sur K', de masse totale 1, ayant $\mathbf{x}$ pour barycentre, et montrons que $\mathbf{x}$ est extrémal. Dans le cas contraire, il y aurait deux points distincts $\mathbf{x}'$, $\mathbf{x}''$ de K et un nombre réel λ tels que $0 < \lambda < 1$ et

$$\mathbf{x} = \lambda \mathbf{x}' + (1 - \lambda)\mathbf{x}''.$$

D'après la prop. 1, $\mathbf{x}'$ (resp. $\mathbf{x}''$) est barycentre d'une mesure positive μ' (resp. μ'') de masse totale 1 sur K'. Alors $\mathbf{x}$ est barycentre de $\lambda\mu' + (1 - \lambda)\mu''$. Donc $\lambda\mu' + (1 - \lambda)\mu'' = \varepsilon_{\mathbf{x}}$. Donc μ' et μ'' sont proportionnelles à $\varepsilon_{\mathbf{x}}$, d'où $\mathbf{x}' = \mathbf{x}'' = \mathbf{x}$, ce qui est absurde.

THÉORÈME 1 (Choquet). — *Soient* E *un espace localement convexe séparé sur* **R**, K *une partie convexe compacte et* métrisable *de* E, M *l'ensemble des points extrémaux de* K. *L'ensemble* M *est intersection d'une famille dénombrable de parties ouvertes de* K, *et tout point de* K *est barycentre d'une mesure* μ *sur* K *telle que* $\mu(\mathrm{K} - \mathrm{M}) = 0$.

Pour démontrer la première assertion, désignons par I l'intervalle $[0, 1]$ de **R** ; puisque K est compact et métrisable, il en est de même de $\mathrm{K} \times \mathrm{K} \times \mathrm{I}$; le sous-ensemble U de $\mathrm{K} \times \mathrm{K} \times \mathrm{I}$ formé des triplets $(\mathbf{x}, \mathbf{y}, \lambda)$ tels que $\mathbf{x} \neq \mathbf{y}$ et $0 < \lambda < 1$ est ouvert dans $\mathrm{K} \times \mathrm{K} \times \mathrm{I}$, et il y a donc une suite (F_n) d'ensembles fermés dans $\mathrm{K} \times \mathrm{K} \times \mathrm{I}$ dont U est réunion (*Top. gén.*, chap. IX, 2e éd., § 2, n° 5, prop. 7). L'application $q : \mathrm{K} \times \mathrm{K} \times \mathrm{I} \to \mathrm{K}$ définie par $q(\mathbf{x}, \mathbf{y}, \lambda) = \lambda\mathbf{x} + (1 - \lambda)\mathbf{y}$ est continue, et par définition des points extrémaux, on a $\mathrm{K} - \mathrm{M} = q(\mathrm{U}) = \bigcup_n q(\mathrm{F}_n)$; mais F_n est compact puisqu'il est fermé dans $\mathrm{K} \times \mathrm{K} \times \mathrm{I}$, donc $q(\mathrm{F}_n)$ est compact, et par suite fermé dans K; l'ensemble $U_n = K - q(F_n)$ est donc ouvert dans K, et l'on a $M = \bigcap_n U_n$.

Dans la suite de la démonstration, on désignera par u une fonction numérique continue et *convexe* dans K, par $G \subset E \times \mathbf{R}$ le graphe de u, par S l'*enveloppe convexe fermée* de G dans $E \times \mathbf{R}$.

Lemme 1. — *Soit* $\bar{u}$ *l'enveloppe inférieure des fonctions linéaires affines continues dans* E *et* $\geqslant u$ *dans* K. *Alors* S *est l'ensemble des points* $(\mathbf{a}, b) \in E \times \mathbf{R}$ *tels que l'on ait*

$$\mathbf{a} \in K \qquad \textit{et} \qquad u(\mathbf{a}) \leqslant b \leqslant \bar{u}(\mathbf{a}).$$

En vertu du th. de Hahn–Banach, pour que $(\mathbf{a}, b)$ appartienne à S, il faut et il suffit que $h(\mathbf{a}, b) \geqslant 0$ pour toute fonction linéaire affine continue h sur $E \times \mathbf{R}$ telle que $h(\mathbf{x}, u(\mathbf{x})) \geqslant 0$ pour $x \in K$. Posant $h(\mathbf{x}, t) = f(\mathbf{x}) - \lambda t$, où f est une fonction linéaire affine continue dans E, on voit que la relation $(\mathbf{a}, b) \in S$ équivaut à la propriété suivante: la relation

$$(4) \qquad f(\mathbf{x}) \geqslant \lambda u(\mathbf{x}) \qquad \text{pour tout } \mathbf{x} \in K$$

implique

$$(5) \qquad f(\mathbf{a}) \geqslant \lambda b.$$

Faisons d'abord $\lambda = 0$; le fait que (4) implique (5) pour toute fonction linéaire affine continue f sur E équivaut à la relation $\mathbf{a} \in K$ en vertu du th. de Hahn–Banach. En second lieu, faisons $\lambda = -1$ et remplaçons f par $-f$; alors la relation $f(\mathbf{x}) \leqslant u(\mathbf{x})$ dans K doit entraîner $f(\mathbf{a}) \leqslant b$. Mais comme u est convexe et continue dans K, $u(\mathbf{a})$ est égal à la borne supérieure des $f(\mathbf{a})$ pour les fonctions linéaires affines continues f sur E telles que $f(\mathbf{x}) \leqslant u(\mathbf{x})$ dans K (*Esp. vect. top.*, chap. II, 2e éd., § 5, nº 3, cor. 6 de la prop. 4); on obtient donc la relation $b \geqslant u(\mathbf{a})$. Enfin, faisons $\lambda = 1$; dire que (4) entraîne (5) signifie alors, par définition, que $b \leqslant \bar{u}(\mathbf{a})$. Cela prouve le lemme, puisque la relation (4) (resp. (5)) est équivalente à celle qu'on obtient en multipliant les deux membres par un scalaire > 0.

Lemme 2. — *Si* u *est strictement convexe dans* K, *on a* $u(\mathbf{x}) < \bar{u}(\mathbf{x})$ *pour tout point non extrémal* $\mathbf{x}$ *de* K.

En effet, il existe alors deux points distincts $\mathbf{y}$, $\mathbf{z}$ de K tels que $\mathbf{x} = (\mathbf{y} + \mathbf{z})/2$, d'où $u(\mathbf{x}) < (u(\mathbf{y}) + u(\mathbf{z}))/2$ puisque u est strictement convexe. Si f est une fonction linéaire affine dans E, on a $f(\mathbf{x}) = (f(\mathbf{y}) + f(\mathbf{z}))/2$; appliquant cette relation aux fonctions linéaires affines continues f qui sont $\geqslant u$ dans K, il vient

$$\bar{u}(\mathbf{x}) \geqslant (\bar{u}(\mathbf{y}) + \bar{u}(\mathbf{z}))/2 \geqslant (u(\mathbf{y}) + u(\mathbf{z}))/2 > u(\mathbf{x}).$$

Ces lemmes étant établis, on a donc (lemme 1), pour tout $\mathbf{a} \in \mathrm{K}$, $(\mathbf{a}, \bar{u}(\mathbf{a})) \in \mathrm{S}$. Comme G est compact, étant image de K par l'application continue $\mathbf{x} \mapsto (\mathbf{x}, u(\mathbf{x}))$, il existe, en vertu de la prop. 1 du n° 1, une mesure positive ν sur G, de masse totale 1, ayant $(\mathbf{a}, \bar{u}(\mathbf{a}))$ pour barycentre. Comme la restriction à G de la projection pr_1 est un homéomorphisme de G sur K, on peut transporter la mesure ν à l'aide de cet homéomorphisme, ce qui donne une mesure μ sur K (positive et de masse totale 1) telle que l'on ait

$$(6) \qquad \mathbf{a} = \int \mathbf{x}\, d\mu(\mathbf{x}) \qquad \text{et} \qquad \bar{u}(\mathbf{a}) = \int u(\mathbf{x})\, d\mu(\mathbf{x}).$$

La première des relations (6) signifie que $\mathbf{a}$ est le barycentre de μ. La fonction $\bar{u}$ est semi-continue supérieurement et bornée dans K, donc μ-intégrable (§ 4, n° 4, cor. 1 de la prop. 5); en outre, comme la fonction $-\bar{u}$ est convexe par définition, on a, en vertu du cor. de la prop. 2 du n° 1

$$(7) \qquad \bar{u}(\mathbf{a}) \geqslant \int \bar{u}(\mathbf{x})\, d\mu(\mathbf{x})$$

d'où, en comparant avec la seconde formule (6)

$$(8) \qquad \int u(\mathbf{x})\, d\mu(\mathbf{x}) \geqslant \int \bar{u}(\mathbf{x})\, d\mu(\mathbf{x}).$$

Mais comme $u(\mathbf{x}) \leqslant \bar{u}(\mathbf{x})$ dans K, la relation (8) implique que $u(\mathbf{x}) = \bar{u}(\mathbf{x})$ *presque partout pour* μ. Compte tenu du lemme 2, on voit que le théorème 1 sera démontré une fois établi le

Lemme 3. — *Soient* E *un espace localement convexe séparé sur* **R**, K *un partie convexe compacte métrisable de* E. *Il existe une fonction numérique strictement convexe dans* K.

En effet, l'espace de Banach $\mathscr{C}(\mathrm{K}; \mathbf{R})$ est de type dénombrable (*Top. gén.*, chap. X, 2ᵉ éd., § 3, n° 3, th. 1), et il en est donc de même du sous-espace $\mathscr{A}$ de $\mathscr{C}(\mathrm{K}; \mathbf{R})$ formé des restrictions à K des *fonctions linéaires affines continues dans* E. Soit donc (h_n) une suite partout dense dans $\mathscr{A}$, et soit $\alpha_n > \sup_{\mathbf{x} \in \mathrm{K}} |h_n(\mathbf{x})|$. Alors, chacune des fonctions $h_n^2/n^2\alpha_n^2$ est convexe dans K (*Esp. vect. top.*, chap. II, 2ᵉ éd., § 2, n° 8, *Exemples*), et la série de terme général $h_n^2/n^2\alpha_n^2$ est normalement convergente, donc sa somme u est continue et convexe dans K. Il reste à voir que u est strictement convexe, et pour cela, il suffit de prouver que pour deux points distincts $\mathbf{x}$, $\mathbf{x}'$ de K, il y a un entier n tel que la restriction au segment d'extrémités

x, **x**′ de h_n^2 est strictement convexe; mais pour cela il suffit que $h_n(\mathbf{x}) \neq h_n(\mathbf{x}')$ (*loc. cit.*). Or, il y a une fonction $h \in \mathscr{A}$ telle que $h(\mathbf{x}) \neq h(\mathbf{x}')$ (*Esp. vect. top.*, chap. II, 2e éd., § 4, n° 1, cor. 1 de la prop. 2) et comme la suite (h_n) est dense dans $\mathscr{A}$, il existe un n tel que $h_n(\mathbf{x}) \neq h_n(\mathbf{x}')$.

C.Q.F.D.

COROLLAIRE. — *Soient* E *un espace localement convexe séparé sur* **R**, C *un cône convexe saillant de sommet* 0 *dans* E, *complet et métrisable pour la structure uniforme induite par la structure uniforme affaiblie de* E. *Soit* M *la réunion des génératrices extrémales de* C. *Pour tout* $\mathbf{x} \in$ C, *il existe une partie compacte* K *de* C *et une mesure* $\lambda \geqslant 0$ *de masse* 1 *sur* K, *telles que* K − (M ∩ K) *soit* λ-*négligeable et que le barycentre de* λ *soit égal à* **x**.

En effet, **x** appartient à un chapeau de C (*Esp. vect. top.*, chap. II, 2e éd., §7, n° 2, prop. 5), et M ∩ K contient l'ensemble des points extrémaux de K (*loc. cit.*, cor. 1 de la prop. 4). Il suffit alors d'appliquer le th. 1.

3. Applications: I. Espaces vectoriels de fonctions continues réelles

Soient X un espace compact non vide, $\mathscr{H}$ un sous-espace vectoriel de l'espace de Banach $\mathscr{C}(\mathrm{X};\mathbf{R})$ qui contient les constantes et *sépare* les points de X (*Top. gén.*, chap. X, 2e éd., § 4, n° 1, déf. 1). Nous munirons $\mathscr{H}$ de la topologie d'espace normé induite par celle de $\mathscr{C}(\mathrm{X};\mathbf{R})$, et désignerons par $\mathscr{H}'$ le *dual* de cet espace normé. Pour tout $x \in \mathrm{X}$, l'application $f \mapsto f(x)$ est une forme linéaire continue sur $\mathscr{H}$ (restriction à $\mathscr{H}$ de la mesure de Dirac ε_x), donc un élément de $\mathscr{H}'$ que nous noterons $i_{\mathscr{H}}(x)$, de sorte que l'on a

$$(9) \qquad \langle f, i_{\mathscr{H}}(x) \rangle = f(x)$$

pour toute fonction $f \in \mathscr{H}$ et tout $x \,\varepsilon\, \mathrm{X}$.

L'application $i_{\mathscr{H}}$ de X dans $\mathscr{H}'$ est *injective* et *continue* lorsqu'on munit $\mathscr{H}'$ de la topologie faible $\sigma(\mathscr{H}', \mathscr{H})$; la seconde assertion résulte aussitôt des définitions et de (9); quant à la première, notons que si x, x' sont deux points distincts de X, il existe par hypothèse une fonction $h \in \mathscr{H}$ telle que $h(x) \neq h(x')$, donc, en vertu de (9), $\langle h, i_{\mathscr{H}}(x) \rangle \neq \langle h, i_{\mathscr{H}}(x') \rangle$ et *a fortiori* $i_{\mathscr{H}}(x) \neq i_{\mathscr{H}}(x')$. L'image $i_{\mathscr{H}}(\mathrm{X})$ est donc une partie *compacte* de $\mathscr{H}'$ (pour la topologie faible), et $i_{\mathscr{H}}$ un *homéomorphisme* de X sur $i_{\mathscr{H}}(\mathrm{X})$.

PROPOSITION 4. — (i) *L'enveloppe convexe fermée C de $i_{\mathscr{H}}(X)$ dans $\mathscr{H}'$ (pour la topologie faible $\sigma(\mathscr{H}', \mathscr{H})$) est compacte.*

(ii) *Pour qu'un point $i_{\mathscr{H}}(x)$ soit point extrémal de C, il faut et il suffit que la seule mesure positive λ sur X, telle que*

$$h(x) = \int h\, d\lambda \tag{10}$$

pour toute fonction $h \in \mathscr{H}$ (ce qui entraîne en particulier que λ est de masse totale 1 puisque $1 \in \mathscr{H}$) *soit la mesure de Dirac ε_x.*

La fonction $z' \mapsto \langle h, z' \rangle$ sur C atteint sa borne supérieure en un point extrémal de C au moins (*Esp. vect. top.*, chap. II, 2e éd., § 7, n° 1, prop. 1), et ce point appartient à $i_{\mathscr{H}}(X)$ (*loc. cit.*, cor. de la prop. 2).

(i) D'après (9), on a $\|i_{\mathscr{H}}(x)\| \leqslant 1$ dans l'espace normé $\mathscr{H}'$, autrement dit, $i_{\mathscr{H}}(X)$ est borné, et l'assertion résulte de ce que $\mathscr{H}'$, muni de la topologie faible $\sigma(\mathscr{H}', \mathscr{H})$, est *quasi-complet* (*Esp. vect. top.*, chap. IV, § 2, n° 2, cor. 2 du th. 1).

(ii) Toute mesure positive μ de masse 1 sur $i_{\mathscr{H}}(X)$ provient, par transport de structure au moyen de l'homéomorphisme $i_{\mathscr{H}}$, d'une mesure positive λ de masse 1 sur X, la mesure de Dirac $\varepsilon_{i_{\mathscr{H}}(x)}$ provenant de ε_x. Dire que μ admet $i_{\mathscr{H}}(x)$ pour barycentre signifie, par définition, que l'on a

$$\int_X \langle h, i_{\mathscr{H}}(z) \rangle\, d\lambda(z) = \langle h, i_{\mathscr{H}}(x) \rangle$$

pour toute fonction $h \in \mathscr{H}$. Compte tenu de (9), l'assertion (ii) n'est autre que la traduction du critère du n° 2, cor. de la prop. 3, pour que $i_{\mathscr{H}}(x)$ soit point extrémal de C.

Nous dirons qu'un point $x \in X$ vérifiant la condition (ii) de la prop. 4 est *$\mathscr{H}$-extrémal*; nous désignerons par $\mathrm{Ch}_{\mathscr{H}}(X)$ (ou simplement Ch(X)) l'ensemble de ces points, par $\check{S}_{\mathscr{H}}(X)$ (ou simplement $\check{S}(X)$) l'*adhérence* de $\mathrm{Ch}_{\mathscr{H}}(X)$ dans X.

PROPOSITION 5. — *Toute fonction $h \in \mathscr{H}$ atteint sa borne supérieure en un point $\mathscr{H}$-extrémal au moins.*

Soient x un point de X, h une fonction de $\mathscr{H}$. La relation $h(z) \leqslant h(x)$ pour tout $z \in X$ s'écrit $\langle h, i_{\mathscr{H}}(z) \rangle \leqslant \langle h, i_{\mathscr{H}}(x) \rangle$ pour tout $z \in X$, et signifie donc que l'hyperplan faiblement fermé de $\mathscr{H}'$, d'équation $\langle h, t' \rangle = \langle h, i_{\mathscr{H}}(x) \rangle$ est un *hyperplan d'appui* de $i_{\mathscr{H}}(X)$. On sait (*Esp. vect. top.*, chap. II, 2e éd., § 7, n° 1, cor. 1 de la prop. 1), qu'un tel hyperplan contient un point extrémal au moins de $i_{\mathscr{H}}(X)$, et un tel point $i_{\mathscr{H}}(y)$ est l'image d'un point $\mathscr{H}$-extrémal y par définition; $h(y)$ est donc égal à la borne supérieure de h dans X.

PROPOSITION 6. — *Pour tout point* $x \in X$, *les propriétés suivantes sont équivalentes :*

a) *x est* $\mathscr{H}$*-extrémal.*

b) *Pour tout voisinage ouvert* U *de x dans* X *et tout* $\varepsilon > 0$, *il existe une fonction* $h \geqslant 0$ *dans* $\mathscr{H}$ *telle que* $h(x) \leqslant \varepsilon$ *et* $h(y) \geqslant 1$ *pour tout* $y \in X - U$.

Soient x un point quelconque de X, f une fonction de $\mathscr{C}(X; \mathbf{R})$; on sait (*Esp. vect. top.*, chap. II, 2e éd., § 3, n° 1, prop. 1) que la borne inférieure des nombres $\lambda(f)$, pour toutes les mesures positives sur X telles que $\lambda(h) = h(x)$ pour toute fonction $h \in \mathscr{H}$, est égale à la borne supérieure des nombres $h(x)$, où h parcourt l'ensemble des fonctions $h \in \mathscr{H}$ telles que $h \leqslant f$. Supposons que x soit $\mathscr{H}$-extrémal; alors il résulte de la prop. 4, (ii), que, pour toute fonction $f \in \mathscr{C}(X; \mathbf{R})$, on a

$$f(x) = \sup_{h \in \mathscr{H}, h \leqslant f} h(x). \tag{11}$$

Pour montrer que *a*) entraîne *b*), prenons pour f une application continue de X dans $[0, 1]$, de support contenu dans U et telle que $f(x) = 1$; il y a donc en vertu de (11) une fonction $h' \in \mathscr{H}$ telle que $h' \leqslant f$ et $h'(x) \geqslant 1 - \varepsilon$. Comme $1 \in \mathscr{H}$, la fonction $h = 1 - h'$ répond aux conditions de *b*).

Réciproquement, supposons vérifiée la condition *b*); cette condition entraîne que $1 - h \leqslant \varphi_U$; pour toute mesure positive λ sur X vérifiant la condition (7), on a donc

$$\lambda(U) = \lambda(\varphi_U) \geqslant \lambda(1 - h) = 1 - h(x) \geqslant 1 - \varepsilon.$$

Comme par hypothèse cette relation a lieu pour tout $\varepsilon > 0$ et tout voisinage ouvert U de x, on en conclut

$$\lambda(\{x\}) = \inf_U \lambda(U) \geqslant 1 - \varepsilon$$

pour tout $\varepsilon > 0$, donc $\lambda(\{x\}) = 1$. Comme λ est positive et de masse totale 1, on a nécessairement $\lambda = \varepsilon_x$, ce qui prouve que x est $\mathscr{H}$-extrémal en vertu de la prop. 4, (ii).

PROPOSITION 7. — *Soit* F *une partie fermée de* X. *Les propriétés suivantes sont équivalentes :*

a) F *contient* $\check{S}_{\mathscr{H}}(X)$.

b) *Pour toute fonction* $h \in \mathscr{H}$, *l'ensemble* F *rencontre l'ensemble des points de* X *où h atteint sa borne supérieure.*

c) *Pour tout point* $x \in X$, *il existe une mesure positive* μ *de masse* 1 *sur* X, *telle que* $\text{Supp}(\mu) \subset F$ *et que* $h(x) = \int h\, d\mu$ *pour toute fonction* $h \in \mathscr{H}$.

Soit $G = i_{\mathscr{H}}(F)$. La condition *a*) signifie que G contient l'ensemble des points extrémaux de C. La condition *b*) signifie que G rencontre l'intersection de $i_{\mathscr{H}}(X)$ avec chacun des hyperplans d'appui fermés de $i_{\mathscr{H}}(X)$. Enfin la condition *c*) signifie que tout point de $i_{\mathscr{H}}(X)$ est barycentre d'une mesure de support contenu dans G; en vertu du n° 1, prop. 1, cela équivaut encore à dire que l'enveloppe convexe fermée de $i_{\mathscr{H}}(X)$ est égale à l'enveloppe convexe fermée de G. L'équivalence des conditions *a*), *b*) et *c*) résulte donc d'*Esp. vect. top.*, chap. II, 2ᵉ éd., § 7, n° 1, cor. 2 de la prop. 2.

PROPOSITION 8. — *Supposons* X métrisable. *Alors l'ensemble* $\mathrm{Ch}_{\mathscr{H}}(X)$ *des points* $\mathscr{H}$*-extrémaux de* X *est intersection d'une famille dénombrable d'ensembles ouverts dans* X, *et pour tout* $x \in X$, *il existe une mesure positive* μ *de masse* 1 *sur* X *telle que*

$$\mu(X - \mathrm{Ch}_{\mathscr{H}}(X)) = 0 \quad \textit{et} \quad \int h\, d\mu = h(x)$$

pour toute $h \in \mathscr{H}$.

C'est la traduction du th. 1 du n° 2, par transport de structure au moyen de l'homéomorphisme $x \mapsto i_{\mathscr{H}}(x)$, comme dans la prop. 5.

Un certain nombre de résultats de ce n° s'étendent lorsqu'on remplace $\mathscr{H}$ par un ensemble $\mathscr{P}$ de fonctions définies dans X, à valeurs dans $\mathbf{R} \cup \{+\infty\}$, semi-continues inférieurement, $\mathscr{P}$ étant supposé contenir les constantes et être tel que $\mathscr{P} + \mathscr{P} \subset \mathscr{P}$ (exerc. 2).

* *Exemple.* — Prenons pour X la boule unité $\|\mathbf{x}\| \leqslant 1$ dans $\mathbf{R}^3$, et soit $\mathscr{H}$ un espace vectoriel de fonctions continues dans X, contenant les restrictions à X des fonctions linéaires affines dans $\mathbf{R}^3$, et vérifiant le « *principe du maximum* », c'est-à-dire que pour toute fonction $h \in H$ non constante, l'ensemble des points de X où h atteint sa borne supérieure est contenu dans la sphère $\mathbf{S}_2$. Il résulte alors aisément des prop. 5 et 7 que $\mathrm{Ch}_{\mathscr{H}}(X) = \check{\mathrm{S}}_{\mathscr{H}}(X) = \mathbf{S}_2$. Un exemple important d'espace vectoriel $\mathscr{H}$ vérifiant les conditions précédentes est l'ensemble des fonctions continues dans X et *harmoniques* dans la boule ouverte $\|\mathbf{x}\| < 1$. Pour ces fonctions, on démontre que la mesure positive μ de masse 1 telle que $\mathrm{Supp}(\mu) \subset \mathbf{S}_2$ et que $h(\mathbf{x}) = \int h\, d\mu$ pour toute $h \in \mathscr{H}$, est donnée, si $\|\mathbf{x}\| < 1$, par la formule de Poisson

$$d\mu(\mathbf{z}) = \frac{1 - \|\mathbf{z}\|^2}{\|\mathbf{z} - \mathbf{x}\|^3}\, d\sigma(\mathbf{z})$$

où σ est la mesure sur $\mathbf{S}_2$ invariante par le groupe orthogonal et telle que $\sigma(\mathbf{S}_2) = 1$ (chap. VII, § 3, exerc. 8).*

4. *Applications. II. Espaces vectoriels de fonctions continues complexes*

Soient X un espace compact non vide, $\mathscr{H}$ un sous-espace vectoriel de l'espace de Banach complexe $\mathscr{C}(X;\mathbf{C})$ qui contient les constantes et sépare les points de X. L'ensemble des parties réelles $\mathscr{R}(f)$ des fonctions $f \in \mathscr{H}$ est un sous-espace vectoriel $\mathscr{H}_r$ de l'espace vectoriel réel $\mathscr{C}(X;\mathbf{R})$; pour toute $f \in \mathscr{H}$, l'ensemble $\mathscr{H}_r$ contient aussi $\mathscr{I}(f) = \mathscr{R}(-if)$; il en résulte que $\mathscr{H}_r$ *sépare* les points de X puisque la relation $h(x) = h(y)$ pour toute $h \in \mathscr{H}_r$ entraîne $\mathscr{R}(f(x)) = \mathscr{R}(f(y))$ et $\mathscr{I}(f(x)) = \mathscr{I}(f(y))$, donc $f(x) = f(y)$ pour toute $f \in \mathscr{H}$. Les points $\mathscr{H}_r$-extrémaux dans X sont encore appelés $\mathscr{H}$*-extrémaux*, et on note leur ensemble $\mathrm{Ch}_{\mathscr{H}}(X)$, et l'adhérence de ce dernier $\check{S}_{\mathscr{H}}(X)$. Les analogues des prop. 5 et 7 sont les suivantes :

PROPOSITION 9. — *Pour toute fonction* $f \in \mathscr{H}$, $\mathrm{Ch}_{\mathscr{H}}(X)$ *rencontre l'ensemble des points où* $|f|$ *atteint sa borne supérieure.*

On peut se borner au cas où f n'est pas la constante 0. Soit a un point de X où $|f|$ atteint sa borne supérieure, et posons $g = f/f(a)$; on a $g(a) = 1$ et $|g(x)| \leqslant 1$ pour tout $x \in X$, d'où

$$\mathscr{R}(g(a)) = 1 \qquad \text{et} \qquad \mathscr{R}(g(x)) \leqslant 1 \text{ pour tout } x \in X.$$

En vertu de la prop. 5 du nº 3 appliquée à $\mathscr{H}_r$, il existe $b \in \mathrm{Ch}_{\mathscr{H}}(X)$ où $\mathscr{R}(g(x))$ atteint sa borne supérieure 1, d'où $|g(b)| = 1$ puisque $|g(b)| \leqslant 1$; on en conclut que $|f(b)| = |f(a)| \geqslant |f(x)|$ pour tout $x \in X$.

PROPOSITION 10. — *Soit* F *une partie fermée de* X. *Les propriétés suivantes sont équivalentes :*

a) F *contient* $\check{S}_{\mathscr{H}}(X)$.

b) Pour toute fonction $f \in \mathscr{H}$, F *rencontre l'ensemble des points de* X *où* $|f|$ *atteint sa borne supérieure.*

c) Pour tout point $x \in X$, *il existe une mesure positive* μ *de masse totale* 1 *sur* X *telle que* $\mathrm{Supp}(\mu) \subset F$ *et que* $f(x) = \int f\, d\mu$ *pour toute fonction* $f \in \mathscr{H}$.

Prouvons l'équivalence des conditions *a)* et *c)* : soit $f = f_1 + if_2$ avec f_1, f_2 dans $\mathscr{H}_r$; la relation $f(x) = \int f\, d\mu$ équivaut aux deux relations $f_1(x) = \int f_1\, d\mu$ et $f_2(x) = \int f_2\, d\mu$; il suffit donc d'appliquer à $\mathscr{H}_r$ l'équivalence des conditions *a)* et *c)* de la prop. 7 du nº 3. Le fait que *a)* entraîne *b)* résulte de la prop. 9. Montrons que *b)* entraîne *a)*; il s'agit de voir que si *b)* est vérifiée, alors, pour toute $h \in \mathscr{H}_r$, F rencontre l'ensemble des points où h atteint sa borne inférieure dans X. La condition *b*) entraîne que F est non vide; comme F est compact, il existe $a \in \mathrm{F}$ tel que $h(a) \leqslant h(y)$ pour tout $y \in \mathrm{F}$. Soit $f \in \mathscr{H}$ telle que $h = \mathscr{R}(f)$; pour tout $\varepsilon > 0$, la fonction $g = f - h(a) + \varepsilon$ appartient à $\mathscr{H}$, et l'on a

$$\mathscr{R}(g(y)) = h(y) - h(a) + \varepsilon \geqslant \varepsilon$$

pour tout $y \in \mathrm{F}$. Soit c la borne supérieure de $|g|$ dans X, et posons $b = c^2/2\varepsilon$; pour tout $y \in \mathrm{F}$, on a

$$|g(y) - b|^2 = |g(y)|^2 - 2b\mathscr{R}(g(y)) + b^2 \leqslant c^2 - 2b\varepsilon + b^2 = b^2,$$

autrement dit, la borne supérieure dans F de la fonction $|g - b|$ est $\leqslant b$. Comme $g - b \in \mathscr{H}$, l'hypothèse faite sur F entraîne $|g - b| \leqslant b$, d'où

$$b^2 \geqslant |g - b|^2 = |g|^2 - 2b\mathscr{R}(g) + b^2$$

et par suite $\mathscr{R}(g) \geqslant |g|^2/2b \geqslant 0$; comme $\mathscr{R}(g) = h - h(a) + \varepsilon$, et que $\varepsilon > 0$ est arbitraire, on a $h \geqslant h(a)$, et $h(a)$ est la borne inférieure de h dans X, ce qui achève la démonstration.

Remarque. — Si f est une fonction continue *réelle*, un point où $|f|$ atteint sa borne supérieure est un point où l'une des fonctions f, $-f$ atteint sa borne supérieure. Pour un espace vectoriel $\mathscr{H}$ de fonctions continues *réelles* vérifiant les hypothèses du n° 3, les prop. 9 et 10 sont donc des corollaires triviaux des prop. 5 et 7 respectivement.

5. *Applications: III. Algèbres de fonctions continues*

Lemme 4. — *Soient* X *un espace compact,* $\mathscr{H}$ *un sous-espace vectoriel fermé de l'espace de Banach* $\mathscr{C}(\mathrm{X}; \mathbf{C})$ (resp. $\mathscr{C}(\mathrm{X}; \mathbf{R})$). *Soit a un point de* X *admettant un système fondamental dénombrable de voisinages; on suppose que, quels que soient les nombres c et d tels que* $0 < c < d < 1$, *et le voisinage ouvert* U *de a, il existe* $f \in \mathscr{H}$ *telle que*

(12) $\quad |f| \leqslant 1, \qquad |f(a)| \geqslant d, \qquad |f(x)| \leqslant c$ *pour tout* $x \in \mathrm{X} - \mathrm{U}$.

Alors il existe une fonction $u \in \mathscr{H}$ *telle que* $|u(x)| < |u(a)|$ *pour tout* $x \neq a$.

Soit (V_n) $(n \geqslant 1)$ un système fondamental de voisinages de a, et soient λ, μ, ε des nombres tels que

$$0 < \lambda < 1, \qquad 1 < \mu < \mu + \varepsilon \leqslant 1 + \lambda.$$

On a donc $0 < \lambda/\mu < 1/\mu < 1$. Nous allons définir par récurrence sur n $(n \geqslant 1)$ une suite décroissante (U_n) de voisinages ouverts de a tels que $\mathrm{U}_n \subset \mathrm{V}_n$ pour tout n, et une suite (h_n) de fonctions de $\mathscr{H}$

vérifiant les relations

(13_n) $$|h_n(x)| \leqslant \mu \quad \text{pour tout } x \in X$$

(14_n) $$h_n(a) = 1$$

(15_n) $$|h_n(x)| \leqslant \lambda \quad \text{pour tout } x \in X - U_n$$

(16_n) $$\left|\sum_{j=1}^{n} \lambda^j h_j(y)\right| < \sum_{j=1}^{n+1} \lambda^j \quad \text{pour tout } y \in X.$$

Supposons les h_m et U_m définis pour $1 \leqslant m < n$ et vérifiant les quatre conditions précédentes (où n est remplacé par m); posons d'autre part $U_0 = X$. La fonction $\sum_{j=1}^{n-1} \lambda^j h_j$ (égale à 0 si $n = 1$) est continue et prend la valeur $\sum_{j=1}^{n-1} \lambda^j$ au point a; il existe donc un voisinage ouvert U_n de a, contenu dans $U_{n-1} \cap V_n$, tel que l'on ait

(17) $$\left|\sum_{j=1}^{n-1} \lambda^j h_j(y)\right| < \sum_{j=1}^{n-1} \lambda^j + \varepsilon\lambda^n \quad \text{pour tout } y \in U_n.$$

Par hypothèse il existe une fonction $f \in \mathscr{H}$ telle que

$$|f(x)| \leqslant 1 \text{ pour tout } x \in X, \qquad |f(a)| \geqslant 1/\mu,$$
$$|f(x)| \leqslant \lambda/\mu \qquad \text{pour } x \in X - U_n.$$

Posons $h_n = f/f(a)$; on a donc les relations (13_n), (14_n) et (15_n); posons

$$g = \sum_{j=1}^{n} \lambda^j h_j = \sum_{j=1}^{n-1} \lambda^j h_j + \lambda^n h_n.$$

En vertu de (17) et de (13_n), on a, pour $y \in U_n$

$$|g(y)| < \sum_{j=1}^{n-1} \lambda^j + \varepsilon\lambda^n + \mu\lambda^n \leqslant \sum_{j=1}^{n+1} \lambda^j,$$

puisque $\varepsilon + \mu \leqslant 1 + \lambda$; pour $x \in X - U_n$, on a $|h_p(x)| \leqslant \lambda$ pour $1 \leqslant p \leqslant n$, d'où encore

$$|g(x)| \leqslant \sum_{j=2}^{n+1} \lambda^j < \sum_{j=1}^{n+1} \lambda^j$$

ce qui achève de prouver (16_n).

Cela étant, la série $\sum_{n=1}^{\infty} \lambda^n h_n$ est normalement convergente dans X puisque $\lambda < 1$ et $|h_n(x)| \leqslant \mu$ pour tout n et tout $x \in X$; soit u sa somme, qui appartient à $\mathscr{H}$ puisque $\mathscr{H}$ est fermé. En vertu de la relation (14_n), on a $u(a) = \sum_{n=1}^{\infty} \lambda^n$; d'autre part, si $x \neq a$, il existe un entier n tel que $x \notin \mathrm{U}_{n+1}$; on a donc $|h_{n+k}(x)| \leqslant \lambda$ pour tout $k \geqslant 1$ en vertu de la relation (15_n); on en déduit, en utilisant (16_n)

$$|u(x)| \leqslant \left| \sum_{j=1}^{n} \lambda^j h_j(x) \right| + \left| \sum_{j=n+1}^{\infty} \lambda^j h_j(x) \right| < \sum_{j=1}^{n+1} \lambda^j + \lambda \sum_{j=n+1}^{\infty} \lambda^j$$
$$= \sum_{j=1}^{\infty} \lambda^j = |u(a)|.$$

THÉORÈME 2 (E. Bishop). — *Soient* X *un espace compact,* $\mathscr{A}$ *une sous-algèbre fermée de l'algèbre de Banach complexe* $\mathscr{C}(\mathrm{X};\mathbf{C})$. *On suppose que* $\mathscr{A}$ *contient les constantes et sépare les points de* X. *Soit* a *un point de* X; *les conditions suivantes sont équivalentes:*

a) Il existe une fonction $f \in \mathscr{A}$ *telle que* $|f(x)| < |f(a)|$ *pour tout* $x \neq a$.

b) Le point a *est* $\mathscr{A}$*-extrémal et admet un système fondamental dénombrable de voisinages.*

a) $\Rightarrow$ *b)*: Soit $f \in \mathscr{A}$ telle que $|f(a)| > |f(x)|$ pour $x \neq a$; en vertu de la prop. 9 du n° 4, a est un point $\mathscr{A}$-extrémal. D'autre part, si U_n est l'ensemble des $x \in \mathrm{X}$ tels que $|f(x)| > |f(a)| - 1/n$, U_n est un voisinage ouvert de a, et l'intersection des U_n est réduite à a; comme X est compact, les U_n forment un système fondamental de voisinages de a (*Top. gén.*, chap. I, 3e éd., § 9, n° 1, th. 1).

b) $\Rightarrow$ *a)*: Il suffit de vérifier que *b)* implique les hypothèses du lemme 4. Avec les notations de ce lemme, posons $\varepsilon = \log d / \log c$; on a $0 < \varepsilon < 1$. Comme a est un point $\mathscr{A}_r$-extrémal, il existe une fonction $g \in \mathscr{A}$ telle que

$$\mathscr{R}(g) \geqslant 0, \qquad \mathscr{R}(g(a)) \leqslant \varepsilon, \qquad \mathscr{R}(g(x)) \geqslant 1 \qquad \text{pour } x \in \mathrm{X} - \mathrm{U}$$

(n° 3, prop. 6, *b*)). Posons $f = c^g$; comme f est somme de la série normalement convergente $\sum_{n=0}^{\infty} (\log c)^n g^n / n!$, on a $f \in \mathscr{A}$, et

$$|f| \leqslant 1, \qquad |f(a)| \geqslant c^{\varepsilon} = d, \qquad |f(x)| \leqslant c \qquad \text{pour } x \in \mathrm{X} - \mathrm{U}.$$

C.Q.F.D.

COROLLAIRE. — *Supposons de plus que* X *soit métrisable. Alors les propriétés suivantes sont équivalentes:*

a) a *est un point* $\mathscr{A}$*-extrémal de* X.

b) Il existe $u \in \mathscr{A}$ *tel que* $|u(x)| < |u(a)|$ *pour tout* $x \neq a$.

c) Soit $\mathfrak{M}$ *l'ensemble des parties* M *de* X *telles que pour toute fonction* $f \in \mathscr{A}$, $|f|$ *atteigne sa borne supérieure dans* X *en un point au moins de* M. *Alors a appartient à tous les ensembles* $\mathrm{M} \in \mathfrak{M}$.

d) Soit $\mathfrak{N}$ *l'ensemble des parties* N *de* X *telles que, pour toute fonction* $f \in \mathscr{A}$, $\mathscr{R}(f)$ *atteigne sa borne supérieure dans* X *en un point au moins de* N. *Alors a appartient à tous les ensembles* $\mathrm{N} \in \mathfrak{N}$.

En d'autres termes, on a

$$\mathrm{Ch}_{\mathscr{A}}(\mathrm{X}) = \bigcap_{\mathrm{M} \in \mathfrak{M}} \mathrm{M} = \bigcap_{\mathrm{N} \in \mathfrak{N}} \mathrm{N}. \tag{18}$$

Comme, dans un espace métrisable, tout point admet un système fondamental dénombrable de voisinages, l'équivalence de *a*) et *b*) résulte du th. 2. Montrons que *b*) entraîne *c*): en effet *a* est l'unique point où $|u|$ atteint sa borne supérieure; d'autre part, *c*) entraîne *a*), car $\mathrm{Ch}_{\mathscr{A}}(\mathrm{X})$ rencontre, pour tout $f \in \mathscr{A}$, l'ensemble des points où $|f|$ atteint sa borne supérieure (nº 4, prop. 9). Le même raisonnement utilisant la prop. 5 du nº 3 montre que *d*) entraîne *a*). Enfin, pour voir que *b*) entraîne *d*), on peut se borner au cas où X n'est pas réduit au point *a*, donc $u(a) \neq 0$; la fonction $v = u/u(a)$ appartient alors à $\mathscr{A}$, et l'on a $v(a) = 1$ et $|v(x)| < 1$ pour $x \neq a$, d'où $\mathscr{R}(v(a)) = 1$ et $\mathscr{R}(v(x)) < 1$ pour $x \neq a$. La fonction $\mathscr{R}(v)$ n'atteignant sa borne supérieure qu'au point *a*, on a bien $a \in \mathrm{N}$ pour tout $\mathrm{N} \in \mathfrak{N}$.

Exemples.* — Soit X_1 l'ensemble des points $(z_1, z_2) \in \mathbf{C}^2$ tels que $|z_1|^2 + |z_2|^2 \leqslant 1$ (boule unité dans $\mathbf{R}^4$), et soit $\mathscr{A}'_1$ l'ensemble des restrictions à X_1 des fonctions holomorphes, à valeurs dans **C, définies dans un voisinage de X_1 dans $\mathbf{C}^2$ (voisinage dépendant de la fonction considérée); soit $\mathscr{A}_1$ l'adhérence de $\mathscr{A}'_1$ dans $\mathscr{C}(\mathrm{X}_1; \mathbf{C})$, qui est évidemment une sous-algèbre complexe fermée de $\mathscr{C}(\mathrm{X}_1; \mathbf{C})$ et sépare les points de X_1. L'application du « principe du maximum » pour les fonctions holomorphes montre que $\mathrm{Ch}_{\mathscr{A}_1}(\mathrm{X}_1)$ est la sphère $\mathbf{S}_3$.

Dans la définition précédente, remplaçons X_1 par le « polydisque » X_2 défini par les relations $|z_1| \leqslant 1$ et $|z_2| \leqslant 1$, ce qui donne des sous-algèbres $\mathscr{A}'_2$ et $\mathscr{A}_2$ (adhérence de $\mathscr{A}'_2$) dans $\mathscr{C}(\mathrm{X}_2; \mathbf{C})$. Ici le principe du maximum montre que $\mathrm{Ch}_{\mathscr{A}_2}(\mathrm{X}_2)$ est le « tore » défini par les relations $|z_1| = 1$ et $|z_2| = 1$.

On déduit de ces résultats qu'il n'existe pas d'*isomorphisme analytique* d'un voisinage ouvert de X_1 sur un voisinage ouvert de X_2 qui *transforme* X_1 *en* X_2; en effet, si v était la restriction à X_1 d'une telle application, on aurait $\mathscr{A}_2 = v\mathscr{A}_1 v^{-1}$, et par suite v transformerait $\mathbf{S}_3$ en un espace homéomorphe à $\mathbf{T}^2$, ce qui est absurde, car $\mathbf{S}_3$ est simplement connexe, mais non $\mathbf{T}^2$.

On notera toutefois que les espaces X_1 et X_2 sont *homéomorphes*, étant tous deux des ensembles convexes bornés dans $\mathbf{R}^4$ d'intérieur non vide.$_*$

6. Unicité des représentations intégrales

Soient E un espace localement convexe séparé faible, C un cône convexe pointé saillant dans E. On sait que C est l'ensemble des éléments $\geqslant 0$ de E pour une relation d'ordre compatible avec la structure vectorielle de E. Quand on dira que C est réticulé, il s'agira bien entendu de l'ordre induit sur C par celui de E.

Lemme 5. — *On suppose* C *faiblement complet. Soit* $\mathscr{A}$ *l'ensemble des restrictions à* C *des formes linéaires continues sur* E. *Soient* $(f_\lambda)_{\lambda\in\Lambda}$ *une famille finie d'éléments de* $\mathscr{A}$, *et* $f = \sup(f_\lambda)$. *Pour tout* $x \in C$, *on pose*

$$\bar{f}(x) = \sup(f(x_1) + f(x_2) + \ldots + f(x_n))$$

la borne supérieure étant prise sur l'ensemble S_x *des suites* $(x_1, x_2, \ldots, x_n)$ *d'éléments de* C *telles que* $x_1 + x_2 + \ldots + x_n = x$. *Posons* Card $\Lambda = p$. *Alors il existe* $(y_1, \ldots, y_p) \in S_x$ *tels que* $\bar{f}(x) = f(y_1) + \ldots + f(y_p)$.

Notons $f_1, f_2, \ldots, f_p$ les éléments de la famille (f_λ). Pour $k = 1, 2, \ldots, p$, soit C_k l'ensemble des $y \in C$ tels que $f_1(y) < f(y)$, $f_2(y) < f(y), \ldots, f_{k-1}(y) < f(y), f_k(y) = f(y)$. Les C_k sont des cônes convexes disjoints de réunion C. Soient $x_1, x_2, \ldots, x_n$ dans C tels que $x_1 + x_2 + \ldots + x_n = x$. Soit y_k la somme des x_i qui appartiennent à C_k. On a $y_1 + y_2 + \ldots + y_p = x$. Comme f est affine sur C_k, $f(y_1) + \ldots + f(y_p) = f(x_1) + \ldots + f(x_n)$. Donc

$$\bar{f}(x) = \sup(f(y_1) + \ldots + f(y_p)) \tag{19}$$

où $(y_1, y_2, \ldots, y_p)$ parcourt l'ensemble des suites de p points de C telles que $y_1 + y_2 + \ldots + y_p = x$. Posons $D = C \cap (x - C)$. Comme D est compact (*Esp. vect. top.*, chap. II, 2ᵉ éd., § 6, n° 8, cor. 2 de la prop. 11), il en est de même de l'ensemble des éléments $(y_1, \ldots, y_p)$ de D^p tels que $y_1 + \ldots + y_p = x$, de sorte que la borne supérieure (19) est atteinte.

Lemme 6. — *On conserve les hypothèses et les notations du lemme* 5, *et on suppose les* f_λ *positives. La fonction* $\bar{f}$ *est positivement homogène, concave et semi-continue supérieurement dans* C. *Elle est affine si* C *est réticulé.*

Il est clair que $\bar{f}$ est positivement homogène. Soient x, y dans C. Si $x_1, \ldots, x_m, y_1, \ldots, y_n$ dans C sont tels que $x_1 + \ldots + x_m = x$, $y_1 + \ldots + y_n = y$, on a $x_1 + \ldots + x_m + y_1 + \ldots y_n = x + y$, donc

$$f(x_1) + \ldots + f(x_m) + f(y_1) + \ldots + f(y_n) \leqslant \bar{f}(x + y);$$

on en déduit que $\bar{f}(x) + \bar{f}(y) \leqslant \bar{f}(x + y)$, donc $\bar{f}$ est concave. Soit L (resp. L_λ) l'ensemble des $(t, x) \in \mathbf{R} \times E$ tels que $x \in C$ et $0 \leqslant t \leqslant \bar{f}(x)$ (resp. $0 \leqslant t \leqslant f_\lambda(x)$). Chacun des L_λ est fermé dans le cône convexe saillant faiblement complet $\mathbf{R}_+ \times C$, donc la somme $\sum_{\lambda \in \Lambda} L_\lambda$ est fermée (*Esp. vect. top.*, chap. II, 2e éd., § 6, n° 8, cor. 2 de la prop. 11). D'après le lemme 5, cette somme est égale à L. Donc L est fermé, ce qui prouve que $\bar{f}$ est semi-continue supérieurement. Enfin, supposons C réticulé, et prouvons que $\bar{f}$ est convexe. Soient x, y dans C et $\varepsilon > 0$. Il existe $z_1, z_2, \ldots, z_n$ dans C tels que $f(z_1) + \ldots + f(z_n) \geqslant \bar{f}(x + y) - \varepsilon$ et $z_1 + \ldots + z_n = x + y$. L'espace vectoriel C−C est réticulé pour l'ordre induit par celui de E (*Alg.*, chap. VI, 2e éd., § 1, n° 9, prop. 8). D'après le théorème de décomposition (*loc. cit.*, n° 10, th. 1), il existe $x_1, \ldots, x_n, y_1, \ldots, y_n$ dans C tels que $x_1 + y_1 = z_1, \ldots, x_n + y_n = z_n$, $x_1 + \ldots + x_n = x$, $y_1 + \ldots + y_n = y$. Alors, comme f est positivement homogène et convexe, on a

$$\begin{aligned}\bar{f}(x + y) &\leqslant \varepsilon + f(z_1) + \ldots + f(z_n)\\ &\leqslant \varepsilon + f(x_1) + f(y_1) + \ldots + f(x_n) + f(y_n)\\ &\leqslant \varepsilon + \bar{f}(x) + \bar{f}(y).\end{aligned}$$

Comme ε est arbitraire >0, on a bien prouvé que $\bar{f}$ est convexe.

THÉORÈME 3 (Choquet). — *Soient* E *un espace localement convexe faible séparé*, C *un cône convexe saillant faiblement complet de sommet* 0 *dans* E, G *la réunion des génératrices extrémales de* C, K *une partie compacte convexe de* C, λ *et* λ' *des mesures positives de masse* 1 *sur* K, *admettant le même barycentre, et telles que* $\lambda^*(K - (K \cap G)) = \lambda'^*(K - (K \cap G)) = 0$. *Supposons* C *réticulé. Alors, pour toute fonction* f *convexe* $\geqslant 0$ *semi-continue inférieurement et positivement homogène sur* C, *on a* $\lambda^*(f|K) = \lambda'^*(f|K)$.

Soit $\mathscr{A}$ (resp. $\mathscr{A}'$) l'ensemble des restrictions à C des formes linéaires (resp. des fonctions affines) continues sur E. On sait (*Esp. vect. top.*, chap. II, 2e éd., § 5, n° 4, *Remarque* 2) que f est l'enveloppe supérieure de l'ensemble des éléments de $\mathscr{A}$ majorés par f. L'ensemble des fonctions de la forme $\sup(f_1, \ldots, f_p)$ où $f_1, \ldots, f_p$ appartiement à $\mathscr{A}$, $f_1 \geqslant 0, \ldots, f_p \geqslant 0$, est filtrant croissant et admet f pour enveloppe supérieure. Compte tenu du § 1, n° 1, th. 1, il suffit de vérifier l'égalité $\lambda(f|K) = \lambda'(f|K)$ lorsque f est de la forme précédente.

Définissons $\bar{f}$ comme dans le lemme 5. Il est clair que $\bar{f}(y) = f(y)$ si $y \in G$. Comme $\lambda^*(K - (K \cap G)) = 0$, on a $\lambda(f|K) = \lambda(\bar{f}|K)$. D'après le lemme 6, $\bar{f}$ est affine et semi-continue supérieurement. Donc $\bar{f}|K$ est enveloppe inférieure d'un ensemble filtrant décroissant de restrictions d'éléments de $\mathscr{A}'$ à K (*Esp. vect. top.*, chap. II, 2ᵉ éd., § 5, n° 4, prop. 6). Soit $x \in K$ le barycentre de λ. Si $g \in \mathscr{A}$, on a $\lambda(g|K) = g(x)$. Donc $\lambda(\bar{f}|K) = \bar{f}(x)$ (§ 4, n° 4, cor. 2 de la prop. 5). Ainsi, $\lambda(f|K) = \bar{f}(x)$, et on voit de même que $\lambda'(f|K) = \bar{f}(x)$.

Corollaire. — *Soient* E *un espace localement convexe séparé,* C *un cône convexe saillant de sommet* 0 *dans* E, *admettant une semelle compacte* M, *et* G *la réunion des génératrices extrémales de* C. *Soit* $x \in M$. *Si* C *est réticulé, il existe au plus une mesure positive* λ *de masse* 1 *sur* M, *telle que* $\lambda^*(M - (G \cap M)) = 0$, *et admettant* x *pour barycentre.*

En remplaçant la topologie de E par la topologie affaiblie, (ce qui ne change pas la topologie de M), on peut supposer E faible. Soient λ et λ' deux mesures sur M possédant les propriétés de l'énoncé, h une forme linéaire continue sur E telle que M soit l'intersection de C et de l'hyperplan d'équation $h(x) = 1$. Soit $\mathscr{S}$ le sous-ensemble de $\mathscr{C}(M)$ constitué par les restrictions à M des fonctions convexes $\geqslant 0$ positivement homogènes et continues dans C. Le cône C est faiblement complet (*Esp. vect. top.*, chap. II, 2ᵉ éd., § 7, n° 3). D'après le th. 3, on a $\lambda(f) = \lambda'(f)$ pour toute $f \in \mathscr{S}$.

Si f_1, f_2, f_3, f_4 appartiement à $\mathscr{S}$, on a

$$\sup(f_1 - f_2, f_3 - f_4) = \sup(f_1 + f_4, f_3 + f_2) - (f_2 + f_4) \in \mathscr{S} - \mathscr{S}$$

$$\inf(f_1 - f_2, f_3 - f_4) = -\sup(f_2 - f_1, f_4 - f_3) \in \mathscr{S} - \mathscr{S}.$$

Puisque $h|M \in \mathscr{S}$, $\mathscr{S} - \mathscr{S}$ contient les fonctions constantes. Si x et y sont deux points distincts de M, il existe une forme linéaire continue sur E qui sépare x et y, et cette forme est différence de deux formes linéaires continues positives sur C (*Esp. vect. top.*, chap. II, 2ᵉ éd., § 6, n° 8, lemme 1). Il résulte de ce qui précède que, pour α, β réels, il existe $f \in \mathscr{S} - \mathscr{S}$ tel que $f(x) = \alpha, f(y) = \beta$.

Alors $\mathscr{S} - \mathscr{S}$ est partout dense dans $\mathscr{C}(M)$ pour la topologie de la convergence uniforme (*Top. gén.*, chap. X, 2e éd., § 4, n° 1, cor. de la prop. 2). Comme λ et λ' coïncident sur $\mathscr{S} - \mathscr{S}$, on a $\lambda = \lambda'$.

EXERCICES

§ 1

1) Montrer que si f et g sont deux fonctions numériques $\geqslant 0$ définies dans X et μ une mesure positive sur X, on a

$$\mu^*(\sup(f, g)) + \mu^*(\inf(f, g)) \leqslant \mu^*(f) + \mu^*(g).$$

En déduire que, si A et B sont des parties quelconques de X, on a

$$\mu^*(A \cup B) + \mu^*(A \cap B) \leqslant \mu^*(A) + \mu^*(B) \qquad \text{(cf. § 4, exerc. } 8d\text{))}.$$

2) Pour tout $x \in X$, montrer que pour toute fonction numérique $f \geqslant 0$ définie dans X, on a $\varepsilon_x^*(f) = f(x)$.

3) Donner un exemple, dans **R**, d'un ensemble ouvert non relativement compact, dont la mesure extérieure (pour la mesure de Lebesgue) soit finie.

4) Soient X un espace localement compact, α une fonction numérique finie et $\geqslant 0$ dans X, telle que, pour toute partie compacte K de X, $\sum_{x \in K} \alpha(x)$ soit finie; soit μ la mesure positive sur X définie par les masses $\alpha(x)$ (chap. III, § 1, n° 3, *Exemple* I).

a) Montrer que pour toute fonction $f \geqslant 0$, semi-continue inférieurement dans X, on a $\mu^*(f) = \sum_{x \in X} \alpha(x) f(x)$, en convenant de poser $\alpha(x) f(x) = 0$ lorsque $\alpha(x) = 0$ et $f(x) = +\infty$.

b) Soit $f \geqslant 0$ une fonction numérique quelconque définie dans X. Montrer que si $\mu^*(f) < +\infty$, on a $\mu^*(f) = \sum_{x \in X} \alpha(x) f(x)$ avec la même convention que dans *a*). (Cf. exerc. 5).

¶ 5) Soit X le sous-ensemble du plan $\mathbf{R}^2$ réunion de la droite $D = \{0\} \times \mathbf{R}$ et de l'ensemble des points $(1/n, k/n^2)$, où n parcourt l'ensemble des entiers > 0 et k l'ensemble **Z** des entiers rationnels.

a) Pour tout point $(0, y)$ de D et tout entier $n > 0$, soit $T_n(y)$ l'ensemble des points (u, v) de X tels que $u \leqslant 1/n$ et $|v - y| \leqslant u$. Montrer que si l'on prend comme système fondamental de voisinages de chaque point $(0, y)$ de D l'ensemble des $T_n(y)$ $(n > 0)$, et comme système fondamental de voisinages de chacun des autres points de X l'unique ensemble réduit à ce point, on définit sur X une topologie $\mathscr{T}$ pour laquelle X est un espace localement compact non paracompact.

b) Soit α la fonction numérique sur X, égale à 0 dans D et à $1/n^3$ en chacun des points $(1/n, k/n^2)$. Montrer que, pour toute partie compacte K de X, $\sum_{x \in K} \alpha(x)$ est finie; soit μ la mesure positive sur X définie par les masses $\alpha(x)$. Montrer que l'on a $\mu^*(D) = +\infty$ bien que $\alpha(x) = 0$ dans D.

(Si un ensemble ouvert U pour $\mathscr{T}$ contient D, montrer qu'il existe un intervalle $a \leqslant y \leqslant b$ sur D, non réduit à un point, un ensemble B partout dense (pour la topologie usuelle de **R**) dans cet intervalle et un entier $n > 0$ tel que, pour tout $y \in B$, on ait $T_n(y) \subset U$; on utilisera pour cela le th. de Baire).

6) Soit f une fonction numérique $\geqslant 0$ définie dans X.

a) Montrer que, pour que l'application $\mu \mapsto \mu^*(f)$ de $\mathscr{M}_+(X)$ dans $\bar{\mathbf{R}}$ soit continue pour la topologie vague, il faut (et il suffit) que f soit continue et à support compact (utiliser l'exerc. 2). Pour que $\mu \mapsto \mu^*(f)$ soit semi-continue inférieurement pour la topologie vague, il faut (et il suffit, cf. prop. 4) que f soit semi-continue inférieurement.

b) Montrer que, pour que l'application $\mu \mapsto \mu^*(f)$ de $\mathscr{M}_+(X)$ dans $\bar{\mathbf{R}}$ soit continue pour la topologie quasi-forte (chap. III, § 1, exerc. 8), il faut et il suffit que f soit bornée et à support compact (méthode analogue à celle de *a*)). En déduire que pour toute fonction $f \geqslant 0$ nulle dans le complémentaire d'une réunion dénombrable d'ensembles compacts, l'application $\mu \mapsto \mu^*(f)$ est semi-continue inférieurement pour la topologie quasi-forte (utiliser le th. 3) (cf. exerc. 7 *b*)).

c) Montrer que, pour que l'application $\mu \mapsto \mu^*(f)$ de $\mathscr{M}_+(X) \cap \mathscr{M}^1(X)$ dans $\bar{\mathbf{R}}$ soit continue pour la topologie ultraforte (chap. III, § 1, exerc. 15), il faut et il suffit que f soit bornée ; pour toute fonction $f \geqslant 0$ définie dans X, $\mu \mapsto \mu^*(f)$ est semi-continue inférieurement pour la topologie ultraforte.

d) Montrer que, pour que l'application $\mu \mapsto \mu^*(f)$ de $\mathscr{M}_+(X) \cap \mathscr{M}^1(X)$ dans $\bar{\mathbf{R}}$ soit continue pour la topologie faible (chap. III, § 1, exerc. 15), il faut et il suffit que f soit continue dans X et tende vers 0 au point à l'infini ; pour que $\mu \mapsto \mu^*(f)$ soit semi-continue inférieurement pour la topologie faible, il faut et il suffit que f soit semi-continue inférieurement.

7) *a*) Soit (μ_n) une suite croissante de mesures $\geqslant 0$ sur un espace localement compact X; on suppose que cette suite est majorée dans $\mathscr{M}_+(X)$ et on désigne par μ sa borne supérieure. Soit f une fonction $\geqslant 0$ définie dans X et nulle dans le complémentaire d'une réunion dénombrable d'ensembles compacts. Montrer que l'on a

$$\mu^*(f) = \sup_n \mu_n^*(f)$$

(cf. exerc. 6 *b*)).

b) Soient X et μ l'espace localement compact et la mesure définis dans l'exerc. 5. Soit α_n la fonction numérique égale à α (notation de l'exerc. 5) pour tout point $(1/m, k/m^2)$ tel que $m \leqslant n$, et égale à 0 aux autres points de X; soit μ_n la mesure définie par les masses $\alpha_n(x)$. Montrer que μ est la borne supérieure de la suite (μ_n) dans $\mathscr{M}_+(X)$ et que l'on a $\mu_n^*(D) = 0$ pour tout n, mais $\mu^*(D) = +\infty$.

8) *a*) Soit (μ_n) une suite décroissante de mesures $\geqslant 0$ sur un espace localement compact X, et soit μ la borne inférieure de cette suite dans $\mathscr{M}_+(X)$. Montrer que pour toute fonction $f \geqslant 0$ telle que $\mu_n^*(f) < +\infty$ à partir d'un certain indice, on a $\mu^*(f) = \inf_n \mu_n^*(f)$ (lorsque g est semi-continue inférieurement, positive et telle que $\mu^*(g) < +\infty$, remarquer qu'il existe une suite (h_m) de fonctions continues $\geqslant 0$ à support compact,

telle que $\sum_{m=1}^{\infty} h_m \leqslant g$ et $\mu_n^*(g) = \sum_{m=1}^{\infty} \mu_n^*(h_m)$ pour *tout* indice n).

b) Sur l'espace discret $X = \mathbf{N}$, soit μ_n la mesure définie par la masse $+1$ placée en chaque point $m \geqslant n$. Montrer que la borne inférieure de la suite décroissante (μ_n) est 0 dans $\mathscr{M}_+(X)$, mais que l'on a $\mu_n^*(X) = +\infty$ pour tout n.

§ 3

1) Soit μ la mesure de Lebesgue sur l'intervalle $X = [0, 1[$ de $\mathbf{R}$. Pour tout entier $n = 2^h + k$ $(h \geqslant 0, 0 \leqslant k < 2^h)$, soit f_n la fonction égale à 1 dans l'intervalle $[k/2^h, (k+1)/2^h[$, à 0 ailleurs dans X. Montrer que la suite (f_n) converge en moyenne d'ordre p vers 0 pour tout $p > 0$, mais que la suite $(f_n(x))$ ne converge pour aucun point $x \in X$.

2) Montrer que toute fonction numérique f appartenant à $\mathscr{L}^p(X; \mathbf{R})$ est presque partout égale à la différence $g_1 - g_2$ de deux fonctions positives semi-continues inférieurement, et appartenant à $\mathscr{L}^p(X; \mathbf{R})$ (remarquer que $f(x)$ est presque partout égale à la somme d'une série absolument convergente $\sum_{n=1}^{\infty} f_n(x)$, où les f_n sont continues et à support compact).

3) Soient X un espace localement compact, α une fonction numérique finie et $\geqslant 0$, définie dans X et telle que pour toute partie compacte K de X, on ait $\sum_{x \in K} \alpha(x) < +\infty$. Soit μ la mesure sur X définie par les masses $\alpha(x)$. Montrer que pour cette mesure on a $\mathscr{F}_F^p = \mathscr{L}_F^p$ pour tout p fini et $\geqslant 1$ et tout espace de Banach F.

§ 4

1) Soit H un ensemble, filtrant pour la relation $\leqslant$, de fonctions intégrables $\geqslant 0$, tel que $\sup_{f \in H} N_1(f) < +\infty$. Soit g l'enveloppe supérieure de H; pour que g soit intégrable et que, dans L^1, la classe $\tilde{g}$ de g soit limite du filtre des sections de l'ensemble filtrant des classes des fonctions $f \in H$, il faut et il suffit que, pour tout $\varepsilon > 0$, il existe une fonction $f_1 \in H$, un ensemble B, filtrant pour $\leqslant$, de fonctions intégrables semi-continues inférieurement, et une application $f \mapsto f^*$ de l'ensemble H_1 des fonctions $f \in H$ qui sont $\leqslant f_1$ dans l'ensemble B, tels que l'on ait $f \leqslant f^*$ et $N_1(f^* - f) \leqslant \varepsilon$ pour toute fonction $f \in H_1$ (utiliser le th. 3 du n° 4).

2) Soit μ la mesure de Lebesgue sur $\mathbf{R}$, et soit Ω l'espace topologique obtenu en munissant l'espace $\mathscr{L}^1$ de la topologie de la convergence simple dans $\mathbf{R}$. Montrer que l'application $f \mapsto \int f\, d\mu$ de Ω dans $\mathbf{R}$ n'est continue en aucun point de Ω.

3) Soient I un intervalle dans $\mathbf{R}$, $\mathbf{f}$ une application de $X \times I$ dans un espace de Banach F, telle que: 1° pour tout $\alpha \in I$, l'application $t \mapsto \mathbf{f}(t, \alpha)$ de X dans F est intégrable; 2° pour tout $t \in X$, l'application $\alpha \mapsto \mathbf{f}(t, \alpha)$ admet une dérivée $\mathbf{f}'_\alpha(t, \alpha)$ dans I; 3° il existe une fonction

intégrable $g \geqslant 0$ telle que $|\mathbf{f}'_\alpha(t,\alpha)| \leqslant g(t)$ pour tout $t \in X$ et tout $\alpha \in I$. Dans ces conditions montrer que la fonction $\mathbf{u}(\alpha) = \int \mathbf{f}(t,\alpha)\,d\mu(t)$ est dérivable dans I et qu'on a

$$\mathbf{u}'(\alpha) = \int \mathbf{f}'_\alpha(t,\alpha)\,d\mu(t).$$

¶ 4) Soit μ la mesure de Lebesgue sur l'intervalle $X = [0, 1]$.

a) Définir dans X un ensemble parfait rare A, dont la mesure soit un nombre quelconque α tel que $0 \leqslant \alpha < 1$ (utiliser la méthode de construction de l'ensemble triadique de Cantor).

b) Définir dans X une suite (A_n) d'ensembles intégrables rares sans point commun deux à deux, telle que $\mu(A_n) = 2^{-n}$ et que tout intervalle contigu à $B_n = \bigcup_{k=1}^{n} A_k$ contienne une partie de A_{n+1} de mesure > 0. Si $A = \bigcup_n A_n$, montrer que A est un ensemble maigre de mesure 1, et $\complement A$ un ensemble non maigre et négligeable.

c) Soit $H = \bigcup_{n=0}^{\infty} A_{2n+1}$; montrer que, pour tout intervalle ouvert $I \subset X$, les intersections de I avec H et avec $\complement H$ ont une mesure > 0. Soit f une fonction égale presque partout à la fonction caractéristique φ_H; montrer qu'il n'existe aucune suite (f_n) de fonctions continues dans X, convergente en *tout* point de X, et dont la limite soit égale à f (remarquer que f est nécessairement discontinue en tout point de X, et utiliser l'exerc. 22 de *Top. gén.*, chap. IX, 2e éd., § 5).

5) Soit μ une mesure positive sur un espace localement compact X. Pour toute fonction numérique f (finie ou non), de signe quelconque, définie dans X, on désigne par $\mu^*(f)$ (*intégrale supérieure* de f) la borne inférieure des nombres $\mu(h)$ pour les fonctions $h \geqslant f$, intégrables et semi-continues inférieurement, lorsqu'il existe de telles fonctions, et $+\infty$ dans le cas contraire; cette définition coïncide avec celle du § 1, nº 3, lorsque $f \geqslant 0$. On désigne par $\mu_*(f)$ et on appelle *intégrale inférieure* de f le nombre $-\mu^*(-f)$.

a) Montrer que si f_1 et f_2 sont deux fonctions numériques telles que $f_1(x) \leqslant f_2(x)$ presque partout, on a $\mu^*(f_1) \leqslant \mu^*(f_2)$.

b) Soient f_1 et f_2 deux fonctions numériques telles que $\mu^*(f_1) + \mu^*(f_2)$ soit défini et $< +\infty$; montrer que $f_1(x) + f_2(x)$ est défini presque partout et qu'on a $\mu^*(f_1 + f_2) \leqslant \mu^*(f_1) + \mu^*(f_2)$ (se ramener au cas où $f_1(x) < +\infty$ et $f_2(x) < +\infty$ en tout point, à l'aide de *a*)).

c) Si (f_n) est une suite croissante de fonctions numériques telles que $\mu^*(f_n) > -\infty$ à partir d'un certain rang, montrer que

$$\mu^*(\sup_n f_n) = \sup_n \mu^*(f_n).$$

¶ 6) *a*) Soit f une fonction numérique telle que $\mu^*(f)$ (exerc. 5) soit fini. Montrer qu'il existe une fonction intégrable $f_1 \geqslant f$ telle que $\mu(f_1) = \mu^*(f)$; si f_2 est une seconde fonction intégrable telle que $f_2 \geqslant f$ et $\mu(f_2) = \mu^*(f)$, f_1 et f_2 sont équivalentes.

b) Pour qu'une fonction numérique f soit intégrable, il faut et il suffit que $\mu^*(f)$ et $\mu_*(f)$ soient finis et égaux.

c) Soit f une fonction numérique telle que $\mu^*(f)$ et $\mu_*(f)$ soient tous deux finis; soient g et h deux fonctions intégrables telles que $g \leqslant f \leqslant h$ et $\mu(g) = \mu_*(f)$, $\mu(h) = \mu^*(f)$. Montrer qu'on a

$$\mu_*(f-g) = \mu_*(h-f) = 0, \text{ et } \mu^*(f-g) = \mu^*(h-f) = \mu^*(f) - \mu_*(f).$$

d) Soient f_1, f_2 deux fonctions numériques telles que les nombres $\mu^*(f_1)$, $\mu^*(f_2)$, $\mu_*(f_1)$ et $\mu_*(f_2)$ soient tous finis; montrer que

$$\mu_*(f_1+f_2) \leqslant \mu_*(f_1) + \mu^*(f_2) \leqslant \mu^*(f_1+f_2)$$

(si g_2 est une fonction intégrable telle que $f_2 \leqslant g_2$ et $\mu^*(f_2) = \mu(g_2)$, remarquer que, pour toute fonction intégrable h telle que $h \leqslant f_1 + f_2$, on a $h - g_2 \leqslant f_1$). En déduire que, si f_1 est intégrable, on a

$$\mu^*(f_1+f_2) = \mu(f_1) + \mu^*(f_2), \qquad \mu_*(f_1+f_2) = \mu(f_1) + \mu_*(f_2),$$

et $\mu^*(f_1+f_2) = \mu^*(\sup(f_1, f_2)) + \mu^*(\inf(f_1, f_2))$ (pour cette dernière relation, utiliser l'exerc. 1 du § 1).

e) Soit f une fonction intégrable. Pour qu'une fonction g, telle que $\mu^*(g)$ soit finie, soit intégrable, il faut et il suffit que

$$\mu(f) = \mu^*(g) + \mu^*(f-g)$$

(si g_1 est une fonction intégrable telle que $g \leqslant g_1$ et $\mu^*(g) = \mu(g_1)$, remarquer que $f - g_1 \leqslant f - g$).

¶ 7) Soit μ une mesure positive sur X. Pour toute partie $A \subset X$, on appelle *mesure intérieure* de A et on note $\mu_*(A)$ l'intégrale inférieure (exerc. 5) de la fonction caractéristique φ_A.

a) Montrer que $\mu_*(A)$ est la borne supérieure des mesures des ensembles compacts contenus dans A (raisonner comme dans le th. 4).

b) Pour toute partie A de X, de mesure extérieure *finie*, montrer qu'il existe deux ensembles intégrables A_1, A_2 tels que $A_1 \subset A \subset A_2$ et que $\mu_*(A) = \mu(A_1)$, $\mu^*(A) = \mu(A_2)$. Pour que A soit intégrable, il faut et il suffit que $\mu^*(A)$ et $\mu_*(A)$ soient finis et égaux. Avec les mêmes notations, montrer qu'on a

$$\mu_*(A \cap \complement A_1) = \mu_*(A_2 \cap \complement A) = 0$$

et

$$\mu^*(A \cap \complement A_1) = \mu^*(A_2 \cap \complement A) = \mu^*(A) - \mu_*(A).$$

c) Soit A un ensemble intégrable: montrer que pour tout ensemble $B \subset A$, on a $\mu(A) = \mu^*(B) + \mu_*(A \cap \complement B)$.

d) Soient A et B deux ensembles de mesure extérieure finie et sans point commun. Montrer que, si $C = A \cup B$, on a

$$\mu_*(A) + \mu_*(B) \leqslant \mu_*(C) \leqslant \mu_*(A) + \mu^*(B) \leqslant \mu^*(C) \leqslant \mu^*(A) + \mu^*(B)$$

et que

$$\mu_*(C) - \mu_*(A) - \mu_*(B) \leqslant \mu^*(A) + \mu^*(B) - \mu^*(C)$$

(pour cette dernière inégalité, se ramener au cas où

$$\mu_*(A) = \mu_*(B) = 0$$

à l'aide de *b*)); si A_2 et B_2 sont des ensembles intégrables tels que $A \subset A_2$, $B \subset B_2$, $\mu^*(A) = \mu(A_2)$, $\mu^*(B) = \mu(B_2)$, montrer que

$$\mu_*(C) \leqslant \mu(A_2 \cap B_2)).$$

¶ 8) Si on identifie canoniquement le tore $\mathbf{T} = \mathbf{R}/\mathbf{Z}$ à l'intervalle $[0, 1[$ de $\mathbf{R}$, la mesure de Lebesgue μ sur cet intervalle est une mesure sur $\mathbf{T}$; pour tout ensemble $A \subset \mathbf{T}$ et tout $z \in \mathbf{T}$, on a $\mu^*(A + z) = \mu^*(A)$.

a) Montrer qu'il existe un sous-groupe H_0 de $\mathbf{T}$ tel que les ensembles $H_n = r_n + H_0$, où r_n parcourt l'ensemble des nombres rationnels contenus dans $[0, 1[$, forment une partition de $\mathbf{T}$ (en considérant $\mathbf{R}$ comme espace vectoriel sur $\mathbf{Q}$, remarquer que dans $\mathbf{R}$, le sous-espace $\mathbf{Q}$ admet un supplémentaire).

b) Soit H un ensemble réunion d'un nombre fini quelconque d'ensembles H_n ; montrer que H n'est pas intégrable et qu'on a $\mu_*(H) = 0$ (remarquer que tout sous-groupe du groupe additif $\mathbf{Q}/\mathbf{Z}$ engendré par un nombre fini d'éléments est d'indice infini dans $\mathbf{Q}/\mathbf{Z}$; en déduire qu'il existe une partition de $\mathbf{T}$ en une infinité dénombrable d'ensembles P_n, dont chacun contient un ensemble de la forme $z + H$).

c) Déduire de *b*) un exemple d'une suite décroissante (A_n) de parties de $\mathbf{T}$ dont l'intersection est vide et qui est telle que $\mu^*(A_n) = 1$ pour tout *n*.

d) Soit A un ensemble intégrable tel que $H_0 \subset A$ et

$$\mu(A) = \mu^*(H_0) > 0 ;$$

montrer que, pour tout ensemble intégrable $B \subset A$, les ensembles $B_1 = B \cap H_0$ et $B_2 = B \cap \complement H_0$ forment une partition de B telle que $\mu^*(B_1) = \mu^*(B_2) = \mu(B)$ et $\mu_*(B_1) = \mu_*(B_2) = 0$ (utiliser l'exerc. 7 *b*)).

¶ 9) *a*) Soit μ une mesure positive sur un espace localement compact X. Dans l'espace de Banach $\tilde{\mathscr{F}}^1$ des classes d'équivalence des fonctions de $\mathscr{F}^1$, soit G un sous-espace vectoriel fermé contenant le sous-espace L^1 ; soit $\mathscr{G}$ le sous-espace vectoriel fermé de $\mathscr{F}^1$ formé des fonctions dont la classe appartient à G. Montrer qu'on peut prolonger à $\mathscr{G}$ la forme linéaire $\mu(f)$ de sorte que l'inégalité $|\mu(f)| \leqslant N_1(f)$ soit encore vérifiée (utiliser le th. de Hahn-Banach). Montrer que pour l'intégrale ainsi prolongée, le th. 3 du § 3 est encore valable.

b) On suppose que G est somme directe de L^1 et d'un sous-espace H de dimension *finie*. Montrer que, dans $\mathscr{G}$, le th. de Lebesgue (th. 2) est encore valable. (Soit (f_n) une suite de fonctions de $\mathscr{G}$, tendant presque partout vers f et telles que $|f_n| \leqslant g$, où $g \geqslant 0$ et $N_1(g) < +\infty$. Soit $(\tilde{u}_k)_{1 \leqslant k \leqslant m}$ une base de H, et soit $f_n = \sum_{k=1}^{m} \alpha_{nk} u_k + h_n$, où $h_n \in \mathscr{L}^1$. En utilisant le fait que G est somme directe topologique de L^1 et de H, montrer que les α_{nk} sont uniformément bornés; en extrayant au besoin une suite partielle de (f_n), se ramener au cas où chacune des suites $(\alpha_{nk})_{n \geqslant 1}$ admet une limite; en déduire alors que $h_n(x)$ tend presque partout vers une limite, et appliquer à la suite (h_n) le th. de Lebesgue; remarquer enfin que deux suites extraites de $(\tilde{f}_n)$ ne peuvent tendre vers des limites distinctes dans G).

¶ 10) *a*) Soient $\mathscr{E}$ un espace de Riesz, μ une forme linéaire positive sur $\mathscr{E}$, telle que la relation $\mu(|x|) = 0$ entraîne $x = 0$; $\mu(|x|)$ est alors une norme sur $\mathscr{E}$, et on suppose que $\mathscr{E}$, muni de cette norme, est *complet*. Il en résulte que $\mathscr{E}$ est complètement réticulé (chap. II, § 2, exerc. 8 *e*)). Par suite (chap. II, § 1, exerc. 12 et 13), il existe un espace localement compact X, somme d'une famille (K_α) d'espaces compacts stoniens, tel que $\mathscr{E}$ soit isomorphe à un espace formé de fonctions numériques (finies ou non) continues dans X, contenant l'espace $\mathscr{K}(X)$. On identifie $\mathscr{E}$ à cet espace, et la restriction de μ à $\mathscr{K}(X)$ est alors une mesure positive sur X. Montrer que $\mathscr{E}$ est canoniquement isomorphe à l'espace $L^1(\mu)$; de façon précise, pour toute fonction g définie dans X et μ-intégrable, il existe une fonction $f \in \mathscr{E}$ et une seule qui soit équivalente à g pour la mesure μ (remarquer que tout élément $\geqslant 0$ de $\mathscr{E}$ est borne supérieure d'une suite croissante d'éléments de $\mathscr{K}(X)$, et que $\mathscr{K}(X)$ est dense dans $\mathscr{L}^1(\mu)$).

b) Déduire de *a*) que, pour tout espace compact K, il existe un espace localement compact S, somme topologique d'une famille d'espaces compacts stoniens, et une mesure positive ν sur S, de support égal à S, tels que l'espace complètement réticulé $\mathscr{M}(K)$ des mesures sur K, muni de la norme $\|\mu\|$, soit isomorphe à $\mathscr{L}^1(\nu)$ (considérer sur $\mathscr{M}(K)$ la forme linéaire $\mu \mapsto \mu(K)$).

11) *a*) Soit Γ un ensemble quelconque de parties d'un ensemble A. Soit Ψ l'ensemble des parties de A de la forme

$$X_1 \cap X_2 \cap \ldots \cap X_m \cap \complement X_{m+1} \cap \ldots \cap \complement X_{m+p},$$

où les X_i sont des ensembles de Γ, m un entier quelconque $\geqslant 1$, p un entier quelconque $\geqslant 0$. Montrer que le plus petit clan Φ contenant Γ est l'ensemble des réunions finies d'ensembles de Ψ.

b) Soit Δ l'ensemble des intersections finies d'ensembles de Γ. Montrer que, pour tout espace vectoriel F, l'ensemble des combinaisons linéaires (à coefficients dans F) de fonctions caractéristiques d'ensembles du clan engendré par Γ est identique à l'ensemble des combinaisons linéaires de fonctions caractéristiques d'ensembles de Δ.

c) Soient X un espace topologique, Γ l'ensemble des parties compactes de X. Montrer que le clan engendré par Γ est identique à l'ensemble des réunions finies de parties de X de la forme $X \cap \complement Y$, où X et Y sont des ensembles compacts.

12) Soit X un espace topologique séparé. Pour tout couple (K, U) formé d'un ensemble compact K et d'un ensemble ouvert U dans X, soit I(K, U) l'ensemble des parties $M \subset X$ telles que $K \subset M \subset U$,

et soit $\mathscr{T}$ la topologie sur $\mathfrak{P}(X)$ engendrée par l'ensemble des parties I(K, U) de $\mathfrak{P}(X)$.

a) Montrer que chacun des ensembles I(K, U) est à la fois ouvert et fermé dans $\mathfrak{P}(X)$; en déduire que $\mathfrak{P}(X)$, muni de la topologie $\mathscr{T}$, est un espace complètement régulier et totalement discontinu.

b) Pour que l'application $M \mapsto \complement M$ de $\mathfrak{P}(X)$ sur lui-même soit continue (pour la topologie $\mathscr{T}$), il faut et il suffit que X soit compact.

c) On prend pour X l'intervalle $[0, 1]$ de **R**. Montrer que les applications $(M, N) \mapsto M \cup N$ et $(M, N) \mapsto M \cap N$ de $\mathfrak{P}(X) \times \mathfrak{P}(X)$ dans $\mathfrak{P}(X)$ ne sont pas continues pour la topologie $\mathscr{T}$.

d) On suppose X localement compact. Montrer que la topologie induite par $\mathscr{T}$ sur l'ensemble des parties compactes de X est plus fine que la topologie déduite d'une structure uniforme de X par le procédé de l'exerc. 5 de *Top. gén.*, chap. II, 3ᵉ éd., § 1; ces deux topologies ne peuvent être identiques que si X est un espace discret.

¶ 13) *a*) Soit X un espace localement compact, et soit Γ une base de la topologie de X, formée d'ensembles relativement compacts. Soit $\mathscr{U}$ une structure uniforme compatible avec la topologie de X, et soit $\mathfrak{S}$ un système fondamental d'entourages de cette structure. Soit $M \mapsto \lambda(M)$ une fonction numérique finie et $\geqslant 0$ définie dans Γ. Pour tout ensemble compact $K \subset X$, et tout entourage $V \in \mathfrak{S}$, soit $\alpha_V(K)$ la borne inférieure des nombres $\sum_i \lambda(U_i)$ pour tous les recouvrements finis (U_i) de K formés d'ensembles de Γ petits d'ordre V; on suppose que lorsque V parcourt $\mathfrak{S}$, la borne supérieure $\alpha(K)$ des nombres $\alpha_V(K)$ est *finie*. Montrer qu'il existe sur X une mesure μ (et une seule) telle que $\mu(K) = \alpha(K)$ pour tout ensemble compact K (utiliser le th. 5).

b) Soient Ψ l'ensemble des parties boréliennes de X, α une application de Ψ dans $[0, +\infty]$ satisfaisant aux conditions suivantes:

(i) si B_1, B_2 sont deux parties boréliennes disjointes de X, on a $\alpha(B_1 \cup B_2) = \alpha(B_1) + \alpha(B_2)$.

(ii) Si B est une partie compacte de X, on a $\alpha(B) < +\infty$.

(iii) Si B est une partie borélienne de X, on a $\alpha(B) = \inf \alpha(U)$, où U parcourt l'ensemble des parties ouvertes de X contenant B.

Alors il existe une mesure positive μ sur X et une seule telle que $\alpha(B) = \mu^*(B)$ pour toute partie borélienne B de X qui peut être recouverte par une suite de parties compactes.

c) Pour tout $B \in \Psi$, on pose $\alpha(B) = 0$ si B peut être recouvert par une suite de parties compactes, $\alpha(B) = +\infty$ dans le cas contraire. Alors les conditions (i), (ii), (iii) de *b*) sont satisfaites. On a $\mu = 0$, donc $\alpha(B) \neq \mu^*(B)$ si B ne peut être recouvert par une suite de parties compactes.

14) Soit (A_n) une suite d'ensembles intégrables telle que

$$\sum_n \mu(A_n) < +\infty.$$

Pour tout entier k, soit G_k l'ensemble des $x \in X$ tels que $x \in A_n$ pour k

valeurs de n au moins; montrer que G_k est intégrable et que

$$k \cdot \mu(G_k) \leqslant \sum_n \mu(A_n).$$

15) Soit μ une mesure positive bornée sur un espace localement compact X, et soit (A_n) une suite d'ensembles intégrables dans X telle que $\inf_n \mu(A_n) = m > 0$. Montrer que l'ensemble B des points de X qui appartiennent à une infinité d'ensembles A_n est intégrable, et que $\mu(B) \geqslant m$.

¶ 16) Soit X un espace complètement régulier, et soit $\mathscr{C}(X)$ (resp. $\mathscr{C}^b(X)$) l'espace de Riesz des fonctions numériques continues (resp. continues et bornées) dans X.

a) Montrer que, si une forme linéaire λ sur $\mathscr{C}(X)$ est continue pour la topologie de la convergence compacte, elle est relativement bornée.

b) Soit λ une forme linéaire positive sur $\mathscr{C}(X)$. Montrer que, si λ est nulle dans $\mathscr{C}^b(X)$, elle est nulle dans $\mathscr{C}(X)$ (soit φ l'application canonique de $\mathscr{C}(X)$ sur l'espace de Riesz quotient $\mathscr{C}(X)/\mathscr{C}^b(X)$ (chap. II, § 1, exerc. 4); montrer que, si h est une fonction continue $\geqslant 0$ et non bornée dans X, on a $n\varphi(h) \leqslant \varphi(h^2)$ pour tout entier $n > 0$).

c) Soit βX le compactifié de Stone-Čech de X, espace compact obtenu en munissant X de la structure uniforme la moins fine rendant uniformément continues les fonctions de $\mathscr{C}^b(X)$ et en complétant l'espace uniforme ainsi obtenu; toute fonction $f \in \mathscr{C}(X)$ se prolonge alors par continuité en une fonction $\tilde{f}$ continue dans βX, à valeurs finies ou non (considérer $f/(1 + |f|)$). Si λ est une forme linéaire positive sur $\mathscr{C}(X)$, la restriction de λ à $\mathscr{C}^b(X)$ est de la forme $f \mapsto \mu(\tilde{f})$, où μ est une mesure positive sur βX; montrer que, pour toute fonction $f \in \mathscr{C}(X)$, $\tilde{f}$ est intégrable pour μ et qu'on a $\lambda(f) = \mu(\tilde{f})$ (utiliser *b*), en remarquant que toute fonction $\geqslant 0$ de $\mathscr{C}(X)$ est enveloppe supérieure d'une suite de fonctions de $\mathscr{C}^b(X)$).

d) Montrer que tout point x_0 du support de μ qui n'appartient pas à X possède la propriété suivante: pour toute suite décroissante (V_n) de voisinages de x_0, l'intersection des V_n contient au moins un point de X. Réciproque.

e) Déduire de *d*) que si X est localement compact et dénombrable à l'infini, le support de μ est contenu dans X (comparer à *h*)).

f) Si X est discret, montrer que le support de μ est fini (dans le cas contraire, former une fonction $f \geqslant 0$ définie dans X et telle que $\tilde{f}$ ne soit pas μ-intégrable).

g) Montrer que si une forme linéaire λ sur $\mathscr{C}(X)$ est positive et continue pour la topologie de la convergence compacte, le support de μ est contenu dans X (cf. chap. III, § 2, prop. 11).

h) Soient X_0 l'espace compact obtenu par adjonction d'un point à l'infini ω à l'espace localement compact X défini dans *Top. gén.* chap. I, 3ᵉ éd., § 9, exerc. 12, Y le sous-espace de $\bar{\mathbf{R}}$ formé des entiers $\geqslant 0$ et de $+\infty$, Z l'espace localement compact complémentaire du point $(\omega, +\infty)$ dans l'espace produit $X_0 \times Y$. Montrer que toute fonction numérique continue dans Z est bornée et que $f(z)$ tend vers une limite lorsque z tend vers le point à l'infini $(\omega, +\infty)$ de Z. En déduire que, si μ est la mesure sur Z définie par la masse $1/2^n$ placée au point (ω, n) pour tout $n \geqslant 0$, toute fonction continue sur Z est μ-intégrable, mais le support de μ n'est pas compact.

¶ 17) Soit X l'espace localement compact défini dans *Top. gén.*, chap. I, 3ᵉ éd., § 9, exerc. 12.

a) Soit H une partie compacte de l'espace localement convexe $\mathscr{C}(X;\mathbf{C})$ muni de la topologie de la convergence compacte; montrer que les fonctions $f \in H$ sont *uniformément bornées* dans X et qu'il existe $c \in X$ tel que, pour tout $x \geqslant c$, toutes les fonctions de H soient *constantes*. (Raisonner par l'absurde; si les fonctions de H n'étaient pas uniformément bornées dans X, il y aurait une suite croissante (x_n) de points de X telle que $\sup(|H(x_n)|) \geqslant n$, $|H(x_n)|$ désignant l'ensemble des $|f(x_n)|$ pour $f \in H$; observer que la suite (x_n) est convergente dans X. De même, pour tout $x \in X$, soit $\delta(x)$ la borne supérieure des oscillations de toutes les fonctions $f \in H$ dans l'intervalle $[x, \to[$; $\delta(x)$ est finie et décroissante, donc il existe $d \in X$ tel que $\delta(x)$ soit constante pour $x \geqslant d$. Pour voir que cette constante β est nulle, raisonner par l'absurde comme précédemment, en formant deux suites croissantes (s_n), (t_n) de points de X telles que $s_n \leqslant t_n \leqslant s_{n+1} \leqslant t_{n+1}$ et une suite (f_n) de fonctions de H telle que $|f_n(s_n) - f_n(t_n)| \geqslant \beta/2$.)

En particulier, $\mathscr{C}(X;\mathbf{C})$ est somme directe de $\mathscr{K}(X;\mathbf{C})$ et de $\mathbf{C}.1$.

b) Montrer que sur X toute mesure a un support compact (pour tout $x \in X$, soit f_x la fonction caractéristique de l'intervalle $]\leftarrow, x]$, qui est continue et à support compact; considérer dans X la fonction croissante $|\mu|(f_x)$).

c) Déduire de *a*) et *b*) que dans $\mathscr{M}(X;\mathbf{C}) = \mathscr{M}^1(X;\mathbf{C}) = \mathscr{C}'(X;\mathbf{C})$, les parties bornées pour la topologie $\mathscr{T}$ de la convergence uniforme dans les parties compactes de $\mathscr{C}(X;\mathbf{C})$ sont les parties bornées pour la topologie ultraforte (chap. III, § 1, exerc. 15). Montrer que $\mathscr{C}'(X;\mathbf{C})$ n'est pas quasi-complet pour la topologie $\mathscr{T}$ (considérer les mesures ε_x pour $x \in X$); en déduire que, pour la topologie de la convergence compacte, $\mathscr{C}(X;\mathbf{C})$ n'est ni tonnelé, ni bornologique (cf. *Esp. vect. top.*, chap. III, § 3, nº 7, cor. 2 du th. 4 et exerc. 18).

d) Montrer que sur $\mathscr{K}(X;\mathbf{C})$ la topologie $\mathscr{T}_0$ (limite inductive des topologies des espaces de Banach $\mathscr{K}(X, K;\mathbf{C})$) est identique à la topologie de la convergence uniforme, et que, muni de cette topologie, $\mathscr{K}(X;\mathbf{C})$ est complet. (Soit V un voisinage de 0 pour $\mathscr{T}_0$; pour tout $x \in X$, soit r_x le plus grand nombre > 0 tel que V contienne toutes les fonctions continues f de support contenu dans $]\leftarrow, x]$ et telles que $\|f\| \leqslant r_x$. Montrer que la borne inférieure de r_x dans X est >0, en prouvant qu'il ne peut exister de suite croissante (x_n) de points de X telle que $\lim\limits_{n\to\infty} r_{x_n} = 0$).

18) Soit X un espace localement compact paracompact.

a) Montrer que l'espace $\mathscr{C}(X;\mathbf{C})$ est isomorphe à un produit d'espaces de Fréchet, et est donc tonnelé.

b) Pour qu'une partie H de $\mathscr{C}'(X;\mathbf{C})$ soit bornée pour la topologie de la convergence compacte, il faut et il suffit qu'il existe une partie compacte K de X telle que $\mathrm{Supp}(\mu) \subset K$ pour toute $\mu \in H$ et que H soit bornée pour la topologie ultraforte (comparer à l'exerc. 17 *c*)). La topologie induite sur H par la topologie de la convergence compacte est alors identique à la topologie vague.

c) Montrer que sur l'ensemble $\mathscr{M}_+(X) \cap \mathscr{C}'(X;\mathbf{C})$ la topologie induite par la topologie de la convergence compacte sur $\mathscr{C}'(X;\mathbf{C})$ est identique à la topologie vague. En est-il de même lorsque X n'est pas paracompact (exerc. 17)?

19) On munit $\mathscr{C}(X;\mathbf{C})$ de la topologie de la convergence compacte, $\mathscr{C}'(X;\mathbf{C})$ de la topologie de la convergence uniforme dans les parties compactes de $\mathscr{C}(X;\mathbf{C})$. Soit $\mathfrak{S}$ l'ensemble des parties compactes de $\mathscr{C}(X;\mathbf{C})$; montrer que l'application bilinéaire $(g,\mu) \mapsto g.\mu$ de $\mathscr{C}(X;\mathbf{C}) \times \mathscr{C}'(X;\mathbf{C})$ dans $\mathscr{C}'(X;\mathbf{C})$ est $\mathfrak{S}$-hypocontinue. Soit $\mathfrak{T}$ l'ensemble des parties bornées de $\mathscr{C}'(X;\mathbf{C})$; montrer que si X est paracompact, l'application bilinéaire précédente est aussi $\mathfrak{T}$-hypocontinue; cette dernière propriété est-elle encore vraie lorsqu'on ne suppose plus X paracompact (exerc. 17)?

¶ 20) Soient X, Y deux espaces localement compacts paracompacts. On munit les espaces $\mathscr{C}'(X;\mathbf{C})$ et $\mathscr{C}'(Y;\mathbf{C})$ de la topologie de la convergence compacte.

a) Montrer que lorsqu'on munit $\mathscr{C}'(X \times Y;\mathbf{C})$ de la topologie de la convergence compacte, l'application $(\mu, \nu) \mapsto \mu \otimes \nu$ est $(\mathfrak{S}, \mathfrak{T})$-hypocontinue, $\mathfrak{S}$ désignant l'ensemble des parties bornées de $\mathscr{C}'(X;\mathbf{C})$ et $\mathfrak{T}$ l'ensemble des parties bornées de $\mathscr{C}'(Y;\mathbf{C})$ (utiliser l'exerc. 18 *b*)).

b) Montrer que lorsque X et Y sont *dénombrables à l'infini* et qu'on munit $\mathscr{C}'(X \times Y;\mathbf{C})$ de la topologie de la convergence compacte, l'application $(\mu, \nu) \mapsto \mu \otimes \nu$ est *continue*. (S'inspirer de la démonstration de l'exerc. 3 du chap. III, § 4 et, en introduisant dans X (resp. Y) une partition continue de l'unité subordonnée à un recouvrement ouvert localement fini, raisonner comme dans *Esp. vect. top.*, chap. II, 2ᵉ éd., § 4, exerc. 9 *a*)).

c) Si X est discret, l'espace $\mathscr{C}'(X;\mathbf{C})$ s'identifie à l'espace somme directe $\mathbf{C}^{(X)}$, muni de la topologie localement convexe la plus fine. En déduire un exemple où X et Y sont discrets, X non dénombrable et où l'application $(\mu, \nu) \mapsto \mu \otimes \nu$ n'est pas continue lorsqu'on munit $\mathscr{C}'(X \times Y;\mathbf{C})$ de la topologie vague (cf. *Esp. vect. top.*, chap. II, 2ᵉ éd., § 4, exerc. 9 *b*)).

21) Soient X un espace localement compact, f une fonction numérique $\geqslant 0$ définie dans X. Pour que l'application $\mu \mapsto \mu^*(f)$ de $\mathscr{M}_+(X) \cap \mathscr{C}'(X;\mathbf{C})$ dans $\overline{\mathbf{R}}$ soit continue pour la topologie de la convergence compacte, il faut et il suffit que f soit continue dans X.

22) Soient X, Y deux espaces localement compacts, μ une mesure bornée sur X, ν une mesure bornée sur Y, de sorte que $\mu \otimes \nu$ est une mesure bornée sur $X \times Y$. Montrer que, pour toute fonction $f \in \mathscr{C}^0(X \times Y;\mathbf{C})$, la fonction $x \mapsto \int f(x,y)\,d\nu(y)$ appartient à $\mathscr{C}^0(X;\mathbf{C})$ et

que l'on a

$$\int f(x, y)\, d\mu(x)\, d\nu(y) = \int d\mu(x) \int f(x, y)\, d\nu(y).$$

¶ 23) Sur l'espace $\mathbf{R}^n$, soient μ la mesure de Lebesgue, $|\mathbf{x}|$ une norme telle que la boule unité pour cette norme ait une mesure égale à 1, $(\mathbf{x}_k)_{k \geqslant 1}$ une suite infinie de points distincts d'un ensemble borné intégrable B tel que $\mu(\mathrm{B}) = 1$. Pour tout entier m, on désigne par d_m la borne inférieure des nombres $|\mathbf{x}_i - \mathbf{x}_j|$ pour $1 \leqslant i < j \leqslant m$. Montrer que l'on a $\lim_{m\to\infty} . \inf m d_m^n \leqslant \alpha_n^{-1}$, où

$$\alpha_n = 1 + n \int_0^1 \frac{(1-t)^n}{1+t}\, dt.$$

(Raisonner par l'absurde en supposant que pour un $\varepsilon > 0$, il existe m_0 tel que $m d_m^n > h_n$ pour $m \geqslant m_0$, avec $h_n = \alpha_n^{-1} + \varepsilon$. Pour $1 \leqslant i < m$, soit B_i la boule de centre $\mathbf{x}_i$ et de rayon $\frac{1}{2} h_n m^{-1/n}$, et pour $m \leqslant i \leqslant 2^n m$, soit B_i la boule de centre $\mathbf{x}_i$ et de rayon $\frac{1}{2} h_n (2 i^{-1/n} - m^{-1/n})$. Montrer que les $2^n m$ boules B_i sont deux à deux sans point commun, et évaluer la mesure de leur réunion, en utilisant la formule d'Euler–Maclaurin).

§ 5

¶ 1) Soit I un intervalle semi-ouvert $\left]a, b\right]$ dans $\mathbf{R}$, et soit $\mathrm{F} = \mathbf{R}^{\mathrm{I}}$ l'espace de toutes les applications de I dans $\mathbf{R}$, muni de la topologie de la convergence simple ; pour tout $x \in \mathrm{I}$, on désigne par $\mathbf{f}(x)$ l'application $t \mapsto |x - t|$ de I dans $\mathbf{R}$, élément de F ; l'application $\mathbf{f}$ de I dans F est continue. Montrer que $\mathbf{f}$ est dérivable à gauche en tout point de I, mais que la dérivée à gauche $\mathbf{f}'_g$ est une fonction (à valeurs dans F) non mesurable pour la mesure de Lebesgue, bien qu'elle soit limite simple d'une suite de fonctions continues, et bien que pour chaque $t \in \mathrm{I}$, la fonction $\mathrm{pr}_t \circ \mathbf{f}'_g$ soit une fonction numérique mesurable (remarquer que $\mathbf{f}'_g$ n'est continue à droite en aucun point de I, et utiliser l'exerc. 1 de *Top. gén.*, chap. IV, § 2).

2) Soient ν la mesure de Lebesgue sur $\mathbf{R}$, g une application continue de $\mathbf{R}$ dans $[0, 1]$, de support contenu dans $\left]-1, 2\right[$ et égale à 1 dans $[0, 1]$, μ la mesure $g \cdot \nu$ sur $\mathbf{R}$. L'ensemble $\mathrm{H}_0 \subset [0, 1]$ défini dans l'exerc. 8 du § 4 n'est pas μ-mesurable, mais l'ensemble $\mathrm{H} = \mathrm{H}_0 - 2$ est μ-négligeable.

a) Si l'on pose $f(x) = x - 2$, f est continue et φ_{H} est μ-mesurable, mais la fonction composée $\varphi_{\mathrm{H}} \circ f$ n'est pas μ-mesurable.

b) Si l'on pose $h(x) = x + 2$, l'image $h(\mathrm{H})$ de l'ensemble μ-mesurable H par la fonction continue h n'est pas μ-mesurable.

3) Soient f une application mesurable de X dans un espace topologique F, et g une fonction numérique semi-continue inférieurement dans F ; montrer que $g \circ f$ est mesurable.

¶ 4) Soit μ la mesure de Lebesgue sur $\mathrm{X} = \left[0, 1\right[$, et soit (H_n) une partition de X en une suite infinie d'ensembles de puissance du continu dont aucun n'est mesurable, et qui sont tels que, pour toute réunion H d'un nombre fini d'ensembles H_n, on ait $\mu_*(H) = 0$ (§ 4, exerc. 8). Soit σ_n une bijection de l'intervalle $]1/(n+1), 1/n]$ sur H_n. Pour tout nombre y tel que $0 < y \leqslant 1$, soit n l'entier tel que $1/(n+1) < y \leqslant 1/n$. On définit f_y comme la fonction caractéristique de l'ensemble réduit au point $\sigma_n(y)$; pour tout $x \in X$, $f_y(x)$ tend vers 0 lorsque y tend vers 0. Montrer qu'il n'existe aucun ensemble compact $K \subset X$ de mesure > 0 tel que f_y tende uniformément vers 0 dans K.

5) Soit (f_{mn}) une suite double d'applications mesurables de X dans un espace métrisable F. On suppose que, pour tout m, la suite $(f_{mn})_{n \geqslant 1}$ converge localement presque partout vers une fonction g_m, et que la suite (g_m) converge localement presque partout vers une fonction h. Montrer que, pour toute partie compacte K de X, il existe deux suites strictement croissantes (m_k), (n_k) d'entiers >0, telles que la suite des fonctions f_{m_k, n_k} converge presque partout vers h dans K. (Remarquer que, pour tout $\varepsilon > 0$, il existe un ensemble compact $K_1 \subset K$ tel que $\mu(K - K_1) \leqslant \varepsilon$ et que dans K_1 la suite (g_m) et chacune des suites $(f_{mn})_{n \geqslant 1}$ soient uniformément convergentes).

¶ 6) Pour tout entier $n \geqslant 1$, soit $f_n(x) = [2^n x] - 2[2^{n-1}x]$. Dans l'espace compact des applications de **R** dans $\{0, 1\}$ (muni de la topologie de la convergence simple), soit f une valeur d'adhérence de la suite (f_n). Montrer que, pour tout nombre dyadique r, on a $f(r + x) = f(x)$ pour tout $x \in \mathbf{R}$, et $f(r - x) = 1 - f(x)$ pour tout $x \in \mathbf{R}$ distinct d'un nombre dyadique. En déduire que, pour la mesure de Lebesgue μ, f n'est pas mesurable. (Raisonner par l'absurde; soit A l'ensemble des $x \in [0, 1]$ tels que $f(x) = 1$, et supposons que A soit mesurable, et $\mu(A) = \alpha > 0$; montrer qu'il existe un ensemble I, réunion finie d'intervalles ouverts contenus dans $]0, 1[$, tel que $\mu(I \cap \complement A) \leqslant \alpha/4$ et $\mu(A \cap \complement I) \leqslant \alpha/4$; en considérant les intervalles contenus dans I et de la forme $]k/2^n, (k + 1)/2^n[$, montrer qu'on obtient une contradiction avec la relation $f(r - x) = 1 - f(x)$ pour r dyadique et x non dyadique).

7) Soient X l'intervalle $[0, 1]$ dans **R**, et F l'espace hilbertien ayant une base orthonormale $(\mathbf{e}_t)_{0 \leqslant t \leqslant 1}$ équipotente à X.

a) Montrer que l'application **f** de X dans F, telle que $\mathbf{f}(t) = \mathbf{e}_t$ pour $0 \leqslant t \leqslant 1$, n'est pas mesurable pour la mesure de Lebesgue, mais que l'image réciproque par **f** de toute boule fermée dans F est mesurable et que, pour toute forme linéaire $\mathbf{a}'$ continue sur F, $\langle \mathbf{f}, \mathbf{a}' \rangle$ est négligeable.

b) Soit H un ensemble non mesurable dans X (§ 4, exerc. 8); montrer que si $\mathbf{g} = \mathbf{f}\varphi_H$, la fonction $\langle \mathbf{g}, \mathbf{a}' \rangle$ est négligeable pour toute forme linéaire continue $\mathbf{a}'$ sur F, mais que la fonction numérique $|\mathbf{g}|$ n'est pas mesurable.

8) Soient F un espace localement convexe métrisable, **f** une application de X dans F vérifiant les conditions *a*) et *b*) du n° 5, cor. 1 de la prop. 10; montrer que **f** est mesurable.

9) Soit μ la mesure de Lebesgue sur $X = [0, 1]$; on désigne par F l'espace vectoriel sur **R** des fonctions numériques finies μ-mesurables sur X, muni de la topologie de la convergence simple, qui en fait un espace localement convexe séparé.

a) Montrer qu'il existe dans F une partie dénombrable partout dense (considérer une suite partout dense dans l'espace de Banach $\mathscr{C}(X; \mathbf{R})$ des fonctions numériques continues dans X).

b) Pour tout $x \in X$, soit $\mathbf{f}(x)$ l'élément du dual F' de F défini par $\langle z, \mathbf{f}(x) \rangle = z(x)$ pour tout $z \in F$. Montrer que lorsque F' est muni de la topologie faible $\sigma(F', F)$, **f** n'est pas μ-mesurable mais $\langle a, \mathbf{f} \rangle$ est μ-mesurable pour tout $a \in F$.

¶ **10) Soient F un espace de Banach, f une application mesurable** de X dans F, telle que l'ensemble A des $x \in X$ où $\mathbf{f}(x) \neq 0$ soit réunion dénombrable d'ensembles intégrables. Montrer qu'il existe une suite $(\mathbf{f}_n)$ de fonctions continues à support compact, à valeurs dans F, telle que la suite $(\mathbf{f}_n(x))$ converge presque partout vers $\mathbf{f}(x)$ dans X (remarquer d'une part que A est réunion d'un ensemble négligeable N et d'une suite d'ensembles compacts K_n deux à deux sans point commun et tels que la restriction de **f** à chacun des K_n soit continue; d'autre part, qu'il existe une suite décroissante (U_n) d'ensembles ouverts contenant A et tels que $\mu(U_n \cap \complement A)$ tende vers 0 lorsque n croît indéfiniment).

11) Soit **f** une application mesurable de X dans un espace de **Banach F. Pour tout entier rationnel** n **(positif ou négatif) soit** A_n l'ensemble des $x \in X$ tels que $2^n \geqslant |\mathbf{f}(x)| > 2^{n-1}$. Pour que **f** soit intégrable, il faut et il suffit que la série de terme général $2^n \mu(A_n)$ $(n \in \mathbf{Z})$ soit convergente.

¶ **12) Soit** μ **une mesure** $\geqslant 0$ **sur X. Soit** $(\mathbf{f}_n)$ **une suite de fonctions intégrables dans X, qui converge simplement dans X vers une fonction f.**

a) Montrer que si **f** est intégrable et si on a

$$\int \mathbf{f}\, d\mu = \lim_{n \to \infty} \int \mathbf{f}_n\, d\mu,$$

pour tout $\varepsilon > 0$ il existe un ensemble intégrable A, une fonction intégrable $g \geqslant 0$, et un entier n_0 tels que, pour tout $n \geqslant n_0$, on ait

$$\left| \int \mathbf{f}_n \varphi_{\complement A}\, d\mu \right| \leqslant \varepsilon$$

et $|\mathbf{f}_n(x)| \leqslant g(x)$ pour tout $x \in A$ (considérer un ensemble intégrable B tel que

$$\int |\mathbf{f}| \varphi_{\complement B}\, d\mu \leqslant \varepsilon/2$$

et que **f** soit bornée dans B, et appliquer le th. d'Egoroff).

b) On suppose que, pour tout $\varepsilon > 0$, il existe un ensemble mesurable A, une fonction intégrable $g \geqslant 0$ et un entier n_0 tels que, pour tout $n \geqslant n_0$, on ait $\int |\mathbf{f}_n| \varphi_{\complement A}\, d\mu \leqslant \varepsilon$ et $|\mathbf{f}_n(x)| \leqslant g(x)$ pour tout $x \in A$. Montrer que, dans ces conditions, **f** est intégrable, et que $\tilde{\mathbf{f}}_n$ tend vers $\tilde{\mathbf{f}}$ dans l'espace L^1. Réciproque.

c) On suppose que $F = \mathbf{R}$; montrer par des exemples que les conditions de *a*) ne sont pas suffisantes, et que les conditions de *b*) ne sont pas nécessaires, pour que **f** soit intégrable et que

$$\int \mathbf{f}\, d\mu = \lim_{n \to \infty} \int \mathbf{f}_n\, d\mu.$$

¶ 13) Soit μ une mesure positive sur X. Si A est mesurable, montrer que pour *toute* partie B de X, on a

$$\mu^*(B) = \mu^*(B \cap A) + \mu^*(B \cap \complement A)$$

(si $\mu^*(B) < +\infty$, considérer un ensemble intégrable B_1 tel que $B \subset B_1$ et $\mu^*(B) = \mu(B_1)$ (§ 4, exerc. 7 *b*))). Inversement, montrer que si A vérifie cette condition, A est mesurable (cf. § 4, exerc. 6 *e*)).

14) Soit (A_n) une suite de parties de X, telle que, pour chaque indice n, il existe un ensemble mesurable $B_n \supset A_n$, les B_n étant deux à deux sans point commun. Montrer que l'on a

$$\mu^*\Big(\bigcup_n A_n\Big) = \sum_n \mu^*(A_n) \quad \text{et} \quad \mu_*\Big(\bigcup_n A_n\Big) = \sum_n \mu_*(A_n).$$

15) Soit μ une mesure positive sur X. On dit qu'une fonction numérique (finie ou non) f définie dans X est *quasi-intégrable* si elle est mesurable et si on a $\mu^*(f) = \mu_*(f)$ (§ 4, exerc. 5). On pose alors

$$\mu(f) = \mu^*(f) = \mu_*(f);$$

on écrit encore $\int f\,d\mu$ au lieu de $\mu(f)$.

a) Montrer que si f et g sont quasi-intégrables, et si la somme $\mu(f) + \mu(g)$ est définie, $f + g$ est définie presque partout et est quasi-intégrable, et $\mu(f + g) = \mu(f) + \mu(g)$.

b) Déduire de *a*) que, pour que f soit quasi-intégrable, il faut et il suffit que f soit mesurable et qu'un au moins des nombres $\mu^*(f^+)$, $\mu^*(f^-)$ soit fini; on a alors $\mu(f) = \mu^*(f^+) - \mu^*(f^-)$.

¶ 16) Soient X un espace compact, μ une mesure positive sur X. On dit qu'une fonction numérique bornée f définie dans X est continue presque partout (pour la mesure μ) dans X si l'ensemble des points de X où f est continue (par rapport à X) a un complémentaire de mesure nulle.

a) Donner un exemple de fonction f continue presque partout et telle qu'il n'existe aucune fonction continue g égale presque partout à f.

b) On suppose que le support de μ soit identique à X. Montrer que, pour qu'une fonction numérique bornée f définie dans X soit égale presque partout à une fonction continue presque partout dans X, il faut et il suffit qu'il existe une partie H de X, dont le complémentaire soit négligeable, et qui soit telle que la restriction $f|H$ de f à H soit continue (pour prouver que la condition est suffisante, remarquer que H est partout dense dans X, et que le prolongement de $f|H$ à X qui est semi-continu inférieurement dans X (*Top. gén.*, chap. IV, § 6, prop. 4) est une fonction continue (par rapport à X) en tout point de H). En déduire que f est mesurable.

c) Déduire de *b*) que si X est en outre *métrisable*, pour toute fonction numérique f bornée et presque partout égale à une fonction continue presque partout dans X, il existe une suite (f_n) de fonctions continues dans X, qui est convergente en *tout* point de X, et dont la limite est presque partout égale à f (cf. § 4, exerc. 4 *c*)) (remarquer que la proposition est vraie pour une fonction f semi-continue inférieurement).

d) Soit A un ensemble parfait sans point intérieur, contenu dans X, et de mesure >0 (cf. § 4, exerc. 4 *a*)). Montrer qu'il n'existe aucune fonction continue presque partout dans X et égale presque partout à la fonction semi-continue supérieurement φ_A.

¶ 17) Soient X un espace compact, μ une mesure positive sur X. On dit qu'un ensemble $\mathscr{P}$ de partitions finies de X en ensembles intégrables, filtrant pour la relation « ϖ est moins fine que ϖ' » est *fondamental* si, pour tout entourage V de la structure uniforme de X, il existe une partition $\varpi = (A_i)$ de X appartenant à $\mathscr{P}$ et telle que tous les A_i soient petits d'ordre V. Pour toute partition finie $\varpi = (A_k)$ appartenant à $\mathscr{P}$, et toute fonction numérique f bornée dans X, on pose $s_\varpi(f) = \sum_k \inf_{x \in A_k} f(x) . \mu(A_k)$, et $S_\varpi(f) = \sum_k \sup_{x \in A_k} f(x) . \mu(A_k)$ (« sommes de Riemann » relatives à f et à la partition ϖ).

a) Montrer qu'on a $s_\varpi(f) \leqslant \mu_*(f) \leqslant \mu^*(f) \leqslant S_\varpi(f)$ pour toute partition $\mathscr{P}$, et que $s_\varpi(f)$ et $S_\varpi(f)$ tendent chacune vers une limite suivant l'ensemble ordonné filtrant $\mathscr{P}$.

b) Si $\mathscr{P}$ est l'ensemble (fondamental) de *toutes* les partitions finies de X formées d'ensembles intégrables, montrer que pour toute fonction f bornée et intégrable, $s_\varpi(f)$ et $S_\varpi(f)$ tendent vers $\int f \, d\mu$ suivant $\mathscr{P}$.

c) Si f est une fonction bornée et continue presque partout dans X, $s_\varpi(f)$ et $S_\varpi(f)$ tendent vers $\int f \, d\mu$ suivant *tout* ensemble fondamental $\mathscr{P}$ de partitions finies de X en ensembles intégrables (pour tout $\varepsilon > 0$, considérer l'ensemble fermé A des points où l'oscillation de f est $\geqslant \varepsilon$, et pour toute partition $\varpi \in \mathscr{P}$ dont les ensembles sont petits d'ordre V, considérer séparément ceux des ensembles de ϖ qui rencontrent V(A) et ceux qui ne le rencontrent pas). Si f est bornée et semi-continue inférieurement dans X, montrer que $s_\varpi(f)$ tend vers $\int f \, d\mu$ suivant *tout* ensemble fondamental $\mathscr{P}$ de partitions finies de X en ensembles intégrables (considérer f comme enveloppe supérieure de fonctions continues).

d) On dit qu'un ensemble $A \subset X$ est *quarrable* (pour μ) si sa fonction caractéristique est continue presque partout, ou, ce qui revient au même, si sa frontière est μ-négligeable. Montrer que tout point x_0 de X possède un système fondamental de voisinages ouverts quarrables (pour tout voisinage V de x_0, soit f une fonction continue à valeurs dans $[0, 1]$ égale à 1 au point x_0, à 0 dans $\complement V$; considérer les ensembles des x tels que $f(x) > \alpha$, pour $0 < \alpha < 1$). En déduire qu'il existe un ensemble fondamental $\mathscr{P}$ de partitions finies de X, tel que toute partition $\varpi \in \mathscr{P}$ soit formée d'ensembles ouverts et d'ensembles négligeables.

e) Soit $\mathscr{P}$ un ensemble fondamental de partitions finies de X en ensembles intégrables, tel que toute partition $\varpi \in \mathscr{P}$ soit formée d'ensembles ouverts et d'ensembles négligeables. Pour toute fonction bornée f dans X, soit g la plus grande des fonctions semi-continues inférieurement dans X et $\leqslant f$ (*Top. gén.*, chap. IV, § 6, prop. 4); montrer que, pour toute partition $\varpi \in \mathscr{P}$, on a $s_\varpi(f) = s_\varpi(g)$. En déduire que, pour que $s_\varpi(f)$ et $S_\varpi(f)$ tendent vers une même limite suivant $\mathscr{P}$, il faut que f soit continue presque partout dans X.

f) Déduire de *e*) un exemple de fonction f négligeable et d'un ensemble fondamental $\mathscr{P}$ de partitions finies de X en ensembles intégrables tels que $s_\varpi(f)$ et $S_\varpi(f)$ ne tendent pas vers la même limite suivant $\mathscr{P}$ (prendre pour X l'intervalle $(0, 1)$ de **R** et pour μ la mesure de Lebesgue).

¶ 18) Soit X un espace localement compact tel que, dans X, l'adhérence de tout ensemble ouvert relativement compact soit encore un ensemble ouvert (espace *stonien*; cf. chap. II, § 1, exerc. 13); soit μ une mesure positive sur X de support identique à X et telle que toute fonction numérique intégrable et bornée dans X soit équivalente à une fonction continue finie (§ 4, exerc. 10).

a) Montrer que, dans X, tout ensemble rare N est localement négligeable (pour tout ensemble compact K, considérer la fonction continue équivalente à $\varphi_{K \cap \bar{N}}$).

b) Soit f une fonction numérique (finie ou non) mesurable dans X, et soit g la plus grande des fonctions semi-continues inférieurement dans X et $\leqslant f$. Montrer que f et g sont égales localement presque partout (remarquer que si la restriction de f à un ensemble compact K est continue, f et g sont égales dans l'intérieur de K, et utiliser *a*)).

c) Déduire de *b*) que dans X tout ensemble localement négligeable pour μ est un ensemble rare. En particulier tout ensemble maigre dans X est rare.

19) Soit μ une mesure positive sur un espace localement compact X. Soit f une application μ-mesurable de X dans un espace métrique complet F. Pour que, dans une partie compacte K de X, f puisse être approchée uniformément par des fonctions étagées mesurables, il faut et il suffit que $f(K)$ soit relativement compact dans F.

20) Soient X un espace compact, μ une mesure positive sur X, (f_n) une suite de fonctions numériques μ-mesurables. Montrer que les propriétés suivantes sont équivalentes:

(i) il existe une suite (f_{n_k}) extraite de (f_n) et tendant vers 0 presque partout dans X;

(ii) il existe une suite (λ_n) de nombres réels finis telle que

$$\lim_{n \to \infty} \sup |\lambda_n| > 0$$

et que la série de terme général $\lambda_n f_n(x)$ converge presque partout dans X.

(iii) il existe une suite (λ_n) de nombres réels finis telle que

$$\sum_{n=1}^{\infty} |\lambda_n| = +\infty$$

et que la série de terme général $\lambda_n f_n(x)$ soit presque partout absolument convergente dans X.

(Pour voir que (i) entraîne (ii) et (iii), utiliser le th. d'Egoroff. Pour voir que (iii) entraîne (i), montrer que (iii) implique l'existence d'une suite croissante (A_k) de parties mesurables de X et d'une suite (f_{n_k}) extraite de (f_n), telles que $\mu(A_k)$ tende vers $\mu(X)$, et que $\int |f_{n_k}\varphi_{A_k}| \, d\mu$ tende vers 0).

21) Soient X un espace localement compact, μ une mesure positive sur X, $(U_\alpha)_{\alpha\in A}$ un recouvrement ouvert de X. Pour tout $\alpha \in A$, soit f_α une application de U_α dans un ensemble G. On suppose que pour tout couple d'indices α, β, l'ensemble des points $x \in U_\alpha \cap U_\beta$ tels que $f_\alpha(x) \neq f_\beta(x)$ soit localement μ-négligeable. Montrer qu'il existe une application f de X dans G telle que, pour tout $\alpha \in A$, l'ensemble des $x \in U_\alpha$ tels que $f(x) \neq f_\alpha(x)$ soit localement μ-négligeable. (Considérer d'abord le cas où X est compact, en recouvrant X par un nombre fini d'ensembles U_α ; passer au cas général à l'aide de la prop. 14 du n° 9).

22) Montrer que si la mesure positive μ est telle qu'il existe des ensembles ouverts de mesure >0 et arbitrairement petite, alors, pour tout $a > 0$, la topologie induite sur l'ensemble des $\mathbf{f} \in \mathscr{L}^p_F$ tels que $N_p(\mathbf{f}) \leqslant a$ par la topologie de la convergence en mesure est strictement moins fine que la topologie de la convergence en moyenne d'ordre p.

23) Soit $(\mathbf{f}_n)$ une suite de fonctions de $\mathscr{S}_F$ telle que, pour tout ensemble intégrable A et toute suite $(\mathbf{f}_{n_k})$ extraite de $(\mathbf{f}_n)$, il existe une suite extraite de $(\mathbf{f}_{n_k})$ qui converge vers 0 presque partout dans A ; montrer que la suite $(\mathbf{f}_n)$ converge en mesure vers 0. (Raisonner par l'absurde).

¶ 24) Soient X l'intervalle $(0, 1)$ de $\mathbf{R}$, μ la mesure de Lebesgue sur X. Montrer que pour tout espace de Banach F, toute forme linéaire continue sur $\mathscr{S}_F$ est identiquement nulle. (Pour tout voisinage V de 0 dans $\mathscr{S}_F$, montrer qu'il y a un entier $n > 0$ tel que $V + V + \cdots + V$ (n fois) contienne une droite).

25) *a*) Pour qu'une partie H de $\mathscr{S}_F$ soit précompacte, il faut et il suffit que, pour tout $\varepsilon > 0$ et tout ensemble intégrable $A \subset X$, il existe un ensemble compact $M \subset F$ et une partition de A en un nombre fini d'ensembles intégrables A_i, tels que, pour toute $\mathbf{f} \in H$, il existe un ensemble intégrable $B \subset A$, de mesure $\mu(B) \leqslant \varepsilon$, et ayant les propriétés suivantes : 1° tout point de $\mathbf{f}(A - B)$ est à une distance $\leqslant \varepsilon$ de M ; 2° dans chacun des ensembles $A_i \cap \complement B$, l'oscillation de $\mathbf{f}$ est $\leqslant \varepsilon$.

b) Montrer que pour qu'une partie H de $\mathscr{L}^1_F$ soit relativement quasi-compacte, il faut et il suffit qu'elle soit précompacte dans $\mathscr{S}_F$ et équiintégrable.

c) Pour qu'une suite $(\mathbf{f}_n)$ de fonctions de $\mathscr{L}^1_F$ soit une suite de Cauchy pour la topologie de la convergence en moyenne, montrer qu'il faut et il suffit que $(\mathbf{f}_n)$ soit une suite de Cauchy pour la topologie de la convergence en mesure et que l'ensemble des $\mathbf{f}_n$ soit équiintégrable.

d) Etendre ces propriétés aux espaces $\mathscr{L}^p_F$ pour $p > 1$.

26) Soit f une fonction numérique définie dans $\mathbf{R}$. Montrer que si, pour tout $x \in \mathbf{R}$, on a $\liminf_{y\to x, y\geqslant x} f(y) \geqslant f(x)$, f est μ-mesurable pour toute mesure μ sur $\mathbf{R}$.

¶ 27) Soient X un espace localement compact, μ une mesure réelle sur X, K une partie compacte de X, (f_n) une suite de fonctions numériques μ-mesurables bornées définies dans K et *séparant* les points de K. Montrer que pour toute fonction numérique μ-mesurable g bornée définie dans K, et tout $\varepsilon > 0$, il existe un polynôme $h = P((f_n))$ par rapport aux f_n, et une partie compacte K_1 de K, tels que $\|h\| \leqslant 2\|g\|$, que $|\mu|(K - K_1) \leqslant \varepsilon$ et que, pour tout $x \in K_1$, on ait $|h(x) - g(x)| \leqslant \varepsilon$. (Considérer l'application $x \mapsto (f_n(x))$ de K dans $\mathbf{R}^{\mathbf{N}}$ et l'adhérence de son image, et appliquer convenablement le th. de Weierstrass-Stone). En déduire que pour $1 \leqslant p < +\infty$, l'ensemble des polynômes par rapport aux f_n est dense dans $\mathscr{L}^p(K)$. Ces propriétés sont-elles encore vraies quand on remplace la suite (f_n) par une famille non dénombrable de fonctions mesurables bornées, séparant les points de K?

28) Soient X un espace localement compact, μ une mesure positive sur X, P l'ensemble des fonctions numériques (finies ou non) $f \geqslant 0$ définies dans X et μ-mesurables. Soit λ une fonction à valeurs $\geqslant 0$ (finie ou non) positivement homogène, croissante et convexe définie dans P (cf. chap. I, n° 1) et telle en outre que: 1° $\lambda(f) = 0$ pour toute fonction μ-négligeable $f \geqslant 0$; 2° pour toute suite croissante (f_n) de fonctions de P, $\lambda(\sup_n f_n) = \sup_n \lambda(f_n)$. Pour tout espace de Banach F, on désigne par $\mathscr{L}_{\mathrm{F}}^{\lambda}$ l'ensemble des applications μ-mesurables $\mathbf{f}$ de X dans F telles que $\lambda(|\mathbf{f}|)$ soit fini. Montrer que $\lambda(|\mathbf{f}|)$ est une semi-norme sur $\mathscr{L}_{\mathrm{F}}^{\lambda}$, et que $\mathscr{L}_{\mathrm{F}}^{\lambda}$ est complet pour la topologie définie par cette semi-norme.

¶ 29) Soit μ une mesure sur un espace localement compact X. Pour toute fonction numérique μ-mesurable $f \geqslant 0$ définie dans X, l'application $f'_\mu : t \mapsto |\mu|^*(f^{-1}(]t, +\infty]))$ de $\mathbf{R}_+$ dans $\overline{\mathbf{R}}_+$ est décroissante et continue à droite. Si ν est une mesure sur un second espace localement compact Y et g une fonction numérique ν-mesurable et $\geqslant 0$ définie dans Y, on dit que f et g sont *équimesurables* (pour μ et ν respectivement) si l'on a $f'_\mu = g'_\nu$. On désigne par f^* (ou f^*_μ) la fonction définie dans $\mathbf{R}_+$, égale pour tout $s \in \mathbf{R}_+$ à la borne supérieure dans $\overline{\mathbf{R}}_+$ de l'ensemble des nombres a tels que $f'_\mu(a) \geqslant s$ (borne égale à 0 si cet ensemble est vide).

a) Montrer que la fonction f^* est décroissante, continue à gauche dans $\mathbf{R}_+$ et équimesurable à f (pour la mesure μ et la mesure de Lebesgue sur $\mathbf{R}_+$); on dit que f^* est le *réarrangement décroissant* de f.

b) Si $0 \leqslant f \leqslant g$ sont deux fonctions μ-mesurables dans X, montrer que l'on a $f^* \leqslant g^*$. Si (f_n) est une suite croissante de fonctions μ-mesurables $\geqslant 0$ dans X, et $f = \sup_n f_n$, montrer que l'on a

$$f^*(s) = \sup_n f_n^*(s)$$

en tous les points où f^* est continue.

c) Montrer que pour toute fonction numérique μ-mesurable $f \geqslant 0$, on a $|\mu|^*(f) = \int^* f^*(s)\, ds$. (Considérer d'abord le cas d'une fonction étagée, puis utiliser *b*)).

d) Soit w une fonction numérique finie (sauf peut-être au point $s = 0$) définie dans $\mathbf{R}_+$ et décroissante. Pour toute fonction numérique $f \geqslant 0$

définie dans X et μ-mesurable, on pose

$$\lambda(f) = \left(\int^* w(s)(f^*(s))^p\, ds\right)^{1/p} \qquad (1 \leqslant p < +\infty).$$

Montrer que cette fonction vérifie les conditions de l'exerc. 28. (Pour prouver qu'elle est convexe, on considérera d'abord le cas où w est une fonction en escalier décroissante, en utilisant *c*), puis on passera à la limite pour traiter le cas général.)

e) Avec les notations de *d*), on écrit $\mathscr{L}_{\mathrm{F}}^{p,w}$ au lieu de $\mathscr{L}_{\mathrm{F}}^{\lambda}$, et l'on pose $\mathrm{N}_{p,w}(\mathbf{f}) = \lambda(|\mathbf{f}|)$ pour toute application μ-mesurable $\mathbf{f}$ de X dans F. Montrer que si $\mathbf{f} \in \mathscr{L}_{\mathrm{F}}^{p,w}$, et si, pour tout n, on désigne par $\mathbf{f}_n$ la fonction égale à $\mathbf{f}$ si $|\mathbf{f}| \leqslant n$, à $n\mathbf{f}/|\mathbf{f}|$ si $|\mathbf{f}| > n$, la suite $(|\mathbf{f}_n|^*)$ tend presque partout vers $|\mathbf{f}|^*$ et que l'on a $\lim_{n\to\infty} \mathrm{N}_{p,w}(\mathbf{f} - \mathbf{f}_n) = 0$. Si $\mathbf{f}$ est μ-négligeable, on a $\mathrm{N}_{p,w}(\mathbf{f}) = 0$.

¶ 30) Soit $\Phi(t, u, v)$ une fonction numérique finie et continue pour $0 \leqslant t \leqslant 1$, $u \geqslant 0$, $v \geqslant 0$. Pour toute fonction numérique $f \geqslant 0$ définie dans $\mathrm{I} = [0, 1]$, mesurable pour la mesure de Lebesgue, on désigne par f^* le réarrangement décroissant de f (exerc. 29). Afin que, pour tout couple de fonctions $f \geqslant 0$, $g \geqslant 0$, mesurables (pour la mesure de Lebesgue) et bornées dans I, on ait

$$(1) \qquad \int_0^1 \Phi(t, f(t), g(t))\, dt \leqslant \int_0^1 \Phi(t, f^*(t), g^*(t))\, dt$$

il faut et il suffit que la fonction Φ vérifie les trois conditions suivantes:

$$(2) \quad \Phi(t, u+h, v+h) - \Phi(t, u+h, v) - \Phi(t, u, v+h) + \Phi(t, u, v) \geqslant 0$$

quels que soient $t \in \mathrm{I}$, $u \geqslant 0$, $v \geqslant 0$ et $h \geqslant 0$;

$$(3) \quad \int_0^\delta (\Phi(a + \delta + t, u, v) - \Phi(a + \delta + t, u + h, v)$$
$$+ \Phi(a + t, u + h, v) - \Phi(a + t, u, v))\, dt \geqslant 0$$

$$(4) \quad \int_0^\delta (\Phi(a + \delta + t, u, v) - \Phi(a + \delta + t, u, v + h)$$
$$+ \Phi(a + t, u, v + h) - \Phi(a + t, u, v))\, dt \geqslant 0$$

quels que soient a, h, δ tels que $0 \leqslant a \leqslant 1 - 2\delta$, $h \geqslant 0$.

(Pour prouver que (3) et (4) sont nécessaires, prendre pour f et g des fonctions en escalier convenables; déduire ensuite (2) de (3) et (4). Pour prouver que les conditions sont suffisantes, déduire d'abord de (2), en utilisant la continuité de Φ, que l'on a

$$(5) \quad \Phi(t, u+h, v+k) - \Phi(t, u+h, v) - \Phi(t, u, v+k) + \Phi(t, u, v) \geqslant 0$$

quels que soient $t \in \mathrm{I}$, $u \geqslant 0$, $v \geqslant 0$, $h \geqslant 0$, $k \geqslant 0$. Utilisant ensuite (3) et (4), prouver (1) lorsque f et g sont des fonctions en escalier dont les points de discontinuité sont de la forme r/n $(0 \leqslant r \leqslant n)$ dans I, en comparant successivement les intégrales

$$\int_0^1 \Phi(t, f_i(t), g_i(t))\, dt$$

et

$$\int_0^1 \Phi(t, f_j(t), g_j(t))\, dt,$$

où f_i et g_i ne diffèrent de f_j et g_j que dans deux intervalles consécutifs $\left[(r-1)/n, r/n\right[$ et $\left[r/n, (r+1)/n\right[$. Passer enfin à la limite de façon convenable pour prouver (1) dans le cas général).

Si Φ est deux fois continûment différentiable, les conditions (2), (3) et (4) équivalent respectivement à

$$\frac{\partial^2\Phi}{\partial u \partial v} \geqslant 0, \qquad \frac{\partial^2\Phi}{\partial t \partial u} \leqslant 0, \qquad \frac{\partial^2\Phi}{\partial t \partial v} \leqslant 0.$$

Généraliser à des fonctions $\Phi(t, u_1, \ldots, u_m)$ d'un nombre quelconque de variables.

§ 6

1) Soient f et g deux fonctions numériques mesurables, telles que $a = \mathrm{M}_\infty(f)$ et $b = \mathrm{M}_\infty(g)$ soient finis; montrer que, pour que l'on ait $\mathrm{M}_\infty(f+g) = \mathrm{M}_\infty(f) + \mathrm{M}_\infty(g)$, il faut et il suffit que, pour tout couple de nombres réels α, β tels que $\alpha < a$, $\beta < b$, l'ensemble des $x \in \mathrm{X}$ tels qu'on ait à la fois $\alpha \leqslant f(x)$ et $\beta \leqslant g(x)$ ne soit pas localement négligeable.

2) Soit D un ensemble convexe fermé dans un espace de Banach F, d'intérieur non vide, et soit $\mathbf{f}$ une fonction mesurable à valeurs dans F, telle que $\mathbf{f}(\mathrm{X}) \subset \mathrm{D}$. Soit g une fonction intégrable $\geqslant 0$, non négligeable et telle que $\mathbf{f}g$ soit intégrable. On suppose que le point

$$\mathbf{c} = \frac{\int \mathbf{f} g \, d\mu}{\int g \, d\mu}$$

soit point frontière de D; montrer que si V est l'intersection de tous les hyperplans d'appui fermés de D au point $\mathbf{c}$, on a $\mathbf{f}(x) \in \mathrm{V} \cap \mathrm{D}$ presque partout dans l'ensemble des points x tels que $g(x) > 0$ (se ramener au cas où F est un espace de type dénombrable (c'est-à-dire contenant un ensemble dénombrable partout dense) en utilisant le th. 4 du § 5; remarquer alors que V est l'intersection d'une famille dénombrable d'hyperplans d'appui de D au point $\mathbf{c}$).

Montrer que si F est de dimension finie, et si A est la facette du point $\mathbf{c}$ par rapport à D (*Esp. vect. top.*, chap. II, 2e éd., § 7, exerc. 3), l'hypothèse entraîne que $\mathbf{f}(x) \in \mathrm{A}$ presque partout dans l'ensemble des points x tels que $g(x) > 0$ (raisonner par récurrence sur la dimension de F).

3) Soit μ une mesure sur un espace compact X, telle que X soit égal au support de μ. Montrer que si toute fonction numérique mesurable et bornée en mesure est égale presque partout à une fonction continue, X est un espace stonien (cf. chap. II, § 1, exerc. 13) (considérer la fonction caractéristique d'un ensemble compact). Inversement, si X est un espace stonien, pour que toute fonction mesurable et bornée en mesure soit égale presque partout à une fonction continue, il faut et il suffit que tout ensemble rare dans X soit négligeable (cf. § 5, exerc. 18).

4) Soit $\varphi(t_1, t_2, \ldots, t_n)$ une fonction numérique finie satisfaisant aux conditions de la prop. 1 du chap. I. Montrer que si $f_1, f_2, \ldots, f_n$ sont n fonctions numériques finies positives, intégrables et non négligeables, la fonction $\varphi(f_1, f_2, \ldots, f_n)$ est intégrable et on a

$$\int \varphi(f_1, f_2, \ldots, f_n)\, d\mu \leqslant \varphi\left(\int f_1\, d\mu, \int f_2\, d\mu, \ldots, \int f_n\, d\mu\right).$$

En outre, pour que l'on ait

$$\int \varphi(f_1, \ldots, f_n)\, d\mu = \varphi\left(\int f_1\, d\mu, \ldots, \int f_n\, d\mu\right),$$

il faut et il suffit que, pour presque tout $x \in X$, le point de $\mathbf{R}^n$ dont les coordonnées sont $\xi_i = f_i(x)/\varphi(f_1(x), \ldots, f_n(x))$ appartienne à la facette par rapport à K du point dont les coordonnées sont

$$\alpha_i = \left(\int f_i\, d\mu\right) \Big/ \left(\int \varphi(f_1, \ldots, f_n)\, d\mu\right)$$

(raisonner comme dans l'exerc. 2). En particulier, p et q désignant deux exposants conjugués tels que $1 < p < +\infty$:

1° pour que deux fonctions numériques positives $f \in \mathscr{L}^p$, $g \in \mathscr{L}^q$ soient telles que $\int fg\, d\mu = N_p(f) N_q(g)$, il faut et il suffit qu'il existe deux nombres α, β non tous deux nuls tels que l'on ait $\alpha(f(x))^p = \beta(g(x))^q$ presque partout ;

2° pour que deux fonctions numériques positives $f \in \mathscr{L}^p$, $g \in \mathscr{L}^p$ soient telles que $N_p(f + g) = N_p(f) + N_p(g)$, il faut et il suffit qu'il existe deux nombres α, β non tous deux nuls, tels que l'on ait $\alpha f(x) = \beta g(x)$ presque partout.

5) *a*) Soit μ la mesure de Lebesgue sur l'intervalle $X = \left]0, +\infty\right[$. Pour tout nombre p tel que $0 < p \leqslant +\infty$, donner des exemples de fonctions $f \geqslant 0$, mesurables dans X, telles que l'ensemble des nombres r $(0 \leqslant r \leqslant +\infty)$ pour lesquels $N_r(f) = (\int f^r\, d\mu)^{1/r}$ soit fini, soit l'un des intervalles $\left]0, p\right[$, $\left]0, p\right]$, $\left]p, +\infty\right]$, $\left[p, +\infty\right]$ (prendre pour f des fonctions de la forme $x^\alpha (\log x)^\beta$ au voisinage de 0 ou de $+\infty$); en déduire que pour tout intervalle I contenu dans $\left]0, +\infty\right]$, il existe une fonction f mesurable et $\geqslant 0$, telle que I soit identique à l'ensemble des $r > 0$ pour lesquels $N_r(f) < +\infty$ (considérer la somme de deux fonctions pour lesquelles I a l'une des quatre formes ci-dessus).

b) Pour la mesure de Lebesgue sur l'intervalle $\left]0, 1\right[$, donner de même des exemples de fonctions f telles que l'ensemble I des nombres $r > 0$, pour lesquels $N_r(f) < +\infty$, soit un intervalle quelconque d'origine 0 contenu dans $\left]0, +\infty\right]$.

6) Pour toute fonction numérique mesurable et non négligeable $f \geqslant 0$, montrer que $\mathrm{N}_r(f)$ est une fonction de r indéfiniment dérivable en tout point intérieur à l'intervalle où elle est finie. En déduire que, dans l'intérieur de l'intervalle où $\mathrm{N}_r(f)$ est finie, $\log \mathrm{N}_r(f)$ est fonction strictement convexe de $1/r$ pourvu que f ne soit pas presque partout constante dans l'ensemble des $x \in \mathrm{X}$ où $f(x) \neq 0$.

¶ 7) Soit f une fonction numérique positive, mesurable et non négligeable.

a) Montrer que si pour un nombre fini $r > 0$, f^r est intégrable, $\log f$ est quasi-intégrable (§ 5, exerc. 15).

b) On suppose que f^r soit intégrable pour $0 < r < r_0$. Soit A l'ensemble des $x \in \mathrm{X}$ tels que $f(x) > 0$; montrer que, si $\mu^*(\mathrm{A}) > 1$, $\mathrm{N}_r(f)$ tend vers $+\infty$ lorsque r tend vers 0; si $\mu(\mathrm{A}) < 1$, $\mathrm{N}_r(f)$ tend vers 0 avec r (utiliser la prop. 4 du chap. I).

c) Si $\mu(\mathrm{A}) = 1$, montrer que $\int f^r \, d\mu$ tend vers 1 lorsque r tend vers 0, et a une dérivée à droite en ce point, égale à $\int \log f \, d\mu$ (utiliser l'exerc. 12 du § 5); en déduire que, lorsque r tend vers 0, $\mathrm{N}_r(f)$ tend vers

$$\mathrm{G}(f) = \exp\left(\int \log f \, d\mu\right).$$

d) Si $\mu(\mathrm{X}) = 1$ et si f^r et $\log f$ sont intégrables, montrer que l'on a $\mathrm{G}(f) \leqslant \mathrm{N}_r(f)$, l'égalité n'ayant lieu que si f est constante presque partout (utiliser l'exerc. 4).

e) Si $\mu(\mathrm{X}) = 1$ et si f et g sont deux fonctions mesurables, positives et telles que $\mathrm{G}(f)$ et $\mathrm{G}(g)$ soient définis, montrer que $\mathrm{G}(f+g)$ est défini et qu'on a $\mathrm{G}(f) + \mathrm{G}(g) \leqslant \mathrm{G}(f+g)$, l'égalité n'ayant lieu que s'il existe deux nombres α, β non tous deux nuls et tels que $\alpha f(x) = \beta g(x)$ presque partout, ou si $\mathrm{G}(f+g) = 0$ (utiliser *d*), en considérant les fonctions $f/(f+g)$ et $g/(f+g)$).

8) Soit μ la mesure de Lebesgue sur l'intervalle $\mathrm{X} = [0, +\infty[$.

a) Soient $k > 1$, $h < k$ deux nombres réels. Montrer que, pour tout $n \geqslant 1$, et tout nombre p tel que $1 \leqslant p \leqslant +\infty$, les fonctions

$$f_n(x) = n^h/(x+n)^k$$

appartiennent à $\mathscr{L}^p$; montrer que $\mathrm{N}_p(f_n)$ tend vers 0 avec $1/n$ pour $p > 1/(k-h)$, mais que la suite des $\mathrm{N}_p(f_n)$ n'est pas bornée pour $p < 1/(k-h)$.

b) Soit k un nombre < 1; montrer que pour tout $n > 1$ et tout nombre p tel que $1 \leqslant p \leqslant +\infty$, les fonctions $g_n(x) = n^k e^{-nx}$ appartiennent à $\mathscr{L}^p$; montrer que $\mathrm{N}_p(g_n)$ tend vers 0 avec $1/n$ pour $p < 1/k$, mais que la suite des $\mathrm{N}_p(g_n)$ n'est pas bornée pour $p > 1/k$.

Déduire de *a*) et *b*) que, si $1 \leqslant p < q \leqslant +\infty$, les topologies induites sur $\mathscr{L}^p \cap \mathscr{L}^q$ par celles de $\mathscr{L}^p$ et $\mathscr{L}^q$ ne sont pas comparables.

c) Si μ est la mesure de Lebesgue sur l'intervalle $[0, 1]$, montrer de même que si $p < q$, la topologie de la convergence en moyenne d'ordre q est strictement plus fine que la topologie de la convergence en moyenne d'ordre p (sur $\mathscr{L}^q$).

9) Soient X un espace discret infini, μ une mesure sur X telle que le support de μ soit égal à X.

a) Montrer que pour $1 \leqslant p \leqslant +\infty$, l'espace $\mathscr{L}^p(\mu)$ est un espace vectoriel topologique isomorphe à l'espace $\mathscr{L}^p(\mu_0)$, où μ_0 est la mesure sur X définie par la masse $+1$ en chaque point de X.

b) Montrer que si $1 \leqslant p < q \leqslant +\infty$, la topologie de la convergence en moyenne d'ordre p est strictement plus fine que la topologie de la convergence en moyenne d'ordre q (sur $\mathscr{L}^p$).

¶ 10) *a*) Dans un espace de Banach F, soient **a** et **b** deux vecteurs tels que $|\mathbf{a}| = |\mathbf{b}| = 1$. Montrer que pour tout nombre t tel que $0 \leqslant t \leqslant 1$, et pour tout p tel que $1 \leqslant p < +\infty$

$$|\mathbf{a} - t\mathbf{b}|^p \leqslant 2^p|\mathbf{a} - t^p\mathbf{b}| \tag{1}$$

$$|\mathbf{a} - t^p\mathbf{b}| \leqslant 3p|\mathbf{a} - t\mathbf{b}| \tag{2}$$

(exprimer $\mathbf{a} - t^p\mathbf{b}$ comme combinaison linéaire de $\mathbf{a} - t\mathbf{b}$ et de $\mathbf{a} - \mathbf{b}$ et remarquer que pour $0 \leqslant \rho \leqslant 1$, on a $|\mathbf{a} - \rho\mathbf{b}| \geqslant 1 - \rho$ et

$$|\mathbf{a} - \mathbf{b}| \leqslant 2|\mathbf{a} - \rho\mathbf{b}|).$$

En déduire que si **y** et **z** sont deux vecteurs quelconques de F, on a

$$|\mathbf{y} - \mathbf{z}|^p \leqslant 2^p\big|\,|\mathbf{y}|^{p-1}.\mathbf{y} - |\mathbf{z}|^{p-1}.\mathbf{z}\big| \tag{3}$$

$$\big|\,|\mathbf{y}|^{p-1}.\mathbf{y} - |\mathbf{z}|^{p-1}.\mathbf{z}\big| \leqslant 3p|\mathbf{y} - \mathbf{z}|(|\mathbf{y}| + |\mathbf{z}|)^{p-1}. \tag{4}$$

b) Montrer que l'application $\mathbf{f} \mapsto |\mathbf{f}|^{(1/p)-1}.\mathbf{f}$ est une application bijective uniformément continue de $\mathscr{L}^1_{\mathrm{F}}$ sur $\mathscr{L}^p_{\mathrm{F}}$ (utiliser l'inégalité (3)).

c) Montrer que l'application $\mathbf{f} \mapsto |\mathbf{f}|^{p-1}.\mathbf{f}$ de $\mathscr{L}^p_{\mathrm{F}}$ sur $\mathscr{L}^1_{\mathrm{F}}$ est uniformément continue dans toute partie bornée de l'espace $\mathscr{L}^p_{\mathrm{F}}$ (utiliser l'inégalité (4) et l'inégalité de Hölder). En déduire que les espaces topologiques $\mathscr{L}^1_{\mathrm{F}}$ et $\mathscr{L}^p_{\mathrm{F}}$ sont homéomorphes.

11) Soit g une fonction numérique $\geqslant 0$ appartenant à $\mathscr{L}^p$ $(1 \leqslant p < +\infty)$. On désigne par I_g l'ensemble des fonctions $\mathbf{f} \in \mathscr{L}^p_{\mathrm{F}}$ telles que $|\mathbf{f}| \leqslant g$.

a) Montrer que sur I_g, la topologie de la convergence en moyenne d'ordre p est identique à la topologie de la convergence en mesure.

b) Si $p \leqslant q < r$ (resp. $q < r \leqslant p$), montrer que sur l'ensemble $\mathrm{I}_g \cap \mathscr{L}^q_{\mathrm{F}} \cap \mathscr{L}^r_{\mathrm{F}}$ la topologie de la convergence en moyenne d'ordre q est moins fine (resp. plus fine) que la topologie de la convergence en moyenne d'ordre r (pour deux fonctions $\mathbf{f}$, $\mathbf{f}_0$ appartenant à cet ensemble, écrire $|\mathbf{f} - \mathbf{f}_0|^q \leqslant |\mathbf{f} - \mathbf{f}_0|^s(2g)^{q-s}$ et utiliser l'inégalité de Hölder, en choisissant convenablement s et le couple d'exposants conjugués). Montrer par des exemples que ces topologies peuvent être distinctes (cf. exerc. 8).

c) Soit μ la mesure de Lebesgue sur $\mathrm{X} = \left]0, +\infty\right[$; la fonction $g(x) = (x(\log^2 x + 1))^{-1/p}$ appartient à $\mathscr{L}^p$, mais à aucun $\mathscr{L}^q$ pour $q \neq p$. Montrer que si $q \neq p$, la topologie de la convergence en moyenne d'ordre q sur l'ensemble $\mathrm{I}_g \cap \mathscr{L}^q$ est distincte de la topologie de la convergence en mesure.

12) Soit h une fonction numérique $\geqslant 0$ telle que h et h^2 soient intégrables ; soit I_h l'ensemble des fonctions numériques mesurables f

telles que $|f| \leqslant h$. Montrer que l'application $(f, g) \mapsto fg$ de $I_h \times I_h$ dans $\mathscr{L}^1$ est continue pour la topologie de la convergence en moyenne (sur I_h et sur $\mathscr{L}^1$).

¶ 13) Pour tout nombre p tel que $0 < p < 1$, on désigne par $\mathscr{L}_F^p$ l'ensemble des applications mesurables $\mathbf{f}$ de X dans un espace de Banach F telles que $N_p(\mathbf{f}) < +\infty$.

a) Montrer que $\mathscr{L}_F^p$ est un espace vectoriel et que, si on désigne par B_a l'ensemble des $\mathbf{f} \in \mathscr{L}_F^p$ tels que $N_p(\mathbf{f}) \leqslant a$, les ensembles B_a forment, lorsque a parcourt l'ensemble des nombres >0, un système fondamental de voisinages de 0 pour une topologie métrisable compatible avec la structure d'espace vectoriel de $\mathscr{L}_F^p$.

b) Montrer que l'application $\mathbf{f} \mapsto |\mathbf{f}|^{p-1}.\mathbf{f}$ est une application uniformément continue de $\mathscr{L}_F^p$ sur $\mathscr{L}_F^1$ et que l'application réciproque est uniformément continue dans toute partie bornée de $\mathscr{L}_F^1$ (cf. exerc. 10). En déduire que l'espace $\mathscr{L}_F^p$ est complet, et que $\mathscr{K}_F(X)$ est partout dense dans $\mathscr{L}_F^p$.

c) Si la mesure μ est bornée, on a $\mathscr{L}_F^1 \subset \mathscr{L}_F^p$, et la topologie de la convergence en moyenne est plus fine que la topologie induite sur $\mathscr{L}_F^1$ par celle de $\mathscr{L}_F^p$.

d) On prend pour μ la mesure de Lebesgue sur $X = [0, 1]$. Montrer que pour toute fonction continue $f \geqslant 0$, il existe une décomposition $f = \frac{1}{2}(f_1 + f_2)$ où f_1 et f_2 sont deux fonctions $\geqslant 0$ de $\mathscr{L}^p$ telles que $N_p(f_1) = N_p(f_2) = 2^{1-(1/p)}N_p(f)$. En déduire que, dans $\mathscr{L}^p$, l'enveloppe convexe fermée de tout voisinage B_a est l'espace $\mathscr{L}^p$ tout entier, et par suite que toute forme linéaire continue sur $\mathscr{L}^p$ est identiquement nulle.

¶ 14) Soient p et q deux nombres réels finis et > 0 quelconques et soit $f(x_1, x_2, \ldots, x_n)$ une fonction numérique continue définie dans $\mathbf{R}^n$.

a) Soit μ la mesure de Lebesgue sur $X = [0, 1]$. Afin que, pour tout système de n fonctions $g_k \in \mathscr{L}^p$, la fonction $f(g_1, g_2, \ldots, g_n)$ appartienne à $\mathscr{L}^q$, il faut et il suffit qu'il existe un nombre $a > 0$ tel que l'on ait

$$|f(x_1, \ldots, x_n)|^q \leqslant a(1 + |x_1| + \ldots + |x_n|)^q$$

(Pour voir que la condition est nécessaire, raisonner par l'absurde, en supposant que pour tout entier $m > 0$, il existe un point $(x_{1m}, \ldots, x_{nm})$ de $\mathbf{R}^n$ tel que

$$|f(x_{1m}, \ldots, x_{nm})|^q \geqslant m(1 + |x_{1m}| + \ldots + |x_{nm}|)^p.$$

Montrer alors qu'il existerait dans X une suite (A_m) d'intervalles deux à deux sans point commun telle qu'en posant $g_k(t) = x_{km}$ pour tout $t \in A_m$, $g_k(t) = 0$ pour tout point t n'appartenant à aucun des A_m, chacune des fonctions g_k appartiendrait à $\mathscr{L}^p$, mais $f(g_1, \ldots, g_n)$ n'appartiendrait pas à $\mathscr{L}^q$).

b) Soit μ la mesure de Lebesgue sur $\mathbf{R}$. Afin que, pour tout système de n fonctions $g_k \in \mathscr{L}^p$, la fonction $f(g_1, \ldots, g_n)$ appartienne à $\mathscr{L}^q$, il faut et il suffit qu'il existe un nombre $b > 0$ tel que l'on ait

$$|f(x_1, \ldots, x_n)|^q \leqslant b(|x_1| + |x_2| + \ldots + |x_n|)^p$$

(même méthode).

¶ 15) Soient X un espace compact, μ une mesure positive sur X. Pour deux fonctions f, g de $\mathscr{L}^2_{\mathbf{C}}$, on pose $(f|g) = (\tilde{f}|\tilde{g}) = \int f\bar{g}\,d\mu$. On dit qu'une suite de fonctions $f_n \in \mathscr{L}^2_{\mathbf{C}}$ *est orthonormale* si la suite des $\tilde{f}_n$ est orthonormale dans l'espace hilbertien $L^2_{\mathbf{C}}$, c'est-à-dire (*Esp. vect. top.*, chap. V, § 2) si on a $(f_m|f_n) = \delta_{mn}$ (indice de Kronecker) pour tout couple d'indices. Pour toute fonction $g \in \mathscr{L}^2_{\mathbf{C}}$, les nombres complexes $c_n = (g|f_n)$ sont appelés les *composantes* de g par rapport à la suite orthonormale (f_n); on a $\sum_{n=0}^{\infty} |c_n|^2 \leqslant \int |g|^2\,d\mu$.

Pour tout couple de points x, y de X et tout entier $n \geqslant 0$, on pose $K_n(x, y) = \sum_{k=0}^{n} f_k(x)\overline{f_k(y)}$ (*n-ième noyau* de la suite orthonormale (f_n)); pour toute fonction $g \in \mathscr{L}^2_{\mathbf{C}}$, on a

$$s_n(g) = \sum_{k=0}^{n} (g|f_k) f_k(x) = \int K_n(x, y) g(y)\,d\mu(y).$$

On pose $H_n(x) = \int |K_n(x, y)|\,d\mu(y)$ (*n-ième fonction de Lebesgue* de la suite orthonormale (f_n)).

a) Soit (α_n) une suite décroissante de nombres >0 telle que la série de terme général α_n soit convergente. Montrer que, pour presque tout $x \in X$, on a $\sum_{k=0}^{n} |f_k(x)|^2 = o(1/\alpha_n)$ (en utilisant la prop. 6 du § 3, montrer que la série de terme général $\alpha_n |f_n(x)|^2$ est convergente presque partout, et utiliser l'exerc. 10 de *Top. gén.*, chap. IV, § 7). En déduire que l'on a $H_n(x) = o(1/\sqrt{\alpha_n})$ pour presque tout $x \in X$.

b) Soit x_0 un point de X. Afin que, pour *toute* fonction g à valeurs complexes, définie et continue dans X, les sommes partielles $s_n(g)$ soient bornées au point x_0 (par un nombre dépendant de g et de x_0), il faut et il suffit que l'ensemble des nombres $H_n(x_0)$ soit borné (utiliser la prop. 3 et le fait que dans le dual d'un espace de Banach, tout ensemble faiblement borné est fortement borné).

c) Afin que, pour *toute* fonction g à valeurs complexes, définie et continue dans X, la série de terme général $(g|f_n)f_n(x)$ soit uniformément convergente dans X et ait pour somme $g(x)$, il faut et il suffit que: 1° toute fonction continue dans X et à valeurs complexes puisse être approchée uniformément par des combinaisons linéaires des f_k; 2° il existe une constante a telle que $|H_n(x)| \leqslant a$ quels que soient n et $x \in X$. (Remarquer que pour tout n, on a identiquement $f_n(x) = \sum_{m=0}^{\infty} (f_n|f_m) f_m(x)$; d'autre part, pour prouver la nécessité de la condition 2°, remarquer que, pour toute suite croissante (n_k) d'entiers et toute suite (x_k) de points de X, la suite des nombres $\int K_{n_k}(x_k, y) g(y)\,d\mu(y)$ est bornée (par un nombre dépendant de g) et raisonner comme dans *b*)).

16) Soit μ la mesure de Lebesgue sur $X = [0, 2\pi]$. La suite de fonctions f_n telles que

$$f_0(x) = \frac{1}{\sqrt{2\pi}}, \quad f_{2n-1} = \frac{1}{\sqrt{\pi}} \cos nx, \quad f_{2n}(x) = \frac{1}{\sqrt{\pi}} \sin nx \ (n \geqslant 1)$$

est une suite orthonormale et totale dans l'espace $\mathscr{L}^2_{\mathbf{C}}$ (cf. *Top. gén.*, chap. X, 2e éd., § 4, prop. 8). Montrer que la fonction de Lebesgue correspondante $H_n(x)$ est indépendante de x et que l'on a $H_n \sim 4/\pi \log n$.

¶ 17) Soit μ la mesure de Lebesgue sur $X = [0, 1]$. On définit la suite (f_n) de fonctions en escalier dans X par les conditions suivantes: f_0 est la constante 1; pour tout entier $n > 0$, soit m le plus grand entier tel que $2^m \leqslant n$, et soit $n = 2^m + k$; f_n est la fonction égale à $2^{m/2}$ dans l'intervalle $\left[\frac{2k}{2^{m+1}}, \frac{2k+1}{2^{m+1}}\right[$, à $-2^{m/2}$ dans l'intervalle $\left[\frac{2k+1}{2^{m+1}}, \frac{2k+2}{2^{m+1}}\right[$ et à 0 aux autres points de X.

a) Montrer que la suite (f_n) est orthonormale (« *système orthonormal de Haar* »).

b) Soit V_n le sous-espace vectoriel de $\mathscr{L}^2_{\mathbf{C}}$ (sur $\mathbf{C}$) engendré par les f_k d'indices $k \leqslant n$. Montrer qu'il existe une partition de $[0, 1[$ en $n + 1$ intervalles semi-ouverts tels que, dans chacun de ces intervalles, toute fonction appartenant à V_n soit constante. En déduire qu'inversement, pour toute fonction g constante dans chacun de ces $n + 1$ intervalles, il existe une fonction de V_n qui est égale à g dans $[0, 1[$ (remarquer que V_n est de dimension $n + 1$).

c) Soit g une fonction quelconque de $\mathscr{L}^2_{\mathbf{C}}$; déduire de *b*) que si h est l'unique fonction de V_n pour laquelle $N_2(g - h)$ est minimum, dans tout intervalle $[\alpha, \beta[$ où h est constante, on a $h(x) = \frac{1}{\beta - \alpha}\int_\alpha^\beta g(t)\,dt$.

d) Montrer que pour toute fonction g à valeurs complexes, définie et continue dans X, la série de terme général $(g|f_n)f_n(x)$ est uniformément convergente dans $[0, 1[$ et a pour somme $g(x)$ (utiliser *c*)). En déduire que la suite (f_n) est totale.

¶ 18) Soient X un espace localement compact, μ une mesure positive sur X, f une fonction numérique μ-mesurable.

a) Soit $(a_n)_{n\in\mathbf{Z}}$ une suite de nombres réels, λ un nombre réel fini; pour tout $n \in \mathbf{Z}$, on pose

$$u_n(x) = a_{n+[\lambda \log|f(x)|]} f(x) \qquad \text{si } f(x) \neq 0 \text{ et } f(x) \neq \pm\infty$$
$$u_n(x) = 0 \text{ pour les autres valeurs de } x \in X$$

($[t]$ désignant la partie entière du nombre réel fini t). Montrer que les u_n sont μ-mesurables et que pour tout nombre réel fini c tel que $c\lambda < 1$, on a

$$\sum_{n=-\infty}^{+\infty} \int^* |u_n(x)| e^{cx}\,d\mu(x) \leqslant e^{|c|} \int^* |f(x)|^{1-c\lambda}\,d\mu(x). \left(\sum_{n=-\infty}^{\infty} e^{cn}|a_n|\right).$$

b) Soient p', p'' deux nombres finis >0, t un nombre réel tel que $0 < t < 1$, et soit p le nombre réel défini par $1/p = (1-t)/p' + t'/p''$. Pour tout nombre $\alpha > 0$, on pose

$$1/\mathrm{K}_\alpha = \inf \left(\sum_{n=-\infty}^{+\infty} |e^{\alpha t n} a_n|^{p'}\right)^{(1-t)/p'} \left(\sum_{n=-\infty}^{+\infty} |e^{-\alpha(1-t)n} a_n|^{p''}\right)^{t/p''}$$

la borne inférieure étant prise pour toutes les séries absolument convergentes $(a_n)_{n \in \mathbf{Z}}$ de nombres réels finis telles que $\sum_{n=-\infty}^{+\infty} a_n = 1$. Montrer que l'on a

$$(*) \qquad \mathrm{N}_p(f) \leqslant \mathrm{K}_\alpha \,.\, \inf \mathrm{F}(u)$$

$$(**) \qquad \mathrm{N}_p(f) \geqslant \mathrm{K}_\alpha e^{-\alpha} \,.\, \inf \mathrm{F}(u)$$

où $u = (u_n)_{n \in \mathbf{Z}}$ parcourt l'ensemble des suites de fonctions appartenant à $\mathscr{L}^{p'} \cap \mathscr{L}^{p''}$ telles que la série $(u_n(x))_{n \in \mathbf{Z}}$ soit presque partout absolument convergente et de somme $f(x)$; pour toute suite u ayant ces propriétes, on pose

$$\mathrm{F}(u) = \left(\sum_{n=-\infty}^{+\infty} (\mathrm{N}_{p'}(e^{\alpha t n} u_n))^{p'}\right)^{(1-t)/p'} \left(\sum_{n=-\infty}^{+\infty} (\mathrm{N}_{p''}(e^{-\alpha(1-t)n} u_n))^{p''}\right)^{t/p''}$$

et dans les formules (*) et (**) la borne inférieure est prise dans l'ensemble des suites $u = (u_n)$ ayant les propriétés précédentes. (Pour démontrer (*), utiliser l'inégalité de Hölder; pour démontrer (**), utiliser deux fois *a*) avec des choix convenables de c et de λ.) En particulier, K_α est fini pour tout $\alpha > 0$.

c) Soient p', p'', q', q'' des nombres finis $\geqslant 1$, t un nombre tel que $0 < t < 1$, et soient

$$\frac{1}{p} = \frac{1-t}{p'} + \frac{t}{p''}, \qquad \frac{1}{q} = \frac{1-t}{q'} + \frac{t}{q''}.$$

Soient Y un second espace localement compact, ν une mesure positive sur Y, et soit w une application linéaire de $\mathscr{K}(\mathrm{X}; \mathbf{R})$ dans l'espace vectoriel (non topologique) $\mathscr{S}(\mathrm{Y}, \nu; \mathbf{R})$ des fonctions numériques finies ν-mesurables sur Y. On suppose que: 1° w applique $\mathscr{K}(\mathrm{X}; \mathbf{R})$ dans $\mathscr{L}^{q'}(\mathrm{Y}; \mathbf{R}) \cap \mathscr{L}^{q''}(\mathrm{Y}; \mathbf{R})$; 2° on a, pour toute fonction $f \in \mathscr{K}(\mathrm{X}; \mathbf{R})$

$$\mathrm{N}_{q'}(w(f)) \leqslant \mathrm{M}'\mathrm{N}_{p'}(f) \qquad \text{et} \qquad \mathrm{N}_{q''}(w(f)) \leqslant \mathrm{M}''\mathrm{N}_{p''}(f).$$

En conclure que w applique aussi $\mathscr{K}(\mathrm{X}; \mathbf{R})$ dans $\mathscr{L}^q(\mathrm{Y}; \mathbf{R})$ et que l'on a

$$\mathrm{N}_q(w(f)) \leqslant \mathrm{M} \,.\, \mathrm{N}_p(f)$$

avec

$$\mathrm{M} \leqslant \mathrm{M}'^{1-t} \mathrm{M}''^t$$

(« *inégalité de M. Riesz* »). (Ecrire f sous la forme $\sum_n u_n$ comme dans *b*), et considérer la série de terme général $w(u_n)$; utiliser les inégalités (*) et (**) de *b*).)

19) Soit f une fonction numérique $\geqslant 0$ définie dans l'espace $\mathbf{R}_+^* = \left]0, +\infty\right[$ et de puissance p-ème intégrable pour la mesure de Lebesgue ($1 < p < +\infty$). On pose $\mathrm{F}(x) = \int_0^x f(t)\,dt$ pour tout $x > 0$.

a) Montrer que, pour x tendant vers 0 ou vers $+\infty$, on a

$$\mathrm{F}(x) = o(x^{(p-1)/p})$$

(utiliser l'inégalité de Hölder).

b) Montrer que la fonction $\mathrm{F}(x)/x$ est de puissance p-ème intégrable dans $\mathbf{R}_+^*$ et que l'on a (« *inégalité de Hardy* »)

$$\int_0^{+\infty} \left(\frac{\mathrm{F}(x)}{x}\right)^p dx \leqslant \left(\frac{p}{p-1}\right)^p \int_0^{+\infty} (f(x))^p\,dx.$$

(Considérer d'abord le cas où $f \in \mathscr{K}(\mathbf{R}_+^*)$; pour tout intervalle compact $[a, b] \subset \mathbf{R}_+^*$, majorer l'intégrale

$$\int_a^b \left(\frac{\mathrm{F}(t)}{t}\right)^p dt$$

en intégrant par parties et utilisant l'inégalité de Hölder).

¶ 20) *a*) Soit Y un espace métrique; pour tout $y \in \mathrm{Y}$ et tout $r > 0$, on désigne par $\mathrm{B}(y;r)$ la boule ouverte de centre y et de rayon r dans Y. Soit $\mathfrak{S}$ un ensemble de boules ouvertes dans Y, dont les diamètres forment un ensemble *borné* dans $\mathbf{R}$, et qui est tel que, pour tout suite $(\mathrm{B}(y_n;r_n))$ de boules appartenant à $\mathfrak{S}$ et deux à deux disjointes, on a $\lim_{n\to\infty} r_n = 0$. Montrer que si M est la réunion des boules $\mathrm{B} \in \mathfrak{S}$, il existe une suite de boules $\mathrm{B}(y_n;r_n) \in \mathfrak{S}$, deux à deux disjointes et telles que les boules $\mathrm{B}(y_n;4r_n)$ forment un recouvrement de M. (Si $k > 0$ est un majorant de l'ensemble des rayons des boules $\mathrm{B} \in \mathfrak{S}$, définir par récurrence sur h une suite de familles $(\mathfrak{F}_h)$ de boules $\mathrm{B}(y_{hj};r_{hj}) \in \mathfrak{S}$ de sorte que $\mathfrak{F}_h$ soit maximale parmi les familles (finies) de boules appartenant à $\mathfrak{S}$, deux à deux disjointes et disjointes des boules appartenant aux familles $\mathfrak{F}_i$ pour $i < h$, et de rayons compris entre $(2/3)^{h+1}k$ et $(2/3)^h k$.)

b) Soient X un espace localement compact métrisable, d une distance sur X compatible avec sa topologie; on note encore $\mathrm{B}(x;r)$ la boule ouverte de centre x et de rayon $r > 0$ pour cette distance, par $\delta(\mathrm{A})$ le diamètre d'une partie A de X pour la distance d. Soit μ une mesure positive sur X vérifiant les conditions suivantes: 1° toute boule ouverte est μ-intégrable; 2° on a $\mu(\mathrm{B}(x;4r)) \leqslant \mathrm{K}\,.\,\mu(\mathrm{B}(x;r))$, où K est une constante >1 indépendante de x et de r; 3° si une suite (B_n) de boules ouvertes est telle que $\lim_{n\to\infty} \mu(\mathrm{B}_n) = 0$, alors $\lim_{n\to\infty} \delta(\mathrm{B}_n) = 0$; 4° si une suite (B_n) de boules ouvertes est telle que $\lim_{n\to\infty} \delta(\mathrm{B}_n) = +\infty$, alors $\lim_{n\to\infty} \mu(\mathrm{B}_n) = +\infty$.

Soit $f \in \mathscr{L}^p(X; \mu)$ une fonction à valeurs $\geqslant 0$ $(1 < p < \infty)$; pour tout $x \in X$, on pose

$$\bar{f}(x) = \sup \frac{1}{\mu(B)} \int_B f(y)\, d\mu(y)$$

où B parcourt l'ensemble des boules ouvertes de centre x. Montrer que $\bar{f}$ est finie et semi-continue inférieurement dans X.

c) Soit f^* le réarrangement décroissant de f (§ 5, exerc. 29); pour $t > 0$, on pose

$$\beta_f(t) = \frac{1}{t} \int_0^t f^*(s)\, ds$$

qui est une fonction continue décroissante telle que $f^* \leqslant \beta_f$; on a $\beta_f(t) = o(t^{-1/p})$ pour t tendant vers 0 ou vers $+\infty$ (exerc. 19 *a*)). Enfin, on désigne par γ_f la fonction réciproque de β_f, définie dans l'intervalle $\left]0, \beta_f(0+)\right[$, et prolongée par 0 à l'extérieur de cet intervalle si $\beta_f(0+)$ est fini.

Pour tout $t > 0$, on désigne par M_t l'ensemble des $x \in X$ tels que $\bar{f}(x) > t$. Montrer que l'on a $\mu(M_t) \leqslant K \cdot \gamma_f(t)$. (Pour tout $x \in M_t$, soit B_x une boule ouverte de centre x telle que $\int_{B_x} f(y)\, d\mu(y) \geqslant t \cdot \mu(B_x)$; appliquer *a*) à la famille des boules B_x).

d) Déduire de *c*) que l'on a

$$\int (\bar{f}(x))^p\, d\mu(x) \leqslant K \left(\frac{p}{p-1}\right)^p \int (f(x))^p\, d\mu(x).$$

(Observer que le premier membre s'écrit aussi $\int_0^{+\infty} pt^{p-1}(\mu(M_t))\, dt$ et utiliser l'inégalité de Hardy (exerc. 19)).

§ 7

1) *a*) Soient K une partie compacte convexe d'un espace localement convexe séparé E, μ une mesure positive de masse 1 sur K, $\mathbf{b}_\mu$ son barycentre. Montrer que pour toute fonction positive f concave et semi-continue inférieurement dans K, on a $f(\mathbf{b}_\mu) \geqslant \int^* f\, d\mu$. (Remarquer que f est bornée (*Esp. vect. top.*, chap. II, 2e éd., § 2, exerc. 32) et par suite que $-f$ est μ-intégrable). En conclure que si f est une fonction semi-continue inférieurement (ou semi-continue supérieurement) dans K, à la fois convexe et concave, on a $\int f\, d\mu = f(\mathbf{b}_\mu)$.)

b) Soient I l'intervalle $[0, 1]$ de $\mathbf{R}$, K la partie de $\mathscr{M}_+(\mathrm{I})$ formée des mesures de masse totale 1, qui est convexe et compacte pour la topologie vague, et soit $j : x \mapsto \varepsilon_x$ l'injection canonique de I dans K, qui est un homéomorphisme de I sur un sous-espace de K. Pour toute mesure $\nu \in K$, on pose $g(\nu) = \sum_{x \in \mathrm{I}} \nu(\{x\})$; c'est une fonction à la fois convexe et concave dans K; en outre, si $g_n(\nu)$ est la borne supérieure des $\nu(A)$ pour toutes les parties finies A de I ayant au plus n éléments, g_n est semi-continue supérieurement dans K, et l'on a $g(\nu) = \lim_{n\to\infty} g_n(\nu)$ pour toute $\nu \in K$, donc g est λ-intégrable pour toute mesure λ sur K. Soit μ la mesure sur K telle que $\int f\,d\mu = \int_I f(j(x))\,dx$ pour $f \in \mathscr{K}(K;\mathbf{R})$, qui est positive et de masse totale 1; montrer que $\mathfrak{b}_\mu$ est la mesure de Lebesgue sur I, et que l'on a $\int g\,d\mu \neq g(\mathfrak{b}_\mu)$.

¶ 2) Soient X un espace compact, $\mathscr{P}$ un ensemble de fonctions numériques semi-continues inférieurement dans X, prenant leurs valeurs dans $]-\infty, +\infty]$. On suppose que $\mathscr{P}$ contient les constantes finies; pour toute fonction $h \in \mathscr{P}$, et toute mesure positive μ sur X, $\mu^*(h)$ est défini et $> -\infty$ (§ 4, exerc. 5).

a) Pour deux mesures positives μ, ν sur X, on pose $\mu \prec \nu$ si l'on a $\mu^*(h) \leqslant \nu^*(h)$ pour toute fonction $h \in \mathscr{P}$. Montrer que la relation $\mu \prec \nu$ est une relation de préordre sur $\mathscr{M}_+(X)$; elle entraîne $\mu(1) = \nu(1)$, $c\mu \prec c\nu$ pour tout $c > 0$ et $\mu + \lambda \prec \nu + \lambda$ pour toute mesure $\lambda \in \mathscr{M}_+(X)$.

b) On suppose que $\mathscr{P} + \mathscr{P} \subset \mathscr{P}$ et que $c\,.\,\mathscr{P} \subset \mathscr{P}$ pour $c > 0$. Soient μ une mesure positive sur X, f une fonction de $\mathscr{C}(X;\mathbf{R})$. On désigne par Q_f l'ensemble des fonctions $h \geqslant f$ appartenant à $\mathscr{P}$, par M_μ l'ensemble des mesures $\lambda \in \mathscr{M}_+(X)$ telles que $\lambda \prec \mu$. Montrer que l'on a

$$\sup_{\lambda\in M_\mu} \lambda(f) = \inf_{h\in Q_f} \mu^*(h).$$

(Pour toute fonction $g \in \mathscr{C}(X;\mathbf{R})$, soit $p(g) = \inf_{h\in Q_g} \mu^*(h)$. Montrer que l'on a $p(g + g') \leqslant p(g) + p(g')$ et $p(c\,.\,g) = c\,.\,p(g)$ pour g, g' dans $\mathscr{C}(X;\mathbf{R})$ et $c > 0$; prouver d'autre part que M_μ est identique à l'ensemble des mesures $\lambda \in \mathscr{M}_+(X)$ telles que, pour toute fonction $g \in \mathscr{C}(X;\mathbf{R})$, on ait $\lambda(g) \leqslant p(g)$, et terminer en appliquant le th. de Hahn–Banach). Si les fonctions de $\mathscr{P}$ sont continues, et si $S_0(f)$ est l'enveloppe inférieure de Q_f, on a aussi $\mu(S_0(f)) = \sup_{\lambda\in M_\mu} \lambda(f)$.

c) Si l'ensemble $\mathscr{P}_0$ des fonctions de $\mathscr{P}$ qui sont continues et finies dans X est total dans $\mathscr{C}(X;\mathbf{R})$, la relation $\mu \prec \nu$ est une relation d'ordre sur $\mathscr{M}_+(X)$. Si une mesure $\nu \in \mathscr{M}_+(X)$ est maximale pour cette relation d'ordre, il en est de même de toute mesure ν' telle que $0 \leqslant \nu' \leqslant \nu$ (pour l'ordre usuel) (raisonner par l'absurde en utilisant *a*)). Si $\mathscr{P}_0 = \mathscr{P}$ et si $\mathscr{P}$ est total, tout ensemble filtrant croissant pour la relation d'ordre $\mu \prec \nu$ admet une borne supérieure dans $\mathscr{M}_+(X)$ pour cette relation; en particulier $\mathscr{M}_+(X)$ est *inductif* pour cette relation.

d) On suppose que les fonctions de $\mathscr{P}$ sont continues et finies, que $\mathscr{P}$ est total dans $\mathscr{C}(X;\mathbf{R})$ et que l'on a $\mathscr{P} + \mathscr{P} \subset \mathscr{P}$ et $c\,.\,\mathscr{P} \subset \mathscr{P}$ pour tout $c > 0$. Pour toute fonction $f \in \mathscr{C}(X;\mathbf{R})$, on note $S(f)$ l'enveloppe inférieure des fonctions $h \in -\mathscr{P}$ telles que $f \leqslant h$; pour tout $\varepsilon > 0$, on note $K_{f,\varepsilon}$ l'ensemble des $x \in X$ tels que $S(f)(x) \geqslant f(x) + \varepsilon$. Montrer que les conditions suivantes sont équivalentes:

α) La mesure $\mu \in \mathscr{M}_+(X)$ est maximale pour la relation d'ordre $\lambda \prec \lambda'$.

β) Pour toute fonction $f \in \mathscr{C}(X;\mathbf{R})$, on a $\mu(S(f)) = \mu(f)$.

β') Pour toute fonction $f \in \mathscr{P}$, on a $\mu(\mathrm{S}(f)) = \mu(f)$.

γ) Pour toute fonction $f \in \mathscr{C}(\mathrm{X}; \mathbf{R})$ et tout $\varepsilon > 0$, on a $\mu(\mathrm{K}_{f,\varepsilon}) = 0$.

γ') Pour toute fonction $f \in \mathscr{P}$ et tout $\varepsilon > 0$, on a $\mu(\mathrm{K}_{f,\varepsilon}) = 0$. (Appliquer *b*) à $-\mathscr{P}$).

e) Sous les hypothèses de *d*), montrer que si μ et μ' sont deux mesures positives sur X, maximales pour la relation $\prec$, il en est de même de $\mu + \mu'$. En déduire que l'ensemble des mesures positives maximales pour cette relation d'ordre est réticulé pour la relation d'ordre usuelle $\leqslant$.

¶ 3) Soient X un espace compact non vide, $\mathscr{P}$ un ensemble de fonctions numériques semi-continues inférieurement dans X, prenant leurs valeurs dans $]-\infty, +\infty]$; on suppose que $\mathscr{P}$ contient les constantes finies. On dit qu'un point $x \in \mathrm{X}$ est *$\mathscr{P}$-extrémal* si la mesure ε_x est *minimale* pour la relation de préordre $\mu \prec \nu$ (*); on note $\mathrm{Ch}_{\mathscr{P}}(\mathrm{X})$ l'ensemble des points $\mathscr{P}$-extrémaux.

a) Montrer que si $\mathscr{P}'$ est l'ensemble des combinaisons linéaires $\sum_i c_i h_i$ de fonctions de $\mathscr{P}$ à coefficients $\geqslant 0$, les points $\mathscr{P}$-extrémaux sont identiques aux points $\mathscr{P}'$-extrémaux.

b) Pour un point $x \in \mathrm{X}$, montrer que les conditions suivantes sont équivalentes :

α) x est $\mathscr{P}$-extrémal.

β) Pour toute fonction $f \in \mathscr{C}(\mathrm{X}; \mathbf{R})$ et tout $\varepsilon > 0$, il existe $h \in \mathscr{P}'$ tel que $f \leqslant h$ et $h(x) \leqslant f(x) + \varepsilon$.

γ) Pour tout voisinage ouvert U de x et tout $\varepsilon > 0$, il existe une fonction $h \geqslant 0$ dans $\mathscr{P}'$ telle que $h(x) \leqslant \varepsilon$ et $h(y) \geqslant 1$ pour tout $y \in \mathrm{X} - \mathrm{U}$. (Utiliser l'exerc. 2 *b*).)

En outre, montrer que l'ensemble des points de $\mathrm{Ch}_{\mathscr{P}}(\mathrm{X})$ où une fonction de $\mathscr{P}$ au moins atteint sa borne inférieure dans X est dense dans $\mathrm{Ch}_{\mathscr{P}}(\mathrm{X})$.

c) On dit qu'une partie F de X est *$\mathscr{P}$-stable* si elle est fermée et si les relations $\lambda \prec \mu$ et $\mathrm{Supp}(\mu) \subset \mathrm{F}$ entraînent $\mathrm{Supp}(\lambda) \subset \mathrm{F}$. Montrer que si $u \in \mathscr{P}$ et si F' est l'ensemble des points de F où u atteint sa borne inférieure dans F, l'ensemble F' est $\mathscr{P}$-stable.

d) On suppose en outre que $\mathscr{P}$ sépare les points de X. Montrer que pour toute fonction $h \in \mathscr{P}$, l'ensemble S_h des points de X où h atteint sa borne inférieure dans X rencontre $\mathrm{Ch}_{\mathscr{P}}(\mathrm{X})$. (Considérer une partie $\mathscr{P}$-stable minimale contenue dans S_h et utiliser *c*) pour montrer qu'une telle partie est réduite à un seul point).

e) Les hypothèses étant les mêmes que dans *d*), montrer que pour qu'une partie fermée F de X contienne $\mathrm{Ch}_{\mathscr{P}}(\mathrm{X})$, il faut et il suffit que pour toute fonction $h \in \mathscr{P}'$, F rencontre l'ensemble S_h des points où h atteint sa borne inférieure dans X (utiliser *b*)). En déduire que, pour que $a \in \mathrm{X}$ soit adhérent à $\mathrm{Ch}_{\mathscr{P}}(\mathrm{X})$, il faut et il suffit que pour tout voisinage ouvert U de a, il existe $h \in \mathscr{P}'$ et $b \in \mathrm{U}$ tels que $h(b) < h(x)$ pour tout $x \in \mathrm{X} - \mathrm{U}$ (autrement dit $\mathrm{S}_h \subset \mathrm{U}$).

(*) La définition d'un élément maximal (ou minimal) dans un ensemble ordonné (*Ens.*, chap. III, § 1, n° 6) s'étend aussitôt aux ensembles préordonnés.

f) Sous les hypothèses de *d*), on dit qu'une partie A de X est une $\mathscr{P}$-*arête* si pour toute fonction $h \in \mathscr{P}'$, S_h rencontre A. On prend pour X la réunion, dans $\mathbf{R}^2$, des deux cercles de centres respectifs $(-1, 0)$ et $(1, 0)$ et de rayon 1, pour $\mathscr{P}$ l'ensemble des restrictions à X des fonctions linéaires affines dans $\mathbf{R}^2$. Montrer que $\mathrm{Ch}_{\mathscr{P}}(X)$ est formé des points (ξ, η) de X tels que $|\xi| \geqslant 1$. Si a est le point $\mathscr{P}$-extrémal $(1, 1)$, montrer qu'il y a un voisinage U de a tel qu'il n'y ait aucune fonction $h \in \mathscr{P}'$ pour laquelle $h \geqslant 0$, $h(a) = 0$ et $h(y) \geqslant 1$ dans $X - U$. Si A et A′ sont les complémentaires dans $\mathrm{Ch}_{\mathscr{P}}(X)$ des points $(1, 1)$ et $(-1, 1)$ respectivement, A et A′ sont des $\mathscr{P}$-arêtes, mais il n'en est pas de même de $A \cap A'$; il n'y a donc pas de plus petite $\mathscr{P}$-arête.

g) Soient Y un second espace compact, $\mathscr{Q}$ un ensemble d'applications semi-continues inférieurement de Y dans $]-\infty, +\infty]$, contenant les constantes finies. Soit $\mathscr{H}$ l'ensemble des fonctions $h = f \otimes g$ où $f \in \mathscr{P}$ et $g \in \mathscr{Q}$; montrer que l'on a $\mathrm{Ch}_{\mathscr{H}}(X \times Y) = \mathrm{Ch}_{\mathscr{P}}(X) \times \mathrm{Ch}_{\mathscr{Q}}(Y)$.

¶ 4) Soient E un espace localement convexe séparé, X un ensemble convexe compact dans E, $\mathscr{P}$ l'ensemble des fonctions numériques finies continues et convexes dans X; on désigne par $\mu \prec \nu$ la relation de préordre définie sur $\mathscr{M}_+(X)$ par $\mathscr{P}$ (exerc. 2).

a) Montrer que $\mu \prec \nu$ est une relation d'ordre sur $\mathscr{M}_+(X)$ (utiliser l'exerc. 29 de *Esp. vect. top.*, chap. II, 2e éd., § 5) et que, pour tout $x \in X$, la relation $\varepsilon_x \prec \mu$ équivaut à dire que μ est de masse 1 et que x est le barycentre de μ. Pour toute mesure maximale μ (pour la relation d'ordre précédente) de masse 1, il existe donc un $x \in X$ et un seul tel que $\varepsilon_x \prec \mu$. Inversement, tout $z \in X$ est barycentre d'une mesure maximale au moins. Pour que $x \in X$ soit point extrémal de X, il faut et il suffit que ε_x soit une mesure maximale.

b) Soient μ une mesure maximale sur X, f une fonction de $\mathscr{C}_+(X)$. Pour tout $\varepsilon > 0$, montrer qu'il existe une fonction g continue et convexe dans X telle que $0 \leqslant g \leqslant f$ et $\mu(g) \geqslant \mu(f) - \varepsilon$ (utiliser les exerc. 3 *b*) et 2 *d*)). En déduire que le support de μ est contenu dans l'adhérence de l'ensemble des points extrémaux de X.

c) Soient μ une mesure maximale sur X, $(f_n)_{n \geqslant 1}$ une suite décroissante de fonctions de $\mathscr{C}_+(X)$. Montrer que si pour tout point *extrémal* $x \in X$, la suite $(f_n(x))$ tend vers 0, on a $\lim_{n \to \infty} \mu(f_n) = 0$ (utiliser *b*) pour construire une suite décroissante (g_n) de fonctions continues convexes telles que $0 \leqslant g_n \leqslant f_n$ pour tout n, et $\mu(g_n) \geqslant \mu(f_n) - \varepsilon$, et montrer que la suite $(g_n(y))$ tend vers 0 pour tout $y \in X$).

d) Déduire de *c*) que si $A \subset X$ ne contient aucun point extrémal et est réunion d'une suite (K_n) de parties compactes de X, dont chacune est intersection dénombrable d'ensembles ouverts de X, alors $\mu(A) = 0$ pour toute mesure maximale μ.

e) Soit $\mathscr{A}$ l'espace vectoriel des fonctions continues dans X qui sont restrictions à X de fonctions linéaires affines continues dans E. La relation $\lambda \prec \mu$ entraîne $\lambda(h) = \mu(h)$ pour toute fonction $h \in \mathscr{A}$; pour toute fonction $f \in \mathscr{C}(X; \mathbf{R})$, l'enveloppe inférieure $S(f)$ des fonctions $h \in \mathscr{A}$ telles que $f \leqslant h$ est aussi l'enveloppe inférieure des fonctions $g \in -\mathscr{P}$ telles que $f \leqslant g$. Pour tout $x \in X$, la relation $\varepsilon_x \prec \mu$ est équivalente à la relation $h(x) = \langle h, \mu \rangle$ pour toute $h \in \mathscr{A}$; les points extrémaux de X sont identiques aux points $\mathscr{A}$-extrémaux. Si $f \in \mathscr{P}$, on a, pour tout $x \in X$,

$$(*) \qquad S(f)(x) = \sup_{\varepsilon_x \prec \mu} \int f(y)\, d\mu(y)$$

(utiliser l'exerc. 2 *b*)). Cette formule n'est plus nécessairement exacte si l'on suppose seulement que f est convexe et semi-continue supérieurement dans X (avec les notations de l'exerc. 1 *b*), considérer la fonction f égale à 1 dans l'image de I dans K, à 0 ailleurs).

f) Montrer que la formule (*) est encore valable lorsque dans le second membre on se limite aux mesures μ *discrètes* ayant x pour barycentre.

¶ 5) Les notations étant celles de l'exerc. 4 *e*), on désigne par $\mathscr{A}'$ le dual de l'espace normé $\mathscr{A}$, muni de la structure d'ordre déduite de celle de $\mathscr{A}$ (chap. II, § 2). On désigne d'autre part par C le cône convexe de sommet 0 engendré par $X \times \{1\}$ dans l'espace $E \times \mathbf{R}$.

a) Montrer que les propriétés suivantes sont équivalentes:

(i) Tout point $x \in X$ est barycentre d'une *mesure maximale unique* β_x de masse 1 sur X.

(ii) L'espace vectoriel F engendré par C est réticulé pour la structure d'ordre ayant C pour ensemble des éléments $\geqslant 0$ (autrement dit, X est un *simplexe* (*Esp. vect. top.*, chap. II, 2e éd., § 2, exerc. 41)).

(iii) Pour toute fonction $f \in \mathscr{P}$, $S(f)$ est à la fois concave et convexe.

(iv) Si μ et ν sont deux mesures maximales telles que $\mu(h) = \nu(h)$ pour tout $h \in \mathscr{A}$, on a $\mu = \nu$.

(v) L'espace vectoriel $\mathscr{A}'$ est un espace de Riesz.

(vi) Si f, g sont deux fonctions de $\mathscr{P}$, on a $S(f + g) = S(f) + S(g)$.

(Prouver d'abord que (i) entraîne la propriété suivante:

(vii) L'application $x \mapsto \beta_x$ se prolonge d'une seule manière en une application linéaire bijective de F sur le sous-espace de $\mathscr{M}(X)$ engendré par les mesures maximales, et cette application transforme C en le cône des mesures maximales.

Déduire alors (ii) de (vii) en utilisant l'exerc. 2 *e*). Pour déduire (iii) de (ii), utiliser le lemme de décomposition dans l'espace de Riesz F et l'exerc. 4 *f*). Pour déduire (iv) de (iii), utiliser le fait que si $g \in \mathscr{C}(X; \mathbf{R})$ est à la fois concave et convexe, l'ensemble des $h \in \mathscr{A}$ tels que $h(x) > g(x)$ pour tout $x \in X$ est filtrant décroissant (*Esp. vect. top.*, chap. II, 2e éd., § 5, prop. 6) et a g pour enveloppe inférieure; appliquer alors l'exerc. 4 *e*). Pour déduire (v) de (iv), observer que $\mathscr{A}'$ s'identifie au sous-espace de $\mathscr{M}(X)$ engendré par les mesures maximales, à l'aide de l'exerc. 4 *e*). Pour déduire (vi) de (v), appliquer le lemme de décomposition dans l'espace de Riesz $\mathscr{A}'$ et l'exerc. 4 *f*). Enfin, pour déduire (i) de (vi), considérer l'application $f \mapsto S(f)(x)$ pour $f \in \mathscr{P}$ et $x \in X$, et utiliser l'exerc. 4 *e*)).

b) Lorsque les conditions de *a*) sont vérifiées, montrer que, pour toute fonction $f \in \mathscr{C}(X; \mathbf{R})$, l'application $x \mapsto \beta_x(f)$ est adhérente, pour la topologie de la convergence uniforme dans X, à l'ensemble des fonctions bornées dans X et différences de deux fonctions semi-continues supérieurement (utiliser le fait que $\mathscr{P}$ est total dans $\mathscr{C}(X; \mathbf{R})$); par suite cette application est mesurable pour toute mesure sur X. * Pour toute mesure positive μ sur X, l'unique mesure maximale $\nu \succ \mu$ est donnée par $\nu = \int \beta_x \, d\mu(x)$ (Cf. chap. V).$_*$

c) Lorsque les conditions de *a*) sont vérifiées et que X est en outre *métrisable*, montrer que pour tout $x \in X$, β_x est la seule mesure positive μ de masse 1, de barycentre x et telle que $\mu(X - L) = 0$, L étant l'ensemble $\mathrm{Ch}_{\mathscr{A}}(X)$ des points extrémaux (raisonner comme dans le th. 1).

d) Lorsque les conditions de *a*) sont vérifiées, montrer que les propriétés suivantes sont équivalentes :

α) L'ensemble $L = \mathrm{Ch}_{\mathscr{A}}(X)$ est fermé, autrement dit

$$\check{S}_{\mathscr{A}}(X) = \mathrm{Ch}_{\mathscr{A}}(X).$$

β) Pour toute fonction $f \in \mathscr{P}$, la restriction à $\bar{L}$ de $S(f)$ est continue.

γ) Pour toute fonction $f \in \mathscr{P}$, la fonction $S(f)$ est continue dans X.

δ) L'application $x \mapsto \beta_x$ de X dans $\mathscr{M}_+(X)$ (muni de la topologie vague) est continue.

(Pour montrer que α) entraîne β), remarquer que $\beta_x = \varepsilon_x$ dans L. Pour prouver que β) entraîne γ), utiliser le fait que $S(f)$ est l'enveloppe inférieure d'un ensemble filtrant décroissant de fonctions de $\mathscr{A}$ (*Esp. vect. top.*, chap. II, 2e éd., § 5, prop. 6), le th. de Dini et l'exerc. 3 *d*) appliqué aux fonctions de $\mathscr{A}$. Pour prouver que γ) entraîne δ), utiliser l'exerc. 4 *e*). Enfin, pour voir que δ) entraîne α), utiliser l'exerc. 4 *a*).)

¶ 6) Soient X un espace compact non vide, $\mathscr{H}$ un sous-espace vectoriel de $\mathscr{C}(X; \mathbf{R})$ contenant les constantes et séparant les points de X. La relation $\lambda \prec \mu$ définie par $\mathscr{H}$ (exerc. 2) est alors une *relation d'équivalence*, et les points $\mathscr{H}$-extrémaux au sens de l'exerc. 3 sont identiques aux points $\mathscr{H}$-extrémaux au sens du n° 3.

Soit F une partie fermée de X contenant $\mathrm{Ch}_{\mathscr{H}}(X)$; pour tout $x \in X$, on désigne par $\mathscr{M}_x^F$ l'ensemble des mesures positives μ sur X, de masse totale 1, telles que $\varepsilon_x \prec \mu$ et $\mathrm{Supp}(\mu) \subset F$; pour que $\varepsilon_x \in \mathscr{M}_x^F$, il faut et il suffit que $x \in F$; la relation $x \in \mathrm{Ch}_{\mathscr{H}}(X)$ équivaut à $\mathscr{M}_x^F = \{\varepsilon_x\}$. Pour toute fonction numérique bornée f définie dans F, et tout $x \in X$, on pose

$$\bar{H}_x^F(f) = \inf_{f \leqslant h|F,\, h \in \mathscr{H}} h(x), \quad \underline{H}_x^F(f) = -\bar{H}_x^F(-f) = \sup_{f \geqslant h|F,\, h \in \mathscr{H}} h(x)$$

qui sont des nombres finis.

a) Montrer que l'application $f \mapsto \bar{H}_x^F(f)$ de $\mathscr{C}(F; \mathbf{R})$ dans $\mathbf{R}$ est croissante, positivement homogène et convexe. Si $h \in \mathscr{H}$, on a $\bar{H}_x^F(h) = h(x)$.

b) Pour tout $x \in X$, toute mesure $\mu \in \mathscr{M}_x^F$ et toute fonction $f \in \mathscr{C}(F; \mathbf{R})$, on a $\underline{H}_x^F(f) \leqslant \int f \, d\mu \leqslant \bar{H}_x^F(f)$. Inversement, si, pour une fonction $f_0 \in \mathscr{C}(F; \mathbf{R})$, un nombre réel γ est tel que $\underline{H}_x^F(f_0) \leqslant \gamma \leqslant \bar{H}_x^F(f_0)$, il existe une mesure $\mu \in \mathscr{M}_x^F$ telle que $\gamma = \int f_0 \, d\mu$.

c) Montrer que, pour une fonction $g \in \mathscr{C}(X; \mathbf{R})$, les conditions suivantes sont équivalentes :

α) Pour tout $x \in X$ et toute mesure $\mu \in \mathscr{M}_x^F$, on a $g(x) = \int g \, d\mu$.

β) Pour tout $x \in X$, on a $\underline{H}_x^F(g|F) = \bar{H}_x^F(g|F) = g(x)$.

γ) Pour tout $\varepsilon > 0$, il existe deux suites finies, (h_i'), (h_j'') de fonctions de $\mathscr{H}$ telles que, si l'on pose $h' = \sup(h_i')$, $h'' = \inf(h_j'')$, on ait $h' \leqslant g \leqslant h''$ et $h'' - h' \leqslant \varepsilon$.

(Pour voir que β) entraîne γ), raisonner comme dans *Top. gén.*, chap. X, 2e éd., § 4, n° 1, prop. 2.)

Lorsqu'une fonction $g \in \mathscr{C}(X; \mathbf{R})$ possède les propriétés équivalentes précédentes, on dit qu'elle est *$\mathscr{H}$-harmonique*; l'ensemble $\mathscr{H}^c$ des fonctions $\mathscr{H}$-harmoniques est un sous-espace vectoriel fermé de $\mathscr{C}(X; \mathbf{R})$ contenant $\mathscr{H}$; il est indépendant de la partie fermée $F \supset \mathrm{Ch}_{\mathscr{H}}(X)$ considérée. On a $(\mathscr{H}^c)^c = \mathscr{H}^c$, et la relation d'équivalence définie par $\mathscr{H}^c$ dans $\mathscr{M}_+(X)$ est identique à la relation $\lambda \prec \mu$ définie par $\mathscr{H}$; on a par suite $\mathrm{Ch}_{\mathscr{H}^c}(X) = \mathrm{Ch}_{\mathscr{H}}(X)$. L'application $g \mapsto g|F$ est une *isométrie* strictement croissante de $\mathscr{H}^c$ sur son image dans $\mathscr{C}(F; \mathbf{R})$ (qui est par suite un sous-espace fermé de $\mathscr{C}(F; \mathbf{R})$).

d) On prend pour X l'intervalle $(0, 1)$ de $\mathbf{R}$, pour $\mathscr{H}$ l'espace vectoriel des restrictions à X des polynômes du second degré sur $\mathbf{R}$. Montrer que $\mathscr{H}^c$ est distinct de l'adhérence $\overline{\mathscr{H}}$ de $\mathscr{H}$ dans $\mathscr{C}(X; \mathbf{R})$.

e) Montrer que pour que $\mathrm{Ch}_{\mathscr{H}}(X) = X$, il faut et il suffit que l'on ait $\mathscr{H}^c = \mathscr{C}(X; \mathbf{R})$ (pour prouver que la condition est nécessaire, utiliser *b*)).

f) Montrer que si $\mathscr{H}$ est réticulé (autrement dit un espace de Riesz), on a $\mathscr{H}^c = \overline{\mathscr{H}}$. Donner un exemple où $\mathscr{H}$ n'est pas réticulé et $\mathscr{H}^c = \overline{\mathscr{H}}$.

g) Soit $\mathscr{E}_{\mathscr{H}}$ la plus petite partie fermée de $\mathscr{C}(X; \mathbf{R})$ contenant $\mathscr{H}$ et telle que l'enveloppe inférieure $\inf(u, v)$ de deux fonctions de $\mathscr{E}_{\mathscr{H}}$ appartienne à $\mathscr{E}_{\mathscr{H}}$. Montrer que les propriétés suivantes sont équivalentes:

α) $f \in \mathscr{E}_{\mathscr{H}}$;

β) pour tout $x \in X$ et toute mesure $\mu \in \mathscr{M}_x^X$, $\int f\,d\mu \leqslant f(x)$;

γ) $\overline{\mathrm{H}}_x^X(f) = f(x)$ pour tout $x \in X$;

δ) pour tout $\varepsilon > 0$, il existe une suite finie (h_i) de fonctions de $\mathscr{H}$ telle que $f \leqslant \inf(h_i) \leqslant f + \varepsilon$.

(Pour voir que β) entraîne γ), utiliser *b*).)

En déduire que $\mathscr{E}_{\mathscr{H}}$ est un cône convexe pointé, et que l'on a $\mathscr{E}_{\mathscr{H}} \cap (-\mathscr{E}_{\mathscr{H}}) = \mathscr{H}^c$. Montrer que toute fonction de $\mathscr{E}_{\mathscr{H}}$ atteint sa borne inférieure dans X en un point au moins de $\mathrm{Ch}_{\mathscr{H}}(X)$.

¶ 7) Soient Y un espace compact non vide, $\mathscr{R}$ un sous-espace vectoriel de $\mathscr{C}(Y; \mathbf{R})$ qui contient les constantes, sépare les points de Y et est *réticulé* (autrement dit, un espace de Riesz).

a) Soit $\mathscr{N}$ un sous-espace isolé *maximal* de $\mathscr{R}$; montrer qu'il existe un point et un seul y_0 tel que la forme linéaire positive $\varphi: f \mapsto f(y_0)$ sur $\mathscr{R}$ soit *réticulante* (chap. II, § 2, exerc. 5 *b*)) et que $\mathscr{N} = \overset{-1}{\varphi}(0)$. (Pour voir qu'il existe un point au moins de Y où s'annulent *toutes* les fonctions $f \geqslant 0$ appartenant à $\mathscr{N}$, raisonner par l'absurde en montrant que, dans le cas contraire, compte tenu de la compacité de Y et de la définition de la relation d'ordre dans $\mathscr{R}$, on aurait $\mathscr{N} = \mathscr{R}$. Pour montrer que l'ensemble $Z(\mathscr{N})$ des points de Y où s'annulent toutes les fonctions de $\mathscr{N}$ est réduit à un seul point, utiliser le fait que $\mathscr{N}$ est un hyperplan dans $\mathscr{R}$ (chap. II, § 2, exerc. 5) et le fait que $\mathscr{R}$ sépare les points de Y et contient les constantes.)

b) Sous les hypothèses de *a*), montrer que l'on a $y_0 \in \check{\mathrm{S}}_{\mathscr{R}}(Y)$. (Si l'on pose $S = \check{\mathrm{S}}_{\mathscr{R}}(Y)$, remarquer que le sous-espace $\mathscr{R}'$ de $\mathscr{C}(S; \mathbf{R})$ formé des restrictions à S des fonctions de $\mathscr{R}$ est canoniquement isomorphe à $\mathscr{R}$

en tant qu'espace vectoriel ordonné (exerc. 6 *c*)), et qu'au moyen de l'isomorphisme réciproque de $f \mapsto f|S$, la forme linéaire positive $f \mapsto f(y_0)$ donne une forme linéaire positive réticulante sur $\mathscr{R}'$; appliquer ensuite *a*) à $\mathscr{R}'$).

c) Pour tout sous-espace isolé $\mathscr{N}_0 \neq \mathscr{R}$, montrer qu'il existe un sous-espace isolé maximal $\mathscr{N} \supset \mathscr{N}_0$. (Utiliser le fait que si un sous-espace isolé contient une fonction constante $\neq 0$, il est égal à $\mathscr{R}$.)

d) Soit Z la réunion des ensembles $Z(\mathscr{N})$ (réduits chacun à un point) lorsque $\mathscr{N}$ parcourt l'ensemble des sous-espaces isolés maximaux de $\mathscr{R}$; montrer que $Z = \check{S}_{\mathscr{R}}(Y)$. (Prouver d'abord que Z est fermé, en notant que si $y \notin Z$, la forme linéaire $f \mapsto f(y)$ sur $\mathscr{R}$ n'est pas réticulante, et par suite (en utilisant le chap. II, § 2, exerc. 5 *b*)) qu'il en est de même de la forme linéaire $f \mapsto f(y')$ pour tous les points y' assez voisins de y. Utiliser ensuite la prop. 7 du nº 3, en montrant que toute fonction $f_0 \in \mathscr{R}$ atteint sa borne inférieure α dans Y en un point de Z au moins ; pour cela, en posant $M = \overset{-1}{f_0}(\alpha)$, on considérera le sous-espace $\mathscr{N}_0$ des fonctions $f \in \mathscr{R}$ de la forme $f_1 - f_2$, avec $f_1 \geqslant 0$, $f_2 \geqslant 0$, f_1 et f_2 s'annulant dans M ; prouver que $\mathscr{N}_0$ est isolé et utiliser *c*)).

¶ 8) Les notations et hypothèses générales étant celles de l'exerc. 6, on pose $S = \check{S}_{\mathscr{H}}(X)$. On dit qu'une fonction $f \in \mathscr{C}(S; \mathbf{R})$ est *$\mathscr{H}$-résolutive* s'il existe une fonction $g \in \mathscr{H}^c$ telle que $f = g|S$ (cette fonction est alors unique).

a) Montrer que les conditions suivantes, pour une fonction $f \in \mathscr{C}(S; \mathbf{R})$, sont équivalentes :

(i) f est $\mathscr{H}$-résolutive.

(ii) Pour tout $x \in X$, on a $\underline{H}_x^S(f) = \overline{H}_x^S(f)$.

(iii) Pour tout $x \in X$ et tout couple de mesures μ_1, μ_2 dans $\mathscr{M}_x^S$, on a $\int f\, d\mu_1 = \int f\, d\mu_2$.

(Utiliser l'exerc. 6 *b*) et *c*).)

b) Montrer que les propriétés suivantes sont équivalentes :

(i) Toute fonction $f \in \mathscr{C}(S; \mathbf{R})$ est $\mathscr{H}$-résolutive.

(ii) Pour tout $x \in X$ et toute fonction $f \in \mathscr{C}(S; \mathbf{R})$, on a $\underline{H}_x^S(f) = \overline{H}_x^S(f)$.

(iii) L'ensemble $\mathscr{M}_x^S$ est réduit à un seul élément.

(iv) L'ensemble $\mathscr{H}^c$ est réticulé.

(v) Pour toute fonction $u \in \mathscr{E}_{\mathscr{H}}$ (exerc. 6 *g*)), il existe une plus grande minorante h_u de u dans $\mathscr{H}^c$.

(Pour montrer que (iv) entraîne (i), appliquer à $\mathscr{H}^c$ l'exerc. 7 *d*), prouvant que pour tout point $s \in S$, la forme linéaire $h \mapsto h(s)$ est réticulante dans $\mathscr{H}^c$; puis utiliser le th. de Stone et l'exerc. 6 *c*). Pour voir que (i) entraîne (v), observer que $\mathscr{H}^c \subset \mathscr{E}_{\mathscr{H}}$ et considérer l'unique fonction $h_u \in \mathscr{H}^c$ telle que $h_u|S = u|S$. Pour voir que (v) entraîne (iv), noter que si $h \in \mathscr{H}^c$, on a $-h^- = \inf(h, 0) \in \mathscr{E}_{\mathscr{H}}$ et appliquer (v) à $u = -h^-$.)

c) Si les conditions de *b*) sont satisfaites, et si γ_x est l'unique élément de $\mathscr{M}_x^S$, montrer que l'application $x \mapsto \gamma_x$ de X dans $\mathscr{M}_+(X)$ (muni de la topologie vague) est continue ; en déduire que l'on a alors

$$\mathrm{Ch}_{\mathscr{H}}(X) = \check{S}_{\mathscr{H}}(X)$$

(remarquer que $\gamma_x = \varepsilon_x$ dans $\mathrm{Ch}_{\mathscr{H}}(X)$).

d) Pour que toute fonction $f \in \mathscr{C}(S; \mathbf{R})$ soit la restriction à S d'une fonction $h \in \mathscr{H}$, il faut et il suffit que $\mathscr{H}$ soit fermé dans $\mathscr{C}(X; \mathbf{R})$ et réticulé.

¶ 9) Soit Y l'espace topologique dont l'ensemble sous-jacent est le produit $I \times \{-1, 0, 1\}$ dans $\mathbf{R}^2$, où $I = [0, 1]$; pour tout $a \in I$ et tout $\varepsilon > 0$, soit $U_{a,\varepsilon}$ l'ensemble des $(x, y) \in Y$ tels que $|x - a| \leqslant \varepsilon$ et que (x, y) soit distinct de $(a, 1)$ et de $(a, -1)$; les ensembles $\{(x, y)\}$ pour $y \neq 0$ et $x \in I$, et les ensembles $U_{a,\varepsilon}$ forment une base d'une topologie sur Y pour laquelle Y est un espace compact non métrisable (cf. *Top. gén.*, chap. IX, 2ᵉ éd., § 2, exerc. 13 *d*)). On désigne par X l'espace somme topologique de Y et d'un ensemble réduit à un point ω. Soit $\mathscr{H}$ l'ensemble des fonctions numériques finies continues dans X et telles que

$$h(x, 0) = \tfrac{1}{2}(h(x, 1) + h(x, -1))$$

pour tout $x \in I$, et $h(\omega) = \int_0^1 h(x, 0)\, dx$. Montrer que $\mathrm{Ch}_{\mathscr{H}}(X)$ est formé des points (x, y) tels que $y \neq 0$ et $x \in I$, mais qu'il n'existe aucune mesure positive μ de masse 1 sur X telle que $h(\omega) = \mu(h)$ pour tout $h \in \mathscr{H}$, et $\mu(X - \mathrm{Ch}_{\mathscr{H}}(X)) = 0$.

¶ 10) *a*) Soient E un espace localement convexe séparé et *complet*, E′ son dual, $E'^* \supset E$ le dual algébrique de E′. Soit A une partie de E compacte pour la topologie affaiblie $\sigma(E, E')$. Soit x un point de E'^* adhérent à l'enveloppe convexe C de A, pour la topologie faible $\sigma(E'^*, E')$. Montrer que si (x'_n) est une suite de points de E′ qui converge vers $a' \in E'$ pour la topologie faible $\sigma(E', E)$, on a $\lim_{n \to \infty} \langle x, x'_n \rangle = \langle x, a' \rangle$. (Remarquer que x est barycentre d'une mesure de masse 1 sur A, et appliquer le th. de Lebesgue.)

b) Déduire de *a*) que, lorsqu'il existe dans E une suite de points partout dense pour la topologie initiale, la restriction à toute partie équicontinue H′ de E′ de l'application $x' \mapsto \langle x, x' \rangle$ est continue pour la topologie faible $\sigma(E', E)$ (remarquer que la topologie induite sur H′ par $\sigma(E', E)$ est métrisable). En déduire que dans ce cas, on a nécessairement $x \in E$ (*Esp. vect. top.*, chap. IV, § 3, exerc. 3); en d'autres termes, l'enveloppe convexe fermée dans E d'un ensemble compact pour la topologie affaiblie est encore compacte pour cette topologie.

c) Etendre le résultat de *b*) au cas où E est un espace localement convexe séparé et quasi-complet quelconque (« *théorème de Krein* »). (Se ramener d'abord au cas où E est complet, en considérant Ê; remarquer ensuite qu'en vertu du th. d'Eberlein (*Esp. vect. top.*, chap. IV, § 2, exerc. 15), il suffit de prouver que toute suite (x_n) de points de C admet une valeur d'adhérence dans E pour $\sigma(E, E')$; cela permet de se ramener au cas où il existe dans E une suite partout dense pour la topologie initiale).

INDEX DES NOTATIONS

Les chiffres de référence indiquent successivement le chapitre, le paragraphe et le numéro (ou, exceptionnellement, l'exercice).

$\mathscr{C}(X; E)$, $\mathscr{C}(X)$, $\mathscr{C}(X, A; E)$, $\mathscr{K}(X; E)$, $\mathscr{K}(X)$, $\mathscr{K}(X, A; E)$, $\mathscr{K}(X, A)$, $\mathscr{K}_+(X)$ (X espace localement compact, E espace vectoriel topologique) : III, 1, 1.

Supp(**f**) (**f** fonction à valeurs dans un espace vectoriel ou dans $\bar{\mathbf{R}}$) : III, 1, 1.

$\mathscr{C}^b(X; E)$, $\mathscr{C}^0(X; E)$: III, 1, 2.

$\|\mathbf{f}\|$ (**f** fonction à valeurs dans un espace normé) : III, 1, 2.

$\mu(f)$, $\langle f, \mu \rangle$, $\int f\, d\mu$, $\int f\mu$, $\int f(x)\, d\mu(x)$, $\int f(x)\mu(x)$ (f fonction de $\mathscr{K}(X; \mathbf{C})$, μ mesure (complexe)) : III, 1, 3.

$\mathscr{M}(X; \mathbf{C})$, $\mathscr{M}(X)$, $\mathscr{M}_{\mathfrak{S}}(X; \mathbf{C})$, $\mathscr{M}_{\mathfrak{S}}(X)$: III, 1, 3.

ε_a : III, 1, 3.

$g \cdot \mu$ (g fonction de $\mathscr{C}(X; \mathbf{C})$) : III, 1, 4.

$\bar{\mu}$, $\mathscr{R}\mu$, $\mathscr{I}\mu$: III, 1, 5.

$\mathscr{M}(X; \mathbf{R})$, $\mathscr{M}(X)$, $\mathscr{M}_+(X)$: III, 1, 5.

$\mu \leqslant \nu$ (μ, ν mesures réelles) : III, 1, 5.

μ^+, μ^-, $|\mu|$ (μ mesure réelle) : III, 1, 5.

$|\mu|$ (μ mesure complexe) : III, 1, 6.

$\|\mu\|$ (μ mesure) : III, 1, 8.

$\mathscr{M}^1(X; \mathbf{R})$, $\mathscr{M}^1(X)$: III, 1, 8.

$\mu|Y$ (μ mesure sur X, Y sous-espace ouvert de X) : III, 2, 1.

Supp(μ) (μ mesure) : III, 2, 2.

$\langle \mathbf{f}, \mathbf{z}' \rangle$: III, 3, 1.

$\tilde{\mathscr{K}}(X; E)$: III, 3, 1.

$\int \mathbf{f}\, d\mu$, $\int \mathbf{f}\mu$, $\int \mathbf{f}(x)\, d\mu(x)$, $\int \mathbf{f}(x)\mu(x)$ (**f** fonction de $\tilde{\mathscr{K}}(X; E)$) : III, 3, 1.

$\int d\mu(y) \int f(x, y)\, d\lambda(x)$: III, 4, 1.

$\iint f\, d\lambda\, d\mu$, $\iint f\, d\mu\, d\lambda$, $\iint f\lambda\mu$, $\iint f\mu\lambda$, $\iint f(x, y)\, d\lambda(x)\, d\mu(y)$, $\iint f(x, y)\, d\mu(y)\, d\lambda(x)$, $\iint f(x, y)\lambda(x)\mu(y)$, $\iint f(x, y)\mu(y)\lambda(x)$: III, 4, 1.

$\lambda \otimes \mu$ (λ, μ mesures) : III, 4, 2.

$\mu_1 \otimes \mu_2 \otimes \ldots \otimes \mu_n$, $\bigotimes_{i=1}^{n} \mu_i$: III, 4, 4.

$\int f\, d\mu_1\, d\mu_2 \ldots d\mu_n$, $\iint \ldots \int f\, d\mu_1\, d\mu_2 \ldots d\mu_n$, $\int f(\mu_1 \otimes \mu_2 \otimes \ldots \otimes \mu_n)$, $\iint \ldots \int f(x_1, x_2, \ldots, x_n)\, d\mu_1(x_1)\, d\mu_2(x_2) \ldots d\mu_n(x_n)$, $\iint \ldots \int f(x_1, x_2, \ldots, x_n)\mu_1(x_1)\mu_2(x_2) \ldots, \mu_n(x_n)$: III, 4, 4.

$\bigotimes_{\lambda \in L} \mu_\lambda$: III, 4, 6.

$\varphi_{\mathbf{A}}$: IV, 1, 1.

INDEX TERMINOLOGIQUE

Les chiffres de référence indiquent successivement le chapitre, le paragraphe et le numéro (ou, exceptionnellement, l'exercice).

TABLE DES MATIÈRES

TABLE DE CONCORDANCE
DE LA PREMIÈRE ET DE LA SECONDE ÉDITION

1re édition	2e édition
CHAPITRE II	
§1	
Prop. n ($2 \leqslant n \leqslant 5$)	Prop. $n+1$
Prop. 6	Supprimée
§2	
Prop. 3	Prop. 4
Prop. 4	Prop. 5
CHAPITRE III	
§1	Supprimé
§2, nº 1, Déf. 1	§1, Déf. 1
§2, lemme 1	§1, lemme 1
§2, lemme 2	§1, lemme 2
§2, nº 2, Déf. 1 (*sic*)	§1, Déf. 2
§2, Th. n ($1 \leqslant n \leqslant 3$)	§1, Th. n
§2, Déf. 3	Supprimée
§2, Prop. 1	Supprimée
§2, Prop. 2	Supprimée
§2, Déf. 4	§1, Déf. 3
§2, Prop. 3	§1, Prop. 10
§2, Cor. de la prop. 3	§1, Cor. 1 de la prop. 10
§2, Prop. 4	§1, Prop. 11
§2, Cor. 1 et 2 de la prop. 4	§1, Cor. 1 et 2 de la prop. 11
§2, Prop. 5	§1, Prop. 12
§2, Prop. 6	§1, Prop. 13
§2, Prop. 7	§1, Prop. 14
§2, Prop. 8	Supprimée
§2, Prop. 9	§1, Prop. 15

1re édition	2e édition
CHAPITRE III	
§2, Cor. 1 et 2 de la prop. 9	§1, Cor. 1 et 2 de la prop. 15
§2, Prop. 9	§1, Cor. 4 de la prop. 15
§2, Prop. 11	§1, Prop. 16
§2, Exerc. 1	§1, nº 1
§2, Exerc. 2 *a*)	Supprimé
§2, Exerc. 2 *b*)	§1, Prop. 2
§2, Exerc. 2 *c*)	Supprimé (cf. *Esp. vect. top.*, chap. II, §2, exerc. 9)
§2, Exerc. 3	§1, Exerc. 2
§2, Exerc. 4	§1, Exerc. 8
§2, Exerc. 5 *a*)	§1, Exerc. 10
§2, Exerc. 5 *b*)	§1, Exerc. 11 *b*)
§2, Exerc. 6	§1, Exerc. 12
§2, Exerc. 7, *a*) et *b*)	§1, Exerc. 9
§2, Exerc. 7 *c*)	§1, Exerc. 11 *c*)
§2, Exerc. 7 *d*)	§1, Exerc. 12 *d*)
§2, Exerc. 8	§1, Exerc. 13
§2, Exerc. 9	§1, Exerc. 15
§2, Exerc. 10	§1, Exerc. 16
§2, Exerc. 11	§1, Exerc. 17
§3	§2
La déf. 1 et les Prop. 1 à 12 et le th. 1 gardent leurs numéros	
Cor. de la prop. 8	Cor. 1 de la prop. 8
Prop. 11	Chap. IV, §4, prop. 14
Cor. de la prop. 11	Prop. 11
Th. 2	Prop. 13
Cor. du th. 2	Cor. de la prop. 13

1re édition	2e édition
CHAPITRE III	
§ 3	§ 2
Prop. 13	Prop. 14
Exerc. n ($1 \leqslant n \leqslant 3$)	Exerc. n
Exerc. 4	Chap. IV, § 4, exerc. 17
Exerc. 5	Exerc. 4
§ 4	§ 3
Prop. 1	Prop. 4
Prop. 2	Prop. 7
Cor. de la prop. 2	Prop. 4
Prop. 3	Prop. 6
Th. 1	Prop. 8
Prop. 4	Prop. 2
Prop. 5	Prop. 3
Prop. 6	Cor. de la prop. 9
Prop. 7	Prop. 5
Exerc. 1	Exerc. 1
Exerc. 2	Exerc. 2
Exerc. 3	Supprimé
Exerc. 4	Exerc. 3
Exerc. 5	Supprimé
§ 5	§ 4
Les th. 1 et 2 et les prop. 1 et 2 ainsi que la déf. 1 gardent leurs numéros	
Lemme 1	Supprimé
Lemme 2	Lemme 2
Prop. 3	Prop. 5
Prop. 4	Remarque suivant la prop. 6
Prop. 5	Prop. 7
Prop. 6	Prop. 9
n° 5, Prop. 7	Cor. de la prop. 9
n° 6, Prop. 7 (*sic*)	Prop. 8
Exerc. 1	Supprimé
Exerc. 2	Prop. 3
Exerc. 3	Supprimé
Exerc. 4	Exerc. 1 *a*)
Exerc. 5	Exerc. 1 *b*)
Exerc. 6	Exerc. 2
Exerc. 7	Exerc. 5
Exerc. 8	Exerc. 6
Exerc. 9	Exerc. 7

1re édition	2e édition
CHAPITRE IV	
§ 1	
Exerc. 3	Exerc. 6
Exerc. 4	Exerc. 5
Exerc. 5	Exerc. 7
Exerc. 6	Exerc. 8
Exerc. 7	Supprimé
§ 3	
Exerc. 3	Supprimé
§ 4	
Cor. de la prop. 5	Cor. 1 de la prop. 5
Cor. de la prop. 10	Cor. 1 de la prop. 10
Prop. n ($14 \leqslant n \leqslant 16$)	Prop. $n + 3$
Cor. 2 de la prop. 16	Cor. 3 de la prop. 19
Exerc. 10 *c*)	Supprimé
Exerc. 11	Supprimé
Exerc. n ($12 \leqslant n \leqslant 14$)	Exerc. $n - 1$
Exerc. 15	Supprimé
Exerc. n ($16 \leqslant n \leqslant 18$)	Exerc. $n - 2$
Exerc. 19	§ 7, exerc. 10
§ 5	
Cor. de la prop. 3	Cor. 1 de la prop. 3
Cor. 4 du th. 1	Cor. 2 du th. 2
Cor. n du th. 1 ($5 \leqslant n \leqslant 7$)	Cor. $n - 1$ du th. 1
Prop. 7	Prop. 15
Prop. 8	Prop. 7
Prop. 9	Prop. 8
Prop. 10	Cor. 1 de la prop. 10
Prop. 11	Prop. 9
Lemme 1	Supprimé
Exerc. 2	Exerc. 4
Exerc. 3	Exerc. 5
Exerc. 4	Exerc. 6
Exerc. 5	Exerc. 7
Exerc. n ($6 \leqslant n \leqslant 16$)	Exerc. $n + 4$
§ 6	
Cor. 3 du th. 2	Cor. 4 du th. 2
Cor. 4 du th. 2	Cor. 5 du th. 2

1re édition	2e édition
CHAPITRE IV	
§6	
Cor. 2 de la prop. 3	Cor. 3 du th. 2
Exerc. 11 *a*)	§ 5, n° 11
Exerc. 11 *b*)	§ 5, prop. 20, (iii)
Exerc. 11 *c*)	§ 5, lemme 4
Exerc. 11 *d*)	§ 5, exerc. 25 *a*)
Exerc. 11 *e*)	§ 5, prop. 19
Exerc. 11 *f*)	§ 5, exerc. 24
Exerc. 12	Supprimé

1re édition	2e édition
CHAPITRE IV	
§6	
Exerc. 13 *a*)	§ 5, exerc. 25 *c*)
Exerc. 13 *b*)	§ 5, exerc. 25 *b*)
Exerc. 14	Exerc. 11
Exerc. 15	Exerc. 12
Exerc. 16	Supprimé
Exerc. n ($17 \leqslant n \leqslant 21$)	Exerc. $n - 4$

IMPRIMÉ EN FRANCE, LOUIS-JEAN, GAP
DÉPOT LÉGAL : 416-1973
NUMÉRO D'ÉDITION : 1175 b
HERMANN, ÉDITEURS DES SCIENCES ET DES ARTS

DÉFINITIONS DU CHAPITRE III

Définition du support d'une fonction:

Soient X un espace localement compact, $\mathbf{f}$ une application de X dans un espace vectoriel F. On appelle *support* de $\mathbf{f}$ l'adhérence de l'ensemble des $x \in X$ tels que $\mathbf{f}(x) \neq 0$; son complémentaire est le plus grand ensemble ouvert dans lequel $\mathbf{f}(x) = 0$.

Définition d'une mesure:

Soient X un espace localement compact, $\mathscr{K}(X)$ l'espace vectoriel (sur $\mathbf{R}$) des fonctions numériques continues dans X dont le support est compact. On appelle *mesure réelle* sur X une forme linéaire $f \mapsto \mu(f) = \int f\, d\mu$ sur $\mathscr{K}(X)$ satisfaisant à la condition suivante: pour tout ensemble compact $K \subset X$, il existe un nombre $a_K \geqslant 0$ tel que, pour toute fonction $f \in \mathscr{K}(X)$ dont le support est contenu dans K, on ait $|\mu(f)| \leqslant a_K \,.\, \sup_{x \in K} |f(x)|$. Cette condition est satisfaite quand la forme linéaire μ sur $\mathscr{K}(X)$ est telle que $\mu(f) \geqslant 0$ pour toute fonction $f \geqslant 0$ de $\mathscr{K}(X)$; une telle mesure μ est dite *positive.*

Les mesures sur X forment un espace vectoriel $\mathscr{M}(X)$ (sur $\mathbf{R}$). Toute mesure μ sur X peut s'écrire $\mu = \mu^+ - \mu^-$, où μ^+ et μ^- sont positives, et μ^+ est donnée par la formule

$$\mu^+(f) = \sup_{0 \leqslant g \leqslant f,\, g \in \mathscr{K}(X)} \mu(g)$$

pour toute fonction $f \geqslant 0$ de $\mathscr{K}(X)$. On pose $|\mu| = \mu^+ + \mu^-$, et on a

$$|\mu|(f) = \sup_{|g| \leqslant f,\, g \in \mathscr{K}(X)} \mu(g)$$

pour toute fonction $f \geqslant 0$ de $\mathscr{K}(X)$.

Définition de la norme d'une mesure:

Étant donnée une mesure réelle μ sur un espace localement compact X, on appelle *norme* de μ le nombre positif (fini ou infini)

$$\|\mu\| = \sup_{|f| \leqslant 1,\, f \in \mathscr{K}(X)} |\mu(f)| = \sup_{0 \leqslant f \leqslant 1,\, f \in \mathscr{K}(X)} |\mu|(f).$$

La norme de μ est égale à celle de $|\mu|$, et on a $\|\mu\| = \|\mu^+\| + \|\mu^-\|$. On dit qu'une mesure μ est *bornée* si sa norme est finie.

Définition du support d'une mesure:

Étant donnée une mesure réelle μ sur un espace localement compact X, on appelle *support* de μ le complémentaire du plus grand ensemble ouvert G tel que, pour toute fonction $f \in \mathscr{K}(X)$ dont le support est contenu dans G, on ait $\mu(f) = 0$. Pour qu'un point $x_0 \in X$ appartienne au support de μ, il faut et il suffit que, pour tout voisinage V de x_0, il existe une fonction continue numérique f dont le support est contenu dans V, telle que $\mu(f) \neq 0$.

Définition de l'intégrale d'une fonction vectorielle continue:

Soient μ une mesure réelle sur un espace localement compact X, et F un espace localement convexe séparé.

Pour toute application $\mathbf{f}$ de X dans F, continue et à support compact, on appelle *intégrale* de $\mathbf{f}$ par rapport à μ l'élément $\mu(\mathbf{f}) = \int \mathbf{f}\, d\mu$ de F'* tel que, pour toute forme linéaire continue $\mathbf{a}'$ sur F, on ait

$$\left\langle \int \mathbf{f}\, d\mu, \mathbf{a}' \right\rangle = \int \langle \mathbf{f}, \mathbf{a}' \rangle\, d\mu.$$

Soit $\mathscr{K}_F(X)$ l'espace vectoriel des applications continues de X dans F, continues et à support compact. L'application $\mathbf{f} \mapsto \int \mathbf{f}\, d\mu$ de $\mathscr{K}_F(X)$ dans F'* est linéaire.

DÉFINITIONS DU CHAPITRE IV

Dans ce qui suit, μ désigne une mesure *positive* sur un espace localement compact X.

Définition de l'intégrale supérieure d'une fonction positive:

Soit $h \geqslant 0$ une fonction numérique semi-continue inférieurement dans X. On appelle *intégrale supérieure* de h par rapport à μ le nombre $\geqslant 0$ (fini ou infini)

$$\mu^*(h) = \sup_{0 \leqslant g \leqslant h, g \in \mathscr{K}(\mathrm{X})} \mu(g).$$

Soit f une fonction numérique $\geqslant 0$ quelconque (finie ou non) définie dans X. On appelle *intégrale supérieure* de f par rapport à μ le nombre $\geqslant 0$ (fini ou infini) $\mu^*(f) = \inf \mu^*(h)$ (qu'on note encore $\int^* f\, d\mu$), où h parcourt l'ensemble des fonctions numériques semi-continues inférieurement et $\geqslant f$.

Définition de la mesure extérieure d'un ensemble:

Étant donnée une partie quelconque A de X, on appelle *mesure extérieure* de A, et on note $\mu^*(\mathrm{A})$, l'intégrale supérieure $\mu^*(\varphi_{\mathrm{A}})$ de la fonction caractéristique de A.

Définition des ensembles négligeables et des fonctions négligeables:

On dit qu'une partie A de X est *négligeable* pour la mesure μ (ou *μ-négligeable*) si sa mesure extérieure est nulle. On dit qu'une propriété d'un élément variable $x \in \mathrm{X}$ a lieu *presque partout* pour la mesure μ, si l'ensemble des $x \in \mathrm{X}$ où elle n'a pas lieu est négligeable. On dit que deux applications f, g de X dans un ensemble quelconque F sont *équivalentes* (pour μ) si $f(x) = g(x)$ presque partout; la classe de toutes les applications de X dans F équivalentes à f se note $\tilde{f}$. Une application $\mathbf{f}$ de X dans un espace vectoriel F (resp. une application f de X dans $\overline{\mathbf{R}}$) est dite *négligeable* si elle est nulle presque partout; il revient au même de dire que $\mu^*(|\mathbf{f}|) = 0$ (resp. $\mu^*(|f|) = 0$). Si deux fonctions numériques f, g sont équivalentes, on a $\mu^*(f) = \mu^*(g)$.

Définition des fonctions de puissance p-ième intégrable:

Étant donnée une fonction $\mathbf{f}$ définie presque partout dans X, à valeurs dans un espace de Banach F, on désigne par $\mathrm{N}_p(\mathbf{f})$, pour tout nombre réel $p \geqslant 1$, l'intégrale supérieure $\mu^*(g)$, où g est une fonction numérique finie dans X, égale presque partout à $|\mathbf{f}|^p$. Pour deux fonctions $\mathbf{f}_1$, $\mathbf{f}_2$ définies presque partout dans X, à valeurs dans F, on a

$$N_p(\mathbf{f}_1 + \mathbf{f}_2) \leqslant N_p(\mathbf{f}_1) + N_p(\mathbf{f}_2)$$

ainsi que $N_p(\alpha\mathbf{f}) = |\alpha| N_p(\mathbf{f})$ pour tout scalaire α.

On dit qu'une fonction $\mathbf{f}$ définie presque partout dans X, à valeurs dans F, est *de puissance p-ième intégrable* (ou simplement *intégrable* pour $p = 1$) si, pour tout $\varepsilon > 0$, il existe une fonction $\mathbf{g}$ à valeurs dans F, continue et à support compact, telle que $N_p(\mathbf{f} - \mathbf{g}) \leqslant \varepsilon$. L'ensemble $\mathscr{L}^p_F$ des fonctions, partout définies dans X, à valeurs dans F, et de puissance p-ième intégrable, est un espace vectoriel sur lequel $N_p(\mathbf{f})$ est une semi-norme. L'ensemble L^p_F des classes d'équivalence des fonctions de $\mathscr{L}^p_F$ est un espace de Banach pour la norme $\|\tilde{\mathbf{f}}\|_p = N_p(\mathbf{f})$ ($\mathbf{f}$ fonction quelconque de la classe $\tilde{\mathbf{f}}$).

Pour qu'une fonction $\mathbf{f}$ soit de puissance p-ième intégrable, il faut et il suffit que $|\mathbf{f}|^{p-1} . \mathbf{f}$ soit intégrable.

Définition de l'intégrale d'une fonction intégrable:

L'espace vectoriel $\mathscr{K}_F(X)$ est dense dans l'espace $\mathscr{L}^1_F$ des fonctions intégrables (muni de la semi-norme $N_1(\mathbf{f})$); l'application $\mathbf{f} \mapsto \int \mathbf{f}\, d\mu$ de $\mathscr{K}_F(X)$ dans F se prolonge par continuité en une application linéaire de $\mathscr{L}^1_F$ dans F, notée de la même manière. Pour toute fonction intégrable $\mathbf{f}$, on désigne par $\int \mathbf{f}\, d\mu$ (ou $\mu(\mathbf{f})$) et on appelle *intégrale* de $\mathbf{f}$ par rapport à μ l'élément de F égal à $\int \mathbf{g}\, d\mu$ pour toute fonction intégrable $\mathbf{g}$ partout définie et presque partout égale à $\mathbf{f}$; $|\mathbf{f}|$ est alors intégrable et on a

$$\left| \int \mathbf{f}\, d\mu \right| \leqslant \int |\mathbf{f}|\, d\mu.$$

Pour toute fonction intégrable $f \geqslant 0$, on a

$$\int f\, d\mu = \mu^*(f) = N_1(f).$$

Définition des ensembles intégrables:

On dit qu'une partie A de X est *intégrable* si sa fonction caractéristique φ_A est intégrable. Le nombre $\mu(A) = \int \varphi_A\, d\mu$ est appelé la *mesure* de A; on a alors $\mu^*(A) = \mu(A)$. Les ensembles négligeables sont identiques aux ensembles intégrables et de mesure nulle.

Pour qu'un ensemble A soit intégrable, il faut et il suffit que, pour tout $\varepsilon > 0$, il existe un ensemble compact $K \subset A$ et un ensemble ouvert $U \supset A$ tels que $\mu^*(U \cap \complement K) \leqslant \varepsilon$.

Définition d'une fonction mesurable:

On dit qu'une application f de X dans un espace topologique F est *mesurable* si, pour toute partie compacte K de X, il existe une partition de K en un ensemble de mesure nulle N et une suite d'ensembles compacts K_n, telle que la restriction de f à chacun des ensembles K_n soit continue. Une condition équivalente est la suivante: pour tout ensemble compact K et tout nombre $\varepsilon > 0$, il existe un ensemble compact $K_1 \subset K$ tel que $\mu(K \cap \complement K_1) \leqslant \varepsilon$ et que la restriction de f à K_1 soit continue.

Définition d'un ensemble mesurable:

On dit qu'une partie A de X est *mesurable* si sa fonction caractéristique est mesurable. Une condition équivalente est que, pour tout ensemble compact K, $A \cap K$ soit intégrable.

Définition des ensembles localement négligeables et des fonctions localement négligeables:

On dit qu'une partie A de X est *localement négligeable* si pour tout point $x \in X$, il existe un voisinage V de x, tel que $A \cap V$ soit négligeable; A est alors mesurable.

On dit qu'une propriété d'un élément variable $x \in X$ a lieu *localement presque partout* si l'ensemble des $x \in X$ où elle n'a pas lieu est localement négligeable. On dit qu'une application $\mathbf{f}$ de X dans un espace vectoriel F est *localement négligeable* si elle est nulle localement presque partout; $\mathbf{f}$ est alors mesurable.

Critère d'intégrabilité d'une fonction:

Pour qu'une application $\mathbf{f}$ de X dans un espace de Banach soit intégrable, il faut et il suffit que $\mathbf{f}$ soit mesurable et que $N_1(\mathbf{f})$ soit fini.